国家出版基金项目
NATIONAL PUBLICATION FOUNDATION

话说世界

TALKING ABOUT THE WORLD

11

工业时代

Industrial Age

孙 庆◎著

主 编：陈晓律 颜玉强

人民出版社

主　　编：陈晓律　颜玉强
作　　者：孙　庆

编　　委：

高　岱
北京大学世界史教授

梅雪芹
清华大学世界史教授

秦海波
中国社会科学院世界历史研究所
研究员

黄昭宇
中国现代国际关系研究院研究员
《现代国际关系》副主编

任灵兰
中国社会科学院世界历史研究所
《世界历史》编审

姜守明
南京师范大学世界史教授

孙　庆
南京晓庄学院外国语学院
世界史副教授

策　　划：杨松岩
特邀编审：鲁　静
杨美艳
陆丽云
刘可扬

图片提供：
中国图库
广州集成图像有限公司
视觉中国

《话说世界》目录

《话说世界》出版说明

希望与探索

为广大读者编一部普及世界历史的文化长卷

今日世界植根在历史这块最深厚文化土壤中。要了解世界首先要从学习世界历史开始。学习世界历史不仅有助于我们借鉴外国历史上的成败得失，使我们在发展的道路上少走弯路；而且还有助于我们养成全球视野，自觉承担起作为大国对人类的责任；同时还有助于我们更深入地理解和贯彻构建人类命运共同体理念。人类文明发展5000多年来，各地区和各民族国家的文明差异性很大，都有自己独特的发展轨迹和文化，在交往日益密切的今日世界，我们更要努力学习世界历史与文化。因此我们策划出版这套《话说世界》。

世界史方面的读物出版了不少，但一般教科书可读性不足，专题类知识读物则不够系统全面，因此我们在编撰这套《话说世界》时，主要考虑普及性，在借鉴目前已有的世界历史读物的基础上，进行了新的尝试：

首先，史实准确。由著名世界史专业教授和研究员组成的编委会保证学术性，由世界史专业教授和博士为主的创作队伍保证史实的准确性。

其次，贯通古今。从史前一直到2018年12月，目前国内外尚没有时间跨度如此之大的历史读物。本套书内容丰富，传奇人物、探险故事、艺术巨作以及新思潮、新发明等，无所不包，以独创的构架，从政治、经济、文史、宗教、思想、艺术、科学、生活等多维度地切入历史，从浩瀚庞杂的史料中，梳理出扼要明晰的脉络，以达到普及世界史知识的作用。

再次，图文并茂。采用新颖的编排手法，将近万张彩图与文字形成了有机组合。版面简洁大方，不失活泼，整体编排流畅和谐，赏心悦目。

最后，通俗易懂。作者秉持中肯的观点，采取史学界主流看法，立论中肯、持平、客观，文字深入浅出，绝不艰涩枯燥，流畅易懂。

这套书总计20卷，各卷书名分别为：《古典时代》《罗马时代》《王国时代》《封建时代》《宗教时代》《发现时代》《扩张时代》《启蒙时代》《革命时代》《民族时代》《工业时代》《劳工时代》《帝国时代》《一战时代》《主义时代》《危机时代》《二战时代》《冷战时代》《独立时代》《全球时代》。

十几年前，上海锦绣文章出版社出版的《话说中国》，以身体作为比喻说还缺少半边身子，缺失世界历史的半边，因此《话说世界》的策划项目在七年前孕育而生。经过近七年的努力，这套图文并茂的普及性世界史《话说世界》（20卷）陆续出版。今年又适逢新中国成立70周年，这套书被列入国家出版基金资助项目，作为一个从事36年出版工作的出版人感到由衷的喜悦。

在本套书行将付梓之际，特别感谢陈晓律、颜玉强、秦海波、刘立群、黄昭宇、任灵兰、鲁静、杨美艳、陆丽云、刘可扬等十几位世界史专家的辛勤劳作，感谢所有参与《话说世界》（20卷）本书的作者、专家、学者、编辑、校对为此作出的贡献。最后，谨以两位世界史专家对本套书的点评作为结束：

徐蓝（中国史学会副会长）：首先要说这套书使得我眼睛一亮。这不是我们通常说的以政治经济为全部内容的世界历史，而是多维度的世界历史解读，其内容涵盖了政治、经济、文史、宗教、思想、艺术、科学、生活等，使世界历史更加充盈饱满相生相成。特别是将其每卷书的类别单独合在一起，相当于一部部专题史。这在国内世界历史读物中是仅见的，具有很高的出版价值。《话说世界》又是一套通俗读物。全套书5000篇左右的文章，通过人文地理、重回历史现场、特写、广角、知识链接等拓宽了内容的容量，增强了趣味性。可以说这是一套具有“广谱”特性的世界历史普及读物。这套书的社会效益不仅会普及国民的世界历史知识，也拓宽了国际视野，将世界历史作为基础知识之一，才能具备大国的胸怀和责任担当。

吴必康（中国社会科学院世界史所，国家二级研究员）：历史题材类的通俗读物一向是热门读物，富有意义。但其出版物主要是中国史，世界历史通俗读物出版甚少。而且，这些不多的世界历史出版物也多为受众少的教科书式作品。《话说世界》可以说弥补了这方面的缺憾。今天，中国正处民族复兴之时，作为世界第二大经济体，其世界影响越来越大，责任也更大，广泛了解世界，具有国际视野成为大势所趋。广大人民需要了解世界，知晓世界历史，已是必不可少之举。世界历史虽然内容浩如烟海，但作为文明历程有规律可循，有经验教训可资借鉴。《话说世界》的专业作者梳理千古，深入浅出，从容不迫地娓娓道来，使世界历史清晰明了，趣味盎然。这套丛书应该说是一套全民读物也不为过，可谓老少咸宜，可谓雅俗共赏。尤其是其文体具有故事性，很适合青少年。也望通过这套书能激发青少年阅读世界历史的广泛兴趣，兴起热潮，为我国的各类国际人才打下知识基础，更好地立足祖国走遍世界。知晓天下，方可通行天下。

人民出版社编审　杨松岩

2019年8月27日

《话说世界》序一

读史使人明智

在世界历史的洪流中寻找人类的智慧

不知不觉，现在已经是2019年了。在人类几千年有文字记载的历史中，这个时间点或许并没有什么特别之处，但对于处于改革开放进程中的中国而言，这样一个年代显然具有不同寻常的意义。那就是，历经磨难成立新中国以后，中华民族在对外开放的过程中，重新找到了一个与自己国力吻合的位置。

中国是一个历史悠久的国度，创造了十分丰富的物质与精神的财富。尤其是在东亚这一范围，中国几乎就是文明的代名词。然而，在近代以来，中国却被自己过长的衣服绊倒了，结果从鸦片战争开始，中华民族经历了一段屈辱的历史，不仅使天朝上国的心态遭受沉重打击，也迫使我们重新认识外部世界。

从历史的角度看，中国人如何看世界，并不是什么新问题。古代中国人对周边“蛮夷”的看法千奇百怪，但无论是否属实，对自己的生活似乎影响不大。不过近代以来情况有所变化，自1840年始，中国人想闭眼不看世界也难。然而，看似简单的中国人应该如何睁眼看待外部世界，尤其是西方国家，却并不简单，因为它涉及“华夷”之间的重新定位，必然产生重大的观念与思想碰撞，所以它经历了一个几起几落的变化。

从传统的中国视角考察，以中国为天下中心的历史观一直在我国的史学领域占主导地位。因此，在1840年以前，中国还没有今天意义上的世界史，有的只是《镜花缘》一类的异域风情书，或是一些出访周边国家的记录，严肃的史书则只在中国史的范畴内。鸦片战争之后，中国被迫接受中国之外还存在一个世界这一事实。但对外部世界，主要是西方的研究是以急功近利的原则为出发点，缺少系统的基础研究。直到新中国成立前夕，我国的高校中，世界史都还不能算是能与中国史相提并论的学科，一些十分有名望的老先生，也必须有中国史的论文和教中国史的课程才能得到承认。这一事实反映出一种复杂的民族心态和文化背景。人总是从自己已有的知识基础上去发现和分析外部世界的，没有对外部世界知识的系统了解，要正确地看世界的确不易。

实际上，早在100多年以前，张之洞就认为，向西方学习应该是学习西艺、西政和西史。但是如何以我为主做到这一点，则是至今尚需继续解决的问题。

在一个开放的时代，任何一个试图加入现代发展行列的国家都必须尽量地了解他国的情况，而了解他国最主要和最基本的途径，除开语言外，就是学习该国的历史。就笔者所接触的几所学校看，美国一些著名大学的历史系往往都是文科最大的系，而听课的学生也以外系的学生居多。我的体会是，出现这样的现象无非两点原因：通识教育的普及性与本科教育的多样性，以及学生的一种渴望了解和掌控外部世界的潜意识。相比西方，我们的教育课程设置显然还有许多需要完善的地方。

按北大罗荣渠老师的看法，中国在向西方学习的过程中经历了三次大的起伏。一次是鸦片战争前后，中国是在战争的威胁中开始了解西方的，这种了解带有表面的、实用主义的性质，对西方的了解和介绍都十分片面，社会的大部分人对此漠不关心，甚至国家的若干重要成员对此也十分冷漠。与此相反，日本却密切地关注着中国的情况，关注着中国在受到西方冲击后所作出的反应，以致一些中国介绍西方的书籍，比如《海国图志》，在中国本身尚未受到人们重视时，日本已在仔细地阅读和研究了。尽管如此，第一次学习还是在中国掀起了洋务运动。

由于甲午战争的失败，中国开始了第二次向西方的学习，即体用两方面都要学。但不想全面改革而只想部分变革的戊戌变法因各种原因失败了，最终是以辛亥革命作了一次总结。从此以后，中国的政治实践大体上是在全面学西方，但是又由于历史的机遇不好，中国的这种学习，最终也未成功。尽管我们不能完全说它是失败的，但要成为一个强国的愿望却始终未能实现。

新中国成立以后由于西方的封锁和我们自己的一些政策，使中国经历了一个主动和被动地反对向西方学习的过程。直到改革开放以后，我们才再次开始了向世界强国——主要是西方国家学习的第三次高潮。而这次持续的时间显然要长得多，其内涵也要丰富得多。其中一个最重要的标志也许是，在沉默了几十年以后，中国的学术界终于开始出版一批又一批的世界史教材和专著，各种翻译的世界史著作也随处可见。这是一个令人欢欣鼓舞的现象。在这个意义上，中国人重新全方位看世界是改革开放的产物。

从中国人看世界的心态而言，也先后经历了三种变化：最初是盲目自大式的看世界，因为中国为中央之国，我们从来是当周围“蛮夷”的老师，尽管有时老师完全打不过学生，但在文化上老师终归是老师，我们从未丧失自信心。所以，对这些红毛番或什么其他番，有些“奇技淫巧”我们并没有真正放在心上。然后面临被列强瓜分的危机，我们的心态第二次变化，却是以一种仰视的方式看世界——当然主要是看西方国家，这种格局直到新中国成立后才开始逐渐改变。而改革开放后，中国重回世界舞台中心，成为 GDP 第二大国，自信心再次回归，看世界的态度又一次发生了变化——中国人终于可以平视外部世界了。

心平气和地看外部世界，需要的是一种从容和淡定，而这种心态，当然与自己的底气有关。随着物质生活的丰富和对外交流的日渐频繁，国人已经意识到，外国人既不是番鬼，也不是天使，他们是与我们一样，生活在这个地球上的人类。当然，由于历史、文化、地域、宗教乃至建国的历程各不相同，差异也是明显的，甚至是巨大的。如何客观地认识外部世界，对有着重新成为世界大国抱负的国人而言，已经具有了某种紧迫性。而互联网时代的信息爆炸，对较为靠谱的学理性知识的需求，也超过了任何一个时代。因此，无论于公于私，构建一个起码的对外部世界认识的合理框架，都成为一门必修课而非选修课了。

应该说，国内学界为此做了大量的工作，从学术论文到厚重的专著，从普及型的读物到各类期刊，乃至各种影视作品，有关西方的介绍都随处可见，一些过去不常见的国家和地区的研究成果也开始出现。同时，为了增进国人对这些问题的了解，国内出版界也做了很好的工作，出版了很多相关的著作。

大体上看，这些著作可分为以下几类：第一类是关于西方国家、政府等有关政治机构的常识性问题。这些现象我们虽然十分熟悉，但并不等于我们已经从理论上了解了它们。因此很多国内的著作对一些概念性的东西进行了提纲挈领的解析，有深有浅，大致可以满足不同人群的需求。第二类是关于各个国家的地理旅游的书籍，这类书籍种类繁多，且多数图文并茂，对渴望了解国外情况的人群，读读这些书显然不无裨益。第三类是各国的历史著作，这些著作大多具有厚实的学术根基，信息量大，但由于篇幅原因，或许精读的读者不会太多。最后一类则是对各种国际组织和机构的介绍，包括各国概况一类的手册，写作的格式往往是一条一款，分门别类，脉络清晰，这类知识对于我们了解外部世界尤其是西方世界应该也很有帮助。

然而，总体上看，在我国历史学教育中，严格意义上的“世界历史”还是属于小众范畴，由此这个领域的普及出版物相对较少，这与现在日新月异的我国国情和日益全球化的国际形势很不契合。

对于这种不合拍的情况，原因很多，但学界未能及时提供合适的历史读物，尤其是世界史读物，难免是一种遗憾。这不是说目前没有世界史普及读物，而是说我们的学者和出版界未能完全跟上时代对世界史知识的需求，尤其是广大普通民众对世界史知识的需求。随着我国经济实力的不断增强，出国求学和旅游对普通中国民众而言已经不是一种可望而不可及的事情。而踏出国门，中国人通常会有一个共同的感受：在各种聚会或是宴请的活动中，只要有“老外”在，哪怕是一个人，气氛就很难避免那种浓厚的“正式”味道；而一旦没有“老外”，都是华人，气氛会一下轻松起来，无论是吃喝还是交谈，人们的心态转瞬之间就已经完全不同。我常与一些朋友讨论这一现象，大家的基本看法是，中外之间，的确有一种文化上的隔膜。这种隔膜十分微妙，甚至并非是相互不能沟通的问题，而只是一种“心态”。

这种心态往往是只可意会，却难以言传。其难以言传的根源在于，人是生活在一个由文化构筑起来的历史环境中的，这种长期浸润，会不知不觉地对一个人的行为方式、心态产生巨大的、具有强烈惯性的影响，这种影响往往也不是通过一两本学术著作而能轻易加以归纳的东西。

因此，要体验这种微妙的文化隔膜，最好的方式就是对世界的历史文化有一种“全景式”的了解，除开去所在国进行深度体验外（当然，这对很多人而言有些奢侈），读一些带有知识性、系统性和趣味性的世界史读物，应该也是一种不错的选择。而这类读物恰好是我们过去的短板，有必要尽快地将其补上。

为了满足国人这类迫切需求，本套丛书的策划编辑团队怀着强烈的家国情怀和对中华民族特有的忧患意识，一直在积极地筹编这样一套能满足时代需求的世界史读物。他们虽然是在筹编一套普及性读物，却志存高远，力图要将这样的一套读物做成精品，那就是不仅要使普通读者喜欢，还要经得起学界的检验。历经数年，颜玉强主编总算在全国的世界史学界找到了合乎他们要求的作者团队。这些作者当中，既有早已成名的学术大家，也有领军一方的中青年学者，更有留学归国的青年博士群体。而尤为重要的是，这些学者，都长期在我国的高校从事世界史的教学和科研工作，他们对我国学子乃至一般民众对世界史知识的需求有着更深的感受，因此，由这样的一支作者队伍来完成这样的一部大型作品，显然是再合适不过了。

历经数年的讨论和磨合，几易其稿，现在《话说世界》总算问世了。以我的一管之见，我觉得这套书有这样一些特点值得关注。

首先是体例方面的创新。历史当然是某种程度上按照时间顺序发展的，但作为一种世界历史的视野，人们的眼光当然不可能横视全球，而是自然地落在一些关键性的区域和事件上。这样，聚焦和分类就是一个基础性的工作。作者对历史的分类不仅显示出作者的学术功力，也会凸显作者的智慧。本套丛书的特点是将“时代”作为历史发展的主轴，比如古典时代、罗马时代等等。这样的编排，读者自应一目了然。然而，作者的匠心就此展现：因为一些东西并不仅仅是纵向而是横向的，所以，王国时代、宗教时代、民族时代、主义时代这样的专题出现了。

这样的安排十分精巧，既照顾了历史的时代顺序，又兼顾了全球性的横向视野。相对于一般教科书的编排，比如在人类起源部分，从两河文明到尼罗河文明，再到希伯来、印度和中国文明，然后再到古典时代的希腊罗马文明、希腊化文明，固然十分系统，但对于非专业的读者恐怕也有点过于正规，索然无味。所以，丛书的安排看似随意，却有着精心的考虑和布局，在目前的类似书籍中，应该是不可多得，别具一格。

而对有着更多需求的读者，《话说世界》则又是一种趣味盎然的教科书，因为它将各个时代的内容分门别类，纵向来读，可以说是类别的世界通史。比如可以将政治、经济、文化等串联下来的就是该类别的世界通史，这样读者能够全景式地看到每个历史切面，还能了解整个历史线索和前因后果。

其次是《话说世界》为了达到可读性强的效果而采取了图文并茂和趣味性强的杂志书编撰方式，适合以各种休闲的方式阅读。《话说世界》的图片不仅与文章内容结合紧密，还有延伸文字内容的特点，特别是每本书都有数张跨页大图呈现了历史节点的宏大场面或艺术作品的强烈感染力。这样的布局，显然能使读者印象深刻。实际上，国外的历史教科书，往往也是图文并茂，对学生有着很强的吸引力，使学生即便不是上课也愿意翻阅。我们目前的教科书尚达不到这一水准，但《话说世界》能够开此先河，应该是功德一件。

第三则是强烈的现场感，这是为了增进读者真正理解国外历史文化所做的一次有价值的尝试。从这套丛书的内容看，其涉及面很广，并不单单是教科书式的历史，而是一部全景式乃至百科全书式的历史：从不同文明区域之间的人员交往到风俗习性，从军事远征到兵器工艺，从历史事件到地标和教堂，从帝国争霸心态到现代宣传套路，从意识形态到主义之争，可以说林林总总，斑驳杂陈，十分丰富，具有很强的可读性。一个也许对编辑并不十分重要，但对读者而言却十分重要的事实是，这些读本的作者都是“亲临视察”了所写的对象的，所以除去知性之外，还多了难得的感悟。因为这套丛书的作者，都是亲临所在对象的国家和地区进行过求学乃至工作的。他们对这些对象的了解，或许还做不到完全学理意义上的深刻，但显然已经早就超越纸上谈兵的阶段了。因此，在这个意义上，他们是真正的“中国人看世界”。这种价值，在短期内或许并不明显，但随着时光的流逝，它肯定会越来越闪烁出学术之外的瑰丽光芒。

值得指出的是，今天移动互联的势不可挡，知识碎片化也日益严重，需要学者和出版社联袂积极面对，克服互联网内容的不准确性，做到价值恒定性；克服互联网知识的碎片性，做到整体性。《话说世界》于上述的三个特点，显然是学者和出版社共同合作的成功范例。

如果你是一个依然保持着好奇心，对问题喜欢打破砂锅问到底的人，那么，请阅读这套匠心独具的丛书吧！它既能增加你的知识，又能丰富你的生活，也或许能在紧张的工作与生活中给你带来一丝和煦的清风。

当你拿到这套书，翻开第一页的时候，我们衷心地希望你能够从头至尾地读下去，因为这是在一个全球化时代，使你从知识结构上告别梦幻童年、进入一个绚丽多彩的成人世界的第一步——读史使人明智。

愿诸君在阅读中获得顿悟与灵感。

南京大学历史学院教授、

博士生导师　陈晓律

2019 年 2 月 15 日

《话说世界》序二

立足学术　面向大众

献给广大读者的具有国际视野的世界历史全景图书

2019年我国的经济总量腾飞为世界第二大经济体，社会经济文化都日益成为地球村重要的一部分，了解世界成为必要。正如出版说明所言，了解世界首先要从世界历史开始，我们不仅可以从外国历史的成败得失中得到借鉴，而且还能从中培养国际视野，从而承担起作为大国对人类的责任。人类文明发展5000多年来，各地区和各民族国家的文化差异性很大，都有自己独特的发展轨迹，在日益融为一体的今日世界，我们在世界历史知识方面也亟须补课。

我国史学界编撰世界史类图书内容有不包括中国史的惯例，加之上海锦绣文章出版社已经在2005年出版了取得空前成功的20卷《话说中国》，所以我们这套《话说世界》就基本不包括中国史的内容，稍有涉及的只有为数几篇中国与外国交集的内容。

《话说世界》共20卷，分别是20个时代，时间跨度从史前一直到2018年。基本囊括了各个时代的政治、经济、文史、思想、宗教、艺术、科学和生活娱乐等。

参与《话说世界》编写的作者有教授和博士共30多人，都是名校或研究所的世界史专业学者。学有专攻的作者是《话说世界》质量的保证。我们还邀请了一些世界史的著名专家教授作为编委，确保内容的准确性。

今天读者阅读的趣味和习惯都有变化，业界称为“读图时代”。所以我们在文章的写法和结构都采取海外流行的“杂志书”（MOOK）样式。我曾经为台湾地区的出版社主编过300本杂志书，深得杂志书编撰要领。杂志书的要素之一是图片，《话说世界》以每章配置3—4幅图的美观标准，共计配置了10000张左右的图片，有古代的历史图片，也有当今的精美图片。在内容的维度上也进行拓展，引入地理内容，增加了历史的空间感；每本书基本都有“重回历史现场”，以增强阅读的现场感；同时每篇文章都有知识链接，介绍诸如人物、事件、术语、书籍和悬案等，丰富了文章内容，使文章更流畅、可读性更强。

当然，不能说《话说世界》就十全十美，但是不断完善是我们的追求。

启动编撰《话说世界》工程之时，我们就抱定了让《话说世界》成为既有学术含量又有故事可读性这个目标，使世界史知识满足大时代的需要。

结笔之际，感蛰居七年，SOHO生活，家人扶助，终成书结卷。这里要感谢各位作者的辛勤笔耕，特别感谢人民出版社通识分社社长杨松岩慧眼识珠以及编辑们兢兢业业、精雕细刻的工作。“幸甚至哉”！

资深出版人　颜玉强

2019年10月28日

《工业时代》简介

工业时代肇始于1881年开始的英国工业革命，至1935年西欧、北美、日本等工业革命基本完成，人类社会开始由“农业时代”进入“工业时代”。工业时代的最鲜明标志是对能量资源的开发与利用，推动了重工业，轻工业、化学工业、交通运输业、生物医药产业的兴起，进而开启了现代企业和现代学校的创办，城市文明和商业文化的勃兴，促使资本主义迎来了前所未有的飞速发展。

《工业时代》描绘了上述历史进程的轮廓，展现了工业革命兴起、发展、蔓延、深化过程中的生动细节，揭示了工业革命所带来的与世界近代史几乎同步演进的一段很长的转变期。在这期间原本以农业为主的社会转向由不断增长的贸易、工业和金融为特征的社会。新机器的发明促成了这个革命，结果是建立了容纳那些机器的工厂。工业的发展不仅有益于蒸汽驱动的交通工具，而且有利于新型的、较为便宜的商品。在此基础上城市兴起，教育普及，社会文明进步，工业革命在其蔓延深化的过程中逐步解决初期发展的问题。

《工业时代》讲述的历史故事，涵盖了工业革命从英国的起源，

扩展至其他欧洲国家、美国、俄国和日本的各种情节和生动案例。在内容上强调了这次革命取决于自然资源和政治措施，它在世界范围内以各国采用了不同的形式，实现现代化发展的目标，最终给人类文明带来了翻天覆地的巨大变化。

《工业时代》在注重反映工业、科学、技术等方面的重大变革的同时，深刻揭示工业时代所带来的一系列革命性的制度变革，彻底推翻了中世纪的神权统治、蒙昧主义、君主专制，建立并巩固了适应社会经济和文明发展的资本主义民主制度，推动哲学、文学、史学、艺术以及社会政治思想等精神领域创造，取得辉煌的成就。

《工业时代》还将第二次工业革命视为第一次工业革命的延续和深化，反映了19世纪后半期，在科学理论的指导下，技术发明层出不穷，工业革命进入崭新的电气化发展阶段。随着工业革命成果在西方主要国家的普遍运用，加上世界交通工具的创新发展，世界市场逐步形成，全球开始形成一个整体。到20世纪初，新兴工业所带来的生产聚集和资本集中，史无前例地创造了人类文明的崭新高峰。

目录

巨变的时代：工业文明的到来

狭义所指的“工业时代”，往往被定义在1881—1935年这个时期，其特征是对能量资源的开发与利用，以及现代学校的创办、重化工业的形成和资本力量的崛起。

但是，工业时代实际上与世界近代史的发端几乎同步酝酿，并且以18世纪60年代开始的英国工业革命为鲜明标志。这个时代不仅催生了工业、科学、技术等方面的重大变革，而且在哲学、文学、史学、艺术以及社会政治思想等精神领域都创造了辉煌的成就，极大地推动了社会经济的发展和技术的进步。更重要的是，工业时代所带来的一系列革命性的制度变革，彻底推翻了中世纪的神权统治、蒙昧主义、君主专制，建立并巩固了适应社会经济和文明发展的资本主义民主制度。到19世纪60年代末，欧美大国均已完成了资本主义民主政体的建立。

19世纪后半期，在科学理论的指导下，技术发明层出不穷，工业革命进入了一个新的发展阶段。这一时期最突出的特点是电力在生产和生活中的广泛运用。同时，随着工业革命成果在西方主要国家的普遍运用，加上世界交通工具的创新发展，世界市场逐步形成，全球开始变成一个整体。

到19世纪末，新科技的飞速发展推动了第二次工业革命，20世纪初新兴工业所带来的生产聚集和资本集中，史无前例地创造了人类文明的崭新高峰。

耕作革命

英国农业的变革

在英国工业化之初，能够压倒潜在对手的有利条件之中，没有一个条件是绝对突出的，但是这些有利条件合在一起，却形成了光辉灿烂的星座。

——《新编剑桥世界近代史》

工业革命发生在英国不是一种历史的偶然，在此之前发生于英国的一系列政治、经济、社会和制度性变革，使英国率先具备了工业革命发生的前提条件。《新不列颠百科全书》把英国农业革命发生的时间限定在 1600—1800 年间，历史学家都认为随之到来的工业革命，应该归功于它。

三叶草适应性广，可在酸性土壤中旺盛生长，也可在砂质土中生长，是世界各国主要栽培牧草之一。

三叶草改变英国耕作制度

在欧洲，中世纪的农夫已经通过三田轮作制来提高土地的利用效率。即在某一年份内，将三分之一的土地休耕；三分之一种植谷物，秋季播种，初夏即可收成；另外三分之一则种上了新的作物，如燕麦、大麦或豆类，在晚春播种，8、9 月间收成。17 世纪以后，三叶草和芜菁作为饲料被引入英国，人们发现种过三叶草的地方小麦生长得更好，说明三叶草对土壤具有固氮功能，可以增强土地肥力。这样，“诺福克轮作制”开始出现，也就是第一年种小麦，第二年种萝卜，第三年种大麦，收完大麦种三叶草、黑麦芽，第四年收割三叶草和黑麦。萝卜用以喂牲口，牲口产生大量粪肥用以肥田，田力提高增加了谷物产量。

弗罗茨瓦夫环境和生命科学大学的斯沃杰科实验农场实行轮作制和单一栽培的效果图。在农场田野的前半场，正在采用的诺福克轮作作物顺序是土豆、燕麦、豌豆、黑麦；在后半场，黑麦已经连续种植了 45 年。

小小三叶草，使英国大片土地免于休耕，同时通过开垦荒地，英国耕地面积不断增加。17 世纪末英格兰和威尔士的耕地总面积为 2200 万英亩，到 1851 年时则达到 2470 万英亩。

耕犁技改拉动农业增产

16 世纪前，英国农民主要使用重犁耕地，这种重犁适用于种植谷物而需要深耕深耙的泰晤士河流域中部的黏土地带，但却需要 8 头牛双轭并驾才能拉动，因此耕地时不便掉头，一般农民家庭也无力饲养 8 头耕牛。17 世纪，荷兰人发明的一种轻犁传入英国，它的两侧装有滑轮，较为轻便。1730 年，英国人迪斯尼·斯坦思和约瑟夫·福尔杰姆对这种荷兰轻犁进行了大幅度改进，发明了“罗宾汉犁”，其犁铧呈三角形，由两马挽犁，轻便且耕作效果好。18 世纪 60 年代，诺福克郡开始使用罗宾汉犁，并用铸铁代替木材制造耕犁，土壤得到深耕。1731 年，杰斯诺·图尔发明了播种机，还设计并制作了马拉锄，它可以除掉两行作物间的杂草，并使土壤碎化。18 世纪末，苏格兰出现了打谷机，到拿破仑战争期间（1803—1815 年），打谷机在英国得以广泛推广。

农耕技术的革新推动了英国农业劳动生产率的大幅度提升，1750 年英国小麦亩产 8 蒲式耳，1800 年为 20 蒲式耳，1851 年达到 27 蒲式耳。1650 年英国一个农业工人生产的粮食可以供养 1.5 个非农业人口，1800 年可供养 2.5 人，到 1860 年可供养 6 人。

知识链接：敞田制

敞田制是中世纪欧洲主要的土地形式，它起源于农村公社，根据土地的肥瘦、远近、干湿不同进行公平分配，这就导致庄园领主和佃农的土地相互交错，散落各处。这样分散的小块土地，被称为条田。条田当然不利于个人耕种，12 世纪中叶，英国就有人将分散的土地通过互相协商对换或买卖集中起来。13 世纪，英国庄园主根据《默顿法令》开始圈占公有地以至份地。从 14、15 世纪英国农奴制解体开始，圈地现象开始普及英国。

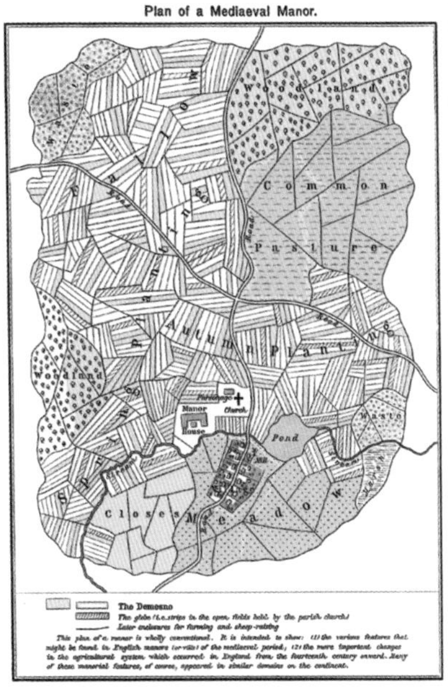

一个中世纪的英国庄园的地图

圈地运动确立土地私有化

农业革命前，英国实行敞田制，这种共耕制度将庄园上的土地分为领主自领地和佃农的份地，两种土地交错在一起，分散得支离破碎，阻碍了农业耕作的自由化和精细化，也成为农业技术革新的障碍。英国革命期间，议会多次通过没收国王、大主教、主教、教长、教士会和保王党贵族的土地并进行拍卖，使土地进入市场，同时废除骑士地制和取消监护制度及其法庭。18 世纪通过的《公有地围圈法》使得议会圈地运动的程序更加简化。圈地运动加快了英国土地所有权的转移，使土地的经营方式发生了根本变化，资本主义的个人土地所有制得以确立。市场已经支配着农场，制造业早已渗透到非封建性的农村。农业资本主义化奠定了英国工业化的基石。

这种荷兰风车被用来抽水，经过改良之后用于农事方面。

所以，农业革命是英国通过对农业生产技术和农业制度的变革，由传统的农业社会向工业文明过渡的重要历程。

工场兴起

英国传统手工业的工业化

富有的呢绒商在他们的家里拥有织机，同时有织工和技工按日工作。

——1539 年的一份请愿书

英国手工业是工业化发展的基石，其组织形式的变更发展历程，经过家庭手工业到手工工场再到近代工厂的演变，就是一部促进发明创造，带动各工业部门发生连锁反应，从轻工业到重工业，从工作机到发动机，互相促进和推动，最后形成机器生产的完整体系。

家庭手工业向手工工场的演变

早在 15 世纪，英国农村半农半工的手工业就非常普遍，最初主要是毛纺织业。其形式主要是由老板兼工匠的独立家庭手工业，手工业者亲自参加劳动，拥有少量资本，从羊毛商那里购进羊毛，在家人和几个帮工的协助下从事生产。到 15 世纪末，穿梭于城乡之间的呢绒商人为了加快生产速度，逐渐地把单独的家庭手工业联系起来，形成了早期的毛纺织业手工工场。

有些手工业者成立了工厂进行生产，这种装饰性花瓶是在韦奇伍德的制陶厂生产的。

在工业革命之前，大多数欧洲人依靠农业生活。一个家庭在割晒牧草的时节外出寻找工作。临时工被要求自备工具。

在 16 世纪时，分散的手工工场占主要地位。随着圈地运动的开展而使丧失土地的农民日益增多，由大商人所创办的集中的手工工场便逐渐发展起来，达到了雇佣 1000 名以上工人的规模。这些手工工场并不限于毛纺织业，在采矿、冶金、制盐、造纸、玻璃、制硝、啤酒等部门，都建立起很大的手工工场。

手工工场催生机器发明

在中世纪末期，法国、尼德兰等国的手工业技术水平都超过英国，拥有大量的技术熟练工匠。但是，宗教战争和西班牙镇压尼德兰革命，使大批技术熟练的尼德兰工匠出逃到英国避难，促进了英国

这个真丝倍燃机的轮子、十字架和卷绕工具，都出自1770年。机器是手动的，用来把单股的丝线缠绕成较粗的丝线。

知识链接：制服成员

14世纪中期，英国毛纺织行业中的呢绒修整工行会势力逐步强大，他们组建了“呢绒商工会”，并于1364年从英国国王那里得到特许状，规定只有呢绒商拥有制造和买卖呢绒的权利，而伦敦的其他织工、染工、漂洗工都只能各守其工序。这样，呢绒修整工就从行会中的工匠变成了居于行业支配地位的商人和资本家，而其他工匠则成为雇佣劳动者。这导致呢绒修整工财富暴增，为了显示其财富和地位，他们都身着华丽制服，因此成为行会中的“制服成员”。

手工业技术的改良和革新。到17世纪初，羊毛品的制造业已普及全英国，18世纪英国手工工场普遍扩大起来，已有50多个集中的手工工场，雇佣几百名工人的手工工场已经非常普遍。

熟练工匠和大规模生产促使技术分工更加精细，从而出现了适宜于各种专门工作的细小而简单的生产工具，因而也为将这些工具联结在一起成为机器提供了可能性。此外，手工工场训练了大批有技术、有经验的工人，他们积累的生产经验也直接推动了各种机器的发明。最重要的是，当时英国手工工场的生产尚不能适应广大国内外市场的需求，技术改革成为迫切需要，这就提出了发明机器的历史任务。

棉纺织业成为工业革命策源地

在18世纪，虽然毛纺织业在英国是最发达的工业，但它受到封建行会甚至政府的严格控制，行会对每一匹毛料的长度、宽度、折叠、打包、生产过程中的配料、印染、拉长、起毛、整饰等都作了明确的规定。政府在企业中还设有测量员、监察员、检查员，产品出售前还需盖检验合格印，加上制造商标识。这些束缚性规定严重阻碍了毛纺织业技术的更新，使这个行业的生产过程僵化、定型，成为一个保守的、毫无生气的、传统的生产部门。

1588年尼德兰技工将棉纺织业引进到英国，到17世纪才在兰开夏建立生产中心。在此之前，它的生产基地散布于农村，不受行会和政府法规的约束，也不存在生产上的清规戒律，没有传统的阻碍。英国棉纺织业为了与进口棉布竞争并打开国际市场，不得不更为积极地进行技术革新。这就使棉纺织业更适合于发明新机器、推广新技术、创造新产品。所以，到18世纪60年代，英国工业革命首先从新兴的棉纺织业的技术革命开始了。

早期工业家马修·博尔顿（1728—1809年）的肖像，他为瓦特相当昂贵的实验和初始的模型筹措了资金。

机械化
工厂生产体制的形成

英国工业革命被誉为“被解放了的普罗米修斯”，在人类历史上首次创造了一幅烟囱多于教堂尖顶的图景。

——马克垚《世界文明史》

经过英国革命、农业变革和手工业发展的刺激和推动，工业革命的到来已经成为时代必然。在18世纪不过三代人的时间里，工业革命彻底改变了整个英格兰的面貌：从家庭手工业过渡到大工厂生产，从手工劳动过渡到机器劳动，从乡村社会过渡到都市化的社会。

曾被称为“近代工厂之父”的理查德·阿克莱特于1771年在克朗福德创办了第一个水力棉纱厂，雇用了数百名工人。

近代工厂之父——阿克莱特

资本主义生产发展区别于封建时代的特征是劳动社会化，在早期阶段表现为手工工场的扩大和雇佣工人的增加。这为近代工业化工厂生产体制的诞生奠定了基础。1771年，英国人理查德·阿克莱特（Richard Arkwright, 1732—1792年）在英国的曼彻斯特创办机器纺纱厂，将其发明的水力纺纱机安装在工厂中，将棉纺织业持续生产的各个工序集中于一个工厂，实行12小时工作时间制，并制定了严格的规章制度，在大型生产的人力、资金、材料和机器的组织、协调、计划、管理中，体现出出色的才能。1772年，阿克莱特的工厂已经拥有几千枚纱锭，300名工人，采用水力纺纱机纺出的纱要比熟练纺织工纺出的纱拉度高、结实，足以取代亚麻、棉花的混纺品，织出真正的棉织品。这种棉织品的质量已经不亚于印度的棉布。此后，阿克莱特先后建立织布工厂，真正开始生产纯棉布（宽幅平纹白布），又在工厂中安装使用梳棉机、曲轴梳毛机、粗纺机、输送机等，并在诺丁汉的纺织工厂首先使用了蒸汽机，从而实现了连续进行棉花工业中的一系列加工。

理查德·阿克莱特是英国棉纺工业的发明家和企业家，现代工厂体制的创立人。他发明的水力纺纱机在1769年获得专利权，并建立了最早使用机器的水力纺纱厂，被誉为工业革命第一步。

阿克莱特创造的这一工业生产形式，改变了英国原来家庭手工业以及一大群从事手工业的工人简单聚集起来的工场生产形式，使工厂雇佣式的大机

1771 年阿克莱特在克朗福德的德文河谷建立水力纺纱厂，使用优秀的人事管理模式和社区管理方法，建造了一批为后世所学习的模范工厂和模范工业区，也带动了戴维·戴尔、罗伯特·欧文、提图斯·索尔特等一大批富有慈善精神和社会责任感的工业家开始了具有社会慈善意味的工业实践。

知识链接：模范工厂

英国工业革命期间最早获得“模范工厂”称号的，是阿克莱特在克朗福德建立的一个工厂。这个依傍着德文河谷的水力纺纱厂，拥有三个棉纺厂房、一个粮食加工厂、两家宾馆、一幢韦勒斯利城堡和众多的工人住宅，教堂、仓库、水渠、排水沟一应俱全，使乡村风格的地方第一次有了大规模的工业制造。18 世纪末和 19 世纪初的兰开夏和德比郡的所有工厂都是按照他的工厂样式建造的，并且还输出到德国、美国等其他国家。之后，戴维·戴尔和欧文的新拉纳克工厂和索尔特的索尔泰尔工厂更被誉为“幸福之乡”和公认的“模范工厂”。

器集体分工合作的模式得以确立，因而阿克莱特被誉为“近代工厂之父”。

机械化劳动——告别手工时代

现在，人们普遍认为，阿克莱特可以被称为“现代工厂体制的创立人”。在 1961 年出版的《18世纪的工业革命》一书中，作者保罗·曼多盛赞阿克莱特“体现出了一个新型的大制造业者，既不是一个工程师，又不只是一个商人，而是把两者的主要特点加在一起，即有他自己特有的风格：一个大企业的创造者、生产的组织者和人群的领导者的风格。”这段评价，其实也概括了工厂企业主与手工工场主的本质区别。

近代工厂的机器大生产，用机械化劳动代替了手工劳动。随着机器的日益增多，传统的手工工场无法适应机器生产的需要，资本家开始建造厂房，安置机器，雇佣工人集中生产，这样，一种新的生产组织形式——工厂出现了。在企业规模上，工厂制分工明确，规模大，可以在很多地方开设分厂；在生产方式上，工厂是大机器生产，劳动效率和产品质量大大提高。在企业管理上，工厂主不参与劳动，而是以管理工人为主，管理制度相对严明规范。所以，工厂生产体系的机械化大生产，大大提高了社会生产力，这是人类社会进步的一个重要里程碑。

知识链接：血汗工厂

在英国工厂生产体系建立的过程中，最先进入的劳动力主要是来自小作坊的帮工和农庄的农民，他们识字不多又缺乏技能训练，对工厂劳动的简单重复和时效刻板缺乏心理准备。当时的工厂劳动时间长，劳动强度大，工作和生活环境恶劣，工人尤其是童工和妇女的身心健康受到很大损害，而且工资报酬极低，尊严也常遭到侵犯。因此，“血汗工厂”的描述不仅见于小说作品当中，也可以在工厂监察员的记录当中得到证实：“在这里，文明创造了自己的奇迹，而文明人则几乎又变成野蛮人。”

阶级分野

新阶级结构的形成

工业革命改变了英国的社会结构，经济的持续增长造成中等阶级与工人阶级力量的壮大，贵族、大地主的地位与经济实力都大为下降了……

——卡尔·马克思

英国工业革命同样是一次深刻的社会革命，它引起了社会阶级结构的巨大变化，造就出工业资产阶级和工业无产阶级，使以往贵族地主阶级占统治地位的多层次的社会阶级结构变为工业资产阶级占统治地位，整个社会明显划分为两大对立阶级，即资产阶级和无产阶级的新的社会阶级结构。

工业革命前的阶级结构状态

工业革命前，英国的社会结构是以农业为主导的。多数人口以土地为生，居住在农村，交通落后，消息闭塞，过着田园生活，但在平静下也酝酿着深刻的变化。首先是贵族地主开始变为农场主和农业改革家，采用资本主义经营方式和先进技术，发展农业生产，获取大量利润。为适应资本主义的经营方式，议会从安妮女王时期起，就通过一项项圈地法令，用暴力剥夺农民，使他们变成工资劳动者，或者离开土地。

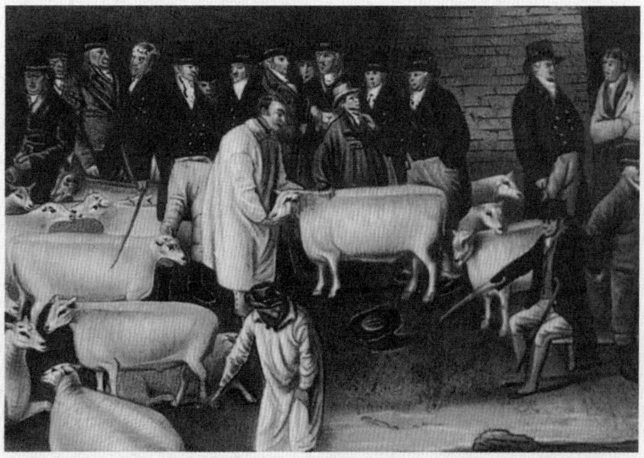

这幅画展示的是罗伯特·贝克韦尔出租公羊给农场主人，这些人想改良他们自己的家畜。

与此同时，以毛纺织业为主的英国手工业也相当发达，分散的手工业散布在全国。但手工业除了受到根深蒂固的行会传统约束外，还被商人控制着生产。手工工匠从商业资本家那里领取原料，进行加工，在一定期限内交回一定数量的制成品，并领取工资。商人们还常出租生产工具，折取租金。这样，工匠和商人就形成了雇佣关系。

因此，此时的英国形成了乡绅主导乡村、商人主导城镇的社会结构。在社会财富的阶梯上，除了大土地贵族，就数商人最富。在重商主义的政策下，英国政府的一系列经济措施都是为保护商业利益而制定的。商业利益和土地利益互相勾结，形成一个寡头集团。但好景不长，1769 年，蒸汽机时代的到来打破了这种社会结构。

工业革命后的阶级结构变化

工业革命带给英国社会结构的最大变化是工业压倒农业，农业国变为工业国。到 1831 年，英国的农户数量占全国总户数不到 30%；20 岁以上的男子，30%从事农业，40%以上从事工商业。就这样，在工业革命结束时，英国成了世界上第一个工业国，获得了“世界工厂”的称号。

伦敦是一个熙熙攘攘的贸易中心。这幅19世纪的图画展示的是圣凯萨琳码头，它是泰晤士河沿岸最繁忙的码头之一。

知识链接：英国乡绅

乡绅是英国封建社会中晚期出现的新兴资本主义生产关系的代表。在16世纪开始的资本主义农业经营中，乡绅以新的土地经营方式形成资本主义租地农场主阶级。他们与封建贵族的不同点在于，他们的土地主要是通过货币资本购买来的，或通过暴力圈围来的，抑或是从领主那承租来的，而不是继承得来的。他们在土地上使用雇佣劳动，进行资本主义农牧场经营，而不是坐收封建地租。可见，乡绅是处在英国农业和手工业尚未完全分离的资本主义过渡时期的新兴资产阶级地主。他们在17世纪中叶以革命的方式影响了英国社会变革的进程，也成为随之而来的工业革命中形成的工业资产阶级的主力军。

在工业结构中，大工业取代手工业的速度明显加快。蒸汽动力和机械化首先在棉纺织业中普及开来。1813年英国有动力织布机2400台，1833年竟达到10万台。1775—1800年的25年间，瓦特和波尔顿在英国共安装289部蒸汽机，其中84部是用于棉纺织厂的。这样，几乎所有生产部门都实现了机械化，连农业也在1790年前后开始使用打谷机了。

机械化催生了机械工，机械工人的力量聚合使其在1824年成立了“蒸汽机制造工协会”，1851年，他们组织了第一个也是最富裕最有名的“新模范”工会——“机械工人混合工会”。大工业还意味着工厂制产生，而大量被逐出土地的农民，被夺去饭碗的工匠，汇成了一支庞大的工人队伍组织。从此，一边是贫困的劳动者，一边是富裕的工厂主；工业无产阶级无疑是这一时期人数增长最快的阶级，而与之相对应的是工业资本家的兴起，他们不仅共同构成了新的英国社会阶级结构，也形成了新的社会阶级斗争局面。

这幅19世纪的版画图展示的是1834年一家纺织厂的织布车间工人正在使用动力织布机。图中一位男监工正在监督女工工作。

第32—33页：工业时代的风云

工业时代通常是指从1881年到1935年期间，人类对能量资源的大规模开发与利用，并伴随着现代学校的创办和资本主义发展的崛起，以及重工业和化学科学的兴起。从此工业化席卷全球，极大地推动了社会经济的发展和技术的进步。在19世纪后半期，在科学理论的指导下，技术发明层出不穷，工业革命进入了一个新的发展阶段。这一时期最突出的特点是电力在生产和生活中的广泛运用。人类文明从此进入了一个崭新的发展阶段。

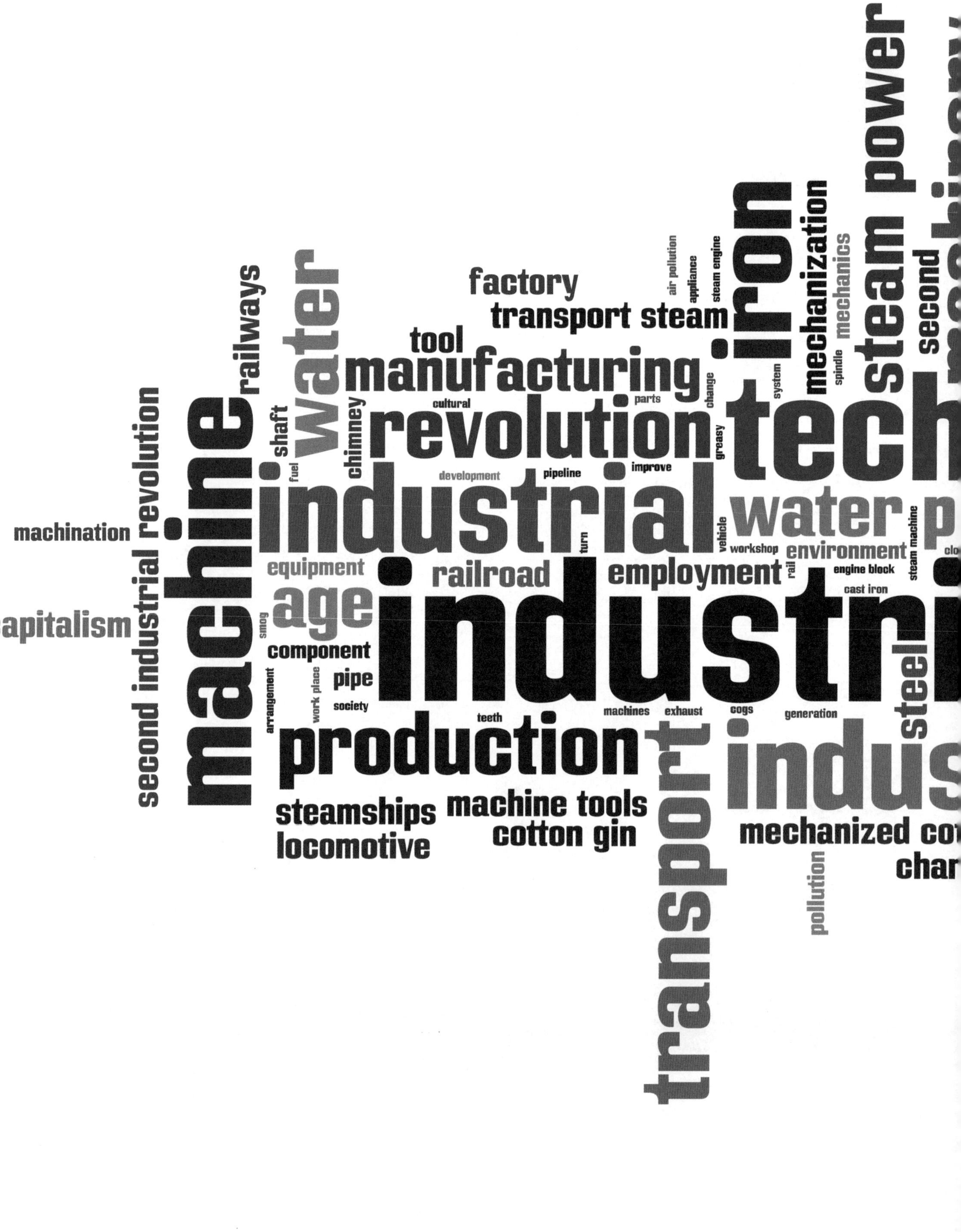
industrial
industri
machine
revolution
manufacturing
water
production
transport
tech
iron
steam power
indus
age
railroad
employment
environment
water
equipment
component
pipe
steamships
machine tools
locomotive
cotton gin
mechanized
steel
second industrial revolution
machination
capitalism
railways
factory
transport steam
tool
mechanization
mechanics
second
shaft
chimney
cultural
parts
development
pipeline
improve
fuel
greasy
change
system
spindle
air pollution
appliance
steam engine
vehicle
turn
workshop
rail
engine block
steam machine
cast iron
smog
arrangement
work place
society
teeth
machines
exhaust
cogs
generation
pollution

power
rocess
turning point
industrialization
engine
gear
steamboats
iron making
technical
automation
steam train
textile
steam
ology
history
social
economic
crafts
nostalgia
journey
machine-parts
device
environmental
19th century
grind
classic
wheel
socioeconomic
iron production
transportation
ver
transmission
waterwheel bolt
mechanical-parts
smoke
metal
transition
contaminate
innovations
railway
capitalist
gearbox
historical
motion
first
contamination
plant
machine part
valve
drive
fumes
cogwheel
historic
energy
past
train
power loom
age
rotate
industrial equipment
part
industrializing
coal
manufacture
atmosphere
working
design
rial revolution
spinning
engineering
industry
nineteenth
mechanical
first industrial revolution
mechanism

反抗压迫
工人运动

工业革命时期的英国史读起来像是一部内战史。

——哈孟德夫妇《劳工三部曲》

工业革命所造成的社会阶级结构的变化，也引发了社会矛盾的转变。近代工业资产阶级和工业无产阶级的斗争，伴随着工业化进程逐步激化，也伴随着资本主义社会改良而渐趋缓和。

捣毁机器的工人运动

工业革命导致大批被逐出土地的失业农民流入城市成为新兴的工业无产阶级，而他们面临的却是高强度的劳动、低廉的工资报酬、恶劣的生活居住环境以及人格尊严的被侵害。这一切迫使工人阶级起来反抗资产阶级。

最初的工人反抗，主要是把不满和怨恨都发泄在机器上。这种捣毁机器的行动，最初盛行于英国棉纺业中心兰开夏，后来蔓延到别的很多工业地区。在1811年形成高潮的“卢德运动”，实际上是英国手工业工人反对现代资本主义生产方式的运动。相传，莱斯特郡一个名叫卢德的工人，为抗议工厂主的压迫，第一个捣毁织袜机。1811年诺丁汉郡织袜工人组织起来捣毁织袜机，并扩展到兰开夏、约克郡、柴郡和曼彻斯特等地。虽然英国国会通过《保障治安法案》和《捣毁机器惩治法》压制工人运动，但直到1816年，“卢德运动”仍时有发生。

“卢德运动”是早期工人运动的一种自发形式，主要是通过捣毁机器发泄不满和怨恨。1811年，英国莱斯特郡的卢德，为抗议工厂主的压迫，第一个捣毁织袜机，这种反抗形式蔓延开来后，被称为“卢德运动”。

欧洲三大工人运动

工业革命从英国发起，很快传播到欧洲，在加速欧洲工业化进程的同时，也必然引发欧洲工人阶级反对资产阶级的斗争。19世纪三四十年代发生的“欧洲三大工人运动”，即法国里昂丝织工人两次起义、英国宪章运动、德国西里西亚纺织工人起义，表明工人运动已经成为重要的社会政治运动。

里昂工人起义发生于1831年和1834年。里昂是法国丝织业中心，1831年初里昂工人掀起一场要求提高工资的运动，后演变为武装起义。经过3天战斗，工人起义被法国七月王朝镇压。1834年4月9日，因为政府逮捕和审判罢工领袖，发布禁止工人结社集会的法令，里昂再度爆发丝织工人起义。经过6天激战，起义再度遭到镇压。

1836—1848年发生的英国宪章运动，目的是工人们取得普选权，以便有机会参与国家的管理。工人阶级希望通过政治变革来提高自己的社会经济地

凯绥·珂勒惠支是著名的德国版画家、雕塑家、社会主义者。这是她的六幅组图版画《织工反抗》中最好的一幅。画面中工场铁门紧闭，失去工作的织工们试图冲破铁门，夺回自己的生机。女人们在一边助战，她们用痉挛的手从地上挖起石块来给丈夫作为武器；羸弱的孩子凄惨地哭泣着。

位。1838年，伦敦工人协会的工人领袖与议会的激进派议员共同草拟并公布了一份请愿书，命名为《人民宪章》，这标志着“宪章运动”的开始。1839年2月、1842年5月和1848年4月，宪章派先后三次举行集会和游行，向英国议会递交了请愿书，但均遭到英国议会下院的否决，英国政府还禁止一切集会，逮捕运动领导人，最终下令解散宪章派组织。

1844年6月普鲁士王国所属西里西亚纺织工人发动起义，同样是争取提高工资。起义在欧根山麓两个纺织村镇彼特斯瓦尔道和朗根比劳首先爆发，西里西亚主要城市布勒斯劳的手工业者和学徒，柏林、亚琛的纺织工人，马格伏堡的糖厂工人也先后举行罢工和局部起义，响应西里西亚织工的斗争。最终起义被镇压。

欧洲三大工人运动的发生，标志着世界工人阶级已经成为一支有组织、有纲领、有目标的、足以影响社会发展进程的政治力量。

知识链接：《人民宪章》

《人民宪章》是英国宪章运动中的纲领性文件。1837年6月，由伦敦工人协会的领导人威廉·洛维特拟定，由英国议会下院6名议员和6名伦敦工人协会会员组成的一个委员会提出，并于1838年5月8日作为准备提交议会的一项法律草案在各地群众大会上公布。《人民宪章》包括了宪章派提出的改革议会的六项要求：

1. 凡年满21岁、身体健康而未被处过徒刑的男子，都有选举权；

2. 无记名秘密投票以保障选民充分行使其投票权；

3. 议会议员不应有财产资格或其他任何限制，各选区选举他们所爱戴的人，不论贫富；

4. 议员应领取薪金，以使诚实的商人、工人和其他人能离职充当选区的代表，为国家利益服务；

5. 按照各地区选民的人数平均分配选举区，把全国划分为人口大致相等的300个选区，每个选区选出1名下议院的议员；

6. 议会每年改选一次，防止贿赂、恫吓以及议员违抗、出卖选举人等事件的发生。

1848年，宪章运动达到高潮，宪章派发起第三次全国请愿，在请愿书上签名的有197万人。伦敦、曼彻斯特、伯明翰、利物浦、格拉斯哥等城市的工人举行了声势浩大的示威游行。

团结互助
工会组织

工会结构是一种民主实体，这种实体和其他民主实体不同之处，仅在于它完全是由体力工资劳动者按行业组成的。

——韦伯夫妇《工业民主》

英国是工业革命的发源地，也是现代工会运动发轫的地方。英国最早的工会组织出现在17世纪末，而它成为“运动”，则是工业革命发生以后的事。

这是19世纪竞选活动的一幅招贴画，旨在为工会和工人阶级代表在议会中赢得一席。

弱小的英国早期工会

英国的工会起源于地方性和传统技术行业团体，工业化催生了新行业之后，技术性很强的工种更适于工会发展，机器工和机械纺织工就是典型的例子。早期工会继承了中世纪互助会、共济会的传统，主要为会员提供互助福利。而且早期工会也被少数高技术工人用以排斥一般劳动者，保护高技术工人的特殊工作条件和特殊收入。因此这时的工会多数不关心政治问题，政府和雇主也都对此采取容忍态度。

这些是“工会会员证”，可以帮助工人在工会运动中发现自己的家庭历史。英国工会运动的规模令人震惊。成千上万的人成为会员，曾经有5000个为人熟知的工会存在过。在每个英国家庭历史中，至少可以找到一个活跃的工会会员。

后来，劳动者用工会这种形式与雇主讨价还价，争取较高的收入和较好的劳动环境，这使工会具有了工人阶级组织的性质。1799年，出于压制激进政治运动的需要，托利党政府制定《结社法》，取缔了包括工会在内的一些工人组织。可见，早期工会地位很软弱，没有活动经费，缺乏团结基础，政府对其敌视，工会不受法律保护。这些都使工会很难长期存在，从而影响了工会的发展。

英国工会运动高潮

1824 年，在工人阶级激进分子弗朗西斯·普雷斯和激进派议员约瑟夫·休谟的推动下，《结社法》被废除，工人获得了结社和罢工的权利。工会组织的合法化，使工人在争取工会权利的道路上迈出了第一步。

1829—1834 年，英国工会运动出现第一个高潮，形成四大工会：纺纱、建筑、呢绒、陶瓷。1829 年，兰开郡的纺纱工领袖约翰·多尔蒂创建"联合王国工厂纺纱工总工会"，这是英国第一个全国性的工会组织。1830 年，多尔蒂又组成一个更大的工会——"全国各业劳工保护协会"，这是第一个跨行业的全国性工会组织。1834 年 2 月，以罗伯特·欧文为首成立了一个"全国大团结工会联合会"，短时期内人数就达到 80 万，并引发罢工浪潮突袭全国，但全面罢工耗尽了工会的资金，因而仅存在了 10 个月就瓦解了。

这是"工程师联合会"的会员证。该联合会于 1851 年成立，是第一个十分成功的全国性工会。

知识链接：工会参政与工党建党

在英国工会参与政治活动的过程中，产生了工会代表大会。1868 年，第一次工会代表大会在曼彻斯特举行，不久后又形成一个"议会委员会"，由大会委任成员行使大会职能。1874 年"议会委员会"在大选中指导工人投票，两位工人候选人在自由党帮助下竞选成为英国最早的工人议员。为了推动工人竞选议员，建立一个工人阶级单独的政党势在必行。1893 年，苏格兰矿工联合会的领袖基尔·哈迪建立一个独立的工人阶级政党，称"独立工党"。1900 年 2 月，英国工会代表大会批准建立一个独立的工人党团，称"劳工代表权委员会"。1906 年，劳工代表权委员会正式更名为"工党"，20 世纪英国最重要的一个政党由此产生了。

英国新模范工会

宪章运动结束后，英国工会运动成了工人运动中唯一的形式。1851 年英国出现了新模范工会，第一个是"机械工人混合工会"，然后是"木工细木工混合工会""锅炉与铁船制造工联合会""棉纺纱混合工会""成衣工混合工会"等一批"新模范工会"。矿工工会也在 1863 年改组为"全国矿工联合会"，凭借其组织工会的深厚传统，在英国工会史上发挥了重要作用。

新模范工会组织严密，有专职干部从事工会工作。大工会在伦敦设立总部，各总部相互联系，共商重大问题，采取共同立场。这样，在伦敦逐渐形成了被称为"将塔"的工会巨头非正式机构。"将塔"在一批激进的知识分子协助下，将工会运动带入政治领域。

制度革命 英国《工厂法》

在人们的观念里，新的《工厂法》所说的“工厂”在19世纪60年代以前绝对是指纺织厂……在1830年时，现代意义上的“工业”和工厂几乎绝对是指英国的棉纺织业。

——艾瑞克·霍布斯鲍姆

英国工业革命的爆发，使英国很快建立起近代工厂制度。但在工厂制度发展之初，工厂劳动环境极为恶劣，工人生产生活状况非常糟糕。为了改变这种现象，英国在19世纪通过一系列工厂立法，使英国工人的生产生活环境逐步得到了改善，推动了英国工厂制度的进步。

英国工业革命后发展起来的纺织厂为降低工资支出大量雇佣童工，非人的超强度体力劳动，极大摧残了童工的身心健康。这一状况直到1833年英国议会通过了一系列《工厂法》之后，才使英国工人权利特别是儿童权利逐步得到保护，并推进了英国走向文明的福利社会。

英国《工厂法》立法的背景

早期英国工厂的糟糕状况主要表现为：苛刻的工厂纪律、恶劣的劳动环境、童工的悲惨境遇、女工的艰难处境。而生活在最为“悲惨世界”中的是众多的童工，他们只有10岁左右，从事着非人的超强度体力劳动，遭受着身体与心灵的极大摧残，成为“维多利亚文明时代”令人发指的一幕。即便是在“空想社会主义者”罗伯特·欧文的工厂中，1799年，70%的工人是18岁以下的年轻人，其中绝大多数是13岁以下的儿童。1796年，身为医生的珀西瓦尔博士以曼彻斯特卫生局的名义发布了一份报告，揭露工厂中工作条件的恶劣与工人生活的艰苦。恶劣的环境加上超负荷的工作，经常发生学徒儿童死亡的情况。在1800—1801年，诺丁汉郡就发生了30名学徒死亡的事件。

童工的悲惨遭遇逐渐引起了英国社会的关注，不同的社会集团纷纷参与到维护工人特别是童工的运动中，主要成员包括医生、地方官员、法官以及城市慈善组织。这些具有重要影响力的社会组织和知名人士有力地推动了工厂立法的改革运动。

英国《工厂法》立法的进程

最终推动童工生活改善的力量来自国家立法的有效介入，并逐步建立起制度性的保障。1802年4月，罗伯特·皮尔向下院提出《学徒健康与道德法案》，该法案的主要内容包括：工厂主应使车间保持通风和卫生；学徒应有两身工作服替换；一张

Improvements for the children's working conditions
1832 : The use of boys for sweeping chimneys was forbidden by law
1833 : The Factory Act was made law. It's was now illegal for children under 9 to be employed in textile factories.

这是一幅 1833 年《工厂法》宣传照，其中的文字表示："儿童工作状况得到改善"。1832 年，法律禁止使用男童清扫烟囱；1833 年，《工厂法》颁布后，自此在纺织厂雇佣 9 岁以下儿童成为非法行为。

床最多供 2 名学徒睡觉，并为男女儿童分别安排宿舍；学徒每天工作不应该超过 12 小时，晚 9 点到早 6 点工厂不开工等。该法案由两名监督员监督实施，他们随时可以进厂检查，发现违法现象就会对工厂主予以处罚。这一法案在 1802 年 6 月 22 日被国王批准后，其执行状况虽然并不理想，但它却是英国《工厂法》立法的起点。

1833 年，辉格党议会通过了新的《工厂法》，使童工保护得到了强化。法案规定纺织厂禁止雇佣 9 岁以下的儿童；9 岁至 13 岁儿童每天工作时间不超过 9 小时；13 岁至 18 岁的年轻工人每天工作不超过 12 小时；儿童每天有 2 个小时接受教育等。1853 年，英国又颁布了新的《工厂法》，规定正常的工作时间为早 6 点到晚 6 点的每天 12 小时；童工每天工作不超过 6.5 小时；年轻工人与妇女每天工作不超过 10.5 小时。这一法案开始主要在纺织厂施行，后逐渐适用于其他工厂领域。1867 年，保守党政府又通过了两项法律，规定 8 岁以下儿童禁止进入工厂工作，较大岁数的儿童每周应有 10 小时用于学习，年轻工人与妇女也受到保护。这一法案使得 140 万工人受益。到 1878 年，所有的英国工人都享受每天 10 小时工作的权利。这样，经历了半个多世纪的努力，英国工人权利特别是儿童权利逐步得到保护，它推进了英国走向文明的福利社会，这也是 19 世纪"维多利亚精神"的一个组成部分。

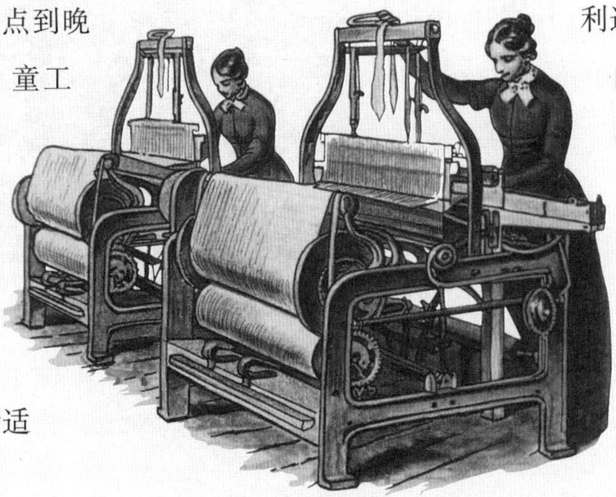

曾经是织布工人的纺织品制造商法兰西斯·洛厄尔（1775—1817 年）成立了一家工厂，他为女工们提供了较好的工作条件。

知识链接：维多利亚精神

"维多利亚精神"是维多利亚时代特征的灵魂，这是英国工业革命和大英帝国的峰端，通常是指 1837—1901 年，即维多利亚女王（Alexandrina Victoria）的统治时期。19 世纪 30 年代以后，最早实行工业革命的英国又发展到一个新的阶段，它依仗强大的经济力量，在国际市场占有垄断地位。它不断地扩展殖民地，控制的地区之广已超过了古代罗马帝国。在国势强盛、科学昌明、经济繁荣、社会相对稳定的情况下，"维多利亚人"表现出自满、乐观、正统等精神特征，并成就了英国富庶、文明、伟大的时代。而维多利亚女王的个人气质和精神面貌，充分印证了那个时代的特征：一生中模范地履行了立宪君主的职责，生活严谨，工作刻苦，对别人充满责任感，成为英国人心目中的道德风尚典范。

金融革命

私人银行和中央银行

工业革命不得不等候金融革命。

——约翰·希克斯

世界近代金融业发源于意大利，中心后移至荷兰，但英国作为工业革命的发源地，凭借工业资本和金融资本的相互支持转化，在19世纪一跃成为世界的钱庄和国际金融中心。

英格兰银行的诞生

英国金匠是最早的银行家，他们从铸币兑换发展到为客户保管活期存款、记录现金状况等业务，并从私人业务延伸到政府放贷业务，为了更多吸引存款，还开始向定期存款支付利息。英国金匠银行家的一大发明是创新出支票、内陆汇票以及银行券等纸质支付文件。但是金匠只能进行小量融资和短期借款，无法提供大量资金。而当时正值英法战争时期（1689—1697年），英国急需大量的军费，于是1694年7月27日由伦敦1268名商人创立了世界上第一家商业银行——英格兰银行，并按年息8%筹资120万英镑贷款给英王威廉三世。由于英格兰银行给政府提供贷款，因此获得了政策保护和许多特权，英格兰银行资本金不断扩大，且具有发行钞票的权利，在伦敦金融市场享有独一无二的地位。

从18世纪开始，这个大铁柜子就在英格兰银行被用来保管钞票。

英格兰银行的成立鼓舞了一批居住在伦敦有影响力的苏格兰人，他们于1727年5月成立了苏格兰皇家银行，它是欧洲甚至世界第一家由私人组织的股份制银行，并且在世界上建立起第一个全国性分支银行体系，比较早地从法律上确立自由银行的原则。

私人银行和中央银行

在英格兰银行建立的同时，英国私人银行的发展非常迅速。早期的私人银行同样出自金匠银行家或私

这幅18世纪的雕版画展示的是1669年建立的伦敦交易所，商人们在那里会面、指挥交易。

这是位于法国里维埃拉的罗斯柴尔德伊弗留西别墅，被世人称为最华丽的法国之家。这幢豪华别墅由比利时建筑师精心设计并建造于 1905—1912 年之间。豪宅俯瞰着地中海，室内摆满了古董家具、艺术大师的绘画、雕塑、中国瓷器。有九个不同主题的花园环绕着别墅。

营银行券发行银行，18 世纪末到 19 世纪 30 年代期间，巴林兄弟银行是伦敦城最大的私人银行，也是当时欧洲最有实力的金融机构。当时私人银行的主要业务是国家贷款业务。私人银行家经常利用政府的困境在政府债券发行中牟取超常的利润。包括英格兰银行也是一个较大的股份制银行，它所经营的仍是一般银行业务，如对一般客户提供贷款、存款以及贴现等。

当然，英格兰银行在成立之时就被赋予了政府银行的职责，因此它被称为“世界上最古老的中央银行”。英格兰银行一开始就拥有发行货币的特权，经过 1844 年《比尔条例》和 1928 年《通货与银行钞票法》之后，英格兰银行更是逐步垄断了英国货币发行权。1946 年《英格兰银行法》将英格兰银行国有化，使它变成了公营公司，彻底改变了它的私营银行的身份。它不再是为本身牟取利润的私营银行，也不再在私人部门业务上与普通银行竞争。该法案还终止了英格兰银行在名义上的独立性，使其成为国家机器的一个组成部分。

知识链接：罗斯柴尔德家族

罗斯柴尔德家族（Rothschild Family）是欧洲乃至世界久负盛名的金融家族。它发迹于 19 世纪初的德国，其创始人是犹太人梅耶·罗斯柴尔德。1800 年梅耶的第三子内森·罗斯柴尔德在英国伦敦开了分公司，成功地开展了国际贷款业务，通过债券发行为世界各地政府筹集资金，还为皇室、政治家理财，从事黄金和货币交易、进行工业和矿业的投资。1836 年内森去世时，他也许是全世界最富有的人。到 19 世纪 70 年代，内森的四个儿子的遗产总计 840 万英镑，超过同时期英国任何家族的财产。进入 20 世纪，仍然停留在 19 世纪家庭作坊的经营模式上的罗斯柴尔德家族逐渐衰落，家族男性成员恪守近亲通婚的规定也失去了发展活力。今天，罗斯柴尔德家族对世界金融市场的影响已不重要。

知识链接：巴林银行

巴林银行（Barings Bank）于 1763 年在伦敦开业，创办人为法兰西斯·巴林爵士。它曾是伦敦最大的私人银行，曾为美国从法国手中购买路易斯安那州提供资金，也曾发行“吉尼斯”获得巨大成功，20 世纪初它将英国王室发展为自己的客户。由于巴林银行的卓越贡献，巴林家族先后获得了五个世袭的爵位。1994 年下半年，号称国际金融界“天才交易员”、曾任巴林银行驻新加坡巴林期货公司总经理、首席交易员、年仅 28 岁的尼克里森，未经授权从事东京证券交易所日经 225 股票指数期货合约交易失败，致使巴林银行亏损 6 亿英镑，远远超出该行 3.5 亿英镑的资本总额。1995 年 2 月 26 日，英国中央银行英格兰银行宣布：巴林银行不得继续从事交易活动并将申请资产清理。这意味着拥有 233 年历史的巴林银行彻底倒闭。

民主化与社会保障

19世纪英国社会改革运动

整个地球好像从里往外翻，它的内脏全部都被挖出来扔得到处都是，整个大地上到处都堆满了煤渣。

——19世纪初一个英国工程师对英格兰西部工业区的形容

19世纪是英国历史上重要的“改革的时代”，这场改革从20年代末持续到80年代，期间颁布了近20个重要改革法案或法令，涉及国家和社会生活的方方面面。英国不仅因此确立了民主政治制度与自由市场制度，而且在经济发展、社会福利、民生保障、公民权利等方面都取得了新的进展，英国近代制度的主要框架也因此得以建立完善。

19世纪英国社会改革运动的背景

到19世纪中期，英国工业革命已经完成，英国已成为世界上工业化程度最高的国家，伦敦也成为世界金融和贸易中心。英国生产了世界煤产量的60.2%、铁产量的50.9%、加工了世界棉花产量的46.1%，成了名副其实的“世界工厂”。同时，曼彻斯特、伯明翰、舍菲尔德、格拉斯等一大批工业城市迅速崛起，铁路网遍布英国，英国城市人口已超过了农村人口，初步实现了城市化。

但与此同时，英国阶级对立加剧、环境污染恶化和经济危机爆发成为社会问题的焦点。工人阶级仍然深受剥削，民主权利没有保障，社会财富分配不公，底层民众的生活几近“凄惨”。工业快速发展还带来了严重的环境污染，伦敦大地上插满了“大烟管”，日夜不停地排放着滚滚浓烟，使之成为闻名世界的“雾都”。1825年前后，英国出现周期性和普遍性的生产过剩危机，失业率骤然上升，消费量锐减，工业生产和对外贸易都遭受了沉重打击，3549家企业和80家银行破产，英格兰银行的黄金储备从1824年3月的1390万英镑骤跌至1825年12月的120万英镑。

逐步深化的三次议会改革

19世纪英国社会改革运动的特点是：既逐步解决政治民主和经济自由问题，又促进解决公民权利

莫奈所描绘的从自家窗户俯瞰泰晤士河景象。1853年的《泰晤士报》曾经如是写道：伦敦雾霾“将人类的咽喉变成病恹恹的烟囱”。伦敦雾霾对于生活于此的人们来说是一场噩梦，但却给了艺术家莫奈以“创作灵感”。

工业革命带来环境污染，使伦敦被冠以“雾都”之名。直到20世纪中期，英国政府制定实施了一系列防治空气污染的法律法规，到20世纪80年代，伦敦逐步成为一座“绿色花园城市”。无论是白天还是夜晚，从清澈的泰晤士河对岸眺望壮观的英国国会大厦，大本钟、威斯敏斯特宫都清晰地历历在目。

保障和社会民生问题。三次议会改革为英国近代制度建立奠定了政治保障。

1832年议会改革是英国议会君主制发展的一个重大转折点。19世纪初，英国责任内阁制框架初步形成，但国王在首相和内阁成员选举中仍然享有一定权力，因此英国民众向上下议院提交了大量要求改革议会的请愿书。1831年初辉格党内阁的改革议案获得国王批准。内容包括：调整议席分配，取消部分“衰败选区”的议席，减少人口较少选区的议席，将空出的议席给大型工业城市和较大的郡县；降低选民财产资格，除了大银行家、大商人、大工厂主有选举权外，大批手工作坊主、小商人和部分佃农也获得了选举权；缩短了选民登记时间，选举时间从15天缩短到2天。第一次议会改革开启了选举改革的进程，削弱了国王、贵族、上议院的势力，促进了政党组织的完善和两党制度的形成，一种内阁与国王、政党、社会舆论、上下议院之间的新型权力关系逐渐形成。

1867年的议会改革促进了议会选举制度的民

知识链接：欧文和合作社实验

1817年，罗伯特·欧文发表《致新拉纳克郡的报告》，他认为要消除社会和工人的苦难就要消灭产生竞争的土壤——私有制，建立一个人人合作的社会，这一思想直接引导了英国合作社的出现。但欧文倡导的是生产合作社，现实中大量出现的却是消费合作社。生产合作社旨在控制生产，消灭生产过程中的剥削关系；消费合作社则旨在消灭商品流通过程中的中间盘剥，让劳动者维护其消费利益。但欧文仍然热情地支持这个运动。1832年，英国大约有500个合作社组织，2万名会员，但两年以后大部分合作社都解体了。1844年，罗奇代尔和28位法兰绒织布工创建了一个新式合作社，他们按购货量分配红利，结果使合作社长久地存在下去，工人们从这种合作社中得到不少的实惠。

大本钟又称伊丽莎白塔，即威斯敏斯特宫钟塔，它是世界上著名的哥特式建筑之一，英国国会会议厅附属的钟楼的大报时钟，也是伦敦的标志性建筑之一。大本钟于1858年4月10日建成，钟楼高95米，钟直径7米，重13.5吨，每15分钟敲响一次。

约瑟夫·张伯伦是英国政治家，1873 年当选为伯明翰市市长。他大力推行政府干预经济、建设福利社会的实践，很快将伯明翰这个脏乱差的重工业城市变成了英国最美丽的城市之一。因此，他被称为当时英国激进运动的旗手。张伯伦联合自由党激进派和在野的保守党提出的议会改革法案，促进了英国公民选举权的扩大和议会选举制度的完善。

主化。1864 年，积极支持英国工人争取选举权的"第一国际"在伦敦成立。1865 年，"全国改革联盟"成立，大规模的改革运动在英国曼彻斯特、格拉斯哥、伯明翰等大城市轰轰烈烈地展开。英国财政大臣本杰明·迪斯雷利顺应改革呼声，于 1867 年 3 月 18 日向下议院提出改革议案，并获得了上议院和维多利亚女王批准。这一改革法案对议会席位再次进行调整，基本去除了"衰败选区"，把选区给了大工业城市和郡。伯明翰、曼彻斯特、伦敦以及其他中型城市的议席席位有所增加，小资产阶级和上层工人阶级获得了选举权。同时这次改革还促进了大多数工人境况得到好转，因此在 19 世纪英国社会改革运动中具有标志性意义。

第三次议会改革进一步扩大了普通民众的选举权。1880—1885 年英国爆发严重金融危机，失业率暴涨至历史最高点，国内外矛盾日益激化。以约瑟夫·张伯伦为代表的自由党激进派，联合在野的保守党给政府施压，提出了两个新的议会改革法案。《人民代表制》于 1884 年 12 月获得议会通过，它进一步扩大了选民范围，选民增加了 1 倍，达到 450 万人，部分工农业者也拥有了选举权力。《重新分配议席》于 1885 年 1 月获得议会通过，它按照每 5.4 万人分配 1 个议员席位的标准将全国划分为 617 个选区，全国 22 个城市以及剑桥、牛津大学保留 2 个议席，其他各选区均实行单一选区制。这次议会改革使议席分配更加合理公平，使人口密集的工业城市的工人阶级及部分农业人员有机会参与到国家政治中，对改善工人的处境和推动资本主义发展具有促进作用。第二次和第三次议会改革将政治民主进一步下移，基本实现了成年男性公民的普选权。

不断扩大的社会改革立法

19 世纪英国社会改革运动还促进了与劳工大众休戚相关的权利保障和民生问题的立法。首先是天主教解放运动。1801 年爱尔兰与英国合并，但占爱尔兰人口多数的天主教徒却不得参与国家的政治活动。爱尔兰人、英国下院天主教解放运动领袖丹尼尔·奥康奈尔因此热忱鼓吹天主教解放，坚持要求英国议会取消反对天主教徒的法令，最终推动英国政府于 1829 年颁布《天主教解放法》，使数百万天主教徒获得平等的公民权利。这一改革修正了英国自光荣革命以来的新教原则，因而具有宪制改革的意义。紧接着是济贫改革。1834 年，英国政府出台了《济贫法修正案》，将社会救济与自由市场经济的发展结合起来，要求贫困劳工以工作换取救济，最终让所有劳动者通过市场竞争而生存。而 1846 年《谷物法》的废除取消了粮食贸易的保护主义，不仅打破了土地贵族集团的特殊既得利益，而且攻陷了重商主义最顽固的一个堡垒，其最

英国《济贫法修正案》于1834年通过，史称“新济贫法”。新济贫法克服了旧济贫法中的一些流弊，如滥施救济、管理不善等。贫民只有在进入“济贫院”后，通过劳动方可获得食物救济。这就是将社会救济与自由市场经济的发展结合起来，要求贫困劳工以工作换取救济，最终让所有劳动者通过市场竞争而生存。

大意义是宣布资本成为英国的最高权力。

此后，英国教育改革使英国高等教育走向世俗化和平民化，专业教育和科学教育发展起来。民生领域改革开始注重国民财富的再分配，动用公共权力和公共资金改善国民的基本工作和生活条件，实行公共卫生、劳工住房和工作场地等方面的改革。行政管理领域通过两次文官制度改革消除了恩赐官职的弊端，确立了文官常任、按考试录用、按业绩晋升的人事管理制度，大幅提高了政府政策的连续性和稳定性，以及文官队伍的素质和行政效率。

知识链接：英国是怎样战胜雾霾的？

工业革命以来，伦敦就以“雾都”扬名，19世纪末期，伦敦每年就有三分之一的时间是“雾日”。虽然英国采取了一些措施治理雾霾，但成效不够显著。1952年12月初，伦敦开始大雾围城，导致交通瘫痪，超过12000人染上支气管炎、哮喘和其他影响肺部的疾病而丧生。这场悲剧终于使英国人下决心与雾霾开战。1956年英国政府颁布了世界上第一部现代意义上的空气污染防治法——《清洁空气法案》，大规模禁止使用可以产生烟雾的燃料，发电厂和重工业作为排烟大户被强制搬迁到郊区。1974年出台《空气污染控制法案》，规定工业燃料里的含硫上限等硬性标准。到1975年，伦敦的“雾日”已经减少到每年15天，1980年降到5天，伦敦开始丢掉“雾都”的绰号。20世纪80年代后，英国积极推行无铅汽油，强制新车都必须加装催化器以减少氮氧化物污染的排放。现在，伦敦已成为一座“绿色花园城市”，城区三分之一面积都被花园、公共绿地和森林覆盖，拥有100个社区花园、14个城市农场、80公里长的运河和50多个长满各种花草的自然保护区。

1833年，由罗伯特·欧文的“国民劳动公平交换市场”发行的这张纸币，规定持票人能获得价值5小时的一项服务。

教育普及

英国义务教育制度的建立和发展

每个儿童的父母有责任让自己的子女接受足够的读、写和算术方面的初等教育，如果父母没有履行这一职责，那么他们应服从本法案提出的各种命令，并应受到本法案提出的各种处罚。

——1876 年《桑登法》第 4 条

英国工业革命的发展，在开始之初并没有直接推动英国初等义务教育的发展完善，相反，英国在 19 世纪上半叶的义务教育状况还相对落后于欧洲其他国家。直到 19 世纪最后 20 年，英国通过一系列立法，确立了义务教育制度和教育体系。

从自由放任到适度干预

19 世纪以前，英国政府一直抵制欧洲大陆借助国家发展教育的策略，奉行自由放任政策，其主流的教育思想是自愿捐助体系，即学校不受国家控制，资金来自个人或某些组织，学生入学不是强制性的。所以英国儿童接受教育的方式主要取决于他们的性别和父母的收入、宗教信仰等。

随着工业化的进展，对劳动者素质的要求不断提高，倡导初等教育改革的力量也在英国逐步增强，工人阶级也渴望子女能获得受教育的权利。因此，英国政府也由原先的那种自由放任理念逐步转变为适度干预，颁布了一系列关于强制教育的法律法规。1802 年颁布的《学徒健康与道德法案》规定学徒必须接受适当的教育；1833 年颁布的《工厂法》及其修订法案规定童工做工必须交出上学证明；1860 年的《矿山法》规定 10—11 岁儿童只有获得"3R"方面的熟练证书后才可以不接受进一步的学校教育。当然，这些法案并未根本改变这一时期英国初等教育的落后状况。根据当时官方调查，全国只有四分之一的儿童接受某种初等教育，至少超过 150 万的贫穷儿童没有获得任何形式的初等教育。

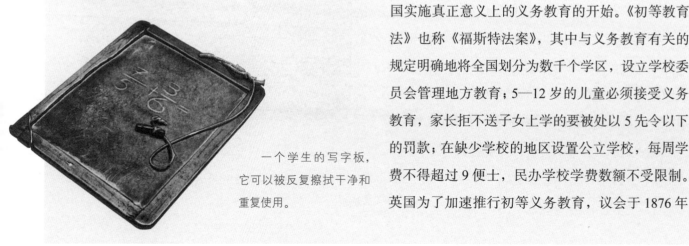

一个学生的写字板，它可以被反复擦拭干净和重复使用。

英国义务教育制度的全面确立

1870 年英国政府颁布《初等教育法》成为英国实施真正意义上的义务教育的开始。《初等教育法》也称《福斯特法案》，其中与义务教育有关的规定明确地将全国划分为数千个学区，设立学校委员会管理地方教育；5—12 岁的儿童必须接受义务教育，家长拒不送子女上学的要被处以 5 先令以下的罚款；在缺少学校的地区设置公立学校，每周学费不得超过 9 便士，民办学校学费数额不受限制。英国为了加速推行初等义务教育，议会于 1876 年

从1870年英国政府颁布《初等教育法》开始，英国逐步实施真正意义上的义务教育。面向儿童的义务教育在年龄要求、学费标准和公立学校创办等方面都有强制规定。到1987年11月，英国规定的义务教育阶段为5—16岁，实行全国统一课程和全国统一的成绩评定制度。什里弗纳姆是英格兰牛津郡白马谷的一个村庄，这幅图片展示了义务教育在20世纪初已经覆盖到英国乡村。

知识链接：英国义务教育年限的延长

20世纪后，英国义务教育法规进一步延长了义务教育的年限。1918年英国教育大臣费舍提出的《费舍教育法》将义务教育年限延长到14岁，小学一律实行免费教育；1944年以巴特勒为主席的教育委员会提出《巴特勒法案》，将义务教育年限延长到15岁，规定了地方教育当局为教育超龄者提供教育。1987年11月，英国教育大臣贝克的《教育改革方案》规定义务教育阶段为5—16岁，实行全国统一课程和全国统一的成绩评定制度等。

通过《桑登法》，明确规定了父母对于儿童接受初等教育的法律责任，还要求各学区成立“学校入学事务部”，该机构有权制订和实施有关义务教育入学的法令。1880年英国议会又通过了一部教育法，即《芒代拉法》，规定5—10岁儿童无条件入学，10—13岁儿童只有达到一定的成绩要求或已连续五年正常入学接受教育，方可免除义务入学要求。《芒代拉法》以教育法的形式对原属《工厂法》管辖的最低工作年龄及相应的义务教育年龄做出了规定，标志着英国义务初等教育体系的正式确立。在苏格兰，由于实行义务教育，到1891年，8—10岁的男孩女孩入学比例由1871年的90%左右和88%左右都上升到96%左右；在英格兰和威尔士，工人阶层中儿童的入学率由1871年的68%上升到1896年的82%。

伊顿公学是英国最著名的也是享有国际盛誉的贵族中学，由亨利六世于1440年创办。伊顿以“精英摇篮”“绅士文化”闻名世界，也素以军事化的严格管理著称，是英国王室、政治经济界精英的培训之地。这里曾造就过20位英国首相，培养出了诗人雪莱、经济学家凯恩斯等名人，也是目前的英国王位第二顺位继承人、剑桥公爵威廉王子和其弟弟哈里王子的母校。

垄断时代
工业托拉斯

空气中充满着金钱的气息，除了钱什么都没有，金钱的味道在我们周边的空气里漂浮。

——马克·吐温《镀金时代》

“托拉斯”是指19世纪末20世纪初出现在美国的经济垄断组织的高级形式之一。它由许多生产同类商品的企业或产品有密切关系的企业合并组成，旨在垄断销售市场、争夺原料产地和投资范围，加强竞争力量，以获取高额垄断利润。

知识链接：卡特尔、辛迪加、康采恩

卡特尔、辛迪加、康采恩和托拉斯一样，都是20世纪上半叶较为重要的垄断组织形式。卡特尔是由生产或经营同类产品的一些大型垄断企业之间通过协议形成的，在生产或流通的某个或某些环节实行垄断的组织形式；辛迪加是把一些在法律上和生产上独立的大垄断企业在流通环节上统一起来进行垄断经营的组织形式；康采恩也称财团，它是以某一个最大的资本家企业集团为核心，由不同经济部门的许多企业或企业集团组成的大垄断联合组织。

从自由竞争到垄断

以英国工业革命为标志的第一次科技革命，使主要资本主义国家实现了机器大工业代替工场手工业，并使原来的农业国逐渐转变为工业国，为资本主义自由竞争奠定了基础。而19世纪70年代以美国和德国为中心发起的第二次科技革命，以电、电机、内燃机的发明和运用、化学工业的发展为特征，使主要资本主义国家成为以重工业为主的国家，并使主要工业国社会生产部门日益增加并迅速扩大，生产和资本加速集中，生产社会化程度发展到更高阶段。

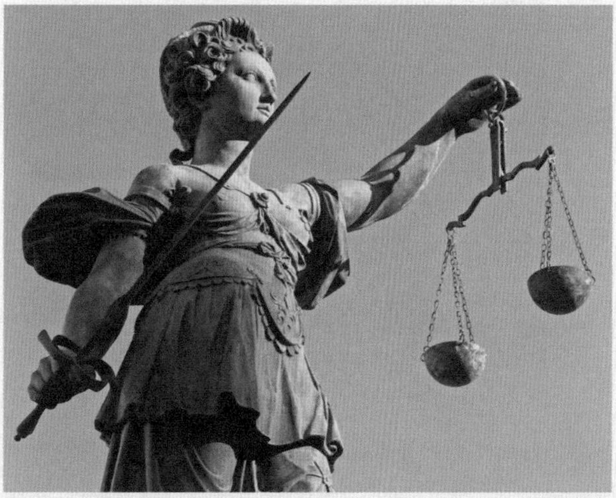

罗马神话中的正义女神象征着公平竞争：反对专利滥用和反垄断。1925年的《巴黎公约》是最早对专利权滥用进行规制的国际公约。世界上第一部反垄断法是美国于1890年颁布的《谢尔曼反托拉斯法》，也被称为世界各国反垄断法之母。

以资本自由转移为特征的自由竞争必然引起生产集中，生产集中发展到一定程度就会产生垄断组织，少数企业通过内部积累和外部兼并，将大量资本集中在手中，从而使自己在社会生产与销售市场上占有举足轻重的份额，因而具有了垄断势力，形成了社会经济中的垄断现象。垄断组织的出现，能够减少单个资本家生产的无计划性，推进大工业发展的进程，在一定程度上促进生产力的发展。但

洛克菲勒中心位于美国纽约曼哈顿，东西向从 48 街到 51 街，占了三个街区，南北向从第五大道到第七大道，也占了三个纵向街区。洛克菲勒中心这个建筑群是由洛克菲勒家族投资兴建的，号称是 20 世纪最伟大的都市计划之一。1987 年被美国政府定为“国家历史地标”。

知识链接：反托拉斯法

反托拉斯法即反垄断法，是国际或涉外经济活动中，用以控制垄断活动的立法、行政规章、司法判例以及国际条约的总称。19 世纪 80 年代末，美国垄断组织托拉斯形成，一方面给垄断资本家带来超额利润，另一方面也破坏了自由资本主义的经济结构，引发了诸多社会矛盾。美国政府为了鼓励正当竞争和自由贸易，禁止限制性贸易及垄断贸易的行为，于 1890 年 7 月 2 日通过《保护贸易及商业以免非法限制及垄断法案》，简称《谢尔曼反托拉斯法》。

是，垄断资本家控制着国家的政治和经济命脉，加剧了对市场的争夺，容易造成大范围的经济危机以及一系列连锁反应。

垄断组织托拉斯由董事会统一经营全部的生产、销售和财务活动，领导权掌握在最大的资本家手中，原企业主成为股东，按其股份取得红利，在法律上和产销上失去独立性。所以，同其他垄断形式相比，托拉斯是较为稳定的。

美国工业托拉斯的发展

美国在南北战争后扫除了资本主义发展的障碍，进入了一个迅猛发展的新时期。1894 年，美国工业生产跃居世界首位，1900 年美国工业产值约占世界工业总产值的 30%，它的煤、钢产量是英国和德国的总和。随着美国变成工业国家，资本和生产急剧集中，自由资本主义变成了垄断资本主义。

托拉斯是美国垄断组织最普遍的形式。1899 年，美国洛克菲勒建立的新泽西美孚石油公司通过持股公司控制所属的各个石油公司，从而形成了一个石油大托拉斯。1916 年建立的美国通用汽车公司通过兼并新泽西通用汽车公司、雪佛莱汽车公司和费休车身公司，从而成为一个汽车大托拉斯。到 1910 年，托拉斯垄断了美国纺织工业的 50%，食品制造业的 60%，金属工业（不包括钢铁）的 77%，化学工业的 81%，钢铁工业的 84%。托拉斯的盛行使美国在生产高度集中的基础上，能够快速采用先进技术，并在各产业中迅速取得统治地位。

美孚石油公司是洛克菲勒于 1870 年采取联合经营的方式创立的石油产业“托拉斯”。美孚石油公司一度垄断了美国原油生产、加工、运输、销售的一整套石油生产经营系统。到 19 世纪末，美孚石油公司的经营触角已伸到了世界各个角落。

电气时代 第二次工业革命

我认识两位伟人，你是其中之一；另外一个就是站在你面前的年轻人……

——1884 年尼古拉·特斯拉对托马斯·阿尔瓦·爱迪生的自荐

19 世纪中期，欧洲国家和美国、日本的资产阶级革命或改革相继完成，工业化转型促进了经济的发展。19 世纪 70 年代，从德国和美国开始发生了以“电气化”为特征的第二次工业革命，推动人类社会进入了“电气时代”。第二次工业革命极大地促进了社会生产力的发展，对人类社会的经济、政治、文化、军事、科技、生产力产生了深远的影响，使得资本主义世界体系最终确立，世界逐渐成为一个整体。

托马斯·阿尔瓦·爱迪生是美国著名的发明家、企业家。他是人类历史上第一个利用大量生产原则和电气工程研究的实验室来从事发明专利而对世界产生重大深远影响的人。他发明的留声机、电影摄影机、电灯对世界有极大影响。这是 1947 年美国为纪念爱迪生 100 周年诞辰而印制发行的邮票。

电气化的突飞猛进

1870 年以后，科学技术迅猛发展主要表现在四个方面，即电力的广泛应用、内燃机和新交通工具的创制、新通信手段的发明和化学工业的建立。

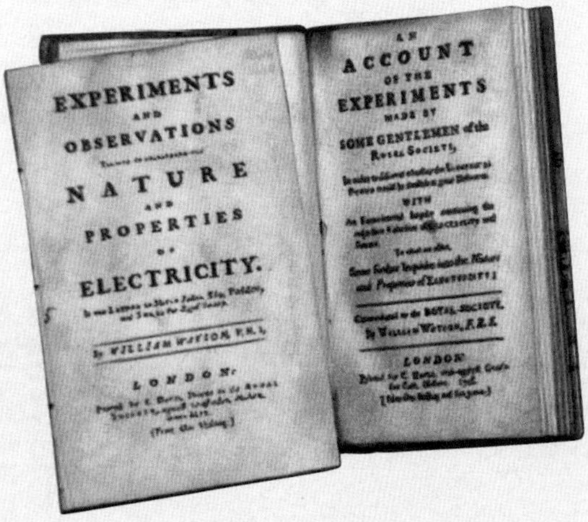

威廉·沃森于 1748 年出版的关于电的书

第二次工业革命从 19 世纪六七十年代开始，在 19 世纪末 20 世纪初基本完成，它以电力的广泛运用为显著特点。在电力的使用中，发电机和电动机是相互关联的两个重要组成部分。发电机是将机械能转化为电能；电动机则相反，是将电能转化为机械能。发电机原理的基础是 1819 年丹麦人奥斯特发现的电流磁效应，以及英国科学家法拉第发现的电磁感应现象。1866 年德国人西门子制成了自激式的直流发电机。1870 年比利时人格拉姆发明了电动机，电力开始用于带动机器，成为补充和取代蒸汽动力的新能源。1882 年，法国学者德普勒发现了远距离送电的方法；同年，美国发明家爱迪生在纽约建立了美国第一个火力发电站，把输电线连接成网络。随后，电灯、电车、电钻、电焊机等电气产品如雨后春笋般地涌现出来。

知识链接：电气化程度标准

衡量电气化程度的标准有不同的指标，但一般依据两个指标：一是指用来发电的能源需求，以占一次能源总需求的百分比来表示。按此标准，经济合作与发展组织发布的1985年的电气化程度标准为37%。二是指对电力的需求占各种能源最终需求的百分比。按此标准，经济合作与发展组织1985年的电气化程度平均为16%。

汽车是在第二次工业革命中诞生的新兴的、革命性的交通工具。德国工程师戈特利布·戴姆勒和卡尔·本茨在汽车发明过程中发挥了极为重要的作用，本茨因此被称为“汽车之父”。

交通通信业的划时代变革

内燃机的发明是第二次工业革命中应用技术的又一项重大成果。1876年，德国人奥托制造出第一台以煤气为燃料的四冲程内燃机；1883年，德国工程师戴姆勒又制成以汽油为燃料的内燃机，具有马力大、重量轻、体积小、效率高等特点，可作为交通工具的发动机。1885年，德国机械工程师卡尔·本茨制成第一辆汽车，本茨因此被称为“汽车之父”。以内燃机为动力的汽车作为一种新的运输工具发展极为迅速。19世纪90年代，世界各国生产的汽车每年只有几千辆，但到了第一次世界大战前夕，世界的汽车年产量已猛增到50万辆以上。后来，德国工程师狄塞尔又于1897年发明了一种结构更加简单，燃料更加便宜的内燃机——柴油机，这种柴油机非常适用于重型运输工具，它不仅用于船舶发动机，而且用于火车机车和载重汽车。

第二次工业革命前，有线电报已经问世，美国人莫尔斯于1837年制成一台电磁式的电报机。1844年5月24日，他利用华盛顿与巴尔的摩之间架设的一条61千米长的实验性电报线，完成了电报传讯的重大实验。特别是莫尔斯利用长短脉冲的不同组合，编出了至今仍在使用的英文字母电码“莫尔斯电码”。1876年美国费城世界博览会上，贝尔展示其发明的电话，电话技术由此得到迅速发展。1880年，贝尔电报公司成立，它就是今天美国电话电报公司(AT&T)的前身。19世纪80年代，德国物理学家赫兹证明了电磁波的存在，并测量出电磁波的波长和速度。意大利人马可尼利用赫兹的发现，制成无线电报通信设备，1899年他在英法之间发报成功，两年后，横跨大西洋发报成功。

化学工业的建立

从第一次工业革命开始，近代化学工业就逐步形成，制碱和制酸是最主要的化工行业。早期的化学工业为纺织工业、交通运输业、电力工业和机器制造业提供了所必需的原材料和辅助品，促成了产业革命的成功。

第二次工业革命使化学工业成为独立的新兴工

1837 年左右，在英国西部铁路上使用的惠斯顿和库克发明的磁性双针电报仪器。

业部门。内燃机的出现以及汽车和飞机工业的发展，也推动了石油工业的发展，石油的开采量和提炼技术大大提高。石油炼制工业中的催化裂化、催化重整等技术先后出现，推动了基本有机化工生产，从而得以为各工业部门提供大量有机原料、溶剂、助剂以及塑料、绝缘物质、人造纤维等。而化肥、农药、现代农业应用塑料薄膜生产等无不依赖于石油化工的支撑。

1867 年，诺贝尔研制成功炸药，又改良了无烟炸药，大大促进了军事工业的发展。硝酸投入生产使大量的硝化物质出现，炸药的能量提高了十几倍。这不仅解决了战争之急需，更重要的是在矿山、铁路、桥梁等民用爆破工程上得到了应用。

19 世纪末至 20 世纪初，化学合成药出现带来了人类医药发展的突破。1935 年磺胺药投产以后，拯救了数以万计的产褥热患者。青霉素的发现和投产，在第二次世界大战中救治伤病员，收到了惊人效果。链霉素、对氨基水杨酸钠、异烟肼等战胜了结核菌，结束了一个历史时期这种蔓延性疾病对人类的威胁。抗病毒疫苗投入工业生产以后，人类基本上消灭了天花、鼠疫、伤寒等传染病。

宾夕法尼亚州的“石油河”区域的木头井架。1861 年，菲利普斯油井（右）一天生产 4000 桶石油。

第二次工业革命的深刻影响

第二次工业革命促进了人类社会生产力的迅猛提高，推动了资本主义经济的迅速发展；电和石油成为人类最重要的能源；以重工业为主导的工业结构，形成了西欧和北美两大工业地带；国际分工日益明显，资本主义世界市场的经济格局和资本主义世界体系最终形成；而以健全的代议制民主、政党政治和公民自由为特征的资本主义政治模式为社会经济的发展提供了制度保障。

第二次工业革命还带来了人类思想观念和生活方式的根本变化。竞争意识和参与意识普遍增强；生活方式日趋丰富和多元化；人类生活质量和文化水平不断提高，城乡差距缩小；世界各地联系更加密切，信息交流更为便捷和频繁，人类社会逐渐成为一个共同体。

知识链接：威力巨大的柴油机

德国热机工程师鲁道夫·狄塞尔是柴油发动机的发明者，他于1897年展示了25马力、4冲程、单缸立式压缩柴油机。与当时普遍使用的汽油机相比，柴油机的最大特点是省油、热效率高，但狄塞尔最初试制的柴油机很不稳定，在投入商业生产后完全失败，这使得狄塞尔晚年陷入了极端贫困。1913年10月29日，55岁的狄塞尔在横渡英吉利海峡的轮船上投海身亡。为了纪念狄塞尔，人们把柴油发动机命名为“狄塞尔引擎”。后来，柴油机在重型机械和装甲车辆上发挥了巨大作用。二战中，苏军的T–34坦克使用柴油发动机，它在中弹后不易起火，大大提高了战场生存能力。战后，各国汲取了战争中的教训，都将自己的坦克换装成了柴油发动机。

20世纪40年代以前，人类一直未能掌握一种能高效治疗细菌性感染且副作用小的药物。1928年英国细菌学家弗莱明首先发现了世界上第一种抗生素——青霉素。之后，德国化学家钱恩和英国病理学家弗洛里发现大量提取青霉素霉菌的方法，美国制药企业于1942年开始对青霉素进行大批量生产。从此，青霉素成为一种高效、低毒、临床应用广泛的重要抗生素。

知识链接：化工能源

能源可以分为一次能源和二次能源。一次能源系指从自然界获得的，而且可以直接应用的热能或动力，通常包括煤、石油等。二次能源通常是指从一次能源（主要是化石燃料）经过各种化工过程加工制得的、使用价值更高的燃料。例如由石油炼制获得的汽油、喷气燃料、柴油、重油等液体燃料，它们广泛用于汽车、飞机、轮船等，是现代交通运输和军事的重要物资；还有煤加工所制成的工业煤气、民用煤气等重要的气体燃料；此外，也包括从煤和油页岩制取的人造石油。由于化石燃料资源的限制，非常规能源的发展将越来越受到重视。非常规能源是指核能、太阳能和其他新能源，它们的研究、开发和大规模应用都必须依靠化学工程和化工生产技术的大力支撑。

驱动的力量：机械和能源

工业时代的标志无疑是机械和能源！

从英国棉纺织机械的发明和使用，到1776年詹姆斯·瓦特制造出世界上第一台具有真正实用价值的蒸汽机，机器生产取代手工劳动席卷全球，机器成为“统治”社会生产的主导力量，不仅引发了工业、科学、技术全方位的重大变革，而且将人类有限的自身力量，通过机器发挥到无比巨大的程度。

蒸汽机作为新的动力机器，它用煤和木炭作为燃料，效率高，不受季节和地理位置限制，人类因此进入了蒸汽时代。蒸汽机带来的生产变革，在交通运输方面尤为显著。1814年，英国人乔治·史蒂芬森发明了蒸汽机车，铁路逐步连接起城乡，人类传统的时空观念由此改变，人类文明通过相互交流、相互学习、相互融合步入了前所未有的共同发展的境界。

动力机械的出现，必须依赖能量资源的开发与利用。煤炭和石油成为“转动世界的血脉”。随之而起的重工业、化学工业在新的技术革命中扮演着超越蒸汽机的重要角色。1866年德国工程师维尔纳·冯·西门子发明的发电机，以及1870年比利时人格拉姆发明的电动机，使电力逐步取代蒸汽动力，成为重要的动能；使电动机取代了蒸汽机，发挥了更高功效。人类在迎来“电气时代”的同时，也取得了人类工业文明空前的辉煌成果！

纺机革命

棉纺织机械的发明和改进

几个机器的发明革新了英国的棉花工业。

——尼尔·莫里斯《工业革命》

英国工业革命发轫于纺织工业革命，尤其是英国纺织业的重心由毛纺织向棉纺织的转型。这场纺织工业革命肇始于织布投梭装置——飞梭的发明，它极大地提高了织布效率，引发纺、织两大工艺生产效率的不平衡性，从而催生了珍妮纺纱机、水力纺纱机、骡机、水力织布机的相继发明。

飞梭引发的“纱荒”

在英国早期的手工作坊中，纺织工人使用的是手摇织布机，这种手动机械把带线的梭子从一只手抛到另一只手，繁复而缓慢地工作着，若想织出宽阔的布匹，还需要两名劳力配合。

1733年，英国钟表匠约翰·凯伊（John Kay，约1704—1764年）从钟表机械零件的运转中获得灵感，经过很多次的实验，发明了飞梭。凯伊在织机两边安装上飞梭箱，将带有小轮的梭子安装在滑槽里，通过一个木制长木板（轨道）相连，每一个梭盒内部有一根水平的金属杆或是锭子，有一个皮带传感器或是皮结自行随着锭子滑动，每一个皮结上系着一根松松的绳子，这些绳子又由一根棍子或是清棉棒连接在织机中央，而织工正是通过这根棍子或是清棉棒掌控着一切，织工一只手就能使皮结滑动，带动梭子，而飞梭在轨道上自由穿梭，使得纬纱快速穿过经纱，这样，即使再宽阔的布匹，也仅需要一个织工就可以完成。

飞梭的发明和运用，使织布效率大幅度提高。据当时工场纺织业十分发达的曼彻斯特统计，五六个纺工纺一天的纱，仅能供1个织工织一天布。很快，严重的“纱荒”蔓延至英国全境。纺纱技术的革新变得迫在眉睫。

纺机革新与织机革新的相互促进

1764年，英国曼彻斯特的纺织工人哈格里夫斯设计出一架可以同时纺8个纱锭的新纺机，他以女儿的名字命名该机器，这就是揭开英国工业革命序幕的鼎鼎大名的“珍妮纺纱机”。珍妮纺纱机的出现，初步解决了“织与纺”的矛盾。但珍妮纺纱

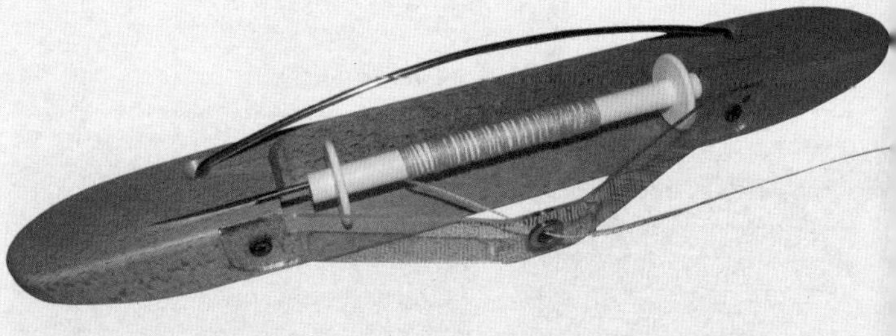

1733年，英国钟表匠约翰·凯伊发明了飞梭。飞梭实际上是安装在滑槽里带有小轮的梭子，滑槽两端装上弹簧，使梭子可以极快地来回穿行。在飞梭发明之前，用普通梭子织布需要两个人配合，而使用飞梭，一个人就能完成织布工作，而且能织比以前更宽的布。所以飞梭的发明使织布速度变快。

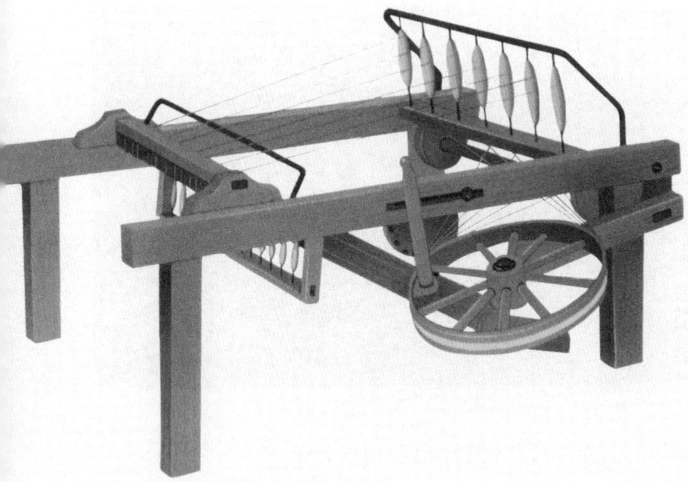

透过旋转詹姆斯·哈格里夫斯多轴纺纱机上的轮子，操作者可以在不同的轴上纺出 8 根线。后来这个数字被加倍，之后又进一步被提升。

机是依靠人力转动，纺出的纱线较细、易断而不结实。为了克服这个缺点，1769 年，理发师兼钟表匠理查德·阿克莱特制造了水力纺纱机，用水力代替人力转动机器，纺出的纱线韧而粗。因此，阿克莱特在 1771 年建造的第一座科罗姆福德纺织工厂，就是建在达温特河的急流处。为了解决纱粗的问题，1779 年，青年工人赛米尔·克隆普顿综合了珍妮纺纱机和水力纺纱机的优点，发明了骡机。骡机能同时转动 300—400 个纱锭，极大地提高了工效，而且它纺出的纱线精细又结实。

纺纱机的不断发明和改进，导致棉纱出现过剩，这样又推动了织布机的发明。1785 年，工程师埃德蒙特·卡特莱特制成了水力织布机，使工效提高了 40 倍。1791 年，英国建立了第一个织布厂。随着棉纺织机器的发明、改进和使用，净棉机、梳棉机、漂白机、整染机等都先后发明和广泛使用。这样，棉纺织工业整个系统都实现了机械化。

知识链接：走锭精纺机为什么叫“骡机”？

珍妮纺纱机和水力纺纱机发明后，机械纺纱的效率和质量虽然都得到了很大提高，但仍然达不到精纺的要求。英国工人克隆普顿看到骡子是马和驴交配的产物，但比马和驴都优秀，强壮有力不生病，联想到珍妮纺纱机纺出的纱线细而不结实，水力纺纱机纺出的纱线粗而有韧性，如果将两者结合，不就各取其优点吗？1779 年，克隆普顿在纺纱机上添加了一个重要元素——滑动架，滑动架上装有旋转的锭子，这使得纱线全程处于绷直状态，所以纺出的纱细致而又牢固。这就是棉纺织业的又一大重要发明——走锭精纺机。因为它的发明灵感来自骡子，于是人们就将它形象地称作“骡机”。

理查德·阿克莱特设计了水力纺纱机。它比多轴纺纱机可以纺出更结实的纱线。

蒸汽时代
蒸汽机的广泛运用

蒸汽机是第一个真正国际性的发明。
——弗里德里希·恩格斯

人类历史上第一次伟大的工业革命无疑是由蒸汽机的出现而带动的，甚至可以说蒸汽机的发明及其工业化运用的本身就是一场革命！延续了几千年的人力和畜力由此被蒸汽机巨大的动力所取代，机器成为改变世界的最有力工具。“现代化”这个词，就是由“蒸汽时代”所开启，以工业革命掀起人类发展翻天覆地的巨变！

瓦特对蒸汽机发明的历史性贡献

世界上第一台蒸汽机的出现，可以追溯到古希腊化时代。而具有现代意义和使用价值的蒸汽机的发明，不得不提及托马斯·塞维利、托马斯·纽科门和詹姆斯·瓦特三位发明家，是他们在70年历史中，通过不断探索、不断革新、不断实践，最终制造出了早期的工业蒸汽机，他们对蒸汽机的发展

1782年，瓦特利用蒸汽双向推动活塞发明了双重功能的机器，因此改良了他自己的蒸汽机。

都作出了自己的贡献。

从蒸汽机发明的历程，以及对工业革命的贡献来看，詹姆斯·瓦特居功至伟。但是，瓦特并不是蒸汽机的发明者，在他之前，早就出现了蒸汽机。16世纪末到17世纪后期，英国的采矿业，特别是煤矿，已发展到相当规模，单靠人力、畜力已难以满足排除矿井地下水的要求，而现场又有丰富而廉价的煤作为燃料。因此，当时英国有多个发明者在进行“以火力提水”的探索和试验。而1712年由托马斯·纽科门发明的真空蒸汽机，就是最初的成果。纽科门的蒸汽机将蒸汽引入气缸后阀门被关闭，然后冷水被撒入汽缸，蒸汽凝结时造成真空。活塞另一面的空气压力推动活塞。在矿井中联结一根深入竖井的杆来驱动一个泵。蒸汽机活塞的运动通过这根杆传到泵的活塞来将水抽到井外。

但是，纽科门蒸汽机的最大缺陷是耗煤量大、效率低。因此，瓦特在1764年到1790年对真空蒸汽机进行了一系列革新，特别是采用分离式冷凝器、汽缸外设置绝热层、用油润滑活塞、行星式齿轮、平行运动连杆机构、离心式调速器、节气阀、压力计等技术，使蒸汽机的效率提高到原来纽科门蒸汽机的3倍多，最终发明出了现代意义上的蒸汽机。瓦特的这些发明，仍使用在现代蒸汽机中，为纪念瓦特的贡献，功率的单位名称以其姓氏命名。

瓦特是蒸汽机最伟大的改良者，他的创造性工作使蒸汽机迅速地发展，更使原来只能提水的机械，成了可以普遍应用的蒸汽机，并使蒸汽机的热效率成倍提高，煤耗大大下降。因此瓦特的蒸汽机也称为“万能蒸汽机”。

知识链接：蒸汽机发明的“三人接力”

早在1698年，英国的托马斯·塞维利就发明了把动力装置和排水装置结合在一起的蒸汽泵，用于矿井抽水，也就是早期的蒸汽机。这是一种没有活塞的蒸汽机，燃料消耗很大，也不太经济，但它是人类历史上第一台实际应用的蒸汽机。

1705年，英国的托马斯·纽科门设计制成了一种更为实用的蒸汽机。他继承了塞维利蒸汽泵快速冷凝的优点，并吸收了巴本蒸汽泵的优点，引入了活塞装置，使蒸汽压力、大气压力和真空在相互作用下推动活塞作往复式的机械运动。这种机械运动传递出去，蒸汽泵就能成为蒸汽机。纽科门通过不断地探索，综合了前人的技术成就，设计制成了气压式蒸汽机，也就是纽科门蒸汽机，它被全面应用于煤矿的矿井抽水。

1785年，英国的詹姆斯·瓦特在对纽科门蒸汽机做出重大改进的基础上，推出了改良蒸汽机，使之能够普遍用于各种机械动力，从而引起了第一次技术和工业革命的高潮，人类从此进入了机器和蒸汽时代。

蒸汽机的广泛应用

英国棉纺织业的巨大进步，是机械科学原理普遍运用的结果。在机械化装置使用越来越多的情况下，动力成为制约机器生产进一步发展的严重问题。蒸汽机是将蒸汽的能量转换为机械动力的往复式动力机械，瓦特研制成功的性能可靠的蒸汽机，正是为机器大工业的发展解决了至关重要的动力问题，还为机器大工厂的建立开拓了极其广阔的地理空间。从此，凡是有燃料（煤炭）的地方，就能兴建工厂。机械和动力的结合推动

知识链接：蒸汽机、汽轮机和内燃机的区别

蒸汽机是指用蒸汽来推动活塞做功，带动飞轮转动产生机械能的热机。汽轮机是指通过锅炉供给的高温高压蒸汽，纵向推动汽轮机透平旋转来产生机械能的热机。而内燃机是指利用燃料急剧燃烧产生的高温高压气体来推动活塞做功，再经过曲轴转换成为圆周方向上旋转的功能的一种热机。三者的共同工作原理都是运用热力学第二定律，使用气体的膨胀来做功。区别就是热能转换成机械能的机理和构件不一样。

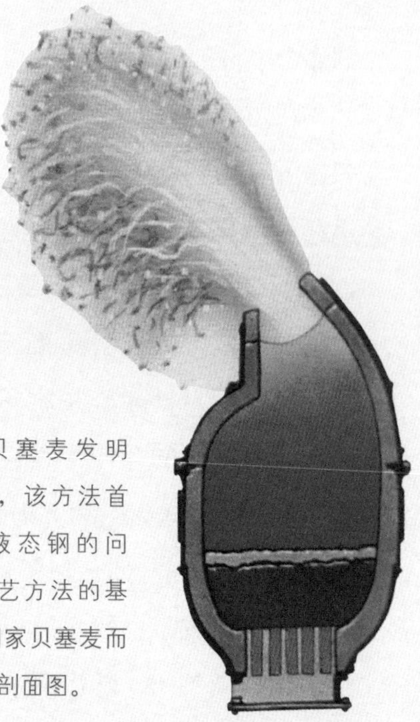

1856年，英国人贝塞麦发明了酸性底吹转炉炼钢法，该方法首次解决了大规模生产液态钢的问题，奠定了近代炼钢工艺方法的基础。贝塞麦炼钢法因发明家贝塞麦而得名。图为贝塞麦转炉的剖面图。

了英国工厂制度的形成，也因此拉动了英国工业城市的形成。在工厂中，由于成套的机器设备的使用，工人的任务被降到简单操作的水平，妇女、儿童可以很快地掌握，于是他们作为廉价劳动力被工厂大量雇佣。机器的使用使英国的纺织品产量在20多年间（从1766年到1789年）增长了5倍，为市场提供了大量消费商品，加速了资本的积累，可以说蒸汽机是“大英帝国”崛起的第一功臣。

自18世纪晚期起，蒸汽机不仅在英国纺织业和采矿业中得到广泛应用，在冶炼、机器制造、交通运输等行业中也都获得迅速推广。蒸汽机作为推

这是史蒂芬森的“火箭号”机车彩色的石版画，作于1830年。

进动力首先在船舶上开始实验。1807年，美国人富尔顿制成了第一艘实用的明轮推进的蒸汽机船“克莱蒙特号”。此后，蒸汽机在船舶上作为推进动力历百余年之久。1800年，英国人特里维西克设计了可安装在较大车体上的高压蒸汽机，1803年他以此来推动在一条环形轨道上开行的机车，这就是火车的雏形。1829年，英国人史蒂芬森将机车不断改进，创造了“火箭号”蒸汽机车，该机车拖带一节载有30位乘客的车厢，时速达46公里/时，铁路时代由此到来。

19世纪末，随着电力应用的兴起，蒸汽机曾一度被作为电站中的主要动力机械。1900年，美国纽约曾有单机功率达五兆瓦的蒸汽机电站。蒸汽机的发展在20世纪初达到了顶峰，至今它仍然是世界上最重要的原动机，它具有恒扭矩、可变速、可逆转、运行可靠、制造和维修方便等优点，因此曾被广泛用于电站、工厂、机车和船舶等各个领域中，特别在军舰上成了当时唯一的原动机。

知识链接：动画片《哈尔的移动城堡》

《哈尔的移动城堡》是宫崎骏创作的动画电影，于2004年11月20日在日本上映。该片改编自英国的儿童小说家黛安娜·W. 琼斯的《魔法师哈威尔与火之恶魔》，以战争前夜为背景，描述了住在小镇的三姐妹，其中的大姐苏菲是位制作帽子的专家，但她却因此得罪了女巫，从18岁的美少女变成了90岁的老太婆。她惊恐地逃出家里，但又进入了一座移动的城堡，她和不能与人相恋但懂得魔法的哈尔，谱出了一段战地恋曲，并且和城堡里的其他人一起想办法解开身上的魔咒。该片中的城堡是一个19世纪末钢铁工厂的特殊造型，从厚重的机械感和喷出的白色蒸汽上，以及发出像是火车鸣笛一样的声音，我们就能了解到，它其实是一架地道的蒸汽机。虽然蒸汽本身只是水烧开后冒出的白色雾气，但它却能产生强大的动力，驱动不可思议的大家伙。

内史密斯的蒸汽锤在操作中。蒸汽用来提升沉重的铁锤头，而它因为自身重量会下坠，额外的蒸汽可以推动锤子更用力地向下。

机械织布

卡特莱特和动力织布机

最大限度地发挥自己的潜能永远都不会晚，即使他所从事的活动与他所从事的职业完全不同。

——后人对牧师卡特莱特的评价

英国工业革命的开始，是以棉纺织业的一系列工作机的发明和广泛应用为标志的。在棉纺织行业，棉纺业和棉织业的发展交错领先而又相互促进，引发了纺纱工作机和纺织工作机的发明不断出新，从而把工业革命逐步推向高潮。

克隆普顿的走锭精纺机。最初的版本是手工操作的，后来改用水力发动机器，最终用蒸汽作为动力。

从“纱荒”到“布荒”

英国棉纺织机械的革新首先源于织布机机械，1733 年凯伊发明飞梭，成为一轮纺织工作机发明交替领先的开端。飞梭的出现使得英国织工只需拉动手柄，飞梭就会自如穿梭织布，从而极大提高了织布效率。但是，随之而来的是纱线的供给跟不上织布的消耗，英国棉纺织业出现了“纱荒”。1761 年，英国“艺术和工业奖励协会”呼吁设置奖金，鼓励发明高效率的纺纱机。于是，1764 年由哈格里夫斯发明的珍妮纺纱机和 1769 年由阿克莱特发明的水力纺纱机应运而生，尤其是 1771 年阿克莱特的第一个棉纺纱厂建成，使得纺纱速度极大提高。1779 年，克隆普顿发明的骡机将纺纱的数量和质量带到了一个新高度，纺纱量的激增使得织布业远远跟不上纺纱业的步伐，一些纱厂的棉纱堆积如山，甚至面临倒闭的危险。“布荒”的局面表明，英国的织布技术已经明显滞后于纺纱技术，织布机的革新势在必行。

阿克莱特水力纺纱机复制品

艾德蒙特·卡特莱特是来自英国莱斯特郡的一名牧师，当时水力纺纱机和骡机的出现大大提高了纺纱速度，为解决织布机跟不上进程的问题，从未见过织布机的卡特莱特经过钻研和实践，发明了运用水力驱动的动力织布机，一举提高织布效率 40 倍。到 1800 年，英国棉纺业基本实现了机械化。

知识链接：发明创造终有回报

卡特莱特发明的动力织布机，有力地推动了英国棉纺织业的发展。到 19 世纪初，英国多数织布厂都采用了卡特莱特的动力织布机。但是因为仿造和专利到期等因素的影响，发明家本人并没有获得多少经济回报。1807 年和 1808 年，许多工厂主和商人主动向曼彻斯特地方政府和英国财政部递交请愿书，要求对卡特莱特的发明给予奖励。1809 年，英国国会为了表彰卡特莱特的发明成就，向他颁发了 1 万英镑的奖金。

动力织布机的革命性突破

1784 年夏，英国莱斯特郡的牧师卡特莱特在考察了郊区内的几家纺纱厂和织布厂之后，根据水力纺纱机和骡机的技术特点，开始研制机械化程度更高的织布机。1785 年，卡特莱特终于发明了一种靠机械动力推动的卧式织布机，这种织机能够自动完成“开口、投梭、卷布”三道工序，这就是崭新的“动力织布机”。这一年，卡特莱特获得了动力织布机的专利权。

1787 年，卡特莱特在唐克斯特建设了第一家装备了动力织布机的织布厂，一共安装了 20 台织机，用一头公牛拉动机械运转。1789 年，他引进蒸汽机作为动力，这是棉纺织业第一次使用蒸汽动力。1790 年，经卡特莱特授权，格林肖在曼彻斯特建成了一家装备有 420 台动力织布机的工厂，这是动力织布机工厂化生产的开端。

卡特莱特发明的动力织布机开始时还比较粗笨不灵活，但在后来的使用中不断获得改进，终于成为一种精巧实用的织布机，织布效率大大提高。从动力织布机开始，纺织业实现了传动机和蒸汽机的联动，使得发动机、传动机、工作机成为工业生产的完整系列，从而为机械织布奠定了基础。经过纺纱工作机和纺织工作机的这一轮革新，纺纱和织布的劳动生产率得到了匹配，如果说飞梭是纺织业工作机发明的开始，那么动力织布机则是纺织业终极版工作机的发明。

发明动力织布机之后，卡特莱特一直从事着各种各样的发明活动，其成果涉及农业机械、蒸汽机改进、养殖、化学和天文学等领域，一生获得了多项专利。他曾经成功调制药品治疗斑疹伤寒，还发明了羊毛精梳机（1789 年）、制绳机（1792 年）和一种以酒精代替水的蒸汽机（1797 年），还帮助富尔顿进行过蒸汽动力船的实验。可以说，卡特莱特身上，充分体现了工业革命时代那种不断进取的充满创新精神的时代品格。

卡特莱特发明的动力织布机

热机时代的骄子

内燃机和汽轮机

内燃机的发明，使石油变成了战略资源；内燃机的发明，打开了石油的“潘多拉神盒”。

——周晋《大国石油》

“热机”是指将热能转化为机械能的装置。蒸汽机是人类历史上第一种热机，直到20世纪初，它仍然是世界上最重要的原动机。但随着20世纪机械技术的进步和能源工业的发展，人类生产和生活的各个方面都需要使用各种更高效、更简便、更经济的动力机械，于是热机家族中又增添了内燃机和汽轮机。

从“外燃”到“内燃”

蒸汽机的工作需要一个用于“外部燃烧”产生高压蒸汽的锅炉，虽然它的发展经过了一个功率和效率不断提高的过程，但是到20世纪前期，蒸汽机的蒸汽压力、蒸汽温度、工作效率、机械转速和最大功率，都受到蒸汽参数极限的限制，蒸汽机功率的进一步提高已经较为困难，蒸汽机庞大笨重的锅炉也难以适应各种移动机械的安装要求。

1794年，英国人斯特里特第一次提出了燃料与空气混合的概念。1833年，英国人赖特提出了直接利用燃烧压力推动活塞做功的设计。1860年，法国的勒努瓦模仿蒸汽机的结构，采用了弹力活塞环，设计制造出第一台实用的煤气机。1876年，德国发明家奥托创制成功第一台四冲程内燃机，它以煤气为燃料，采用火焰点火。1881年，英国工程师克拉克研制成功第一台二冲程的煤气机。随着石油的开发，比煤气易于运输携带的汽油和柴油被用作内燃机燃料。1883年，德国的戴姆勒创制成功第一台立式汽油机，它的特点是轻型和高速，特别适应交通运输机械的要求。1885—1886年，汽油机作为汽车动力运行成功，大大推动了汽车的发展。1897年德国工程师狄塞尔研制成功压缩点火式内燃机，这种内燃机以后大多以柴油为燃料，故又称为柴油机，并以发明者的名字命名为“狄塞尔引擎”。1898年，柴油机首先用于固定式发电机组，1903年用作商船动力，1904年装于舰艇，1913年第一台以柴油机为动力的内燃机

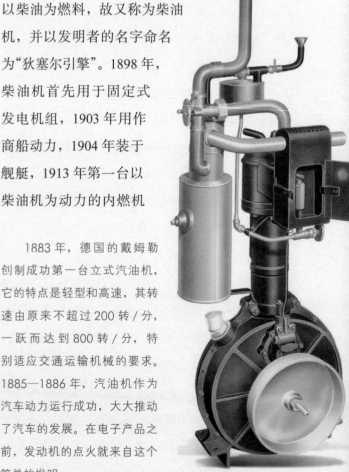

1883年，德国的戴姆勒创制成功第一台立式汽油机，它的特点是轻型和高速，其转速由原来不超过200转/分，一跃而达到800转/分，特别适应交通运输机械的要求。1885—1886年，汽油机作为汽车动力运行成功，大大推动了汽车的发展。在电子产品之前，发动机的点火就来自这个简单的发明。

柴油机是燃烧柴油来获取能量释放的发动机。它是由德国发明家鲁道夫·狄塞尔于 1897 年发明的，为了纪念这位发明家，柴油就是用他的姓“Diesel（狄塞尔）”来表示，而柴油发动机也称为“Diesel Engine（狄塞尔引擎）”。图为柴油机模型。

知识链接：福特级航空母舰的动力系统

一般认为，核动力航空母舰是由核反应堆直接提供动力的，实际上航空母舰上驱动螺旋桨的都是汽轮机，它的核反应堆只负责产生推动汽轮机运转的蒸汽。美国最先进的福特级核动力航空母舰，就是采用以蒸汽涡轮直接驱动四轴螺旋桨推进，其推进的功率达到 104MW（兆瓦）（约 280000 马力）。

车制成，1920 年左右开始用于汽车和农业机械。

内燃机是一种动力机械，它是通过使燃料在机器内部燃烧，并将其释放出的热能直接转换为动力的热力发动机。它以热效率高、结构紧凑、机动性强、运行维护简便的优点著称于世。

发电原动机：汽轮机

汽轮机是对蒸汽机的改进，它是将蒸汽的能量转换成为机械功的旋转式动力机械，又称蒸汽透平。早在公元 1 世纪，就有人提出利用蒸汽反作用力推动机械运转的设想。从 1882 年瑞典的拉瓦尔制成第一台 5 马力（3.67 千瓦）的单级冲动式汽轮机之后，多级反动式汽轮机、多级冲动式汽轮机和速度级汽轮机相继问世。速度级汽轮机可直接驱动各种泵、风机、压缩机和船舶螺旋桨等，至今在大型舰船上扮演着动力机的主角。

今天，汽轮机主要分为电站汽轮机、工业汽轮机、船用汽轮机等，特别是作为发电用的原动机，同时还可以利用汽轮机的排汽或中间抽汽，满足生产和生活上的供热需要。20 世纪以来，世界各国都在研发大容量、高参数汽轮机，因为越是大容量汽轮机造价越低，运行经济性越高，不仅可以节约燃料，而且可以加快电网建设速度，满足经济发展需要，提高电网的调峰能力。因此，汽轮机以其单机功率大、效率高、寿命长等优点，成为现代火力发电厂中应用最广泛的原动机。

汽轮机是将蒸汽的能量转换成为机械功的旋转式动力机械。瑞典人拉瓦尔于 1882 年制成了第一台 5 马力的单级冲动式汽轮机，并解决了有关的喷嘴设计和强度设计问题。单级冲动式汽轮机功率很小，目前已很少采用。图为拉瓦尔蒸汽轮机模型。

动力革命

电动机的发明

1821年9月3日……结果十分令人满意，但还要做出更灵敏的仪器。

——法拉第

电动机是一种能把电能转化为机械能的机械，它是电气时代重要的发明之一，它广泛应用于社会经济和社会生活的各个方面，对人类文明的进步产生了极为深刻的影响。

电动机的发明过程

电动机是依据通电导体在磁场中受力的作用的原理发明出来的，发现这一原理的是丹麦物理学家奥斯特。奥斯特长期探索电与磁之间的联系，1820年他在实验中发现，如果电路中有电流通过，它附近的普通罗盘的磁针就会发生偏移，电流对磁针的作用，即电流的磁效应被揭示出来。这一发现引起了欧洲物理学界的极大震动，导致了大批实验成果出现，并由此开辟了物理学的新领域——电磁学。1934年“奥斯特”的名字更被命名为CGS单位制中的磁场强度单位。

1821年9月3日，英国物理学家法拉第重复了奥斯特的实验，发现电流对磁极具有横向作用力，能使之产生绕电流做圆周运动的动能。根据这个效应，法拉第设计制造了一个磁棒绕通电导线旋转和通电导线绕磁棒旋转的对称实验装置。在装置内，只要有电流通过线路，线路就会绕着一块磁铁不停地转动。法拉第的这个“电磁旋转”实验，实现了电能向机械能的转化，同时也实现了连续的转动，成为人类历史上第一台电动机。此后的各类直流电动机，虽然在结构上有了很大的变化，但原理都来源于法拉第当初这台简陋的实验装置。

法拉第首次发现电磁感应现象，进而得到了产生交流电的方法。1831年10月28日法拉第发明了圆盘发电机，是人类创造出的第一个发电机。

电动机的应用和发展

电动机发明之后，很快在生产和生活中得到广泛应用，小到电动玩具，大到火车，从工厂到农村、从事业单位到企业单位无处不见电动机的身影。在实际生产、生活应用中的电动机主要有直流电动机和交流电动机。

在电动机的发展中首先发展的是直流电动机，因为人们最先得到和推广的是直流电。直流电动机开始以永磁体作为磁场，其磁性比较弱，电机功率很小，获得的动力也比较小。后来，电动机革新经历了电磁铁代替永久磁铁、电磁铁代替永久磁体励磁以及电枢转子的改进等步骤，开创了直流电动机发展的新阶段，加快了电动机得到实际应用的步伐。

随着直流发电技术的发展，直流发电机的最大电压、输出最大功率、输送最远距离很快就达到了技术上的极限，因此1856年德国西门子公司生产出第一台转枢式交流电动机。1885年意大利物理学家、电工学家加利莱奥·费拉里斯，1886年美国物理学家尼古拉·特斯拉各自研制成功了二相交流电动机，1889年俄国工程师杜列夫－杜波洛沃尔斯基发明了鼠笼式三相交流电动机，这是第一台实用的三相交流电动机，至此电动机发展到了可以进入工业应用的阶段。

三相交流发电机与鼠笼式三相交流电动机的发明为人类提供了操控方便、快捷、安全、经济、源源不断、动力蓬勃的新动力，从而导致了第二次动力革命，它使社会化大生产开始向自动化、电机化方向发展，出现了比以蒸汽机技术为代表的第一次动力革命更为深刻的新的一次工业技术革命，而且这次革命对人类作出的贡献至今仍在延续。

知识链接：发电机的发明

1831年，法拉第发现了变化磁场能够在封闭电路中产生电动能，这就是著名的电磁感应现象。于是法拉第用一个可转动的金属圆盘置于磁铁的磁场中，并用电流表测量圆盘边沿和轴心之间的电流。实验表明，当圆盘旋转时，电流表发生了偏转，证实回路出现了电流，也就是说实现了机械能转变为电能，这是历史上第一台发电机的雏形。

鼠笼式三相交流电动机是三相异步电动机的一种，其核心部件是转子，这是电动机的旋转部分，由转子铁心、转子绕组、转轴和风扇等部分组成。鼠笼式三相交流电动机的转子绕组因其形状像鼠笼而得名。这种电动机的优点是结构简单，转子上无绕组，维修成本低，因而使用寿命长，适用范围广。

乌金动能

煤矿采掘技术的进步

煤是潜伏在幕后操纵工业的原动力。

——加洛韦《煤矿史》

18世纪至19世纪是英国采煤技术从原始手工劳动向机械化生产发展的重要阶段，受工业革命的影响，煤成为工业生产的主要能源，英国的采矿业也在蒸汽机的推动下获得迅速发展。在采煤技术的推动下，煤炭工业成长为英国工业部门中的主导行业，为英国制造业、运输业以及钢铁工业提供了充足的能源。

近代英国采煤技术的发展

在工业革命发生前，英国的采煤技术就已经伴随着煤炭贸易和需求的增长迅速发展，在生产和安全方面相应地出现了许多新发明。比如比蒙特发明的“钻杆”，用这种天才的装置挖几英尺直径的洞，就能钻至几千英尺的深度，取得各种地层样品，确定煤矿的深度、厚度以及煤层的质量。另外17世纪中期出现的木制轨道也是煤炭运输的一项重要发明。

安全技术方面，通过提水机械排干矿井中的积水也成为普遍的技术，17世纪煤矿中普遍采用的排水工具是链泵，较重要的机械是吊桶链或是埃及轮，实际是一种古代东方从深井中打水的机器。到17世纪后半期，水轮驱动的链斗提水机被用于英格兰主要矿场的排水工作中，并出现了用马匹驱动的绞盘。但是，在矿场窒息性气体或危险的瓦斯爆炸面前，矿井通风技术依旧十分原始，比如在矿井中放狗或火炉检验空气。可见18世纪前的技术探索，在一定程度上为工业革命之后英国煤炭业的大发展进行了技术准备。

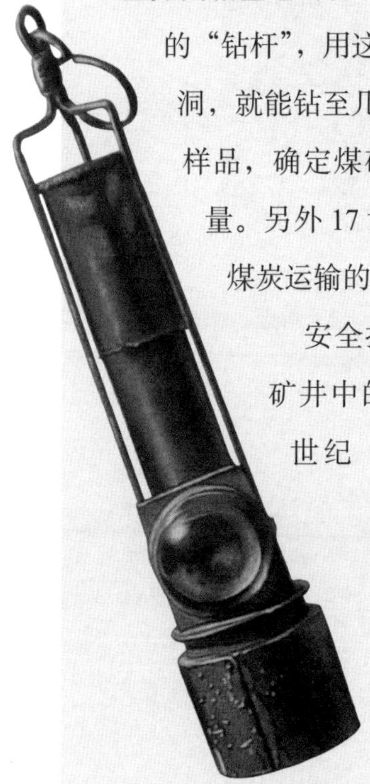

英国化学家汉弗里·戴维（1778—1829年）于1815年发明了矿用安全灯，它的火焰包裹在一个双层金属细网纱之间，这种灯在矿井里点燃不会引起瓦斯爆炸。

煤矿开采方法的变革

开采方法是一种综合性的技术，这种技术不但包括全矿坑道的系统布置和采煤的工艺过程，而且与运输、通风、排水、机械、动力、安全以及组织管理等技术密切相关。首先是最古老的“房柱式”采煤方法，因为开采率太低而在18世纪60年代逐步被系统性的回采技术所代替。“长壁式”开采技术的采用，体现出更高的开采率并节省大量的开采成本。煤炭生产中另一个明显的进步主要表现在煤炭切割过程中火药的使用和机械化切割的尝试。火药被用于凿井和开发水平巷，体现了它的高效性；机器切割初步地应用于采掘面工作中，也成为一种发展趋势。

在煤炭运输方面，地下运输工作从煤篮、煤箱或木制箱子，发展到装有车轮的小推车或四轮

英国工业革命初期煤矿采掘技术主要是原始手工劳动，煤矿主为了降低成本，大量雇佣童工从事运煤等简单劳动。到18世纪至19世纪时，英国采煤技术开始从原始手工劳动向机械化生产发展，加上1833年《工厂法》等一系列保护工人权益的法律实施之后，英国煤矿中的童工逐渐禁绝。

知识链接：采煤方法

目前世界主要产煤国家使用的采煤方法主要可以划分为壁式和柱式两大类。壁式采煤法的特点：煤壁较长、工作面的两端巷道分别作为入风和回风、运煤和运料用，采出的煤炭平行于煤壁方向运出工作面。柱式采煤法的特点：煤壁短呈方柱形，同时开采的工作面数较多，采出的煤炭垂直于工作面方向运出。

马车，到1830年基本上告别了煤筐时代，使用由人力或马匹带动的雪橇或带轮马车。在运输方式上，木制地下轨道进步到铁轨的应用，到18世纪末铁路的建设已经具有相当的规模。从18世纪末到19世纪初期，伴随着蒸汽机的广泛使用，使得铁路上利用蒸汽机拖动运煤车被广泛使用。1811年约翰·布伦金森普发明了机车拉运煤炭的方法，使得煤炭运输突破人力和马力的局限。

煤炭生产的最后一个技术环节是将矿井中的煤炭送至地面上。18世纪大部分时间里，这项工作主要依靠马力起重机或绞盘，一个单独的马力提升机提升量一天还不到100吨。到1800年，蒸汽机开始成为提取煤炭的主要工具，据估计，当时至少有130台蒸汽提升机安装在英国煤矿。提升辅材方面，麻绳、平绳为铁链所代替，19世纪初出现了更为牢固的扁环节链，一些煤矿中有了井壁导向轨，使效率进一步提高。技术和生产日益紧密地结合为英国煤炭工业带来了强有力的发展动力，技术创新已经扩展到采煤的各个环节。

早期英国的煤炭输送方式不断发展变化，从人力和畜力驮运，到使用小推车或四轮马车装上煤筐运输，到17世纪中期出现木制轨道运煤，18世纪末铁路的建设已经具有相当的规模。从18世纪末到19世纪初期，伴随着蒸汽机的广泛使用，使得铁路上利用蒸汽机拖动运煤车被广泛使用。1811年约翰·布伦金森普发明了机车拉运煤炭的方法，使煤炭运输完全实现了机械化。

电能时代

电的发现和利用

关于所谓动物电，您是怎样考虑的呢？我相信一切作用都是由于金属与某种潮湿的东西相接触才发生的。

——意大利科学家伏打

电是一种存在于宇宙间的自然现象，人类通过长期的实践和探索发现了电，并逐步学会了利用电。电的发现和利用不仅推动了工业革命从蒸汽时代向电气时代的发展，更成为今天人类生活必不可少的一种重要能源。

探索发现电的历程

发现自然界电的存在，可以追溯到2500多年前，古希腊人用毛皮去摩擦琥珀，发现被摩擦过的琥珀能吸引绒毛、麦秆等轻小的东西，他们把这种现象称作“电”。“电”这个词就是从希腊文“琥珀”一词演变而来的。公元1600年，英国皇家御医吉尔伯特发现摩擦琥珀之外的其他物体，如玻璃棒、硫黄、瓷、松香等，都能使之具有吸引轻小物体的性质，他把这种吸引力称为“电力”。吉尔伯特后来做了许多物理学方面的实验，并最先使用了“电力”“电吸引”等专用术语，因此许多人称他是电学研究之父。他的主要著作《论磁石、磁体和地球大磁石》全面论述了对磁体和电吸引的全部研究工作。

1746年，荷兰莱顿大学的教授马森布洛克发明了一个可以储存电荷的装置，它后来被称作莱顿瓶。两年之后，英国科学家威廉·沃森通过把瓶子涂上一层铅箔，增加莱顿瓶的容量。图为莱顿玻璃瓶被软木塞密封，在瓶子的内表和外表有一部分被涂上了金属箔。

在吉尔伯特之后的200年中，又有很多人做过多次试验，不断地积累对电的现象的认识。1734年法国人杜伐通过试验发现有两种不同性质的电，即正电和负电，也发现了“同性电相互排斥、异性电相互吸引”的现象。1745年，普鲁士教士克莱斯特通过实验发现了放电现象；1746年，荷兰大学教授马森布洛克据此实验做成了莱顿瓶，可以放电并引起电击。这说明18世纪初，人们已经发明了验电器，可以判断一个物体是否带电。

电的近代研究

近代真正对电有贡献的是富兰克林，富兰克林的第一个重大贡献，就是发现了“电流”。他认为电是一种没有重量的流体，存在于所有的物体之中。如果一个物体得到了比它正常的分量更多的电，它就被称为带正电（或“阳电”）；如果一个物体少于它正常分量的电，它就被称为带负电（或“阴电”）。富兰克林对电学的另一重大贡献，就是通过1752年著名的风筝实验“捕捉天电”，证明天空的闪电和地面上的电是一回事。一年后富兰克林制造出世界上第一个避雷针，终于制服了雷电对高层建筑的威胁。

最早开始电流研究的是意大利的解剖学教授伽伐尼。1780年，一次极为普通的闪电现象使伽伐尼解剖室内桌子上与钳子和镊子相接触的一只青蛙的腿发生痉挛现象。严谨的科学态度使他为此花费了整整12年的时间，研究像青蛙腿这种肌肉运动中的电气作用。最后，他发现如果使神经和肌肉同两种不同的金属（例如铜丝和铁丝）接触，青蛙腿就会发生痉挛。这种现象是在一种电流回路中产生的现象，蛙腿的肌肉是导体回路的一部分，肌肉和两种不同的金属丝构成了世界上第一个电流回路。肌肉的痉挛表明有电流通过，起到了

位于意大利博洛尼亚的伽伐尼雕像。路易吉·伽伐尼是意大利医生和动物学家。他在进行解剖学研究时，从痉挛的解剖青蛙腿上发现电火花。因此确认动物体上存在“动物电”。伽伐尼的发现引出了伏打电池的发明和电生理学的建立，为此伏打把伏打电池叫作伽伐尼电池，引出的电流称为伽伐尼电流。

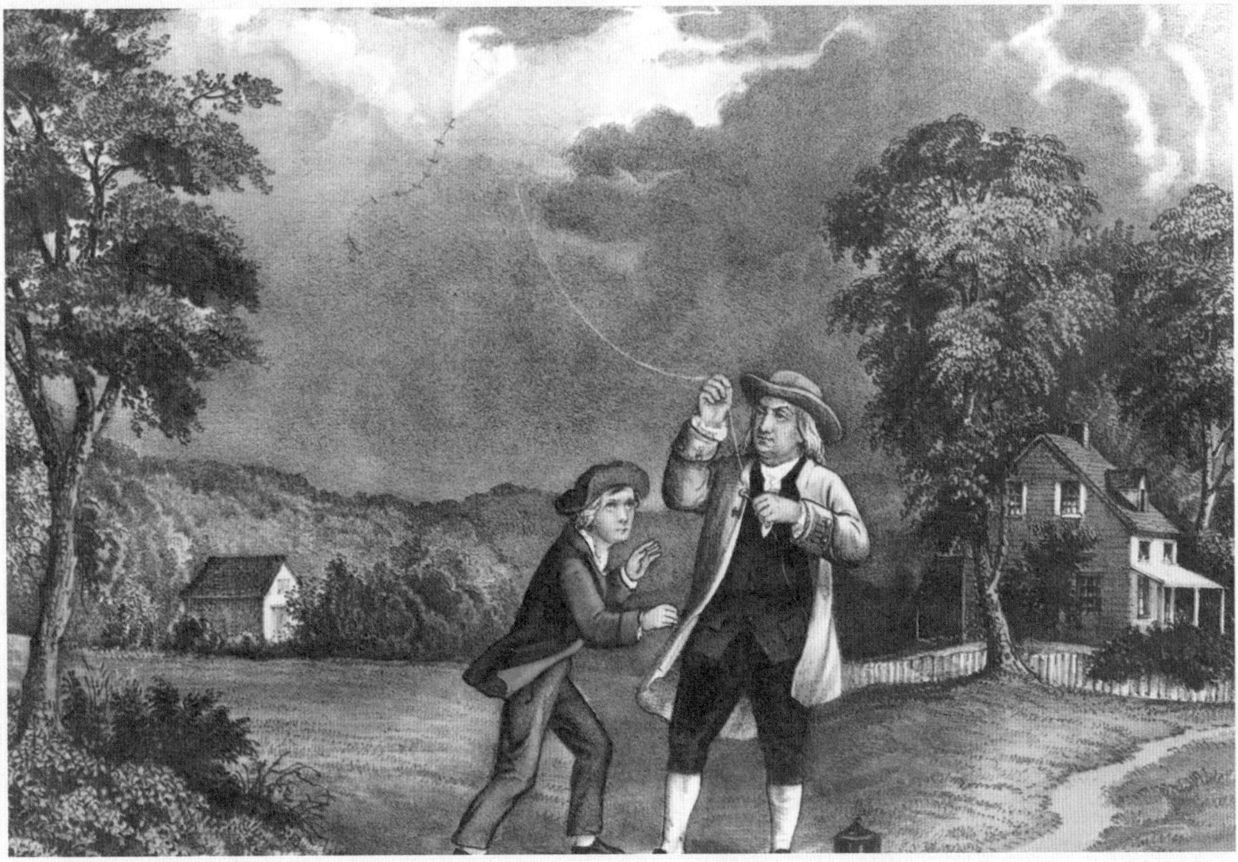

富兰克林的风筝实验一直以来被作为神奇的科学故事传颂。据悉这个实验发生在1752年6月的一个暴风雨天，富兰克林和他的儿子威廉在雷电交加的大雨中放飞风筝，当闪电时富兰克林接触绑在风筝线的末端铜钥匙，感到了电击麻木感，从而证明了闪电就是电。不过这一实验的真伪后来受到质疑。

电流指示器的作用。根据这种现象，他还制成了“伽伐尼电池”。

1799 年，意大利科学家伏打发明了著名的“伏打电堆”。这种电堆是由一系列圆形锌片和银片相互交叠而成的装置，在每一对银片和锌片之间，用一种在盐水或其他导电溶液中浸过的纸板隔开。银片和锌片是两种不同的金属，盐水或其他导电溶液作为电解液，它们构成了电流回路。现在看来，这只是一种比较原始的电池，是由很多锌电池连接而成为电池组。这个发明为电流效应的应用开创了前景，并很快成为进行电磁学和化学研究的有力工具。有了电池，英国的化学家戴维才有可能奠定电离理论基础，并且分离出钠、钾、锶、 硼、钙、氯、氟、碘等元素，促进了化学的发展，并进而促使他的助手法拉第创立了电解定律。

西门子早期制造的发电机。1866 年，世界著名的德国发明家、企业家、物理学家维尔纳·冯·西门子提出了发电机的工作原理，并由西门子公司的一个工程师完成了人类第一台自励式直流发电机。同年，西门子还发明了第一台直流电动机。西门子研发的这些技术很快被产品化并投入市场，因此西门子发明第一台发电机被作为第二次工业革命开始的标志。

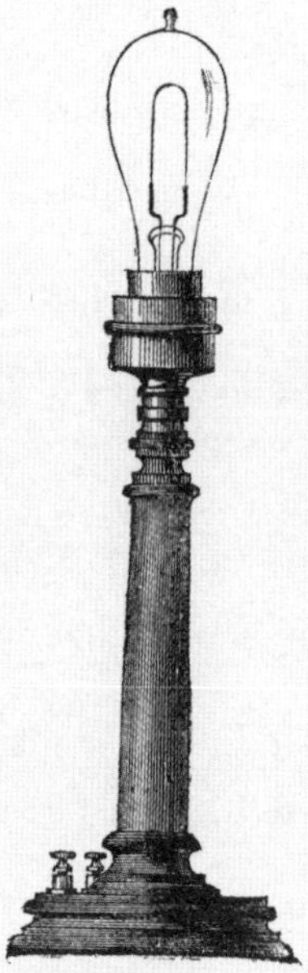

爱迪生从 1877 年开始研究白炽灯，在一年时间内就制出了 1200 多盏。他用串联金属灯丝制成的白炽灯，比当时使用的碳弧灯更为安全。因此后人就把完善而实用的白炽灯的发明归功于爱迪生。1879 年 10 月 21 日爱迪生制成一盏使用碳化灯丝的灯，稳定地点燃了两天。

电的发明和利用

1821 年英国人法拉第完成了一项重大的电发明。在两年之前，奥斯特已发现如果电路中有电流通过，它附近的普通罗盘的磁针就会发生偏移。法拉第从中得到启发，认为假如磁铁固定，线圈就可能会运动。根据这种设想，他成功地发明了一种简单的装置。在装置内，只要有电流通过线路，线路就会绕着一块磁铁不停地转动。这是第一台使用电流使物体运动的装置，也是今天世界上使用的电动机的祖先。1831 年，法拉第又研制出了世界上最早的发电机。他发现用一块磁铁穿过一个闭合线路时，线路内就会有电流产生，这个效应叫电磁感应。一般认为法拉第的电磁感应定律是他的一项最伟大的贡献。1866 年德国人西门子制成世界上第一台发电机。发电机的诞生，实现了为人类源源不断提供电力的可能，从此人类开始进入电气化时代。

电气化时代的伟大发明家为人类带来了很多重大发明，其中最伟大的莫过于爱迪生。他改进了电灯，成功地把白炽灯泡的寿命延长到了 40 小时以上。电灯的发明使人类进入光明时代，也揭示了电的重要性，人类为此不断改进发电机，不断出现电的产品，包括电动机、电视机、电冰箱、电脑等等，人类也进入电器时代。

电是一种能量，按照能量守恒定律，它是通过消耗其他能源来换取的，现在发电的方法主要还是火电厂，就是通过燃烧燃料来换取电能，这会对大气产生污染；另外就是核能发电站，核能虽然效率高，但是核辐射却是潜在的重大威胁；还有水力发电，它相对环保，但受到自然条件的限制。此外，风能发电、太阳能发电等技术都不断成熟。电力今天依然是人类最重要的动能来源，人类为了更好、更高效、更环保地利用电能，仍然在不断地探索和发明创造。

这是由达维德·马丁绘制的《1767 年富兰克林在伦敦》的油画，画面中富兰克林身着一套蓝色的套装，上面有精致的金色编织物和纽扣，这与他在法国宫廷里受影响的简单衣服相去甚远。该画作目前陈列在白宫。

知识链接：富兰克林“风筝实验”证伪

1752 年美国人富兰克林所做的“风筝实验”是科学史上一次最为著名的实验，但这个故事的细节有许多争议。《流言终结者》（*Myth Busters*）是一个美国的科普电视节目，在 Discovery 探索频道播出。为了探明真相，《流言终结者》在第 4 季第 5 集里复制了“风筝实验”。他们试图证明三件事：（1）风筝能否吸引电流，并且通过长长的风筝线传递到钥匙上；（2）流入钥匙的电流量是否足以电到富兰克林的手指；（3）那股电流是否足以让放风筝者心跳停止。

实验者模仿 18 世纪时使用的材料制作了一个大风筝，把风筝在海滩上放飞，虽然没有电闪雷鸣，但空气中的电荷、风筝和风筝线、空气之间的摩擦所产生的电荷已经可以使风筝线上挂着的钥匙吱吱作响。第一件事被验证了。接着他们把风筝线弄湿，用一个大金属球形状的电荷产生器代替海边的空气作为电荷来源，虽然这远远小于真正的闪电所产生的电荷，但把一个探头靠近钥匙，可以看到两者之间有微弱的火花。第二件事也证实了。实验者利用电力公司试验中心 100 万伏的高压电，这也远小于真正的雷电 1 亿伏的电压。他们在一个假人模型内部安装模拟的心跳检测器，当风筝被高压电击中时，在钥匙和假人的手指之间出现了明亮的电弧，经检测通过模拟心脏的电流已经超过可以使人心脏停跳的最大电流很多倍。第三件事因此被证明是不可靠的。

这个实验表明，当年富兰克林或许有过风筝实验的想法，即便他真的做过这个实验，也只可能是被风筝上带有的一些静电电到。如果被真的雷电击到的话，富兰克林本人很可能当场就被雷电击死了。

熔炉焠炼

焦炭炼铁的发明

铁较为便宜意味着可以用它来制造许多机器、管子和工业城市里迅速崛起的工厂所需要的其他零件。

——尼尔·莫里斯《工业革命》

技术创新是催生18世纪英国工业革命的根本因素，除了最为人们熟知的纺织机和蒸汽机，18世纪发生的由木炭炼铁向焦炭炼铁的变革，其经济意义和实际价值对工业革命的影响甚至更为深远。

从木炭炼铁到焦炭炼铁

17世纪以前，英国炼铁燃料主要还是依靠木材，因此需要大量砍伐森林。到17世纪最初的10年，英国的木材资源供应已经非常短缺，燃料的饥荒阻碍了炼铁业发展。当时煤炭作为燃料已在玻璃、制砖等行业得到广泛应用，因此用煤代替木炭便成了唯一的选择。

用煤作为燃料替代木材看似十分简单，但用厚煤块和煤屑做燃料，煤块中所含的硫会导致生铁产生热脆性，使之无法锻造成形。因此，直接用煤块炼铁被证明是不可行的。而这项研究前后花费了将近大半个世纪的时间。

17世纪后半期，虽然英国已有人开始尝试用焦炭来炼铁，但将其真正实现的是18世纪初的亚伯拉罕·达比。达比早年和别人一起开办公司制造家用的铜锅，但是铜的成本高，达比决定尝试用铁铸锅并获得成功。1708年，达比在英国科尔布鲁克代尔创办了自己的铁厂，他租下了一座已经废弃多年的炼铁炉进行焦炭炼铁的试验。他发现焦炭不如木炭那么容易燃烧，于是改进了鼓风设施和调整炉内结构以获得更充足的燃烧空气。经过在改进后的高炉内的多次试验，达比于1709年成功地用焦炭炼出了生铁。

焦炭炼铁引发的冶铁业革命

焦炭炼铁的成功只是英国炼铁业革命的起点，它使炼铁业开始摆脱对木材的依赖，科尔布鲁克代尔因此成为18世纪英国重要的炼铁中心，达比的公司成为英国各种大型铸铁件的主要供应商。但其

“大东方号”蒸汽机驱动一个四叶片的螺旋桨和两个大桨轮，它还有6个挂帆的桅杆。

尽管 11 世纪中国的铁匠就发明了用煤做燃料的熔炼方法，但英国到 1709 年由亚伯拉罕·达比发明了焦炭才不再依靠森林提供燃料。1709 年，英国工程师亚伯拉罕·达比发明炼焦的方法，他改造旧式高炉，为之安装一套新式鼓风装备，由此提高焦炭的燃烧效率，从而增加炉温。图中是达比建在艾王谷的焦炭炼铁厂，夜空下火光冲天，可见焦炭燃烧旺盛，熔炉温度极高。

知识链接：达比家族的成就

亚伯拉罕·达比发明焦炭炼铁后，将科尔布鲁克代尔的冶铁高炉发展到两座，第一批“火力引擎”铸件于 1718 年在科尔布鲁克代尔熔铸。从 1724 年到 1760 年，达比的工厂实际上垄断了这类生产。达比二世于 1732 年子承父业，他所生产的薄铸铁几乎包揽了英国蒸汽机缸的铸造合同。到 1785 年达比三世时，其家族拥有 32 公里的铁路，将矿井和工厂连接起来。工厂拥有 10 座高炉、9 座锻炉和 16 台“火力引擎”，拥有资本 10 万英镑。

他问题也随之而来，首先是动力问题，达比的高炉是以上下水池的水的落差形成动力来鼓风的，但在干旱的夏天，上水池蓄水不足，需将水运送到上水池。1732 年，达比二世修建了用马车来输送水的轨道，到 1742 年，马车被纽科门蒸汽机代替，此时的蒸汽机仅用于将水提升到上水池，高炉鼓风的动力仍然来自水轮机。直到 1776 年，在英国希罗普郡出现了直接将博尔登—瓦特蒸汽机用于鼓风的方法，蒸汽机因此代替了水力鼓风在高炉炼铁中得到应用。至此，炼铁业不仅摆脱了对木材的依赖，也摆脱了对水力的依赖，从而获得了充分的发展空间。

机械化大大扩展了市场对铁的需求，包括铸铁和熟铁。更重要的是，焦炭炼铁引发的冶铁业革命不仅带来了英国冶铁业的繁荣，使英国冶铁业迅速向中西部和南威尔士产煤区集中，并拉动了英国煤矿业的进一步繁荣。廉价的铸铁和熟铁使新型的动力机械得以大规模生产和应用，并使铁构件在工程建筑领域代替木材而得到广泛应用。从此，价廉质优的熟铁使铁路建设获得了巨大发展，桥梁、建筑、军工的建设和生产领域，大型铸铁件被广泛使用。焦炭炼铁的发明引发了钢铁业及相关行业的巨大发展，人类也由此被带入了“钢铁时代”，英国的工业革命因此得以全面展开。

铁是制作家用物品的一种非常有用的材料。这种匣状熨斗有一个可以移动的金属块，可以把它放在壁炉上加热。

钢铁世界

铸造和锻压

最重的铸铁是梁架，长 24 英尺，没有一样大件材料超过一吨；锻钢是圆形、平型的钢条，角钢，螺母，螺丝，铆钉和大量的铁皮……

——查尔斯·唐斯《为 1851 年万国工业博览会而在海德公园内建造的建筑》报告书

焦炭炼铁的发明，极大地推动了英国冶铁业的发展，更促进了建筑业、机械制造业、交通运输的发展。特别是铸铁构件成为一切制造业的基础，因此带动铸造工艺和锻压技术随之获得了重大进展。

铸铁构件的应用

1779 年，亚伯拉罕·达比三世为纪念其祖父对英国炼铁工业的贡献，在英国什罗普郡的塞文河上，建造了世界上第一座铸铁桥。这座大铁桥跨度 100 英尺，高 52 英尺，宽 18 英尺，全部用铁浇铸，有几百吨重。它有五个弯曲的拱肋，每一个都分成两半进行浇铸，桥的主体部分仅在三个月内就被组装起来。生铁在熔炉里冶炼出来，倒进铸件模型里成型。作为世界上同类大型建筑中的第一座铁桥，英格兰塞文河上的大铁桥体现出 18 世纪古典主义的匀称和雅致，如此巨大的铸铁构件，也反映出当时英国铸铁工艺的领先水平。

除了铸铁桥梁的出现，铁也被用在房屋建筑上，铁最初应用于屋顶，如 1786 年巴黎法兰西剧

这座著名铁桥的拱门，是由将近 400 吨铸铁制造的，跨度为 30 多米。

院建造的铁结构屋顶，以及1801年建的英国曼彻斯特的萨尔福特棉纺厂的七层生产车间，这里铁结构首次采用了工字形的断面。另外，为了采光的需要，铁和玻璃两种建筑材料开始配合应用，如巴黎旧王宫的奥尔良廊，第一座完全以铁架和玻璃构成的巨大建筑物——巴黎植物园的温室，而最著名的则是1851年建造的伦敦“水晶宫”，整个建筑物用3300根铸铁柱子和2224根铁（铸铁和锻铁）的桁架组成。

锻压技术的发展

随着建筑体量和机械构件的大型化，仅仅依靠铸铁工艺难以达到制造加工的要求，于是人们开始寻找一种能够锻打大块工件的工具。蒸汽机的发明，使机械师们开始考虑利用蒸汽机产生的巨大能量来实现梦想。锻压是锻造和冲压的合称，是利用锻压机械的锤头、砧块、冲头或通过模具对坯料施加压力，使之产生塑性变形，从而获得所需形状和尺寸的制件的成形加工方法。

1836年，法国巴黎的一位叫F.卡韦的工厂厂主就已经制出了蒸汽锤，但因不够完善未能得到实际运用。1837年，大西部蒸汽公司要求苏格兰工程师詹姆士·内史密斯帮忙为新建蒸汽船“大不列颠号”锻造一些大型铁零件，为了能够做到这一点，内史密斯于1841年设计和建造了强有力的蒸汽锤，并于1842年获得了专利权。内史密斯制造的形如站立的“人”字的庞然大物，已经十分完善，锻打能力极强。它依靠水蒸气推动机器锤，锤头和汽缸的活塞杆装置能上下活动，锤制锻件。蒸汽锤的发明，对重锤冶金工业的发展产生了极其重要的作用。

1851年，内史密斯的蒸汽锤被送到世界博览会上参加展览，在汽笛声中，许多大铁块在蒸汽锤的锻打下如同艺人手中的橡皮泥一样，人们禁不住发出了阵阵惊叹。

知识链接：多产发明家内史密斯

詹姆士·内史密斯于1808年8月19日生于英国爱丁堡，早年与瓦特等人为友，并喜爱工程。1829年内史密斯去伦敦，被现代车床的发明人、英国机床工业之父莫兹利聘为助手。他设计了磨制螺帽六面的研磨机和驱动轴。1831年莫兹利去世，内史密斯从伦敦带回了一批部件，组成一台车床、一台刨床和镗床、钻床，从此在爱丁堡立业。1836年他发明了模制机。他最重要的发明是蒸汽锤，能锻造大型锻件，因而为全世界所采用，并迅速得到改进。1843年他又制成蒸汽打桩机，此后又发明了铣槽机、水力冲床、磨床，以及通风机的空气泵。1890年5月7日内史密斯在伦敦去世。

克虏伯钢厂的工人们使用巨大的蒸汽锤在锻造铸块

百炼成钢

炼钢技术的进步

除了热的气体和不多的火星儿之外，不会有什么东西从转炉里飞出来……

——亨利·贝塞麦

工业革命的胜利，推动了机器大工业迅速蔓延至全球。机器的大量发明和广泛使用，使钢铁成了最基本的工业材料。在第二次工业革命中涌现出来的一大批崭新技术，不仅使原有的重工业如采煤业、机器制造业、铁路运输业等飞速发展，而且直接推动了钢铁行业的发展，并使重工业很快在主要工业国家的经济中占据主导地位。人类从此在材料领域告别了棉花时代，进入到钢铁时代。

这幅 19 世纪的绘画展示的是锻造车间的工人用铁锤将热的熟铁锻造成各种形状。熟铁比铸铁要柔软，而且不容易损坏。

贝塞麦炼钢法的诞生

19 世纪上半叶，由于房屋结构和铁路的需要，熟铁和铸铁的产量提高极快，但钢的产量裹足不前。英国是当时世界上钢产量最多的国家，1850 年年产量只有 6 万吨，同年它的铁产量却达到 250 万吨。由于冶炼工艺的限制，钢产量不高，价格昂贵，其用途局限于工具和仪表。为了满足工业和技术的需要发展，寻找新的炼钢法成为冶炼领域急需突破的技术。

英国的威廉·凯利是最早尝试新炼钢法的发明者。19 世纪 40 年代末他发现在精炼生铁时，少加一些木炭，多往炉内鼓进些空气，能使炉温升高。此法不仅节约了木炭，而且可以把铁炼成钢。1851 年凯利建成了新的炼钢炉，但因为他的保守，这一炼钢方法没有得到普及。

首先公布转炉炼钢法的是英国发明家贝塞麦。贝塞麦设计了一个炉子，下部有 6 个风口，实验时从炉底鼓进空气后，首先将铁水中的锰和硅氧化，形成褐色烟雾溢出，同时铁水中的碳也被氧化成二氧化碳。炉温从倒入铁水时的 135℃上升到大约 1600℃，而且不需要任何燃料，就可以炼一炉钢。接着，贝塞麦将炼钢炉从固定式结构改为可向一侧倾倒，以使炼好的钢水易于倒出。这种使炼钢炉成为可转动的炉，即转炉。1857 年贝塞麦取得了这项发明的专利。

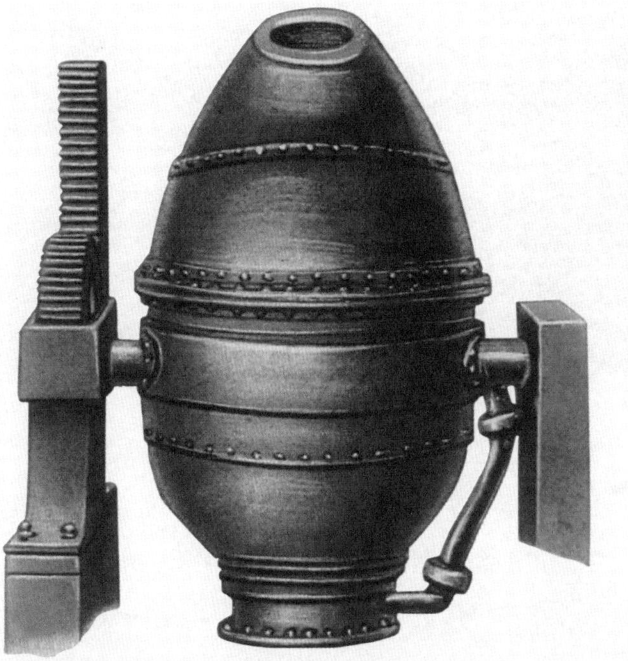

贝塞麦转炉。高压空气从容器的开口处吹进去，首先流出来的是矿渣，然后倾斜转炉，倒出钢水。

知识链接：平炉炼钢法

虽然转炉法可以大量生产钢，但它对生铁成分要求严格，一般不能多用废钢，因此废钢回收利用率不高。1856年德国人西门子使用了蓄热室为平炉的构造奠定了基础。1864年法国人马丁利用有蓄热室的火焰炉，用废钢、生铁成功地炼出了钢液，从此发展了平炉炼钢法，在欧洲一些国家称之为“西门子－马丁炉”。碱性平炉炼钢法问世后很快被广泛采用，成为世界上主要的炼钢方法。在1930—1960年的30年间，世界每年钢产量的近80%是平炉钢。20世纪50年代氧气顶吹转炉投入生产后，平炉逐渐失去市场，目前世界主要的炼钢炉是氧气转炉和电炉。

碱性转炉的进步

贝塞麦炼钢法是炼钢技术的重要突破，但不少钢铁企业发现用此法炼出的钢太脆，一击就碎，原因是矿石中含磷量较高。而贝塞麦实验用的矿石恰巧含磷较低。因此贝塞麦炼钢法开始只能限于吹炼含磷少的生铁。同时转炉吹炼法还有另一个质量问题，即铸锭内有许多气孔。这一问题由贝塞麦的一位苏格兰朋友乌希特建议“鼓风”之后加去氧剂（铁锰合金）得以解决。

磷的问题是20多年后由英国人托马斯解决的。他发现石灰石能使铁水脱磷，但必须把贝塞麦转炉原先的酸性硅酸质炉衬改为碱性炉衬。新的碱性耐火砖是用在高温下烧成熟料的白云石与焦油混合烧成的。1877年托马斯在南威尔炼钢厂进行了实验，用碱性耐火砖砌衬，在转炉冶炼过程中与鼓风的同时添加石灰石使炉渣成为高碱性，结果炼出了脱磷的钢。实验大获成功，创造了碱性转炉炼钢法，又称“贝塞麦－托马斯法”。

第二次世界大战后，不少国家开始实验用纯氧代替空气炼钢。1948年奥地利首先取得了技术突破。此法是把生铁水与废钢混合，倒入转炉中，然后吹氧，将碳与杂质迅速烧掉。用这种方法炼出的钢，质量可与平炉炼出的钢相媲美，所需时间却只有平炉的十分之一。

位于勃兰登堡工业博物馆的一台西门子－马丁炉

能源兴替

能源的变革

煤炭燃烧转化成的蒸汽动力成为适应工业发展的全新动力。

——马克斯·罗伯特《现代世界的起源——全球的、生态的述说》

煤炭取代木柴，在很大程度上是英国工业革命的重要推手，而煤炭的广泛应用又大大促进了英国冶铁业的发展，煤炭业与钢铁业的快速发展使英国在一两百年的时间里从一个普通的农业国一跃成为世界头号工业强国。当石油取代煤炭成为最重要能源时，第二次工业革命随之到来。可以说，从人类近代以来两次工业革命的发展中，我们可以看到能源变革的清晰轨迹。

从柴薪到煤炭的转型

英国人在工业化到来之前主要依靠木柴做燃料，但工业化的迅猛发展，城市人口的迅速增加，极速消耗着英国的森林资源，造成能源严重短缺。因此，从17世纪中期开始，英国的城镇基本上都以煤炭作为主要生活燃料了。到18世纪上半叶，煤炭已经取代柴薪，成为英国制造业所使用的主要能源。19世纪，蒸汽机开始广泛应用于工业生产，这大大提高了煤炭的需求量。在19世纪的100年间，英国人口只增长了3倍，但煤炭消费量则增加了18倍。到了19世纪，英国已经在生活生产领域基本完成了从柴薪到煤炭的能源结构转型，英国正式步入了化石燃料时代，这比欧洲其他国家早了将近150年。

能源结构转型对英国矿业、冶铁业和机器制造业产生了巨大影响。到18世纪末，英国已经由生铁进口国逆转为生铁出口国，其他工业部门如陶瓷、烧砖、玻璃制造等也因为有了大量的煤炭供应而扩大了生产规模。到19世纪中期，英国的能源转型在热能和机械能上都已实现，率先完成了工业革命，这不仅完全改变了英国，而且完全改变了世界。

1867年，英国南威尔士格拉摩根郡的弗恩代尔煤矿发生爆炸事件，事故造成170个男人和男孩死亡。这次灾难是由“沼气”引起的，沼气是由深井中的甲烷和空气遭遇而产生的混合物。没有恰当的通风设施导致沼气聚集而爆炸。在矿井，这种危险的爆炸非常普遍。

美国人埃德温·德雷克是世界石油工业的先驱者。他于 1859 年在美国宾夕法尼亚州泰特斯维尔附近挖掘了第一口油井，井深 21 米，同年 8 月 27 日获得油气流，他从井口铺设 9000 米长、直径为 5.08 厘米的管道把原油输往泰特斯维尔。因此，美国把 1859 年定为美国现代石油工业的开始年份。

知识链接：俄国的“石油工业之父”

关于石油工业化开采的起源，俄国人认为谢苗诺夫早在 1848 年就开凿出了世界第一口现代油井，因此苏联时代的百科全书把“石油工业之父”这顶桂冠封给了谢苗诺夫。

从煤炭到石油的飞跃

近代早期，通过柴薪到煤炭的能源转型，英国摆脱了有机物经济的约束，利用当时丰富的煤炭资源走上了全面工业化的道路。而在 19 世纪中期之后，美国则利用煤炭到石油的第二次能源转型机遇，超越英国并取而代之。1859 年，美国人埃德温·德雷克在宾夕法尼亚州泰斯维尔小镇打出一口深 21 米的油井，这口井日后被美国人称为“世界第一口现代油井”，而德雷克也被奉为“石油工业之父”。当然，石油真正登上历史舞台应该归功于内燃机，内燃机的出现开启了第二次工业革命的大门。人们发现，石油燃烧效能高且轻便，是最合适的现代燃料。20 世纪 20 年代以后，全世界对石油的需求量和贸易量迅速扩大。

石油矿井成为冒险家的乐园，在美国只要有可能有石油的地方，人们就会蜂拥而至。

美国是世界上第一个形成石油工业体系的国家。美国在 1859 年到 1900 年，用 41 年的时间生产了第 1 个 10 亿桶石油；1900 年到 1909 年，用 9 年时间生产了第 2 个 10 亿桶石油；1909 年到 1913 年，用 4 年生产了第 3 个 10 亿桶石油；1913 年到 1917 年，也是 4 年（第一次世界大战期间）生产出第 4 个 10 亿桶石油；而 1917 年和 1918 年两年就生产出第 5 个 10 亿桶石油。1919 年美国的石油产量突破 5000 万吨。

人类正式踏入“石油时代”的准确时间是在 1967 年。那一年，石油正式取代煤炭，成了第三代主体能源。正是石油这种新型工业血液的注入，使得世界经济发生了翻天覆地的变化，前人无法看到、也无法想象的壮丽景观出现了：汽车的奔跑、船舰的巡弋、飞机的翱翔乃至飞船的上天，人类文明在新的一百年间再次呈现了巨大的、奇迹般的突破发展。

蓄能与输电

电池和交流电

与我保持联系的一家电灯公司前些时候购下了一整套交流电系统的专利。对此，我表示抗议……

——爱迪生

第二次工业革命以“电气化”为标志，因此电能的生产、储存和输送决定着工业命脉的跳动。作为最普及的电能储存产品，电池的发明是化学家对人类的重要贡献；而当直流输电向交流输电转变时，人类面前呈现的是一片无比灿烂的明亮光景。

尼古拉·特斯拉是塞尔维亚裔美籍发明家、机械工程师、电气工程师。他因主持设计了现代交流电系统而成为现代电力商业化的重要推动者之一，为此他与爱迪生在输变电方式中应采用直流电输送还是交流电输送的争论，更是闻名一时。这是位于塞尔维亚贝尔格莱德的尼古拉·特斯拉的纪念雕像。

电池的发明和利用

电池的发明源自化学实验。最常见的化学电池由阳极、阴极和电解液三个部分组成。电解液中溶解的化学成分分别带了很多正电荷和负电荷，当用导线将阳极和阴极相连时，化学反应使化学能被转变成了电能。

1780 年，意大利科学家伽伐尼在解剖青蛙的过程中发现了生物电，另一位意大利科学家伏打重复并检验了伽伐尼的实验，证明了蛙腿只是一个导体，电流是由铜和铁两种金属产生的。伏打把两种不同的金属用浸有盐水的纸板隔开，产生出持续的电流，这个发现成为电池发明的开端。为了纪念他，电压单位（伏特）以他的名字而命名（人

伏打是意大利物理学家，1800 年 3 月 20 日，他宣布发明了伏打电堆，这是历史上的神奇发明之一。伏打电堆是由几组圆板堆积而成，每一组圆板包括两种不同的金属板。所有的圆板之间夹放着几张盐水泡过的布，潮湿的布具有导电的功能。伏打电堆（电池）的发明，提供了产生恒定电流的电源——化学电源，使人们有可能从各个方面研究电流的各种效应。从此，电学进入了一个飞速发展的时期——电流和电磁效应的新时期。

名 Volta 的音译为伏打，单位名 Volt 音译为伏特）。

但是，最早的伏打电池的电解质溶液是液态的，因此被称为“湿电池”。这种电池搬运不便，而且使用硫酸作为电解质也很危险。1859 年，法国物理学家普朗特发明了可充电的铅酸蓄电池。1866 年，法国工程师勒克朗谢发明了以锌为阳极、二氧化锰为阴极，以氯化铵为电解液的“勒克朗谢电池”，这就是干电池的原型。1886 年，德国的加斯纳改进了勒克朗谢电池，将里面的溶液做成糊状，用锌皮封装起来，成了“干电池”。现在，人们常见的锌锰干电池就是加斯纳发明的那种。1899 年，瑞典科学家容格发明了可充电的镍镉电池，比铅酸电池更为实用。

知识链接：输电方式的变化

人类输送电能的方式是从直流输电开始的。1874 年俄国彼得堡第一次实现了直流输电，1885 年，直流输电电压已提高到 6000V，但要进一步提高大功率直流发电机的额定电压，存在着绝缘等一系列技术困难，这使得输电距离受到极大的限制。19 世纪 80 年代末发明了三相交流发电机和变压器。1891 年，世界上第一个三相交流发电站在德国劳芬竣工，以 3×10^4V 高压向法兰克福输电。此后，交流输电就普遍地代替了直流输电。但随着大功率换流器（整流和逆流）的研究成功，高压直流输电取得了技术突破。1933 年，美国通用电气公司为布尔德坝枢纽工程设计出高压直流输电的装置；1954 年从瑞典本土到果特兰岛，建立起了世界上第一条远距离高压直流输电工程。

直流电与交流电之争

人类最初使用的是直流电。在爱迪生发明了实用的电灯之后，如何将电能从发电厂输送到街区、大楼乃至居民住宅却出现了困难。因为当时的直流电电压很低，不可能使用导线将电能输送到稍远一点的地方，如果采取直流输电方式，每平方公里就得建设一个发电厂。这时，原来在爱迪生公司工作的塞尔维亚裔发明家尼古拉·特斯拉发明了交流输电技术，可以让电在出厂时电压升得很高，因此可以通过输电线输送至较远距离，在用户端电压再降下来。这一专利被匹兹堡实业家乔治·威斯汀豪斯所购买。为此爱迪生公司和西屋公司陷入了直流输电好还是交流输电好的繁杂争论。爱迪生指责交流电不安全，升高电压会导致触电事故发生。但是，交流电的优越性非常明显，西屋公司不仅用交流电技术承建了尼亚加拉大瀑布发电站，还用交流电为美国 1893 年芝加哥世界博览会提供照明用电。从此，交流输电技术在电力市场上最终取得了主导优势。

1890 年前后，美国西屋电气公司的创始人威斯汀豪斯在和爱迪生关于交直流输电上的论战中取胜，这对交流电在美国广泛应用有着重大影响，也使得西屋电气公司中标建设位于尼亚加拉大瀑布的世界上第一座水力发电站。该水电站采用特斯拉的交流发电机，1895 年发电站建成了，它可以将电能传输到距发电站 35 公里外的布法罗市。

电气化

电业的兴起与发展

蒸汽大王在前一个世纪中翻转了世界，现在它的统治已到末日，另外一个更大的无比的革命力量——电力将取代之。

——卡尔·马克思

电力技术的发明、电力工业自从建立至今已有100余年的历史。今天，电与人们的生产、生活、科学技术研究和社会发展进步息息相关，已经成为现代文明社会重要的物质基础和鲜明标志。

电业发展百年历程

1831年，法拉第发现电磁感应原理，奠定了发电机的理论基础。1866年，西门子发明了励磁电机，

最早的电力系统是简单的住户式供电系统，由小容量发电机单独向灯塔、轮船、车间等照明供电。爱迪生发明白炽灯后，提出并实现了一个电源可以同时点亮若干盏电灯的理论。他架设了世界上第一条供电线路，并发明了火力发电机和使用保险丝的安全方法。1882年在纽约珍珠街建成了世界上第一座发电厂。这座发电厂虽然只有30千瓦的容量，仅供城市照明之用，但却使电力第一次真正在人类生活中实用，改变了人们的生活面貌。

并预见到电力技术将具有极大的发展前途，它将会开创一个新纪元。1876年，贝尔发明了电话；1879年，爱迪生发明了电灯。这三大发明开启了人类实现电气化的道路，这是继蒸汽机技术推动工业革命之后，由电力技术引发的第二次工业革命。

1875年，法国巴黎北火车站建成世界上第一座火电站。1879年，美国旧金山实验电厂开始发电，这是世界上最早出售电力的电厂。1882年，爱迪生在纽约主持建造了珍珠街电站，这是世界上第一座较正规的发电厂，装有6台直流发电机，共900马力，通过110V电缆供电，最大输电距离1.6千米，可以供6200盏白炽灯照明同时使用，这成为最初的电力工业技术体系。1885年，美国发明家乔治·威斯汀豪斯制成交流输送电机和变压器，并于1886年建成第一个单相交流输电系统，1888年又制成交流感应式电动机。1891年，在德国劳芬电厂安装了世界第一台三相交流发电机，建成了第一条三相交流输电线路。三相交流电的出现克服了原来直流供电容量小、距离短的缺点，开创了远程供电。从此，电力除照明外，电能成为运转人类生产生活的最重要动能。

电力系统的发展和进步

电力工业是一个巨大的体系，它包括发电、输电、变电、配电、用电5个环节及每个环节极为复杂的系统工程。最早的电力系统是简单的住户式供

电力的输送和变电、配电、用电一起，构成电力系统的整体功能。通过输电，把相距甚远（可达数千千米）的发电厂和负荷中心联系起来，使电能的开发和利用超越地域的限制。输电线路按结构形式可分为架空输电线路和地下输电线路。输电按所送电流性质可分为直流输电和交流输电。图片为最早实现远程交流输电的尼亚加拉大瀑布电站。

电系统，由小容量发电机单独向灯塔、轮船、车间等照明供电。白炽灯的发明，使电能的应用进入千家万户，从而出现了中心电站式供电系统。

19 世纪 90 年代初，三相交流电的研究成功，推动了电力系统的发展。1895 年在美国尼亚加拉建成了复合电力系统，它装有单机容量为 5000 马力的交流水力发电机，用二相制交流 2.2 千伏向地区负荷供电，又用三相制交流 11 千伏输电线路与巴伐洛电站相连，还使用了变压器和交直流变换器将交流电变为 100—230 伏直流电，供应照明、化工、动力等负荷。尼亚加拉电力系统的成功，结束了长达 10 年的关于直流输电（以爱迪生为代表）与交流输电（以威斯汀豪斯为代表）的方案之争。

电力系统的出现，使电能得到广泛应用，推动了社会生产各个领域的变化，开创了电力时代，出现了近代史上的第二次技术革命。今天，电力系统的发展程度和技术水准已成为各国经济发展水平的重要标志之一。

知识链接：停电灾难影视剧

电能不仅是当代社会不可或缺的重要能源，而且是给人类带来光明的保证。因此停电，尤其是大面积停电对于现代人来说无异于灾难。2011 年 2 月 18 日上映的美国电影《消失在第七街》讲述了一场莫名原因的灯火管制令底特律突然陷入了黑暗，然而当太阳再次升起的时候，人们却惊恐地发现，只有少数的几个人还活着。2012 年首播的美剧《灭世》讲述某一天全世界所有形式的能量都神秘消失，人类回到“无电”时代。这迫使一群幸存者不得不通过自己的双手来谋求生存并四处寻找他们的亲人和爱人。这些令人害怕、有如启示录般带有末世情结的惊悚故事，深入探讨的是人类最原始的焦虑——对黑暗与生俱来的恐惧心理。

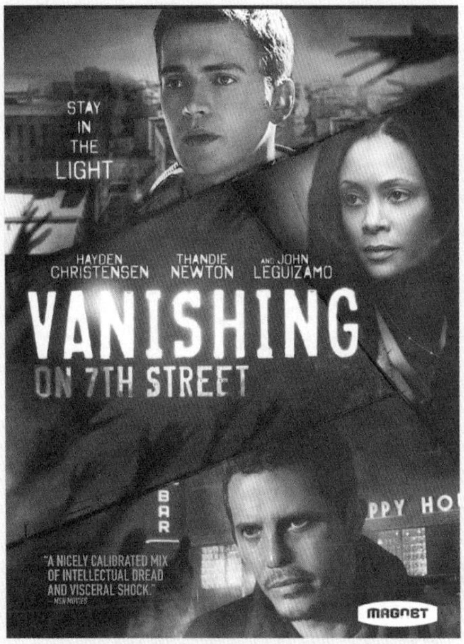

《消失在第七街》电影海报。这是一部于 2011 年 2 月 18 日上映的美国惊悚、恐怖电影，由布拉德·安德森执导，海登·克里斯滕森、桑迪·牛顿主演。影片讲述了黑暗的力量在整个底特律市爆发，并即将吞噬整个城市的人类，人们只有快速保持光源，才能逃脱毁灭的绝境。

永昼梦真
电灯的发明

请勿用火柴点燃。只需按下开关……使用电灯绝不会损害您的健康，也不会打扰您的美梦。

——早期“爱迪生电灯”上的标识

电灯照亮了世界。在电灯的照耀下，人们在生产生活中享受着光明，它不仅是现代文明的产物，也是现代社会的标志。几乎所有的科学技术发明榜单上，都将电灯的发明列为人类历史上“最伟大的发明之一”。

电灯发明过程中的三大难题

电灯发明之前，人类依靠阳光和火光生活了若干个世纪，人们的生活节律完全随着昼夜节律而变化。煤气灯发明于 19 世纪 30 年代。然而，煤气灯不断冒出浓烟，灯光闪烁不定，而且美国大部分地区煤气总是供不应求。1801 年，英国科学家汉弗莱·大卫首先证明电流通过铂丝时，铂丝燃烧，发出亮光。然而，铂丝燃烧只能持续几秒钟。但是这短暂的光明促使许多科学家致力于研制实用型电灯，但却都因三个问题止步不前：一是找不到加热到白热化程度仍旧不分解的灯丝材料，二是玻璃电灯受到热压后容易炸裂，三是无法把电灯制成真空环境，阻止灯丝燃断。

图中所示为爱迪生所拥有专利的白炽灯原型。实际上另一个美国人亨利·戈培尔早在 1854 年就已发明了相同原理的物料。戈培尔使用一根碳化的竹丝，放在真空的玻璃瓶下通电发光。他的发明在今天看来是首个有实际效用的白炽灯。他当时试验的电灯已经可维持 400 小时，但是并没有即时申请设计专利。

爱迪生发明电灯

1877 年，托马斯·爱迪生开始在新泽西州门罗公园的实验室致力于电灯研究。他不断寻找最好的灯丝材料，制造实用型电灯。1878 年 10 月，爱迪生用铂丝作灯丝，制作成一只电灯。电灯发光 40 分钟。全世界报纸的头版头条都争相报道：“门罗公园的魔术师”发明了一只能够工作的电灯。

到 1879 年 10 月，爱迪生测试了 1600 多种材料，终于找到了合适的灯丝材料——碳化棉丝。首次试验时，这种灯丝材料持续燃烧了 40 多个小时。1880 年，爱迪生用日本竹子制造的碳化竹丝可以持续点亮 1000 多小时。1907 年，爱迪生又制成了更耐久使用的钨丝灯。1913 年，爱迪生又发现若在电灯内充满氮气，灯丝则不会燃尽，也不必把电灯内部抽成真空。氮气钨丝灯就是今天我们仍在购买使用的标准电灯。

1927年，埃德蒙·杰默发明了荧光灯。1936年，通用电器公司的乔治·伊曼和理查德·塞耶申请了他们研制的荧光灯的专利。这种荧光灯时至今日仍广泛应用于商店、学校、医院和办公场所。

爱迪生从1878年9月开始研究电灯，他为此试验了接近1600多种材料用于制作灯丝，终于在1879年10月21日研制成功了能够连续点燃40多个小时的电灯灯丝，这是人类第一盏有广泛实用价值的电灯，这种电灯有“高阻力白炽灯”“碳化棉丝灯”多种名称，用碳化棉丝制成。1880年，爱迪生研制出的“碳化竹丝灯”可持续点亮1000多个小时，达到了耐用的目的。

知识链接：约瑟夫·斯旺

英国人约瑟夫·斯旺是与爱迪生几乎同时研究电灯，并且取得同样成就的发明家，但遗憾的是他却鲜为人知。药剂师出身的斯旺爱好电学，1856年，他试着制造电灯，并将研究重点放在寻找合适的灯丝材料上。他使用弱硫酸刷洗纸条，让纸条表面异常平滑，然后给“焦化”的纸条涂上焦油，烘烤数小时，排尽氧气。最后得到的便是黑色碳丝。斯旺让吹玻璃工人弗雷德·托珀姆为自己的灯丝制作合适的灯罩，并附上嵌入橡胶垫片的底座，下端悬出电线。然后在垫片上接上手压泵，抽出灯罩内的空气。然后把电灯泡接通电池，灯丝燃烧，发出明亮的白光——白光持续了两秒钟。然而斯旺无法将灯泡制成真空环境，以阻止灯丝燃断。这让斯旺倍感沮丧。1865年，施普伦格尔为研究真空现象而开发出水银真空泵，此种真空泵效率更高，能够产生更加趋近真空的环境，这对电灯泡的生产至关重要。斯旺为此信心大增，孤军奋战持续研究。1879年1月，他向英国科学技术协会展示了自己的电灯，这种电灯灯丝燃烧却不燃断，但灯丝很快开始冒烟，烟气在玻璃灯罩内存积，把灯罩熏得漆黑。但是几个月后，约瑟夫·斯旺克服了他的灯丝冒烟难题，骄傲地把他的电灯泡告知世界。遗憾的是，与爱迪生稍早发明电灯时世界媒体竞相报道相比，只有少数几家英国报纸报道了斯旺的电灯。

1850年，英国物理学家约瑟夫·斯旺致力于电灯的研究，他把用纸做成的碳化细丝放进真空的玻璃灯罩中。到1860年，他演示了一个工作装置，获得了一项英国专利，包括局部真空、碳灯丝、白炽灯。然而，由于缺乏良好的真空环境和充足的电源，导致电灯效果不佳，寿命较短，不能持续。

电力驱动世界

电气化时代的到来

任何发明创造，即使是那些改变时代的、不同凡响的发明，都是由瞬间的灵感以及在此基础上不断地改进相结合而完成的。

——马克·A. 莱姆利《唯一的发明者之谜》

蒸汽机的发明和广泛应用，将人类从农业时代推进到工业时代，而电的发现和广泛利用，则把人类进一步由近代工业时期推进到现代工业时期。电气化时代的到来，使工业文明和社会发展都进入了一个崭新的历史阶段。直至今天，对电的需要日益增加，经济和社会发展领先的国家也都是具有较高电气化水平的国家。

电气化交通的普及

电动机不仅是工业部门的一个动力机械，而且也给运输事业以新的激励。1879 年，维尔纳·西门子在德国柏林工商博览会上展出了一条小型电车轨道，并带有 3 节车厢，每节可以载客 6 人。这部列车由一台功率为 3 马力的小型电力机车牵引，在 4 个月的博览会期间，它运送了蜂拥而来的 8 万多名参观者。1880 年在法国巴黎也展出了这种有轨电车，同样广受欢迎。这就是人类历史上第一辆真正载客的轨道电车。

1881 年 5 月 1 日，柏林第一条电车线路交付使用，从利希特费尔德车站驶往军官总校，时速为 15 公里。同时巴黎也出现第一条电车轨道，电线架在空中，不久电车就取代了当时使用的马车。在此之后仅仅几十年内，电车就在城市近距离交通中担当起重要的大众化运输工具的重任，直到第二次世界大战后，它在很多大城市中才被公共汽车所取代。

有轨电车是采用电力驱动并在轨道上行驶的轻型轨道交通车辆。这种城市公共交通工具于 19 世纪末在电气化的推动下，在欧洲迅速发展起来，并在 20 世纪初的欧洲、美洲、大洋洲和亚洲的一些城市风行一时，至今在不少国家仍然运营良好，并被继续现代化。由于电车以电力推动，不会排放废气，因而是一种无污染的环保交通工具。图为今天的巴黎有轨电车。

英国伦敦滑铁卢地铁站。滑铁卢站是英国伦敦一个重要的铁路与交通转运的复合车站，最早在1848年7月11日通车。它位于伦敦兰伯斯靠近南岸的地方，总共包括4个紧邻的铁路车站（滑铁卢主站、滑铁卢国际站、东滑铁卢站与滑铁卢地铁站）与1个巴士站。

除了有轨电车外，1880年出现了第一架电动吊车，1887年首次出现电动矿用机车。1899年，伦敦的第一条电动地下铁道交付使用。1900年，巴黎地下铁道开始载客。1902年，柏林建成第一条高架和地下铁道。1908年，在矿井中使用第一台电动运输机。1912年，瑞士第一列电力牵引火车开始行驶。其间在一些西欧铁路的电气化工程中已经把蒸汽机车几乎完全排挤掉了。

电力工业的突飞猛进

1882年、奥斯卡·冯·米勒在德国架设了一条从米斯巴赫到慕尼黑的2000伏电线（57公里），并在英国水晶宫的一次电力展览会上让与这条电线连接的一台水泵转动，将水灌到一个小型水库中去。在交流电输电发明后，电力传送中的损耗可以大大减低。因此，人们想到在发电的地点安装一台变压器，用高压将电力输送到任何远距离地点，在用电地区重新把电压降低到当地电网的使用电压。变压器首先是在1882—1885年间由布达佩斯的匈牙利工程师代里·布洛赫伊和齐派尔诺弗斯基研制成功的。法国人马塞尔·迪普雷也独创了变压器这一设备。

1890年，在美国科罗拉多建立了第一座水力发电站，燃煤的火力发电厂则主要是供应较大城市市政建设用电。水电站和火电站通过架设相互连通的高压线，使得水电站供电的区域在枯水季节也能获得电能。电力网的出现，保证了跨越区域供电，连接的电网目前已跨越国境。国际的电力补偿使各个电厂能最大限度地使用设备。

在第一次世界大战期间，德国中部大型戈尔帕－乔尔纳维茨电厂投产供电。它以10万伏的电压向柏林供电。1929年，第一条20万伏的输电线交付使用。1957年，40万伏的连接科隆和斯图加特的电线架设成功。显然，电力工业得到了突飞猛进的扩展，它在国家经济中的重要性不断提升。

机器向电器的转变

当发电技术解决了能源生产问题，电力网解决了电力供应问题之后，电力使用就变得格外便捷。过去，蒸汽机通过传动把能量传给连接的工作母机

1848 年，西门子电报公司铺设了第一条从柏林到法兰克福的远程电报电缆。这幅画展示的是电缆正在柏林和科隆之间被铺设。

的机轮，因而只有较大的工厂设备才能经济地使用蒸汽机。电动机取代蒸汽机之后，工作母机可单独得到供电，机器使用时才会消耗能源。因而电动机要比蒸汽机经济得多。在纺织工业部门，早在第一次世界大战前，电力纺织机已全部取代了蒸汽机。由于电力网可以随时随地供应电力，因此很多工业企业可以建立在远离煤源、水源的地方。

电力的广泛使用还惠及商业及手工业。特别是电动工具和电动机械的发明越来越多，使得小单位和个人的工作日趋简化和机械化。这场于 19 世纪末开始的变革带来了几乎所有车间、小企业以及个体劳动者工作方式的深刻转变，从而激发了无数专业领域工作竞争力的极大提高。

同时，在家庭生活方面，电灯的普及，家用电器的层出不穷，使人类生活已经离不开形形色色的电器，“电气时代”不仅是工业时代的标志，同样也是现代生活的标志。

电气化促进现代通讯的发展

电气化不仅使机器向电器发展，也带来了新通信工具的发明。第二次工业革命前，有线电报就已经问世，美国人莫尔斯于 1837 年制成一台电磁式的电报机。后来，他在华盛顿与巴尔的摩之间架设了一条 61 千米长的实验性电报线，1844 年 5 月 24 日正式完成了电报传讯的重大实验。第二次工业革命期间，电气化促进了通信工具取得了长足的进步。在 1876 年美国费城世界博览会上，从苏格兰移居美国的贝尔展示了当时被称为“远听器”的电话，引起轰动。1880 年，贝尔电报公

知识链接：电气化铁路

电气化铁路是以电力机车或动车组这两种铁路列车为主所行驶的铁路。其牵引动力是电力机车，机车本身不带能源，所需能源由电力牵引供电系统提供。在 19 世纪末 20 世纪初，电气化铁路主要以电车形式作为大城市主要交通工具。随着交通运输需求的增长，电气化铁路逐渐发展到城市之间和运输繁忙的干线铁路上来。20 世纪 50 年代，一些工业发达的国家开始大规模地进行铁路运输和牵引动力的现代化建设，电气化铁路建设快速推进。到 20 世纪 70 年代末，在工业发达的西欧、日本、苏联，以及东欧等国家，运输繁忙的主要铁路干线都已经实现了电气化，而且基本已经成网。目前时速 200 千米以上的高速电气化铁路已经成为铁路建设的主流。电气化铁路具有运输能力大、行驶速度快、消耗能源少、运营成本低、工作条件好等优点，对运量大的干线铁路和具有陡坡、长大隧道的山区干线铁路实现电气化，在技术上、经济上均有明显的优越性。

日本先进的铁路系统和全国电报网络对它的工业现代化作出了贡献

知识链接：电动汽车百年史

电动汽车其实已经出现100多年，并且曾一度还是最流行的汽车类型。早期电动汽车基本上都是一些由电池驱动的马车，但行驶里程比蒸汽汽车还要长。在1899年和1900年间，电动汽车的销量要比其他类型的汽车销量都要好。据统计，1900年电动汽车产量占到美国汽车总产量28%的份额，所出售的电动汽车总价值超过了当年汽油和蒸汽汽车总和。但随着燃油汽车的技术改进和操作难度的降低，到1935年，电动汽车就变得很“罕见”了。20世纪70年代后，随着能源危机和环境保护的双重压力，电动车研制渐趋活跃。目前，全球主要汽车制造厂商都在致力于开发能够实现规模化生产、商业化销售的电动车，其中最著名的是美国特斯拉汽车公司。

司成立，它就是今天美国电话电报公司（AT&T）的前身。电话技术得到改进和推广，迅速发展起来。19世纪80年代，德国物理学家赫兹证明了电磁波的存在，并测量出电磁波的波长和速度。意大利人马可尼利用赫兹的发现，制成无线电报通信设备。1894年，他开始了短距离的无线电报实验；1899年，他在英法之间发报成功；两年后，横跨大西洋发报成功。

一张有关海参崴的明信片。1860年，海参崴作为俄国一个军港而建立。

第92—93页：流水装配线

工业革命促进了机器的大规模运用和产业分工的进一步细化，这使得生产专业化程度越来越高，因此便于组织大规模流水作业，有效地提高社会劳动生产率。同时，社会经济的发展带动了人类需求的旺盛，必须依靠大规模生产才能满足。在这种背景下，产品的批量化生产不可或缺，因此流水装配线在工业制造中应运而生。

工业命脉

石油工业的兴起与发展

石油无可挽回地改变着世界。

——基辛格

如果说煤炭是蒸汽机时代的能源命脉，那么石油就是内燃机时代的能源命脉；如果说第一次工业革命实现了人类由柴薪时代向煤炭时代的跨越，那么第二次工业革命则实现了人类由煤炭时代向石油时代的跨越。石油时代的到来不仅极大地促进了传统工业的发展，而且带动了能源工业、化学工业、军事工业、新材料工业等新兴产业的发展。今天，石油不仅是世界能源的主角，而且是世界各国最重要的战略物资之一。

石油工业的初兴

石油又称原油，是一种黏稠的、深褐色液体。地壳上层部分地区有石油储存。主要成分是各种烷烃、环烷烃、芳香烃的混合物。它是古代海洋或湖泊中的生物经过漫长的演化形成，属于化石燃料。石油主要被用来作为燃油，也是许多化学工业产品如溶液、化肥、杀虫剂和塑料等的原料。

石油近代史始于1853年石油蒸馏工艺的发明。波兰科学家阿格纳斯·卢卡西维奇通过蒸馏，从原油中得到了煤油。从此煤油作为质优价廉的燃料受到人们关注。虽然最早开发石油的国家并不是美国，然而，对石油资源大规模的商业开发，却是从美国开始的。1859年，一位名叫埃德温·德雷克的人，在美国宾夕法尼亚完成了第一次商业性勘探

在宾夕法尼亚石油井旁边修建的埃德温·德雷克住所。埃德温·德雷克在这里待了近10年（1873—1880年），石油就是他的全部生活。

开发。他用一架以蒸汽为动力的绳索钻，在泰特斯维尔地下112米深处，钻出了石油，日产原油量达1.37—4.79吨。今天，世界公认德雷克是第一个利用现代钻井技术打出原油的人。他的成功催生了石油工业。

德雷克之后，越来越多的美国人追随他的事业，掀起了开采石油的热潮。到19世纪末，世界原油年产量约为2000万吨。在经历不长的时间之后，石油迅速建立了以其作为工业社会的基本能源和主要原材料的重要地位。内燃机的问世，使石油需求进一步加大，尤其是各工业部门纷纷开始采用以石油产品为燃料的动力装置，石油的需求量大幅度增长。这就使得世界石油工业进入了一个崭新的阶段。

这是一幅约翰·洛克菲勒的画像，绘于1872年他创建标准石油公司之后不久。约翰·洛克菲勒的身上既有大资本家、石油大王的头衔，也有19世纪美国第一个亿万富翁、大慈善家的标签，他在革命了石油工业的同时也塑造了现代慈善的企业化结构，终其一生评价毁誉参半。

美国石油工业的勃兴

从1859年起步至1920年的半个多世纪时间，是美国石油工业的起步发展阶段。1861—1865年的美国内战，大大推动了石油工业这一新兴工业的发展。战争切断了南方松节油的供应，造成了以松节油为原料的廉价照明油的严重短缺，使煤油迅速地填补了这个空缺，促进了石油勘探、炼油的发展。战后大量退伍兵涌入油区，重新开始生活，寻找发财之道，油价已涨到每桶13.5美元，促成了一次投机性繁荣。同时，美国石油对欧洲出口的迅速增长，也成为美国内战时期外汇收入的新源泉。因此，这一时期出现了美国历史上第一次“石油繁荣”。

在19世纪60、70年代，美国出现了石油业“大萧条”。为了应付危机，1870年1月10日，约翰·戴维森·洛克菲勒创建了标准石油公司，意在使消费者可以相信该公司的油品是“标准油品”。

1863年，具有敏锐商业眼光的洛克菲勒预见到美国西北石油开采的疯狂必将导致原油价格暴跌，而未来真正能赚到钱的是炼油。因此他开始集中投资炼油产业，并花费巨资拍卖下与他人合资的标准石油公司股权。到1868年，洛克菲勒已在克利夫兰拥有两块炼油区，并在纽约设立交易据点，成为世界上最大的炼油商。图为俄亥俄克利夫兰标准石油1号炼油厂厂区。

这一公司的建立，开创了石油工业的新时代。当时的标准石油公司控制着美国炼油业的1/10，而洛克菲勒拥有1/4的公司股份。到1879年，标准石油公司已控制了美国炼油业的90%，并控制了产油区的输油管网、购销系统，支配了石油运输。1882年1月2日，洛克菲勒等人签订了《标准石油托拉斯协议》，组成托拉斯管理理事会来管理标准石油公司，标准石油公司完全控制了14家公司和部分控制了21家公司。到19世纪80年代中期，标准石油公司3个炼油厂生产了超过世界煤油供应总量的1/4，并控制了美国国内80%的石油产品市场。

从1885年开始，标准石油公司开始涉猎石油业的上游即石油的开采活动。1885年洛克菲勒大量购买美国利马印第安纳油田的石油生产权，到1891年，标准石油公司生产的原油已占美国原油总产量的1/4。与此同时，标准石油公司于1888年在英国成立了自己的第一家国外分公司"英美石油公司"，并不断在欧洲大陆投资。通过国外的分公司，标准石油公司控制了美国90%以上的石油出口，当时石油出口占美国石油产量的一半以上，

20世纪初汽车产量激增，炼油工业的规模不断扩大，技术也在革新。图为1913年，美国福特汽车工厂生产线。

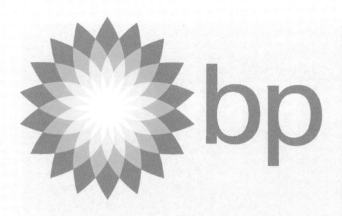

英国石油公司商标。英国石油公司是世界最大的私营石油公司和世界前十大私营企业集团之一，也曾经是著名的“国际石油七姐妹”之一，公司总部设在英国伦敦。

在美国出口制成品中位居第一。这样，洛克菲勒的标准石油公司最终成为一个从原油生产、提炼到销售的一体化的国际大石油公司。而洛克菲勒本人也成为世界上名副其实的“石油大王”。

知识链接：“国际石油七姐妹”

“国际石油七姐妹”是指当初洛克菲勒的标准石油公司解散后在石油产业方面的三家大公司和另外四家有国际影响力的大公司。它们包括原标准石油公司分拆后的三家石油公司：新泽西标准石油，即后来的埃克森石油公司；纽约标准石油，即后来的美孚石油公司；加利福尼亚标准石油，即后来的雪佛龙。另外四家是：德士古；海湾石油；英国波斯石油公司，即后来的英国石油公司（BP）；壳牌公司，为英荷合资公司。最早的“国际石油七姐妹”后来相互间经历了多次合并重组后所剩只有四家：埃克森美孚、雪佛龙（兼并了德士古和海湾石油）、英国石油公司（BP）、壳牌公司。

炼油技术的革命性突破

以 20 世纪初汽车开始大批量生产为界线，此前的阶段叫作“煤油时代”，此后的阶段叫作“汽油时代”。为适应汽油需求的激增，炼油工业经历了一次重大的技术革命，也就是在蒸馏这种“一次加工”的基础上，开发出二次加工技术，以便从每桶原油中提炼出更多更好的汽油来。

这一技术革命的先导是印第安纳标准石油公司的威廉·柏顿发明了热裂化工艺，就是用对原油加热的方法（454°C 以上），使原油中比较大的分子裂解为比较小的分子。1911 年，世界第一座热裂化炉建成；1921 年，工业化连续性热裂化装置也建成了。热裂化可使原油的出油收率达到 40%—50%。

此后，真空石油公司和太阳石油公司支持法国人尤金·胡德利研究成功了用催化剂实现重质原油裂解的催化裂化工艺，并于 1937 年开发出第一种催化剂——硅酸铝催化剂，建成世界第一套日产量能力 1.2 万桶（60 万吨 / 年）的催化裂化装置。第一代装置是固定床催化裂化，3 年后第二代移动床催化裂化工艺成功问世，1943 年建成第一批两座移动床催化裂化装置，日加工能力 1 万桶（50 万吨 / 年），催化裂化使轻油收获率大大提高，达到 70%以上，经济效益显著。另外一批石油公司则于 1941 年开发出硫化催化裂化工艺，1942 年建成第一套商业化装置。很快第二代“下硫式”硫化催化裂化装置取代了“上硫式”装置。催化裂化技术的突破，帮助石油公司迅速扩大轻质油品的生产，满足社会对汽油和柴油的需求，并在第二次世界大战中帮助盟军战胜法西斯立了大功。

20 世纪 40 年代末 50 年代初，相继出现了第四代、第五代硫化催化裂化工艺，并几乎成为所有炼油厂二次加工的基本工艺流程。20 世纪 50 年代以来催化裂化技术的进步，主要集中在催化剂的创新、回收等方面。催化剂的应用，开辟了炼油工业的新纪元。这是炼油工业的第二次技术革命。

特写

机器和能源是工业时代的两大标志，机器的运转需要依靠能源提供动力，但是自从机器诞生以来，人类就梦想能够有一种不需要外界输入能源、能量或在仅有一个热源的条件下便能够不断运动并且对外做功的机械，这就是所谓的“永动机”。

列奥纳多·达·芬奇制订计划和建成了主流社会数百年都不会去构想的机器。列奥纳多·达·芬奇为研制乐器、液压泵、可反转的曲柄机制、有鳍的迫击炮弹和蒸汽大炮制订了详细计划。他甚至试图发明飞行器，这个飞行器与20世纪的最终设计图有众多相似之处。

不竭的动能
永动机的梦想

永恒运动的幻想家们！你们的探索何等徒劳无功！还是去做淘金者吧！

——达·芬奇

永动机梦想历史悠久

传说，永动机的想法起源于印度，后经过伊斯兰世界传到了西方。在欧洲，早期最著名的一个永动机设计方案是13世纪时一位叫亨内考的法国人提出来的，后来文艺复兴时期意大利的达·芬奇也设计过类似的永动机模型，但是这类试图打破杠杆平衡原理的设计都没有成功。

从哥特时代起，人们又提出过各种永动机设计方案，有采用“螺旋汲水器”的，有利用轮子的惯性、水的浮力或毛细作用的，也有利用同性磁极之间排斥作用的。欧洲宫廷里曾经聚集了形形色色的企图以这种虚幻的发明来挣钱的方案设计师，甚至大量的骗子也混迹其中。但是所有这些方案都无一例外地以失败告终。其实，在所有的永动机设计方案中，我们总可以找出一个平衡位置来，在这个位置上，各个力恰好相互抵消，不再有任何推动力使它运动。所有永动机必然会在这个平衡位置上静止下来，变成不动机。

通过不断的实践和尝试，人们逐渐认识到：任何机器对外界做功，都要消耗能量。不消耗能量，机器是无法做功的。这时的一些著名科学家已经开始认识到了用力学方法不可能制成永动机。

永动机为什么无法“永动”

19世纪中叶，热力学第一定律、伟大的能量守恒定律被发现了。人们认识到：自然界的一切物质都具有能量，能量有各种不同的形式，可从一种形式转化为另一种形式，从一个物体传递给另一个物体，在转化和传递的过程中能量的总和保持不变。所以，不消耗能量而能永远对外做功的“第一类永动机”是违反能量守恒定律的。

在制造第一类永动机的梦想破灭后，一些人又梦想制造另一种永动机，希望它不违反热力学第一定律，而且既经济又方便。比如，这种热机可直接从海洋或大气中吸取热量使之完全变为机械功。由于海洋和大气的能量是取之不尽的，因而这种热机可以永不停息地运转做功，也是一种永动机。然而，在大量实践经验的基础上，英国物理学家开尔文于 1851 年提出了热力学第二定律：物质不可能从单一的热源吸取热量，使之完全变为有用的功而不产生其他影响。这样，制造“第二类永动机”的想法也破灭了。

开尔文是热力学理论的主要奠基者之一。1851 年，他提出热力学第二定律：“不可能从单一热源吸热使之完全变为有用功而不产生其他影响。”这是公认的热力学第二定律的标准说法。并且指出，如果此定律不成立，就必须承认可以有一种永动机，它借助于使海水或土壤冷却而无限制地得到机械功，即所谓的第二种永动机。他以热力学第二定律断言，能量耗散是普遍的趋势。

1775 年，法国科学院宣布“本科学院以后不再审查有关永动机的一切设计”。1861 年，英国有一位工程师德尔克斯收集了大量资料，写成一本名为《17、18 世纪的永动机》的书，告诫人们，切勿妄想从永恒运动的赐予中获取名声和好运。1917 年美国专利局也决定不再受理永动机专利的申请。现在美国专利及商标局也严禁将专利证书授予永动机类申请。

这是雅科夫·伊西达洛维奇·别莱利曼的《趣味物理》中的一幅插图，描绘的是一架所谓的“自动永动机”。

知识链接：中国著名的永动机骗局

中国哈尔滨人王洪成曾在 1984 年提出一个永动机方案，他利用自己设计的永动机驱动自家的洗衣机、电扇等装置运转，不久骗局被揭穿，其实他制作的永动机模型是用隐藏的纽扣电池驱动的一个电动马达，而供应洗衣机、电扇运转的则是暗藏在地下的电线。1998 年，王洪成提出自发电机的设计，称可以利用大功率蓄电池带动所谓具备回充电功能的直流发电机，后经多次试验失败后再无下文，同年他的另一个骗局“水变油”被揭穿，此人也因此锒铛入狱。

EUROPAS
SCHÖNSTE
SCHATZKAMMER
DAS RESIDENZSCHLOSS DRESDEN
Die AOK PLUS wünsch
Happy Ne
14,9
Gesundheit in
besten Händen

打破时空藩篱：交通与通信

早在13世纪，英国近代实验科学的先驱罗杰·培根就曾预言："我们大概能造出比用一群水手使船航行得更快，而且为了操纵这艘船只要一名舵手的机器；我们似乎也可以造出不借用任何畜力就能以惊人的速度奔跑的车辆；进而我们也可以造出用翅膀、像鸟一样飞翔的那种机器。"通过两次工业革命，培根的预言得到了验证。蒸汽机的发明促进了机动船和机车的出现。富尔顿制造"克莱蒙特号"蒸汽轮船，使水路运输建立起通达全球内河和海洋的航线，史蒂芬森制造蒸汽机车使铁路成为现代化发展的大动脉。第二次工业革命又以内燃机的发明和使用，以及电气化的普及，为交通工具提供了崭新的动力源泉，并推动了汽车的诞生。更令人惊叹的是，在这一时期飞机终于飞上了蓝天，实现了人类翱翔天空的梦想。

工业革命还促进了世界各地的经济联系和信息交流，人类通信手段的发展突破了传统的地域限制，电报、电话、无线电的发明和广泛使用，使封闭的世界经受了现代化浪潮的洗礼。全球物资、人员、信息、资本在先进的交通工具、通信设备的运转下，加速流动起来，以前所未有的活力创造出人类文明的新纪元。正是在这场史无前例的交通和通信的革命性变革中，全球市场最终形成，世界开始成为一个共同体。

天河落人间
运河的开凿

布里奇沃特运河无论在技术成就还是经济上都标志着同过去的决裂，宣告了人类自己建造水路，而不是改进天然河流时代的到来。

——德里克《工业革命中的交通》

18世纪60年代之后，以机器大生产为标志的工业革命的发展对燃料和原料供应提出了巨大的挑战。但当时英国的道路和河流交通却难以满足巨大的运输需求。同时，地区间的相互贸易急剧增长，货物运输也在寻求能够克服地理障碍的运输方式，以实现大宗原料和商品的自由流通。运河恰逢这一契机出现，及时满足了工业革命的需要，因而被形象地称为“工业革命的动脉”。

开凿布里奇沃特运河

18世纪，英国工业的发展使大宗货物特别是煤炭运输需求激增，河流航运和道路运输远远不能满足，因此以开凿人工运河来沟通工业区和大城市就成为迫切需要。1757年英国议会通过了第一条运河法案，从而掀起了运河建设的高潮。

布里奇沃特运河是从英国沃斯利至利物浦的水道。它是18世纪工程上的杰作，由卓越的自学成名的机械师和工程师布林德利主持开凿。图为当时布里奇沃特运河航运的繁忙景象。

1755年开始开凿的桑基运河是英国的第一条现代运河，全长38.62公里，深1.5米，可通航装载35吨货物的驳船。但是，真正使英国人开始正视运河巨大收益的是从沃斯利煤矿至曼彻斯特的布里奇沃特运河。

18世纪，曼彻斯特和其纺织业迅速发展，需要大量的煤供应。布里奇沃特公爵在曼彻斯特以西16公里的沃斯利拥有煤田，但用驮马运载的煤价要上涨两倍多。于是，布里奇沃特公爵决定开凿一条从自己的煤矿通向曼彻斯特的运河。1759年，他向议会提交法案并获得通过。布里奇沃特公爵聘用以制造水车闻名的“文盲”詹姆斯·布林德利为工程师，开始运河的开凿。

1761年竣工的布里奇沃特运河的工程难度很大，运河最具特色的巴顿高架桥横跨厄韦尔河，长182.8米、宽10.97米，中心部分由三座半圆形的拱桥承担压力，支撑着它高于厄韦尔河11.89米。运河开凿过程中，布林德利首创了河堤、隧道、导水管和高架桥等，成为后世效仿的榜样。1762年，布里奇沃特公爵又获准将运河通航至莫西河，实现了曼彻斯特和利物浦的连接。

利兹－利物浦运河是英国最长的人造水道，建于1770年至1816年之间，曾为运输煤炭、石灰石、羊毛、棉花、谷物和其他农产品的干道。图为航行在运河上的橙色窄船。

知识链接：大联运运河

在18世纪90年代的运河热中，通往伦敦的水路交通倍受重视。1792年，有人提出了大联运的构想，即从牛津运河的布朗斯顿，经布利斯沃思、莱顿至泰晤士河的布伦特福德。这将使伦敦同米德兰地区的联系更加便捷、高效。大联运运河于1793年4月获得议会批准。1805年，长149.67公里的大联运运河实现通航。从此，伦敦、布里斯托尔、利物浦和赫尔通过内陆交通联系起来。

“运河热”和全国运河网的形成

布里奇沃特运河的成功通航，使曼彻斯特棉纺织品可以经由不断壮大的利物浦港出口，而不必经布里奇诺斯至塞文河这条漫长又昂贵的行程。同时，曼彻斯特同西北部工业城镇有了直接的水路联系。利物浦不仅与约克、柴郡和兰开夏有了直接的联系，而且后来同斯塔福德、沃里克和英格兰中部诸郡的水路也相互影响，利物浦因此成为北部和西部的进出口中心。布里奇沃特运河在后来的运河网建设中地位也非常重要，大部分新运河都与其相接，曼彻斯特在北部运河网中的中心地位日渐巩固。

有了布里奇沃特运河的示范效应，英国全境掀起了“运河热”，其中建造的单条最长运河是跨越奔宁山脉的利兹－利物浦运河，它全长230.15公里，耗时50年（1770—1816年）才竣工，其中包括一系列隧道和高架桥，不仅连接羊毛中心利兹和利物浦，而且经过约克郡北部的斯基普顿和奔宁山脉的西部斜坡，通往兰开夏的工业区。19世纪30年代，总长3000多公里的英国运河网建设已基本成型，全国70个主要城市都可以通过水路相连。

利物浦市的鸟瞰图。利物浦是英格兰西北部的一个港口城市，英国工业革命的主要地区之一，也是随着工业革命的发展迅速崛起的著名制造业中心。目前它是英国第四大城市、著名商业中心，也是第二大商港。

四通八达

公路网的建设和养护

在一个国家的内地交通方面，人们从未见过任何革命能够比得上英国在几年时间内所实现的那种革命。

——保尔·芒图《十八世纪产业革命》

18世纪中期英国发生了工业革命，工业的发展迫切需要改善当时的交通运输状况，特别是陆路交通。因此，与运河时代平行的是伟大的筑路时期。1850年以后，一批筑路工程师发明了修筑铺有硬质路面、能全年承受车辆碾轧的道路技术，从而为迅速发展的英国工业和贸易往来提供了便利条件。

“马路”的诞生

英国早期的道路非常原始，人们只能步行或骑马旅行。逢雨季，装载货物的运货车在这种道路上几乎无法用马拉动。因此，改进筑路技术，提高道路质量成为当务之急。

在欧洲，首先用科学方法改善道路施工的，是拿破仑时代的法国工程师特雷萨盖，1764年他发现了新的筑路方法，并首先主张建立道路养护系统。英国的苏格兰工程师特尔福德于1815年建筑道路时，采用一层式大石块基础的路面结构，用平均高约18厘米的大石块铺砌在中间，两边用较小的石块以形成路拱，用石屑嵌缝后，再分层摊铺10厘米大小和5厘米大小的碎石，之后借助交通压实。这种大块石基础后来被称为“特尔福德基层”。

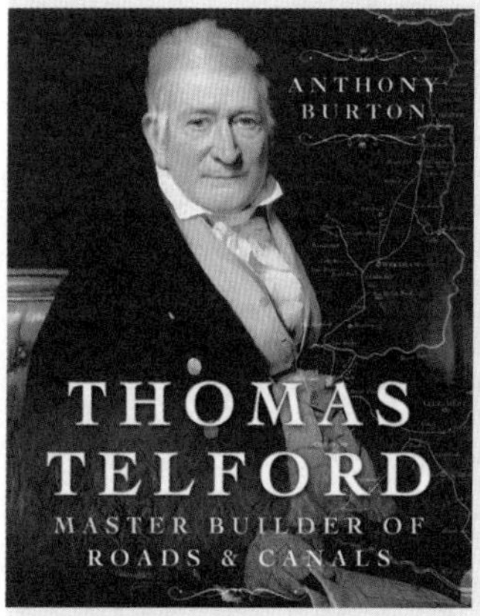

《特尔福德传记》书影。18世纪中叶之后，现代道路工程开始在欧洲兴起。以英国特尔福德为代表的工程师提出新的理论和实践，认为良好路基能够更好地承受载荷，故将传统的罗马式厚路面减到25厘米以下，并采用块石作基层和碎石作面层取得成功，从而奠定了现代道路工程的基础。

1816年，英国另一位苏格兰工程师约翰·马卡丹改进了碎石路面的铺设，他采用小尺寸的碎石材料，用两层10厘米厚、7.5厘米大小的碎石，上铺一层2.5厘米的碎石作面层获得了成功，因而今天仍将这种碎石路面称为“马卡丹路面”，也就是俗称的“马路”。“马路”的出现，使得英国乃至欧美公路建设都得以快速发展。18世纪中后期，英国公路状况得到极大改善，乘四轮大马车行进的速度从每小时6.44公里增至9.66公里、12.87公里甚至16.93公里，夜间旅行也成为可能。从爱丁堡到伦敦的旅行，以往要花费14天，这时仅需44小时。1883年戴姆勒和1885年本茨分别发明汽车，1888年邓禄普发明充气轮胎，加上马卡丹的碎石路面，成为近代道路交通的三大支柱。

道路养护和收费公路的出现

在通过技术革新提高筑路质量的同时，道路养护也变得越来越重要。英国在中世纪晚期就开始重

1859 年，芝加哥的街道路面铺设了涂有焦油的松木块，而在木块的平面上又覆盖着沥青和砾石。

知识链接："马路"遍布全球

英国的苏格兰工程师约翰·马卡丹发明的筑路方法，基于路面结构的两个基本原则，至今尤为道路工作者所肯定：一是道路承受交通荷载的能力，主要依靠天然土基，并强调土路基要具备良好的排水性，当它经常处于干燥下，才能承受重载而不致发生沉降；二是用有棱角的碎石，互相咬紧锁结成为整体，形成坚固的路面。当时，铺设路面需要敲碎大量石料，1858 年发明了轧石机后，促进了碎石路面的发展，后来又用马拉的滚筒进行压实工作。1860 年在法国出现了蒸汽压路机，进一步促进并改善了碎石路面的施工技术和质量，加快了进度。在 20 世纪初，世界上公认碎石路面是当时最优良的路面而推广于全球。

视道路的维护和管理，1555 年和 1563 年还确立了由教区劳动力维护道路的法案。17 世纪以后，新的重型马车开始使用，对道路管理的要求越来越高。1663 年英国议会通过了第一个收费公路法案，即在某些道路上征收通行税的法令，此项税收款必须专用于道路工程。英国最早的一条收费公路（从伦敦至约克）就始于 1663 年。

18 世纪以后，道路管理方式逐渐按商业化的方式运作，由信托公司负责道路的经营管理，并进行维修养护。在约克郡就成立了 125 个信托公司，管理了 2795 公里的道路。仅在 1760—1774 年，英国议会就通过了不下于 452 项有关道路建筑及保养的法令。1763 年收费公路已经延伸到英国的所有区域，这不仅促进了工业革命时期英国道路系统的巨大变化，也促进了道路网的完善。

随着马路的建设，便利了工人搬迁到城镇。一些城镇专门从事一种工业：有“磨坊镇”和“焦煤镇”，而且随着个体公司的发展，甚至还有“公司”镇。这幅 1834 年的绘画，描绘的是德国鲁尔河谷小镇“城堡卫士”，在那里，工厂围绕这个中世纪的城堡而建立。

钢铁大动脉

铁路的建设和发展

不要再修建要塞了，给我更多的铁路！

——普鲁士总参谋长老毛奇

在工业革命中，蒸汽机的发明和普及为铁路的发展提供了充分的动力准备。1825 年开始，用蒸汽机车牵引的列车在轨道上行驶于城市之间，以输送货物或旅客的运输方式在英国出现，这就是铁路史的开端。从那时起，世界铁路的发展突飞猛进，铁路技术日益更新，并很快成为交通运输的“大动脉”。

铁路建设的开创阶段

1825 年，以前，也曾有过马拉车在轨道上行驶或把蒸汽机装在车辆上以驱动车辆在道路上行驶，但是这些都并非铁路运输方式。

1814 年，英国工程师乔治·史蒂芬森设计制造了世界上第一台实用的蒸汽机车，名为“半筒靴号”。它自重 6.5 吨，可牵引 30 吨货物。史蒂芬森驾驶它在威尔士的一家煤矿场以 8 公里时速牵引 10 吨货物试行成功。1825 年 9 月 27 日，世界上第一条行驶蒸汽机车的永久性公用运输设施，英国斯托克顿 – 达灵顿的铁路正式通车了。设计者史蒂芬森亲自驾驶由机车、煤水车、32 辆货车和 1 辆客车组成的载重量约 90 吨的“旅行号”列车，上午 9 点从伊库拉因车站出发，下午 3 点 47 分到达斯托克顿，共运行了 31.8 公里。斯托克顿 – 达灵顿铁路的正式开业运营，标志着近代铁路运输业的开端。1830 年，利物浦 – 曼彻斯特铁路线建成通车，这是世界上第一条全线用蒸汽机车牵引并正式从事客运业务的铁路。从此，铁路运输的新纪元正式到来。

铁路的出现，很快以其迅速、便利、经济等优点，广受人们的重视。1836—1837 年是英国铁路疯狂建设的时期，英国铁路网得到了极大扩展，1880 年英国主要的铁路基本完成，1890 年全国性铁路网已形成，路网总长达 3.2 万公里。继英国之后，美国、德国等相继开始修建铁路。到 1850 年，世界上已经有 19 个国家建成铁路并开始运营。

铁路建设的发展和成熟阶段

一般认为，1850—1900 年是世界铁路建设的

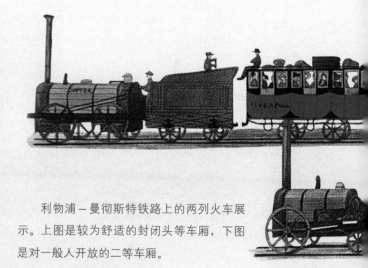

利物浦 – 曼彻斯特铁路上的两列火车展示。上图是较为舒适的封闭头等车厢，下图是对一般人开放的二等车厢。

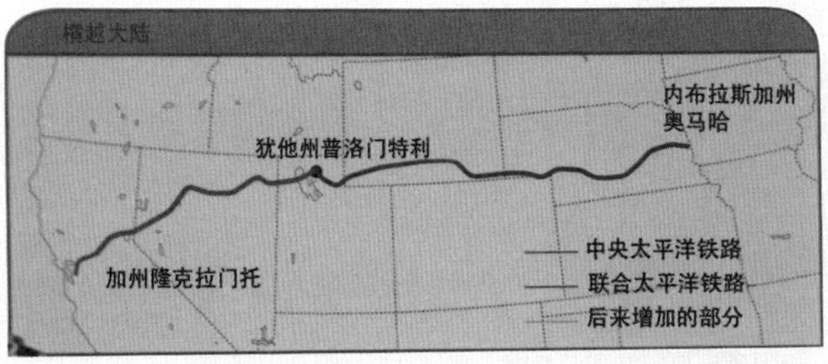

世界上第一条横贯大陆的铁路是在 1869 年建成的。两家公司建设了西边的部分。联合太平洋公司铺设了从拉斯维加斯州向西的铁轨，而中央太平洋公司铺设了从加州向东的铁轨。两边的铁轨在犹他州的普洛门特利相接。打进铁路线的最后一根长钉是用金子做成的。

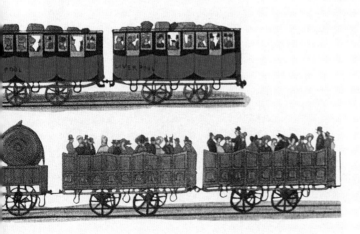

知识链接：铁路轨距

铁路轨距是铁路轨道两条钢轨之间的距离（以钢轨的内距为准）。国际铁路协会在 1937 年规定 1435mm 为标准轨，世界上大约 60% 的铁路轨距是标准轨。最初，各国铁路的轨距各不相同，最窄的只有 610mm，最宽的甚至达到 2141mm。国际铁路协会之所以规定 1435mm 的轨距为国际通用的标准轨距，主要是为了纪念被誉为世界“铁路之父”的英国人史蒂芬森。当年他驾驶蒸汽机车在第一条铁路上行驶时的轨距是 4 英尺 8.5 英寸。这个尺寸来源于马车两个车轮之间的距离。古代的战车靠两匹马拉动，并排两匹马的屁股宽度决定了车轮的制式，这个宽度就被定为 4 英尺 8.5 英寸，折合成公制就是 1435mm。另外，鉴于世界各国铁路轨距的不同，国际铁路协会还规定 1520mm 以上的轨距是宽轨，1067mm 以下的轨距算作窄轨。

大发展时期。这个时期内有 60 多个国家和地区建成铁路并开始运营。在这个时期工业先进国家的铁路都已渐具规模，俄国修建的西伯利亚铁路和美国开发西部修建的铁路，都长达数千公里。这一时期铁路建设的领导者无疑是美国，并且最终发展成为世界上铁路里程最多的国家。

1828 年，美国就动工修建铁路，第一条铁路于 1830 年 5 月 24 日建成通车，全长 21 公里，从巴尔的摩至俄亥俄，这标志着美国运输史进入“铁路时代”。当时正是美国大规模开发西部的时期，因此政府给予铁路建设多种资助，促使铁路里程迅速提高，铁路公司数量不断增长，至 1916 年达到了鼎盛时期。但是由于当时的美国铁路市场处于过度开放的自由竞争阶段，因此出现了铁路数量过多、分散建设、无序竞争、运价混乱等一系列问题。19 世纪 60 年代到 20 世纪初，美国政府出台了若干法律来规范铁路建设和铁路运价，逐步将铁路建设和运营纳入了有序竞争的轨道。

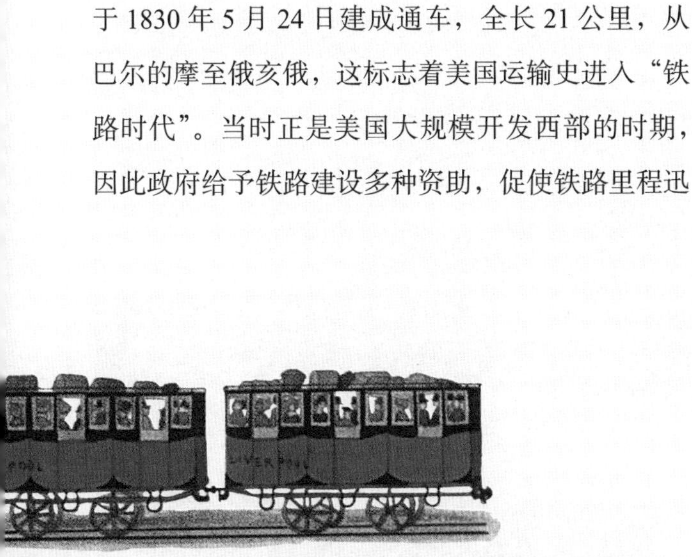

而在铁路建设的大发展时期，铁路建筑技术和铁路机车制造技术也获得了长足进步，如铁路隧道开凿技术方面，1872—1881 年建成的圣哥达隧道，长 15 公里，首次采用上导坑先拱后墙法施工；在铁路机车制造方面，蒸汽机车的性能日趋完善，同时电力机车和内燃机车先后于 1879 年和 1892 年研制成功。

1900—1950 年，铁路发展进入成熟时期。这

位于瑞士中南部艾罗洛附近列邦丁阿尔卑斯山中的圣哥达隧道，是世界著名隧道之一，自古为中、南欧交通要道。铁路隧道建在海拔 1100 米处，长 14.9 公里，建于 1872—1882 年。从瑞士北方重镇巴塞尔可直达意大利边境的基亚索，在国际交通上有很大作用。

个时期内，又有 28 个国家和地区建成铁路并开始运营。这些新建铁路大部分建在非洲和中东地区，而且大多建成于第二次世界大战以前。同时期内，发达国家因为公路和航空等运输方式与铁路的激烈竞争，促使提高行车速度和运输能力，改进客、货运输的服务设施，并开始采用内燃机车和电力机车来代替落后的蒸汽机车。但由于铁路运输难以同公路运输的方便和航空运输的快速相竞争，逐渐出现萧条景象，美国仅在 1920—1950 年间就拆除了 9 万多公里的铁路。

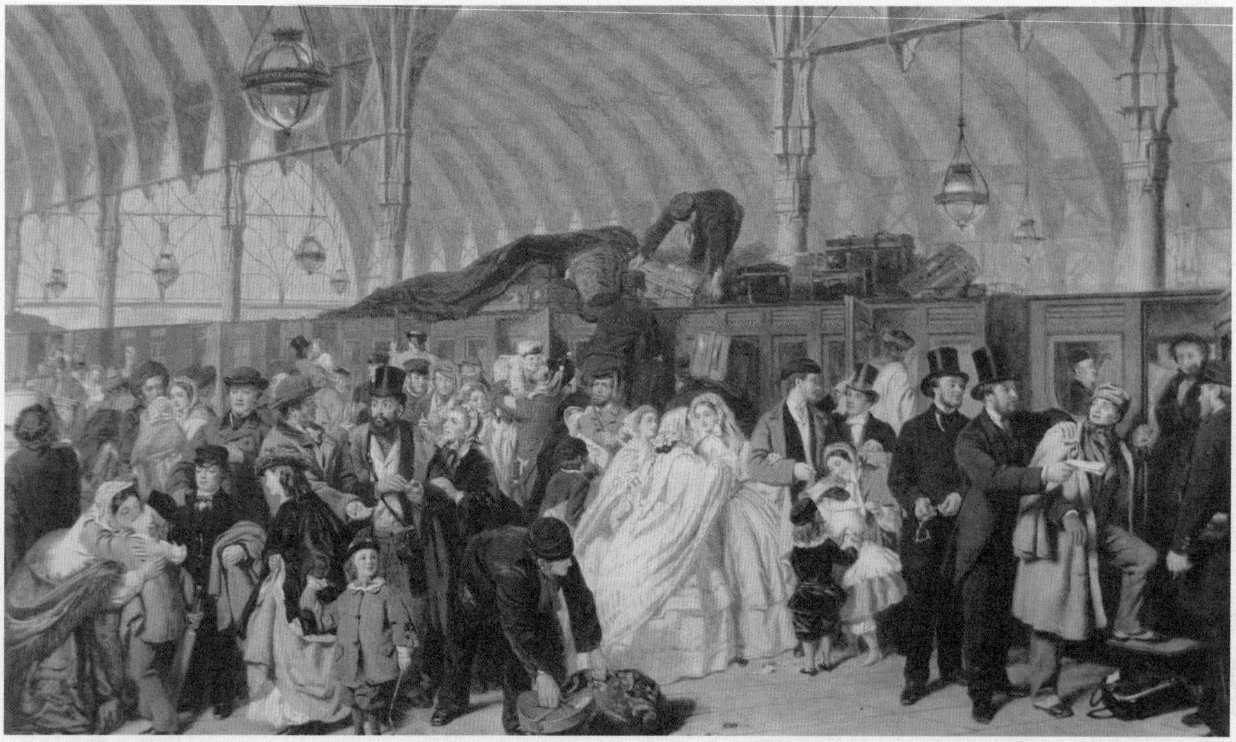

这幅 1862 年的绘画，画的是帕丁顿火车站，捕捉的是铁路旅行使人兴奋激动的场景。

德累斯顿中央车站建于1898年，在第二次世界大战中遭轰炸被毁。1997—2006年，该站在英国建筑师诺曼·福斯特的主持下重建。德累斯顿是德国重要城市、萨克森州的首府，也是德国东部列车网络的中心地区之一。

作为战略发展的德国铁路

自1825年英国人建成世界上第一条铁路以后，德国人就敏锐地发现了铁路背后的战略价值，1835年德国的第一条铁路——纽伦堡—菲尔特铁路建成通车；1839年又建成了莱比锡—德累斯顿全长115公里的长途铁路。这一时期，德国产业革命突飞猛进，从1835—1913年，累计修筑铁路达到61135公里。

实际上，德国铁路的快速发展，与其战略需要和军事运输息息相关。1866年普奥战争爆发，普军依靠铁路向前线输送了20万军队和5.5万匹战马，对战局发展产生了极大影响。此后，德军总参谋部专门研究铁路如何适应于战时运输，特别是面对法国和俄国的两面夹击，如何快速调动军队和物资。德军总参谋长施里芬从铁轨上看到了希望，他制订的“施里芬计划”，就是通过铁路机动，在西线快速打垮法国，再通过铁路机动把部队调往东线，打垮俄国。1870年7月19日，法国对普鲁士宣战，德军立即动员，一切都井井有条，每一节列车都被填满，每一个车站都有充足的食物，所有列车都正点到达。到7月26日仅一周的时间，超过50万军队和装备被送至前线的各指定位置。战争的结果众所周知，法国战败，皇帝被俘，德意志第二帝国成立。直到两次世界大战期间，德国铁路依然在战略运输方面发挥着至关重要的作用。可以说，德国是真正把铁路建设和运输管理当作战略大计来对待的。

知识链接：帕丁顿火车站

帕丁顿火车站是英国伦敦的历史遗迹之一，从1838年就开始运营了，当时作为大西部铁路在伦敦的终点站，也是伦敦第一个接通地铁站的火车站，可以说是见证了英国铁路的发展史。帕丁顿火车站的设计者是伊桑巴德·金德姆·布鲁内尔，车站的玻璃屋顶由3个熟铁制成的拱所支撑，3个拱的跨度分别为20.70米（68英尺）、31.20米（102英尺）与21.30米（70英尺），屋顶则长达213米（699英尺）。现在帕丁顿车站大厅摆放着一座布鲁内尔的雕像来纪念他。

如今的帕丁顿火车站经历了几次扩建，已经拥有14个定期站台，另外还有两个月台供城市环线使用。帕丁顿火车站的运营线路以长途列车为主，连接伦敦和英格兰西部以及威尔士西南部地区。同时，帕丁顿火车站也是伦敦希思罗机场快线在市区的唯一停靠站，从这里到达机场全程只需要15分钟，车站还提供办理登机手续的服务，机场快线停靠在6号和7号站台。帕丁顿车站位于海德公园北部，在伦敦地铁环线的西北角上，交通方便，地铁站名是Paddington Station（帕丁顿站），乘坐地铁Bakerloo（棕色）、Circle（黄色）、District（绿色）、Hammersmith & City（粉色）线可到达。帕丁顿火车站附近的景点有：海德公园、诺丁山、牛津街等。

牵引动力

蒸汽机车的发明和发展

人的臂膀再也无法阻挡这个驶向全世界的列车。

——普鲁士国王威廉四世

蒸汽机发明之后，不仅很快提高了工业生产的机械化程度，更带动了交通工具的变革。蒸汽机车的发明，以及与铁路发展的相互配合，使火车迅速超越了一切人力和自然力驱动的交通工具，成为占据世界交通运输主导地位的“霸主”。

蒸汽机车发明和成型

瓦特发明蒸汽机后，1804年英国人特里维西克制造了一辆铁路蒸汽机车。这辆机车的锅炉蒸汽压力为0.294兆帕，锅炉内装有一个平放的汽缸。机车有两对动轮，由齿轮传动。机车装有一个大飞轮，借助于它的旋转惯性动力，保持汽缸活塞的往复运动。机车重4.5吨，时速8公里，能牵引10吨货物，还有5节车厢，可乘载70名旅客。这一实践证实两个重要现象：光滑的铁制机车驱动轮可在光滑的铁轨上运行而不会空转；机车可以拖动比机车本身重得多的东西。后来人们通过研究，获悉了轮轨间黏着力、黏着重量、黏着系数、黏着牵引力等方面的相互关系，并进而为研究利用有限的机车黏着重量牵引更多的载重铺平了道路。

乔治·史蒂芬森（George Stephenson，1781—1848年），英国工业革命时期重要的发明家之一。他于1814年研制出世界第一辆蒸汽机车，1825年，他新设计的机车在第一条商用铁路上试车成功。这昭示着“铁路时代”的到来。

1814年，英国发明家乔治·史蒂芬森制造出世界第一辆蒸汽机车。后来，他制造的“火箭号”蒸汽机车赢得了1829年10月的英国蒸汽机车比赛，比赛时的最高时速达到47公里。这是世界上第一辆初具现代蒸汽机车基本构造特征的蒸汽机车。1830年乔治·史蒂芬森和他的儿子罗伯特·史蒂芬森造出“行星号”机车，将卧式锅炉的内外火箱和烟箱制成一个整体，这种形式的锅炉后称为机车式锅炉。“行星号”机车的两个汽缸装于锅炉前端的烟箱下部车架内侧水平位置，故称为内汽缸式机车，它只有一对动轮，装在后部，使运行时上下颠抖减轻。此后，蒸汽机车的构造基本定型。

蒸汽机车的技术进步

1830年以后，蒸汽机车开始大发展。这个时期机车动轮由两对或三对发展至四至六对。最早使用二轴引导转向架的，是美国于1832年制造的“乔纳森兄弟号”机车。1884年瑞士人马利特发明出关节式机车，牵引力大，并能顺利通过曲线。这种

史蒂芬森的“火箭号”机车拖着给煤和给水的车子，每小时能够行驶46公里，这在当时是非常快速的。

蒸汽机车于1888年造出第一台，最大的关节式机车是“大人物号”，整备重量为543吨，锅炉压力为2.068兆帕，在时速120公里条件下，能发挥出6000马力以上的功率。

19世纪末20世纪初，蒸汽机车广泛地应用蒸汽两次膨胀原理，创造出了复胀式机车，进一步提高了机车热效率。1920年以后，蒸汽机车的锅炉压力由1.373兆帕提高到2.000—2.069兆帕，试验性高压机车的锅炉压力甚至高达9.807兆帕以上。当时的机车锅炉压力以美国、加拿大最高，为2.068兆帕。20世纪中期，有些国家进一步提高了过热蒸汽温度，如苏联JIB和2–4–2型机车最高温度达430℃—440℃。同时，凝汽式蒸汽机车、沸腾炉床、燃用煤气等技术相继实验应用。第二次世界大战以后，蒸汽机车因为热效率低的瓶颈障碍，已大部分被热效率高的柴油机车和电力机车所代替。

知识链接：“火箭号”机车

1829年，英国政府为新修建的从利物浦到曼彻斯特的铁道选用蒸汽机车，决定以竞赛方式选出优胜者。竞赛规定所有参赛者派出的蒸汽机车重量不能超过6吨，而且要能在铁道上完成总长97公里的赛程。蒸汽机车的发明者史蒂芬森驾驶他的“火箭号”蒸汽机车，顺利完成整个赛程，战胜了参赛的另外两辆机车“桑士巴里号”和“新奇号”。史蒂芬森的“火箭号”蒸汽机车的最大优势，是采用了由铁道公司管理员布斯所设计的管式锅炉，它极大地改善了热交换效率，让蒸汽机动力充沛。因此，这次竞赛获得的奖金，被平均分给了史蒂芬森和布斯两人。由于成功赢得了比赛，史蒂芬森一下子名声大噪。后来，为了纪念史蒂芬森，英国政府将他的肖像和“火箭号”的形象印在了5英镑面值的纸币上。

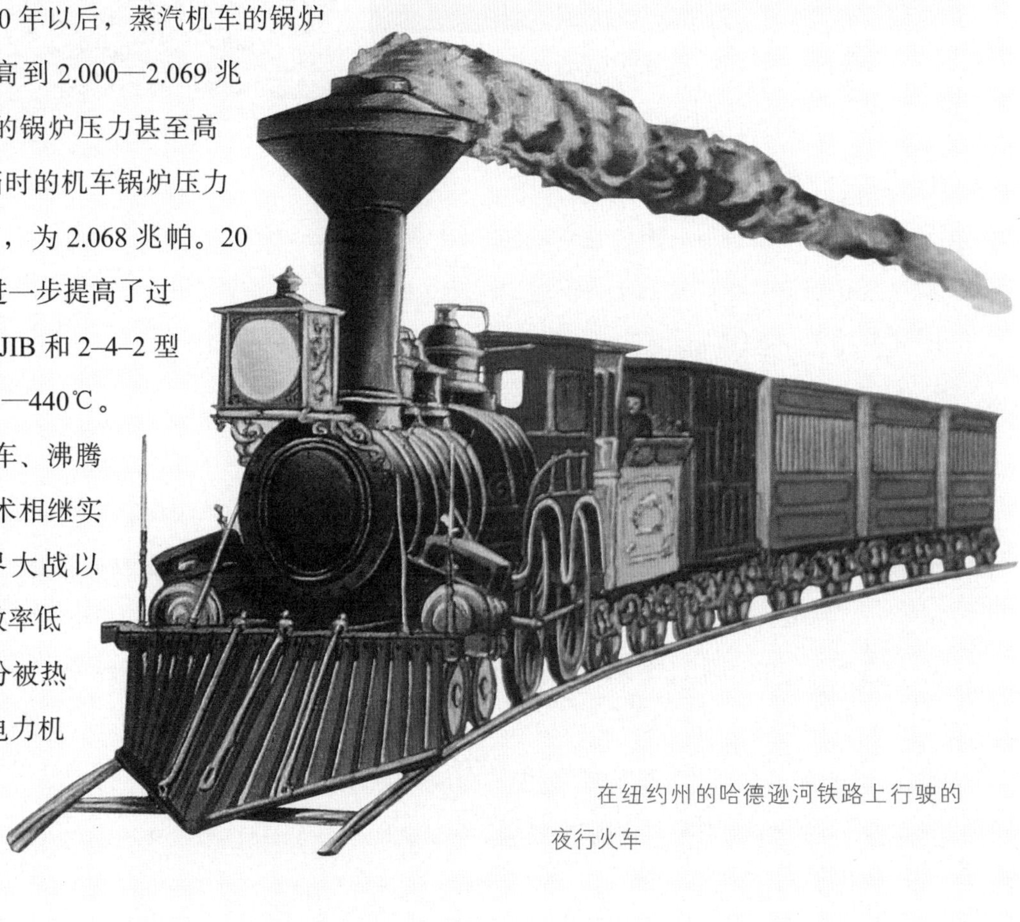

在纽约州的哈德逊河铁路上行驶的夜行火车

乘风破浪

蒸汽轮船的发明和发展

谁控制了海洋，谁就控制了世界。
——西塞罗

蒸汽轮船是用蒸汽机作动力的机械推进船舶。蒸汽机的出现使船舶动力发生了革命性变化，从而完成了船舶动力的现代化升级。船舶的推动力从人力、自然力转变为机械力，船舶用蒸汽机提供的巨大动力，使人类有可能建造越来越大的船，运载更多的货物。

“轮船”之由来

工业革命之前，传统帆船的运输能力已经远远不能适应世界各大洋上繁忙的贸易往来，船舶推进动力方式已到了急需彻底变革的时刻。蒸汽机的出现为此提供了可能。1768 年，詹姆斯·瓦特与英国伯明翰轮机厂的老板马修·博尔顿合作，专门研制了一台用于船舶推进的特殊用途的蒸汽机，这就是世界上早期蒸汽机船上普遍使用的“乔纳森兄弟号”机车。

世界上第一艘蒸汽机轮船是由美国发明家富尔顿制造的。1802 年春天，他在法国建造第一艘蒸汽机轮船，停泊在塞纳河上，一场风暴就把它折断。这是法国切尔堡收藏的富尔顿建造的“鹦鹉螺号”复制品，这是他于 1801 年为拿破仑·波拿巴设计的第一个实用的潜水艇。

世界上第一艘蒸汽机轮船是由被称为“轮船之父”的美国发明家富尔顿制造的。1807 年，他制成了第一艘实用的明轮推进的蒸汽机船，命名为“克莱蒙特号”，船长 45.72 米，宽 9.14 米。“克莱蒙特号”在美国哈德逊河上试航，获得成功，它以每小时 6.4 公里的速度，航行 91.4 公里。从此，美国哈德逊河上开辟了定期航班，标志着蒸汽机轮船正式投入使用。富尔顿的蒸汽轮船是用蒸汽机带动“明轮”推动船只前进的，“明轮”是安装在船外两侧或船尾的形状像大车轮一样的桨叶，桨叶转动向后击水，利用水的反作用力推动船只前进。所以，人们把这种船称为“轮船”，这一叫法一直沿用到现在。由于当时的机械技术不够成熟，这种船还装有船帆备用以应不时之需。

蒸汽轮船的出现很快取代了过去的帆船，19 世纪，蒸汽机船是各大洋航行中的主角，而蒸汽机在船舶上作为推进动力也延续了长达百余年之久，承担了全球水上运输的重任。

蒸汽轮船的发展

蒸汽轮船发明后，法国人马奎斯设计建造了新船“皮罗斯卡皮号”，它彻底摒弃了船帆樯桅，用一台单缸蒸汽发动机，带动船舷两侧的两个明轮，成为第一艘完全使用蒸汽动力推进的轮船，

蒸汽轮船最初用于内河航运，但很快便航行在海洋上。美国发明家约翰·史蒂文斯是最早用蒸汽轮船进行海上航行的人。1809 年，史蒂文斯建成了长达 30 米的蒸汽轮船“凤凰号”，从纽约延东海岸驶往费城，从而开辟了蒸汽轮船的海上航行。1819 年，由美国人罗杰斯建造的蒸汽轮船“萨凡纳号”，从美国佐治亚州的萨凡纳港出发，历时 27 天，成功地横渡大西洋，抵达英国的利物浦港。

1829 年，奥地利人约瑟夫·莱塞尔发明了实用的船舶螺旋桨，它克服了明轮推进效率低、易受风浪损坏的缺点。此后螺旋桨推进器逐渐取代了明轮。到 19 世纪中后期，螺旋桨完全取代了明轮，船壳也由木制发展为铁制和钢制，这标志着蒸汽轮船的制造进入了成熟期。

知识链接：美国海运节

1933 年 5 月 20 日，美国国会通过联合决议，规定每年 5 月 22 日为美国国家海运节，以纪念 1819 年 5 月 22 日美国蒸汽轮船“萨凡纳号”从美国佐治亚州的萨凡纳港出发，成功地横渡大西洋，抵达英国的利物浦港，为美国远洋海运事业作出的重大贡献。该决议授权和要求美国总统在每年的 5 月 20 日发表文告，号召美国人民积极参加 5 月 22 日的美国国家海运节的重大庆典活动。美国富兰克林·罗斯福总统于 1933 年发表美国国家海运节的第一篇总统文告，从此以后，每逢 5 月 22 日来临之际，历届美国总统均发表总统文告，与美国人民共同庆祝美国国家海运节。第二次世界大战期间，美国总统罗斯福在美国国家海运节发表悲壮的公告，号召美国广大男女青年到造船厂工作，为前线多造舰艇，有条件的则踊跃参加美国海军，或到商船上当船员，为反法西斯的海洋战场出力。

汽船是以蒸汽为动力，蒸汽机驱动的轮船。最早的蒸汽机船是由法国人乔弗莱在 1769 年建造的，用蒸汽机驱动。后来英国人薛明敦也在 1802 年建成一艘蒸汽轮船。可惜它们均未得到实际应用。直到 1807 年 9 月，美国人富尔顿设计制造的蒸汽轮船“克莱蒙特号”试航成功，才使轮船真正成为水上舞台的主角。

1819 年 5 月 22 日，美国人罗杰斯建造的蒸汽轮船“萨凡纳号”从美国佐治亚州萨凡纳港出发，经历了在大西洋的 27 天航行，到达英国利物浦，轰动了西方世界。这是蒸汽轮船从美国到欧洲的第一次横渡大西洋航行。1933 年，美国将每年 5 月 22 日确定为美国国家海运节，以示纪念。

指航明灯
航海导航系统的发明

航海曾经被认为是一种技艺，现在已经成为一门科学与技术。

——英国《不列颠百科全书》

工业革命促使欧洲国家蓄势待发，积极扩张国际贸易，从而征服世界，这带动了远洋航运的繁荣。但是，在难以寻找参照物的茫茫大海中，特别是在气候恶劣的情况下，如何引导船只安全航行，使之从一个港口安全到达另一个港口，则需要精确导航系统的指引。1676 年，英国政府宣称，航海是当代最大的科学难题。

约翰·海里森是一个自学有成的英国钟表匠，他发明了航海精密计时器，它是人们长期寻求而且急需解决的精确定位海上船舶的东西位置，也就是经度这一问题的关键一环。它推动大航海时代发生了革命性的巨变，使安全的长距离海上航行成为可能。

海里森的成果和英国政府的食言

在早期航海使用地文和天文观测导航之后，17 世纪末，航海利用一种叫作“四分仪”的设备，通过测量地球纬度和经度的方法，来定位船只的位置。然而当时四分仪所使用的钟表精确度都不高，因时间的误差在转换成距离之后常常会出现几千英里的偏差。1714 年，英国政府出资两万英镑（在当时是一笔数目惊人的财富）奖励“想出确定轮船经度方法”的人。要想赢得这笔奖金，就要使钟表在颠簸的航船上必须精确到每日误差在 2.8 秒以内。

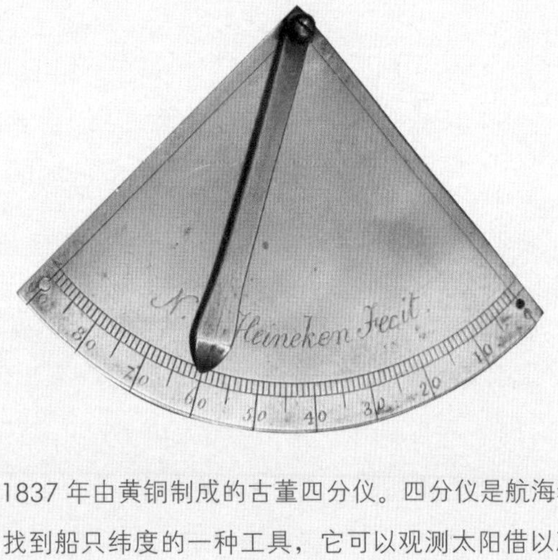

1837 年由黄铜制成的古董四分仪。四分仪是航海者在海中找到船只纬度的一种工具，它可以观测太阳借以准确测量天顶的高度角，亦可求得夜间北极星的高度角。四分仪分宫制简单来说就是以命度与天顶为轴线的分宫制，因为这两条线把命盘给四分化了，所以称四分仪制。

1728 年，英国钟表匠约翰·海里森接受了这一挑战。他研究了船舶以及船舶运动，先后制作了“一号钟”和“二号钟”两台模型，并进行了两次航海试验。这两台钟每天走快不到 8 秒，虽然在当时已经极为先进，但还是不足以赢得英国政府许诺的奖金。1749 年海里森完成了“三号钟”，这台钟的钟摆安装了双金属条，可以感应温度从而弥补温度变化造成的误差，同时安装了防止晃动的平衡齿轮（滚球轴承和螺旋仪的前身），以及保证钟表在被击打时依然能正常运行的机械装置。结果，“三号钟”在为期 45 天的海上航行实验中，大约每天只走慢不到 2 秒，从而精确地预测了船只所处的位置，与实际位置相差不到 10 英里。“三号钟”完全符合获奖条件，但国会却拒绝支付奖金，要求进一步改进。

伟大发明最终赢得重奖

海里森没有放弃，又在 1760 年制作了“四号钟”，并进行了两次航海试验，结果“四号钟”精确到 3 个多月时间里而误差在 5 秒以内！这个成就相当于将航天探测器降落在海王星上，降落点离原定目标只差几英尺。然而国会仍然拒绝支付两万英镑的奖金，声称需要考虑其他的系统。

事实上，在 1757 年，英国海军军官约翰·坎贝尔依据皇家天文台的航海图重新改进了四分仪，制造出六分仪，在纬度和当地时间的计算上取得巨大进展。因为坎贝尔是一名海军军官，所以政府无须为其支付奖金。

但是远洋航行的船长们认为，海里森“四号钟”在测定始发港时间上具有优越性，而六分仪在测定当地时间上具有优越性，但“四号钟”比皇家天文台的航海图准确得多。国会最终妥协，在 1776 年海里森 83 岁生日时给他发放了奖金。

事实证明，在海里森的精确航海导航系统发明之后，在 1760—1970 年长达 210 年间创造出来的数百种钟表，没有一种在准确性和可靠性上比“四号钟”具有更明显的提高。直到 20 世纪 70 年代，计算机、雷达和卫星导航系统的使用，海里森的精确航海导航系统才成为过去。

知识链接：陀螺导航

1852 年，著名的法国物理学家列昂·傅科首次提出了利用陀螺仪指示方向的设想，这个创新思想奠定了航海罗经发展的基础，目前不同结构的陀螺罗经都是以此为基础而发展起来的。由于陀螺导航设备不需要依赖任何外部的信息，即便在遭受强烈干扰后的断电几分钟的情况下仍旧能继续工作，所以它具有很强的生命力、隐蔽性和自主性。之后，陀螺导航的定位技术在各国的战斗机、军舰、导弹、火箭、卫星、航天器、陆地战车等武器装备上得到了越来越广泛的应用。最早使用制导技术的武器就是第二次世界大战时期德国的 U–2 火箭。

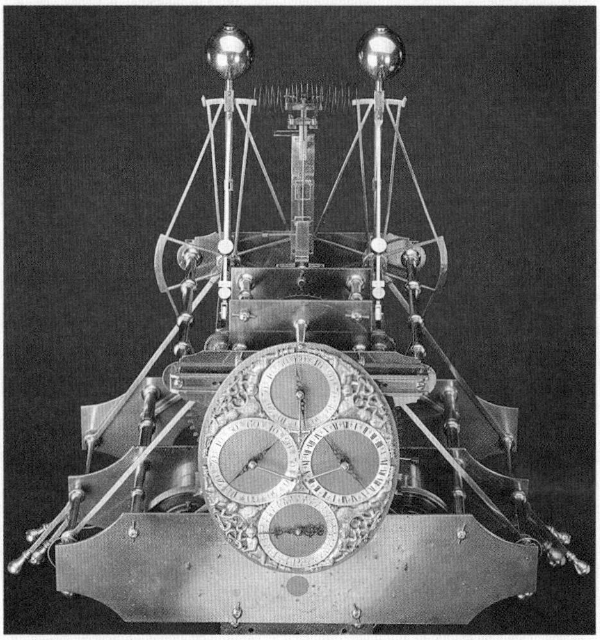

1728 年，海里森接受“经度大奖”挑战，为解决船只晃动对于钟表精度的影响，他设计了一种“平衡摆”，无论船只怎么晃动，都不会影响到平衡摆的频率。在此基础上制作出的“一号钟”搭乘“百夫长号”战舰前往里斯本进行海上实测。返航时遭遇了风暴，船只迷航一个多月，但在接近英国本土时，依旧准确的判断了港口位置。这台“一号钟”在 2000 年以前一直收藏在美国的时间博物馆，在博物馆关闭后于 2004 年被拍卖。

车轮滚滚

汽车的诞生和发展

我坚信：创造的热情将永不熄灭。

——卡尔·本茨

汽车的诞生是工业时代的鲜明标志之一，一百多年的汽车发展史给人类文明带来了巨大而深刻的变化。汽车以其惊人的数量、卓越的性能和广泛的用途渗透到人类活动的各个领域，成为人类生产和生活不可或缺的伙伴。今天，汽车工业的发展状态，仍然是世界各国工业化和制造业水平的重要标志。

1925 年，卡尔·本茨和他的儿子欧根在慕尼黑的一次庆祝活动中驾驶着一辆奔驰 1892 年款的维多利亚轿车。本茨于 1929 年去世，享年 85 岁。

汽车发明的领先者——德国

汽车的发明，首先归功于内燃机的出现。德国铁路工人之子卡尔·本茨发明汽车之前，为汽车发动机的改进作出了一系列贡献。他先后发明了汽化器、火花塞、分电器盖、蓄电池，这些发明促使本茨在 1879 年开办了一家专业生产发动机的工厂。

这辆机动三轮车据悉为卡尔·本茨制造的第一辆“本茨 1 号”汽车。图中是一个由戴姆勒－奔驰公司的工匠们于 1986 年限量制造的复制品，使用与 1885 年相同的工具和材料，以此纪念“卡尔·本茨”品牌诞生 100 周年。

1885 年，本茨制造了一辆单排双人三轮汽车“本茨 1 号”，车把手连接在前面的独轮上用以控制方向，尾部安装的发动机用链条连接到两只后轮上，以驱动车轮前行，这辆车最高车速 12 英里 / 小时（相当于时速 20 千米）。1886 年 1 月 29 日获得汽车制造专利，因此这一天被公认为世界首辆汽车诞生日。同年，本茨转而研究四轮汽车，并把发动机移到汽车前端。这样，汽车尾部便可以装载货物。第二年，本茨对他的汽车做了四方面改进：加入齿轮齿条式转向系统，平稳转向；研制了差动器，安装在尾轴上，使后轮转弯时不再打滑反弹；

发明了变速箱，这样汽车就有了三种前进速度；最后，把发动机装入冷水箱，为了防止水沸腾，又发明了冷却器和水泵，通过水的循环流动不断冷却汽车发动机。

1888年，本茨的妻子贝瑞塔·林格带着两个儿子，驾着最新款的汽车，从曼海姆到普弗尔茨海姆走了个来回，全程120多英里！此前，还没有汽车行驶路程超过三英里。这次长途行驶惊呆了欧洲人，从此，首款被称为“奔驰”的汽车迎来了销售高潮。

同样是在1886年，另一个德国人戈特利布·戴姆勒也发明了一部四轮汽油汽车并获得专利。这样本茨和戴姆勒分别成立了自己的汽车公司，直到1926年两家合并为戴姆勒–奔驰汽车公司，并统一使用“奔驰”品牌。

从1886年开始，德国大量厂商开始转向了汽车生产。到了1901年，德国已有12家汽车制造厂，职工总数也有1773人，年产884辆汽车。7年以后，汽车厂又猛增至53个，职工12430人，年产汽车5547辆，不仅能供应国内市场，而且已把大量的产品销往国外及世界各地。但是，最有名、最大的汽车厂，仍是奔驰和戴姆勒两个厂家。奔驰公司从1894年开始成批生产“维洛”牌小汽车。1901年，戴姆勒公司首先应用了喷嘴式化油器和磁电机点火装置，使发动机的性能大为改善。到1913年第一次世界大战爆发以前，德国汽车工业已基本形成一个独立的工业部门，据1914年统计，有汽车制造职工5万多人，年产汽车2万辆，汽车占有量已达10万辆。

汽车发展的推动者——法国

在汽车发展史上，法国人有着自己独特的地位。1770年，法国人尼古拉斯·居纽制造出世界上首辆蒸汽动力货车，投入使用的第二天，它便撞上了巴黎军械所的围墙。这是有人类记载的首起汽车事故。1828年，巴黎技工学校校长配夸尔制造了一辆蒸汽牵引汽车，其独创的差速器及独立悬挂技术至今仍在汽车上广泛应用着。

法国出现的第一辆汽油汽车是在1890年，由阿尔芒·标致创立的标致公司生产。第一次世界大战前，法国汽车产量遥遥领先于德国。标致的年产量达到1.2万辆，到1939年时年产量达4.8万辆。而1915年创办的雪铁龙汽车公司发展更快，在20世纪20年代初年产量就突破10万辆，1928年日产汽车达400辆，占全法汽车产量的1/3。另一个创

麦迪逊花园广场是为纪念美国宪法之父詹姆斯·麦迪逊而于1879年建造的。它位于全美最大的火车站之一——宾夕法尼亚车站上面，是第8街与第33街拐角处的一幢大型白色圆柱体建筑。

办于1898年的大型汽车厂雷诺汽车公司发展也很快，1914年便形成了大规模生产，第一次世界大战期间更是因军火生产而筹集了大量资金用于汽车生产。第二次世界大战期间，雷诺公司为德国法西斯效劳，为德国军队提供了大量坦克、飞机发动机和其他武器，因而战争结束后，雷诺公司被法国政府接管。在政府支持下，雷诺兼并了许多小汽车公司，1975年汽车年产量超过了150万辆，成为法国第一大汽车厂商。而标致汽车公司的产量也在战后20年内猛增十几倍，一跃成为法国第二大汽车公司，80年代更是超过雷诺而登上榜首。雪铁龙汽车公司则因经营不善而被标致汽车公司于1976年收购。

亨利·福特是美国福特汽车公司的建立者。他也是世界上第一位使用流水线大批量生产汽车的人。他的生产方式使汽车成为一种大众产品。图为一枚亨利·福特纪念邮票，画面上不仅有亨利·福特，还印有一辆1963年款的第四代两门硬顶林肯大陆汽车。

汽车成熟的霸主——美国

美国是紧随德法两国之后汽车工业飞速发展的国家。杜瑞亚兄弟于1893年共同制造了第一辆美国汽车，3年后，更为著名的代表人物亨利·福特和瑞·奥兹进入汽车行业。福特是美国福特汽车公司的创始人，他造出第一辆车的时间是1896年，售价是200美元，福特公司的汽车的年产量是600辆。到了1902年，美国汽车年产量已达9000辆。

美国历史上第一次汽车展览始于1900年11月，在当时纽约市的麦迪逊花园广场举行。这时的美国经济已经达到了比较高的水平，工业生产开始处于世界前列，它的钢铁和石油化工等工业的发展为汽车工业的发展创造了条件。1908年，福特汽车推出了著名的“T型车”，这种售价不足500美元后降到300美元的汽车，只是当时同类汽车价格的1/4甚至1/10，美国一个普通工人用一年工资就可以购买到。福特的“T型车战略”使汽车成为真正意义上的大众交通工具。1913年，福特公司首先在生产中使用流水线装配汽车，这给汽车工业带来革命性变化，美国随即出现了普及汽车的热潮。1908年，当今全球第一大汽车生产厂商通用汽车公司成立。1916年美国汽车销量首度突破100万辆，1920年超过200万辆。1925年美国第三大汽车制造厂商克莱斯勒汽车公司成立。在美国经济“大萧条”前夕的1929年，美国汽车销量突破500万辆。美国确立了在世界汽车行业中的霸主地位，并一直延续至今。

阿尔芒·标致是法国标致汽车公司的创始人。早在1848年，标致家族就从一家生产日用品、手工器具和各种机械的工厂起家，1890年，阿尔芒·标致用德国的戴姆勒发动机，试制成功了法国第一辆汽车。1891年制成了四轮汽车，并作为自行车大赛的服务车连续行驶了2045公里，一鸣惊人。1896年，他正式创建了标致汽车公司，成为法国主要的汽车厂家之一。

知识链接：《汽车总动员》与各款名车

《汽车总动员》是由美国皮克斯动画工厂制作，并由迪士尼于2006年发行的电脑动画电影。故事的主角是一部时髦拉风的赛车麦昆，梦想在Route 66道路上展开的赛车大赛中脱颖而出，成为车坛新偶像。但不料他在参赛途中却意外迷路，闯入一个陌生的城镇，展开了一段超乎想象的意外旅程。片中的各位“主角”都是汽车家族中赫赫有名的车型。

身披红色战袍的95号赛车“闪电麦昆”是一辆道奇蝰蛇。道奇蝰蛇曾经在2008年8月纽博格林北环的测试中跑出7分22秒的成绩，成为纽博格林赛道中成绩最好的街道车型。

“哈德逊·霍内特”原型是名噪一时的哈德逊大黄蜂。哈德逊汽车公司诞生于1909年，大黄蜂可以说是该品牌最著名的车型。这款车主宰了从1951年到1954年的纳斯卡比赛，许多成绩记录直到今天也没人打破。

“国王”的原型是一辆美国普利茅斯超级鸟。超级鸟这款车是专为参加纳斯卡大赛而制造的，楔形车头和高高的车尾是经过计算机分析而专门打造的空气动力学套件。如今，这款车已经变得十分珍贵，一辆保存完好的超级鸟甚至可以卖到100万美元以上。

影片中唯一的反派角色，一身绿色涂装的“路霸”的原型是通用历史上最长寿的车型之一——“别克君威”。别克君威赛车曾在1981年和1982年赢得两届纳斯卡比赛的厂商冠军，而GNX是君威中的一个特别型号，它的全身都采用黑色涂装，就连轮毂也是黑色的，整车给人感觉就像一辆黑帮专用车。

“板牙”是一辆拖车，其原型是雪佛兰卡车。

镇上德高望重的老太太“丽兹”，其原型是1913年的福特T型。

爱打扮的“雷蒙”，其原型是1959年的雪佛兰英帕拉。

卖轮胎的“路易吉”是个意大利移民，其原型是1959年的菲亚特500。

电影《汽车总动员》剧照

飞向蓝天

飞机的发明

毫无疑问，比空气重的飞机可以飞行已是不争的事实了。

——美国飞行家亚历山大·格雷厄姆·贝尔

飞机的出现是工业时代的伟大创举，它改变了人们对距离的感知，将原来需要跨越高山、大河和海洋，耗时几天甚至几十天才能到达的遥远目的地，变为仅仅需要几个小时的飞行就能到达的轻松旅行。

飞机发明之前的探索

人类历史有着漫长的飞行梦想，东西方的早期神话都无一例外地提到过飞行。意大利画家达·芬奇是西方第一个尝试飞行的人，他在1505—1510年间曾设计了一系列飞行器。1783年，法国有人试验乘坐热气球飞上了天。1843年，英国人威廉·和森成功地制造出了用蒸汽做动力的有翼飞机，并申请获得了专利，但他的飞机从未飞行过。

德国人奥托·李林塔尔是19世纪末滑翔机研究和试验的领军人物，他在1891—1896年间驾驶滑翔机飞行2500多次后，总结出了飞机起飞和机翼设计的原理，奠定了飞机翼式结构的基础，但他在1896年因驾驶滑翔机失事身亡。

图为达·芬奇模型飞机的纪念邮票。可以看出达·芬奇设计的飞机样式已经与后来真正的飞机外形非常相似。

整个19世纪90年代，美国飞行器研究的领先者是飞行家亚历山大·格雷厄姆·贝尔。他进行了1200多次飞行实验。1896年，贝尔与塞缪尔·兰利合作研制出了一架长24英尺的蒸汽动力无人驾驶飞机，并使之飞行了3000多英尺，而后因蒸汽耗尽缺少动力慢慢地滑落回地面。

莱特兄弟发明飞机

德国飞行家李林塔尔驾驶滑翔机失事身亡的事件对贝尔震动很大，他因此放弃了制造更大的有人驾驶的飞机的想法。

这时，在美国俄亥俄州代顿经营自行车商店的两兄弟维尔伯·莱特和奥维尔·莱特决心挑战这一难题，他们从秃鹰飞翔时两个翅膀运动方向相反之中得到启发，将飞机机翼也设计成呈相反方向翘曲，从而控制飞机转向和飞行。他们还在试验中发现将飞机尾翼接到了两翼控制装置上，能够更好地平衡飞机飞行姿态。

莱特兄弟在1903年制造出了第一架依靠自身动力进行载人飞行的飞机“飞行者1号”，它是一架普通双翼机，两个推进式螺旋桨分别安装在驾驶员位置的两侧，由单台发动机链式传动。1903

莱特兄弟的照片，右为哥哥维尔伯·莱特，左为弟弟奥维尔·莱特。

年12月14日至17日，“飞行者1号”进行了4次试飞，地点在美国北卡罗来纳州小鹰镇基蒂霍克的一片沙丘上。第一次试飞由奥维尔·莱特驾驶，共飞行了36米，留空12秒。第四次由维尔伯·莱特驾驶，共飞行了260米，留空59秒。1904年，莱特兄弟制造了装配有新型发动机的第二架“飞行者”，试飞时最长持续飞行时间超过了5分钟，飞行距离达4.4千米；1905年又试验了第三架“飞行者”，持续飞行38分钟，飞行38.6千米。1906年，莱特兄弟的飞机在美国获得专利。

莱特兄弟飞行的成功，最初并没有得到美国政府和公众的重视与承认，反而是法国于1908年首先对他们的成功予以高度评价，从此掀起了席卷世界的航空热潮。莱特兄弟也因此终于在1909年获得美国国会荣誉奖。

知识链接：第一架直升机

直升机最古老灵感来自中国古代的“竹蜻蜓玩具”，而达·芬奇在1483年提出了直升机设想并绘制了草图，为现代直升机的发明提供了启示。1907年11月13日，法国人保罗·科尔尼研制出的一架全尺寸载人直升机试飞成功，这架名为“飞行自行车”的直升机不仅靠自身动力离开地面0.3米，完成了垂直升空，而且还连续飞行了20秒，实现了自由飞行。这就是人类“第一架直升机”。

莱特兄弟的飞行器于1903年12月17日进行首次飞行

知识链接：第一架现代飞机——波音

1933年，由美国波音公司制造的“波音247”飞机试飞成功，这是世界上首架现代化民航飞机，它具有全金属结构和流线型外形，机上座位舒适，设有洗手间，还有一名空中小姐。

第122—123页：莱特兄弟

1903年12月17日，由美国人莱特兄弟制造的人类历史上第一架飞机“飞行者1号”在美国北卡罗来纳州试飞成功。时过境迁，我们现在只能从莱特兄弟照片上看到他们的斑驳形象，但他们的创举，使人类终于实现了翱翔天空的梦想，进入伟大的航空时代。

突破音障

喷气式发动机

我们总算有了可以用于闪电作战的轰炸机了！

——希特勒

喷气式发动机的出现促进了航空业和飞机制造业的巨大变革，它使飞机机体重量和载重量都大大增加，并开创了火箭飞行和火箭设计的历史先河，使宇宙飞行成为可能。

喷气式发动机发明之前

20 世纪 30 年代，螺旋桨飞机已经达到了时速 200 英里。1920 年时，双螺旋桨发动机飞机已经能够载人周游世界了。但飞机工程师们很清楚，不论在速度上还是飞行里程上，这种飞机都将很快达到它们的发展极限。那么，推动飞机进一步发展的关键是要研制出更强劲的发动机。

1918 年，英国人弗兰克·威特尔发现燃气涡轮机喷出的尾气可以驱动飞机飞行。他经过计算得出的结论是，增压助燃器可以使输入的气体释放出量更大、速度更快的燃气，这种差额可以为飞机提供飞行驱动力。威特尔设想用双涡轮机组合驱动。前面一个用来把空气压进后面的主舱，使空气与主舱里的燃料混合并燃烧。另外，威特尔还设计了一种喷嘴，可以使尾气以最大的力量从后舱喷出。在进行研究设计的过程中，威特尔计算得出，飞行速度越快，对飞机飞行越有利，因为高速度有助于把空气挤进燃烧舱。这一结论与当时所有推进式飞机驾驶员的经验背道而驰，所以并没有引起人们太多的关注。

喷气式飞机使用的喷气式发动机，主要依靠燃料燃烧时产生的气体，向后高速喷射出强大气流的反冲作用，使飞机获得更大的推力，飞行速度更快。特别是在 1 万—2 万米空气比较稀薄的高空，喷气发动机更有着螺旋桨活塞发动机所无法比拟的优越性。而喷气式发动机的发明则归功于英国的弗兰克·威特尔。

1936 年，威特尔与几个私人赞助者成立了“动力喷气有限公司”，研制喷气式飞机。1937 年 3 月末，他们制造出了第一架喷气式发动机并进行了测试。1939 年 3 月，威特尔重新设计的发动机制作完成，并开始与飞机设计师们合作，在飞机上进行试用。

同一时期内德国人汉斯·欧海因在 1935 年为他设计的发动机向德国政府申请了专利。他立即就被亨克尔飞机制造公司聘用，并为德国空军效力。在获得了充足的研发资金后，汉斯·欧海因几乎在完全保密的情况下完成了对喷气式发动机的进一步改进。1939 年 8 月 27 日，安装有汉斯·欧海因研发的喷气发动机的“亨克尔 He–178”型飞机试飞成功，成为世界上第一架喷气式飞机。幸运的是希特勒并未将喷气式战斗机投入生产。

“回纹针行动”是第二次世界大战后美国招募德国工程师和科学家的政府项目，汉斯·欧海因（右）是被招募来的德国工程师和科学家的中的一员，他担任美国俄亥俄州代顿空军基地的研究工程师。弗兰克·威特尔（左）1976年移民到了美国。他的职业生涯是作为马里兰州安纳波利斯的美国海军学院的海军、空军研究教授而结束的。

知识链接：喷气式战斗机

世界第一架喷气式战斗机是1939年德国科学家汉斯·欧海因研制的喷气式“亨克尔He–178”型飞机。但是该机于1939年8月27日首次试飞后并未投入量产。而最早投入批量生产并装备空军的喷气式战斗机是英国的“流星式”战斗机和德国的“梅塞施密特ME–262”型战斗机。ME–262战斗机首次试飞在1942年7月18日，时速达850公里，这比当时所有活塞式战斗机要快得多。1943年11月，希特勒观看了这种飞机的飞行表演后非常兴奋，但他坚决不同意将其作为战斗机使用，而要作为具有快速突防能力的轰炸机使用。因此梅塞施密特不得不重新修改设计，为喷气式战斗机增加挂弹架。直到1944年秋天，ME–262战斗机才得以作为战斗机投入使用。尽管ME–262战斗机取得了辉煌的战果，但它已无法挽回纳粹德国的败局了。

喷气式发动机发明之后

1941年5月15日，威特尔设计的第一架喷气式飞机“格洛斯特尔E. 28/29”试飞成功。1942年年末，安装有欧海因设计的双涡轮喷气式飞机发动机的“亨克尔He–280”型飞机的飞行时速达到了500英里。1942年10月3日，首架美国喷气式飞机“贝尔XP–59”空中彗星号首次亮相，安装的就是欧海因设计的喷气式发动机。第二次世界大战后，威特尔和欧海因相继移民到了美国，为美国的喷气式飞机发展作出了贡献。

1949年7月27日，英国航空公司生产的第一架喷气式客机“德哈维兰彗星号”投入运营。但是喷气式飞机在商用之初并未取得很大成功，不久便宣告停飞。第一架成功运营的喷气式客机是久负盛名的“波音707”。它于1954年投入使用，30年后仍飞行在世界各大航线。

1947年10月14日，查克·耶格尔成功地制造出世界上第一架超音速飞机——“贝尔X–1火箭机”。超音速飞机，顾名思义，就是飞行速度超过声音传播速度的飞机。这在当时人们看来是连想都不敢想的事情。1976年，法国航空公司和英国航空公司联合研制开发出了“和谐号”，这是唯一一架超音速客机。但“和谐号”业绩平平，机票价格过于昂贵，2004年，“和谐号”彻底退出了市场。

“波音707”飞机是美国波音公司在20世纪50年代发展的波音系列飞机的首部四喷射引擎发动机民航客机。这亦是世界第一部在商业上取得成功的喷气民航客机。图为2015年5月停靠在德国德累斯顿机场准备载客的“波音707”飞机。

魔法升空
气球飞行

我的任务简单：飞过普鲁士人的包围圈，降落在未被占领的法国，在外省组织抵抗，迟一点我会和图尔的甘比大会合。

——史蒂文·米尔豪瑟

《1870年的气球飞行》

气球飞行是人类飞行的第一次成功尝试。人类首次摆脱重力的束缚飞离地面是靠热气球实现的，第二次则是使用氢气球。人类飞行后来发展到飞机、火箭以及太空旅行的一切渊源，都是从气球飞行开始的。

法国的蒙戈菲尔兄弟是人类航空史的先驱。1783年11月21日，蒙戈菲尔兄弟将他们精心制作的热气球在巴黎市中心放飞，飞行时间30分钟，创造了人类首次升空的历史。图为纪念蒙戈菲尔兄弟成功进行气球飞行的邮票。

蒙戈菲尔兄弟的热气球飞行

1766年，英国科学家亨利·卡文狄士分离出了一种新的无色气态元素——氢。他说氢有“负重量”，能上升到空气当中，因此他提出氢可以用来从地面提升物体。

约瑟夫·蒙戈菲尔和爱丁·蒙戈菲尔是一对住在巴黎郊区的法国兄弟。1782年他们读到了卡文狄士的文章，并认为氢气跟火中上升的烟气成分差不多，烟气肯定也有“负重量”并且能把物体带到空中。

1783年，蒙戈菲尔兄弟用纸纹布制作了一个直径30米的气球，6月4日，他们把气球拿到法国安诺内市集广场，在气球下面点起了大火。当大火中的滚滚浓烟钻进气球，气球慢慢膨胀直到充满时，约瑟夫放开了系着气球的绳索，蒙戈菲尔兄弟和几百个围观者一起见证气球升到了300米的空中，并且滞空飘行10分钟之久，然后飘落在两公里之外的地方。9月19日，蒙戈菲尔兄弟又进行了第二次飞行表演。他们制作了一个比上次大两倍的气球，并在气球下加了一个吊篮，里面载着鸭子、公鸡和绵羊各一只。这次气球升到800米的高空，飘行了19分钟。包括法国国王路易十六和王后玛丽在内的30万人欢呼着观看了这次飞行表演，其中还有著名的美国发明家本杰明·富兰克林。

在获得气球载物飞行的成功后，蒙戈菲尔兄弟试验了第一次载人飞行。1783年11月21日，两位法国冒险者皮亚特和马科斯登上空前巨大的热气球，成为首次飞行的人类。这次飞行一共持续了30多分钟，飞行高度超过了2500米。这一成绩让

法国人雅克斯·查尔斯制作升空的载人氢气球。1783 年 12 月 1 日，雅克斯·查尔斯和他的助手罗伯特乘坐自己制作的氢气球成功升空。

整个法国为之欢欣鼓舞，法语“热气球”一词至今仍然写作“蒙戈菲尔”。

知识链接：飞艇

飞艇是一种轻于空气的航空器，它与热气球最大的区别在于具有推进和控制飞行状态的装置。飞艇由巨大的流线型艇体、位于艇体下面的吊舱、起稳定控制作用的尾面和推进装置组成。艇体的气囊内充以密度比空气小的浮升气体（有氢气或氦气），借以产生浮力使飞艇升空。吊舱供人员乘坐和装载货物。尾面用来控制和保持航向、俯仰的稳定。现在，大型民用飞艇常常用于交通、通讯、运输、赈灾、科学实验和娱乐、影视拍摄，等等。

查尔斯的氢气球飞行

在蒙戈菲尔兄弟试验热气球飞行的同时，法国科学家雅克斯·查尔斯决定继续卡文狄士的实验，用氢气来制作飞行气球。经过实验，他很快确定氢气的提升力是空气的 3 倍，一个较小的氢气球就能比所有热气球飞得更高更久。查尔斯为此精心设计气球内衬，以便使其能够捕获并容纳气态氢。直到 1783 年 12 月 1 日，他终于造出了飞行表演用的气球。查尔斯将他的新气球注满氢气，气球升到了 3500 多米的高空，在 90 分钟的飞行中，氢气球跨越了将近 50 公里的区域。

1784 年 6 月 4 日，法国人伊丽莎白·泰宝乘坐气球从法国里昂镇起飞，成为第一个飞行的女性。同年 10 月 4 日，英国人詹姆斯·赛特勒乘坐自己制作的热气球中进行了英国的首次飞行。1793 年美国也进行了首次气球飞行。法国军队在 1794 年组建了世界上第一支空军，并在弗勒吕斯战役中使用 4 个观测气球对澳大利亚军队进行侦察。1804 年，瑞士科学家约瑟夫·盖·卢萨克利用热气球研究阿尔卑斯山脉的空气化学性质和成分，这是热气球在科学上的首次应用。1906 年出现了首次氦气飞行。氦气虽然提升力大，但却非常容易爆炸。因此第一次世界大战时，在大部分的气球飞行中氦气已经取代了氢气。

这幅蒙戈菲尔兄弟热气球表演的绘画描绘了 1783 年 9 月 19 日蒙戈菲尔兄弟在法国巴黎凡尔赛广场试飞热气球的情景，引来了法国国王路易十六和王后玛丽·安托瓦内特以及大批文武官员观看，30 多万巴黎市民闻讯后也涌入广场。

电讯的开端
电报的发明

上帝创造了何等奇迹！

——莫尔斯

电报是最早使用电进行通信的方式，是工业社会的一项重要发明。它作为第一种连接世界的通信系统，使人类信息传递的速度获得了极大的提升，从而开启了世界一体化的进程。

电报发明的先驱者

早在1774年，瑞士科学家乔治·利斯就发明了一个拖着26条导线、体积庞大的系统，可以在几英里内传递信息。1832年，俄国工程师保罗制造了一台五线电报机，可以将信息传至12.8公里以外。报务员发送一个字母需要调制5个调谐钮，接收报务员再发回一个信号确认他已收到这个字母，准备接收下一个字母。这个系统速度非常慢，但却是收发报的开端。1834年，德国人卡尔·范发明了一种电报机。他的系统配有一根针，每次电流闭合都会使它从一头往另一头移动。报务员需要一直盯着电报机，眨一下眼睛就有可能漏掉一个字母。

这个惠斯顿电报接收机是1842年制造的

19世纪30年代，由于铁路迅速发展，迫切需要一种不受天气影响、没有时间限制又比火车跑得快的通信工具。1837年，英国人库克和惠斯通设计制造了第一个有线电报，这个电报系统的特点是电文直接指向字母。通过不断改进和提高发报速度，这种电报很快在铁路通信中获得了应用。

集体智慧成就莫尔斯发明电报

准确地讲，美国人塞缪尔·莫尔斯是电报发明的推动者和策划者。莫尔斯并不是一个科学家，他只是一个画家。1832年，莫尔斯在从欧洲返回美国的轮船上，偶尔听到一群人在甲板上讨论电、磁和电力传输等问题，引发了他研究电报的兴趣。于是莫尔斯邀请了几个助手：美国史密斯学会会长、科学家约瑟夫·亨利、知名科学家兼工程师伦纳德·戈尔、电力工程师阿尔佛雷德·维尔以及纽约工程师以斯拉·科内尔，一同来完成发明电报的工作。

阿尔佛雷德·维尔设计并制造了一种新型续电器，它精致、光滑，对报务员的触摸反应灵敏。以斯拉·科内尔建议用电线杆把电线架设起来。伦纳德·戈尔发明了一种由时钟驱动的笔墨纸记录系统。约瑟夫·亨利提出利用大地完成电流环形电

如果塞缪尔·莫尔斯仅仅作为一名画家，那未必会像今天这样举世闻名。但他因为发明电报机而登上了历史舞台，为世界通信史翻开了崭新的一页。这也印证了在那个变革和创新的伟大时代，任何一个创造者都能缔造奇迹。

路，他订购了更强劲的电池，设计了一种厚橡胶使电线绝缘，并为每根线杆都制造了玻璃绝缘体。亨利还设计了新的马蹄型磁铁，增大了拉动弹簧接收笔的磁力，研制出电力信号增压器，每16.9公里（10英里）安装一个增压器，从而使电报信号可以毫不衰减地传递下去。

由于得到了这些专家的帮助，莫尔斯的电报得以设计制造出来。美国国会奖励莫尔斯3000美元让他演示电报。他在巴尔的摩和华盛顿之间铺设了44英里长的电线。电线经过的马里兰路，因此改名为“电报路”并沿用至今。1845年5月24日，莫尔斯在座无虚席的国会大厦里拍发出人类历史上的第一份电报：“上帝创造了何等奇迹！”莫尔斯演示的电报系统给国会留下了深刻的印象，国会拨款在全国建设电报系统。到1846年年底，2090公里的电报线延伸到了美国各地。1875年，芝加哥的伊利沙·格雷发明了一种系统，可以让报务员通过一条线路同时发送6条电报。这大大降低了电报服务的价格，电报的使用量也迅速攀升。1866年，赛勒斯·菲尔德从波士顿到英格兰铺设了一条跨越大西洋的2500英里的电报线路，它运转了20年之久。

知识链接：大西洋电缆之父菲尔德

1866年7月，跨越大西洋海底的电报电缆铺设成功，从此实现了欧美大陆的通信联系。巴黎世博会上展出了大西洋海底电缆标本、设施、制造工艺和铺设过程，评委会把金奖授予“大西洋电缆之父”赛勒斯·菲尔德。

菲尔德原本是美国的造纸业批发商，但对电报的价值和意义的认识极具远见。他从1853年开始致力于建设横跨大西洋的电报线路，历经13年的多次失败，终于在1866年7月13日，由巨轮“大东方”号一举架设完成了跨越大西洋的海底电缆。7月27日电缆开通。英国著名科幻作家克拉克称赞：大西洋海底电缆不亚于将人送上月球！

法国和美国之间横跨大西洋的电报

远程通话

电话的诞生

用电流的强弱来模拟声音大小的变化，从而用电流传送声音。

——贝尔

电话的发明打破了人类直接交流的距离障碍，使人类首次能够在相互远离的状态下通过对话交流思想、沟通感情、传递信息。所以，电话革新了人类理解空间和地域的方式。

贝尔发明电话

自古以来，人们的语言交流或是面对面的即时交谈，或是通过写信实现远距离的间接沟通。1832年发明的电报，实现了远距离即时交流，但它还是借助于电码符号的间接交流。怎样通过新技术实现人与人的远距离直接对话呢？

亚历山大·格拉汉姆·贝尔早年在美国波士顿从事失聪者语言教育工作。他一直尝试制造两种电子装置：一种是用一根导线同时传送几个电报信号的“谐波电报”，另一种是用笔记录振动进而画出声波图像的“声波记振仪”。贝尔认为可以结合两种思想，直接利用电报线传送电流形式的声音。这样电话的思想雏型产生了。

虽然电话的发明者为意大利人安东尼奥·梅乌奇，但是美国人亚历山大·贝尔却是世界上第一台可用的电话机的专利权获得者，他创建了贝尔电话公司，并被誉为“电话之父”。当然贝尔的成就还包括制造了助听器，改进了爱迪生发明的留声机，他对聋哑语的发明贡献甚大，甚至设计了X光机的前身。可见贝尔是当之无愧的革新家。

1875年年初，贝尔和电机工程师托马斯·沃森开始在波士顿法院路109号的一间公寓里，共同设计电话。6月2日下午，沃森在送话室里偶尔用一种还未曾测试的膜片盖住装满碳的滤筒，把它接入送话电路。然后，拨动金属簧片。这时，贝尔通过受话器，听到了沃森拨动金属簧片的弦音。他们意识到，沃森新换上的那只充满碳粉的滤筒，是把机械能转换成电能的关键材料，电话可以运转了。

1876年3月10日，贝尔打算测试一种新型酸性溶液送话器。当他把溶液接入电路时，酸液溅到了衣袖和胳膊上，贝尔情急之中按下送话按钮，喊道：“沃森，快来帮我！”而在另一个房间的沃森兴奋地大叫着跑来：“我听到了！我听到了！”这就是人类利用电话的第一次通话，贝尔的电话成功了！

电话的实用和发展

1876年，在庆祝《独立宣言》签署100周年的“费城百年博览会”上，贝尔设计的电话首次亮相并一举荣获大奖。1877年4月4日，第一部私人电话安装在查理斯·威廉姆斯位于波士顿的办公室与马萨诸塞州的家之间。波士顿和纽约之间相距300公里的第一条电话线路也随之开通。同年，有人第一次用电话给《波士顿环球报》发送了新闻消息，从此开始了公众使用电话的时代。一年之内，贝尔共安装了230部电话，建立了贝

这张照片反映了亚历山大·格拉汉姆·贝尔使用早期发明的电话的情景：打电话的人对着送话器说话。这种电话机用两根导线连接两个结构完全相同、在电磁铁上装有振动膜片的送话器和受话器，首先实现两端通话。但通话距离短、效率低。

知识链接：手机

手机这个概念早在1940就出现了，当时是由美国最大的通信公司贝尔实验室试制的。但由于体积太大，未能投入实际应用。1973年4月，美国摩托罗拉公司工程技术员马丁·库帕发明了世界上第一部推向民用的手机。最初的移动电话可以使用任意的电磁频段。事实上，第一代模拟手机就是靠频率的不同来区别不同用户的不同手机。第二代手机“GSM系统”则是靠极其微小的时差来区分用户。今天，更新的、靠编码的不同来区别不同手机用户的CDMA技术应运而生，手机通话质量和保密性更为良好。

尔电话公司，这是美国电话电报公司（AT&T）前身。

电话发明之后，技术进步不断推动其使用的便捷化和普及率的提高。1878年，爱迪生研制出碳精送话器，使电话的性能大大提高。最初的电话机要自备电池和手摇发电机，才能发出呼叫信号，它只能用作固定通话。1880年到1890年间出现了一种“共电式电话机”，可以共同使用电话局的电源。这项改进使电话结构大大简化了，而且使用方便，拿起便可呼叫。自动电话机是在共电式电话机的基础上增加了一只小小的拨号盘，从此，人们就可以通过交换台任选通话对象了。1924年，直拨电话服务（仅限本地通话）在匹兹堡和旧金山首次开通。1965年，电话通话首次通过通信卫星进行传送。

目前，声音通信（电话）既可以发送短信息及视频信息，又可以与因特网系统直接连接。也许不久的将来，人们将不再把电话视为独立设备，一种通用传播器将会为人类提供大量可供选择的即时通信方式。

1892年，纽约和芝加哥之间的电话线路开通。电话发明人贝尔第一个试音：“喂，芝加哥”，这一历史性声音被记录下来。这张照片就是贝尔当时通话的情景。

电波传讯
无线电

发送 SOS 吧，这是新的呼叫信号，这也可能是你最后的机会来发送它了！

——泰坦尼克号无线电操作员哈罗德·布莱德

无线电的发明，打开了大众通信和世界范围内即时交流的大门。它不仅给人们提供了新的获取信息的方法和收听音乐等娱乐方式，更在战争、自然灾害和公共安全领域担负着至关重要的通信保障责任。整个 20 世纪，重要的新闻都是通过无线电迅速传播出去的。

1897 年英国邮政局工程师正在检查马可尼的无线电报设备

无线电发明的成功

1834 年，塞缪尔·莫尔斯发明了电报。1876 年，亚历山大·格拉汉姆·贝尔发明了电话。但是电报和电话信号的发射和接收都需要有固定线路连接才能运转。

1894 年，意大利人古格利尔莫·马可尼开始着迷地研究电子学。海因里希·赫兹和迈克尔·法拉第两人的研究都证实，电流通过一根电线时，能迫使相邻的电线也产生电流，即使两根电线没有相互接触。这给了马可尼一个启示：如果普通的电流可以在空气中从一根电线传入另一根电线，为什么不能使一种有用的信号也以同样的方式传播出去呢？

1909 年的诺贝尔物理学奖授予英国伦敦马可尼无线电报公司的意大利物理学家马可尼和德国阿尔萨斯州斯特拉斯堡大学的布劳恩，以承认他们在发展无线电报上所作的贡献。图为马可尼照片。

1894 年，马可尼首先使用依靠电池供电的发射器发出信号，信号穿过房间传到接收电线上，导致旁边的磁针罗盘指针偏离北方并剧烈摇摆。但马可尼认为信号还是太弱。后来，马可尼发现装满铁屑的大玻璃瓶“捕获”信号的效果比用简单的电线更好。他就把装满铁屑的容器放置在接收器内，把“接收器”移到距离“发射器”更远的地方，这样仍旧能够接收到发射的电信号。

马可尼又将铁屑换成了镍屑和银屑的混合物，并把这只广口玻璃瓶命名为“检波器”。他又在检波器的正下方水平支起一块金属板，把额外的信号反射到检波器上，使检波器最大限度地捕获信号。马可尼发现，金属板越大信号接收效果越好。于是，他又制作了一块巨大的金属板，向马可尼庄园后200米远的山顶发出信号，这次他的实验成功了。

无线电服务的应用

1895年3月，马可尼对他的无线电装置又进行了重要改进，一是极大地增强了电线中电流的强度；二是在接收器中用相距8—10厘米的铜管替代厚重的金属板。他还发现接收器装置抬离地面时接收效果最好。于是，马可尼在细金属杆上焊接了8根八九米长的铜管，并把整个装置安装在一根木杆上竖立起来。就这样，马可尼竖起了世界上第一根天线。他把天线和接收器安装在马车上，从家中三楼的实验室发射出信号，结果，在2000米以外的邻村也能接收到信号。

1899年，马可尼实现了从法国到英格兰的首次国际无线信号传输，传输距离差不多是50公里。两年后，他又改进了发射器和天线技术，实现了英格兰和新西兰、加拿大之间跨越大西洋的无线传输，传输距离达到4060多公里。1904年，康纳德船舶公司在轮船上建造了无线电室，实现了最早的海对陆无线信号传输。加拿大人雷金纳德·费森登于1905年发明了首台无线声音发射机。1910年，美国加利福尼亚州和伊利诺伊州出现了最早的公共无线电台广播。今天，无线电信号传入太空，袖珍收音机可以接收数百个广播频道。无线电仍旧是娱乐、新闻和实现公共安全的重要途径。

知识链接：莫尔斯电码

莫尔斯电码是一种早期的数字化通信形式，通过时通时断的信号代码，以不同的排列顺序来表达不同的英文字母、数字和标点符号。它实际是由美国人塞缪尔·莫尔斯和他的电报发明合作者艾尔菲德·维尔于1837年共同发明的。莫尔斯电码在早期无线电通信中举足轻重，是每个无线电报收发者都熟知的。它由两种基本信号和不同的间隔时间组成：短促的点信号“·”，读“滴（Di）”；保持一定时间的长信号“—”，读“嗒（Da）”。间隔时间：滴，1t；嗒，3t；滴嗒间，1t；字符间，3t；字间，7t。SOS是国际通用的求救信号，这三个字母并非任何单词缩写，而是它的莫尔斯电码“…———…”（三点，三长，三点）是电报中最容易发出和辨识的电码。

老式莫尔斯电报机。1837年出现的莫尔斯电码是一种早期的数字化通信形式，它是一些表示数字的点和划。数字对应单词，需要查找一本代码表才能知道每个词对应的数。用一个电键可以敲击出点、划以及中间的停顿。这就是现在我们所熟知的美式莫尔斯电码，它被用来传送了世界上第一条电报。

“无中生有”的创造：化工的奇迹

化学工业是工业革命的重要基础，它从形成之初起，就为工业部门提供了重要的基础物质。早期的化学工业为纺织工业、电力工业、冶金工业、机器制造业的发展提供了必需的原料和辅助产品，促进了工业发展以及产业革命的成功。从 18 世纪中叶至 20 世纪初，工业革命推动着化学工业的不断发展，从无机化工到有机化工再到高分子化工都呈现蓬勃发展的势头。

无机化工从 18 世纪 40 年代英国建立硫酸厂开始，到 19 世纪末完成了化学工业的基础——酸和碱的规模生产。随之发展的有机化工带动了合成染料、制药工业、香料工业以及工业炸药的发展，还形成了乙炔化工。高分子化工则在合成橡胶、人造纤维，塑料和绝缘材料等方面成为新的材料工业，使化学品的种类、产量、质量都获得了很大发展。

从 20 世纪初至战后的 60—70 年代，石油化工使合成氨工业异军突起，化学工业与石油工业两大部门更密切地联系起来。精细化工方面，发明了活性染料，使染料与纤维以化学键相结合。在农药、抗生素药物、避孕药等新领域不断有新品种问世。总之，化学工业所创造的奇迹，正在使人工合成新型材料逐步替代天然材料，它不仅极大地丰富了人类新型材料的构成，更为保护大自然作出了独特的贡献。

近代化工的形成

制碱与制酸

化学工业发展中所面临的许多问题往往是工程问题。

——G.E. 戴维斯《化学工程手册》

人类真正意义上的化学工业的出现，是在工业革命之后。工业革命的突破口是轻工业，主要为棉纺或麻纺工业、玻璃工业、造纸业、制革以及日用品化工（如肥皂等）等行业。而与这些行业发展息息相关的配套材料，如酸和碱，则迫切需要随之发展。因此，近代化工工业从硫酸工业、纯碱工业、烧碱工业等起步，逐步发展并形成规模。

位于巴黎法国国立工艺学院中的尼古拉斯·吕布兰雕像。工业革命期间各国为了在技术或工艺上取得突破性进展，常常采取“悬赏法”激励发明者。1783 年，法国科学院以 1200 法郎高额奖金悬赏征求制造纯碱的方法。1789 年，法国人吕布兰成功地创造了一种制碱的方法，1791 年获得专利，建立起日产 250 千克—300 千克的碱厂。

制碱工业的发展

纺织行业在工业革命中起着带头和主导作用，但纺织工业需要酸和碱。过去碱是用草木灰或用海藻烧成灰提取，而酸是用植物酸或酸牛奶一类。当纺织工业蓬勃发展时，自然界的碱和酸远远不能满足需要，迫切希望在工业上能用硫黄或其他硫的化合物制成酸，用盐或其他廉价物质制出碳酸钠。除了纺织业之外，诸如肥皂、造纸等也需要烧碱或纯碱。因此，无机碱和无机酸工艺可谓应运而生。

纯碱学名碳酸钠 Na_2CO_3，商品名称为苏打(Soda)。1783 年法国科学院以 1200 法郎高额奖金悬赏征求制造纯碱的方法，1789 年奥利安公爵的侍医尼古拉斯·吕布兰发明了用焦炭、硫酸和食盐制碱的“苏打合成法”，并于 1791 年获得专利，后人称之为“吕布兰制碱法”。其主要方法是：用芒硝 100 份、煤 50 份、石灰石 100 份制碱。吕布兰制碱法起先在法国建立了日产 300 千克左右的碱厂。英国人得到专利后，先后在利物浦等地建厂并改进了工艺技术，把煅烧设备改为回转炉的形式，开创了化工生产的一个新型设备的式样。

从 1823 年英国利用食盐免税、大规模生产碱之后，许多化工专家改进了副产物的处理和回收，不仅生产了纯碱，而且副产盐酸，回收硫黄。1861

比利时人欧内斯特·苏尔维发明了用盐卤水和碳酸氢铵制碱的“氨碱法制碱”，因而被誉为“工业苏打之父”。他不仅仅是发明家和工业化学家，还是哲学家、改革家和慈善家。他的社会项目主要是生产主义和女性主义。

知识链接：侯氏制碱法

侯氏制碱法，是中国化学工程专家侯德榜于1943年创立的。它是将氨碱法和合成氨法两种工艺联合起来，同时生产纯碱和氯化铵两种产品的方法。原料是食盐、氨和二氧化碳。此方法提高了食盐利用率，缩短了生产流程，减少了对环境的污染，降低了纯碱的成本，克服了氨碱法的不足，曾在全球享有盛誉，得到普遍采用。

年，比利时人苏尔维用盐卤水和碳酸氢铵实现了“氨碱法制碱”。1863年苏尔维建立制碱公司，其工厂到1886年日产量已经达到1.5吨。“苏尔维法”的优点超过“吕布兰法”，英国、法国、德国、波兰、美国等纷纷建厂，使纯碱年产超过100万吨。20世纪初，合成氨工业化之后，苏尔维法完全压倒了吕布兰法，纯碱工业成为化工的一大产业。

制酸工业的发展

工业革命之前，许多科学家在实验室里研究制造硫酸的方法。最初是煅烧天然硫酸盐，干馏含结晶水的绿矾（硫酸亚铁盐）。18世纪中叶有人用硫黄和硝石燃烧，置于铅制容器中，用水吸收生成的气体，就得到硫酸。这种生产方法称“铅室法”。1746年，英国人罗巴克依照以上方法，在伯明翰建成一座6英尺见方的铅室，以间歇方式制造硫酸，成为世界上最早的铅室法制酸工厂。1805年前后，首次出现在铅室之外设置燃烧炉焚烧硫黄和硝石，使铅室法实现了连续作业。1810年，英国人金·赫尔克开始采用连续方式焚硫，这是连续法生产硫酸的开端。后来，铅室法经过许多改进，硫黄在铅室外燃烧，生成SO_2，导入铅室与水蒸气吸收，改硝石为空气，减少硝石消耗，在铅室后设置由法国化学家盖·吕萨克提出的一个喷淋塔和英国硫酸制造商格洛费设置的解析塔。这样，铅室法制硫酸的工艺流程逐步完善。19世纪30年代，英国和德国相继开发成功以硫铁矿为原料的制酸技术。之后，利用冶炼烟气制酸亦获成功。20世纪初以V_2O_5为主要成分的混合催化剂获得成功，逐步实现了“接触法”制硫酸的工业化。此后，硫酸产量逐年增长，铅室法和接触法两种方法同时存在。

铅室法是硝化法制硫酸的一种方法，是硫酸工业发展史上最古老的工业生产方法，因以铅制的方形空室为主要设备而得名。铅室法曾作为硫酸的唯一制造法盛行于19世纪达100年之久。20世纪起，逐渐被塔式法和接触法取代。图为1890年铅室法制造硫酸的工程说明模型。

妙手绘多彩 合成染料

那时联大女生在阴丹士林旗袍外面罩一件红色毛衣成了一种风气……

——汪曾祺

染料的合成是化学与工业结合的产物，它的发现不仅顺应了工业革命之后纺织业发展的印染需求，也引发了有机合成工业的建立，对近代科技进步和世界经济发展起到了巨大的推动作用。

第一种合成染料的诞生

18世纪中叶，工业革命使纺织工业的发展带动了染料需求的激增，而天然染料无论数量和品种都无法满足日益增长的生产需要。同时，煤炭与冶金工业的发展，使煤焦油造成的环境污染成为产业革命中棘手的社会问题。霍夫曼等从煤焦油中分离出了苯、萘、蒽等芳烃化合物，为合成染料提供了原料，建立了由苯转化为硝基苯、再转化为苯胺的合成路线，为染料的发明奠定了基础。

1856年，英国化学家帕金在寻找治疗疟疾的特效药奎宁时，意外地发现一种紫色染料——苯胺紫。帕金于1858年在英国创办了第一家苯胺紫工厂，标志着合成染料工业的开端。但保守的英国印染行业不认可合成染料，而法国对帕金的产品却情有独钟，并很快占领了染料市场。1868年，德国化学家格雷贝和利伯曼合成出茜素；1880年，德国化学家拜尔注册了合成靛蓝的专利；1901年，德国化学家博恩合成了蓝色染料——阴丹士林。这三种化合物是合成染料工业发展中三个里程碑式的发明。从此，化学工业中新的部门——有机合成工业建立起来了。

德国化学家阿道夫·拜耳从1865年开始研究靛蓝染料，1880年合成了靛蓝，1883年确定其结构。1881年英国皇家学会授予他戴维奖章，表彰他在靛蓝方面的成就。1905年他因研究有机染料和氢化芳香族化合物的贡献而获诺贝尔化学奖。

有机合成染料的理论突破

尽管以煤焦油为原料合成染料已成为许多化学家的研究课题，但人们不了解染料的结构、合成的机理以及染色的化学机理等，使合成不可避免地带有很大的盲目性。1865年凯库勒提出了苯的环状结构学说，为染料的合成提供了科学指导。德国化学家格雷贝和利伯曼推测茜素是二羟基蒽醌，于1868年合成了茜素，1871年实现了工业生产。茜素是第一个人工合成的天然染料，是在经典结构理论指导下第一项重大的有机合成，具有深远的意义。1876年，维特阐明了染料着色机理。1880年拜尔完成了靛红还原为靛蓝的合成。1890年霍夫曼发明了以苯胺为起点的靛蓝的合成方法，并于1897年实现了大规模工业生产。至此，大批染料新品种被有计划地合成出来，人们摆脱了早期的盲目性和偶然性，将有机合成与有机分析相互配合、

德国化学家霍夫曼的研究以苯胺为起点，制出了苯胺紫，这种合成的紫色染料在当时被称为“霍夫曼紫”。此后又用四氯化碳处理粗苯胺，成功地制取了碱性品红的红色染料，还制成了苯胺蓝、苯胺绿等其他染料。

互为印证，这一合成路线于是成为以后有机合成所遵循的主要方法。

染料工业对有机化工的带动意义

化学人工染料的工业化拉开了近代有机合成工业的序幕，到了20世纪，合成染料已经基本取代了天然染料，它除用于纺织品印染外，还广泛应用于造纸、塑料、皮革、橡胶、涂料、油墨、化妆品、感光材料等领域。

合成染料工业导致了一场化工技术革命，带动了医药、香料、炸药、化肥等庞大的化工部门的形成。20世纪上半叶有机合成最辉煌的成就是药物合成，包括阿司匹林、米帕林、磺胺类药物等开创了化学治疗新纪元。染料研究也导致了香料的合成，使得桂醛、香兰素、紫罗兰等大量的人工香料相继取代天然香料。染料研制还催生了化工史上具有划时代意义的成果——合成氨工业生产的实现，使化肥促进了粮食生产，再次展现了化学造福于人类的广阔前景。当然最具社会和政治意义的是炸药的合成，在诺贝尔研制出无烟炸药之后，化学家又以苯、甲苯、苯酚等为原料合成了TNT烈性炸药。这些无烟炸药与合成染料从原料到中间体及生产工艺其实都没有很大差异，染料厂也同时生产炸药。这些炸药在两次世界大战中被用作军事武器，是当时一个国家科技与经济领先与否的重要标志。

知识链接：阴丹士林

“阴丹士林”是英文Indanthrene的音译，它是一类人工合成的蒽醌类化学染料，用阴丹士林染料染制的布匹，颜色鲜艳，抗日晒和洗涤。蓝色的阴丹士林布自民国早期开始在中国畅销，阴丹士林旗袍也成为当时女性知识分子的首选。

“阴丹士林”是一种有机合成染料。耐洗，耐晒，能染棉、丝、毛等纤维和纺织品，颜色的种类有很多，常见的是蓝色。用阴丹士林染出的蓝布在民国时期为女性知识分子所钟爱，特别是以阴丹士林蓝布裁制的旗袍最有逸致，最能体现知性女子的神韵，因而畅销一时。

造就与毁灭

工业炸药的发明

人类从新发现中得到的好处总要比坏处多。

——诺贝尔

工业炸药是世界上最常用的爆炸物品。一个半世纪以来它一直是矿山开采和土木工程建设的标准用料，同时它也是最重要的军工产品。炸药的成功发明和广泛使用，既造福于人类，也曾给人类带来灾难。但这都不妨碍它成为工业时代最伟大的发明之一。

早期工业炸药的研究

黑火药是最早的工业炸药，是中国古代四大发明之一。早在2000多年前的汉代就开始使用硝石、硫黄和木炭的混合物作为火工武器。据记载，唐代时黑色火药正式出现。到了宋代，黑火药已被用于战争，它需要用明火点燃，爆炸力也不大。后来，黑火药技术经阿拉伯国家传到欧洲。1261年，炼金术士罗杰·培根发现了这种混合炸药，成为欧洲第一个制成黑色火药的人。黑火药最初被用作火箭和滑膛枪的弹药，后来在采矿业中获得应用，大大提高了矿石开采的效率。黑火药作为世界上第一代工业炸药使用到19世纪中叶，延续达数百年之久。但是，黑火药的爆炸力仍不够强大，尤其是难以满足大规模采矿和工程爆破的需要。

1771年，英国人沃尔夫首先合成了苦味酸，它是一种黄色结晶体，最初是作为黄色染料使用，1885年法国用它填充炮弹之后，它才作为一种猛烈的炸药在军事上得到应用，黄色炸药的名称便由此而来。1779年，英国化学家霍华德发明雷汞，这是一种起爆药，它用于配制火帽击发药和针刺药，也可用于装填爆破用的雷管。1831年，英国人比克福德发明了安全导火索，为炸药的应用创造了方便。1845年德国化学家舍恩拜发明出硝化纤维，1860年，普鲁士军队用硝化纤维制成枪、炮弹的发射药。

1846年，意大利都灵大学化学教授阿斯卡尼奥·索布雷罗在化学实验中，将甘油慢慢滴入硫酸

火药又被称为黑火药，是一种早期的炸药，直到17世纪中叶都是唯一的化学爆炸物。一般认为火药发明于7世纪的中国，是中国术士为炼制长生不老药而得到的副产品。火药的发现导致了烟花的发明和早期火药武器在中国的出现。随后火药武器也陆续在阿拉伯、欧洲和印度出现。西方最早的有关火药的书面记录是由英国哲学家罗杰·培根于13世纪的记录。

阿斯卡尼奥·索布雷罗。伟大的诺贝尔对于炸药的发明与创造，其实源于一种叫作硝化甘油的化学物质，这种黏稠的油状物质，具有极强的爆炸力。而硝化甘油是意大利化学家阿斯卡尼奥·索布雷罗在1847年发明的。当时，在实验的过程中，索布雷罗的实验室全部被炸毁，他的脸也受了重伤，此后他便停止了实验。

和硝酸混合液中，创造出了一种“梦魇般的液体”：硝化甘油。硝化甘油极不稳定，即便是最轻微的震动也会导致剧烈爆炸。索布雷罗教授就在实验中被炸成重伤，以至于他也被自己恶魔般的发明吓坏了，不得不放弃了实验，毁掉了笔记，拒绝进行硝化甘油的商业性生产。

诺贝尔发明炸药

索布雷罗教授的研究虽然失败了，但是相关信息已经泄露出去，全世界很快都知晓了硝化甘油的威力以及它所带来的恐惧。当时，瑞典化学家、工程师阿尔弗雷德·诺贝尔的父亲为俄国军队制造水下炸弹。他一直使用的是黑火药。但当他知道硝化甘油具有更强的爆炸力后，打算改用硝化甘油。1862年，诺贝尔一家在瑞典建厂用于制造硝化甘油炸弹。但是，1864年诺贝尔工厂发生了爆炸，5

知识链接：诺贝尔奖

诺贝尔奖（The Nobel Prize），是以瑞典著名的化学家、硝化甘油炸药的发明人阿尔弗雷德·贝恩哈德·诺贝尔的部分遗产（3100万瑞典克朗）作为基金在1900年创立的。诺贝尔奖分设五个奖项，以基金每年的利息或投资收益授予世界上在这些领域对人类作出重大贡献的人。诺贝尔奖的首次颁发是在1901年。1968年，瑞典国家银行在成立300周年之际，捐出大额资金给诺贝尔基金，增设“瑞典国家银行纪念诺贝尔经济科学奖”，1969年首次颁发，人们习惯上称这个额外的奖项为诺贝尔经济学奖。诺贝尔奖包括金质奖章、证书和奖金。

瑞典著名的化学家、工程师和实业家诺贝尔一生的伟大成就在于致力于炸药研究，并获得技术发明专利355项。但他留给后世的伟大遗产，是在他逝世前立嘱设立的物理、化学、生理与医学、文学及和平5种奖金（诺贝尔奖），授予世界各国在上述领域对人类作出重大贡献的人。

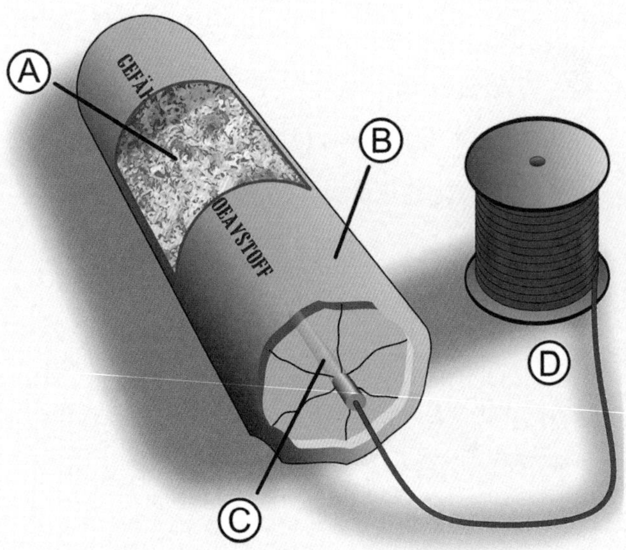

1859 年诺贝尔开始研究硝化甘油，但在 1864 年工厂爆炸。为了防止以后再发生意外，诺贝尔将硝化甘油吸收在惰性物质中，使用比较安全。诺贝尔称它为达纳炸药，并于 1867 年获得专利。1865 年，诺贝尔发明雷汞雷管，与安全导火索合用，成为硝化甘油炸药等高级炸药的可靠引爆手段。图为硅藻土炸药结构：内部将硝酸甘油吸收在木屑等吸水材料中（A），爆炸性物外包覆保护层（B），用雷管（C）与电线连接（D），导电后引爆。

人遇难，其中诺贝尔的父亲受了重伤，弟弟被炸死。因此瑞典政府禁止重建这座工厂。

阿尔弗雷德·诺贝尔发誓要找到一种方法，在保持硝化甘油强大威力的同时，使其操作起来更加安全。因此他在停泊于瑞典的一个湖中的游船上进行试验，在搬运过程中，诺贝尔把硝化甘油装入盛有硅藻土的货物箱中，硅藻土是一种柔软的海泥，衬垫在这种致命的爆炸物品下，以保证搬运贮藏过程的安全。诺贝尔小心翼翼地做了一系列实验，寻找能够增加硝化甘油物理稳定性的添加剂。有一天，诺贝尔发现一个硝化甘油瓶漏了，一滴滴的硝化甘油渗出来摊在桌面上，这时哪怕是一滴流到桌沿滴到地板上都会引起爆炸。诺贝尔惊恐万分，随手从打开的货物箱中抓起一把硅藻土擦拭桌子上的硝化甘油。硅藻土最后变成了一团黏黏的油污，却没有发生爆炸！

这一意外的发现启发了诺贝尔，难道这种普通的淤泥可以使硝化甘油变得更加稳定？诺贝尔立刻做了几次试验，发现在硝化甘油中添加大于或等于 25%的硅藻土可以增加稳定性，操作起来更加安全。为了验证这种混合物仍然具有爆炸性，诺贝尔把混合物连接到一个爆炸引火帽上，然后放在一块漂浮于湖中的木头上，引爆后，这种混合物顺利地爆炸了。虽然它的爆炸力没有纯净的硝化甘油强大，却远远超过黑火药的威力。后来，他用木浆代替了硅土，制成了新的烈性炸药——达纳炸药。“达纳（dynamite）”源于希腊语的“dynamis”一词，也就是“威力”的意思。

炸药研究的进步和发展

几乎在诺贝尔发明炸药的同时，1859 年，瑞典人威尔布兰德也发明了一种新的爆炸物品：三硝基甲苯。它是一种威力很强而又相当安全的炸药，即使被子弹击穿一般也不会燃烧和起爆。但是纯净的三硝基甲苯爆炸威力不如硝化甘油。1868 年，诺贝尔尝试把硝化甘油与三硝基甲苯混合起来，由此得到的混合物的爆炸威力比任何一种炸药都

一年一度举世瞩目的诺贝尔奖，在给获奖者颁发近百万美元奖金和获奖证书的同时，还要颁发一枚诺贝尔金质奖章。图为 2014 年诺贝尔和平奖奖章。和平奖奖章镌刻的诺贝尔肖像与其他奖章姿态不同，铭文“为了人类的和平与情谊”。

要强大，而且与诺贝尔原来发明的炸药具有相同的稳定性。这种混合物后来通称为TNT，并成为所有炸药中的典范。它在20世纪初开始广泛用于装填各种弹药和进行爆炸，在第二次世界大战结束前，TNT一直是综合性能最好的炸药，被称为“炸药之王”。包括后来出现的核弹和原子弹，都要用同等爆炸威力所需的TNT吨数来定级。

1872年，诺贝尔又制成一种树胶样的胶质炸药——胶质达纳炸药，这是世界上第一种双基炸药。1884年法国化学家、工程师维埃利最先发明了无烟火药，这是对由舍恩拜发明的硝化纤维的改进。硝化纤维很不安定，曾多次发生火药库爆炸事故。维埃利将其研制成胶质，再压成片状，切条干燥硬化，便制成了第一种无烟火药。无烟火药燃烧后没有残渣，不产生或只产生少量烟雾，可以改善枪械发射弹丸的射程、弹道平直性和射击精度。马克沁发明的重机枪，正是由于使用了无烟火药，才得以具备实用价值。1887年，诺贝尔也制成了类似的无烟火药。他还制成更加安全而廉价的“特种达纳炸药”，又称“特强黄色火药”。诺贝尔的众多发明，使他无愧于“现代炸药之父”的赞誉。

今天，炸药和TNT仍旧是爆破拆毁、采矿以及土木工程建设的典范爆破工具。诺贝尔发明的炸药已经有150多年了，然而目前没有任何一种爆破材料可以取代它。

知识链接：硝化甘油的药用功能

1896年，诺贝尔患有严重心绞痛和心脏病，医生建议他服用硝化甘油，当时试验证明这是有效的，但还没有获得理论支持。而作为硝化甘油炸药的发明者，诺贝尔不相信它还有药用功能，未予理睬而直到去世。直到1998年三位获得诺贝尔医学奖的科学家发现了硝化甘油中的一氧化氮能够舒张血管从而有利于血液循环，这才为硝化甘油的药用功能找到了理论上的支持。今天，医药上制成的0.3%硝酸甘油片剂被用作血管扩张药，患者舌下给药，硝酸甘油味稍甜并带有刺激性，所以合格的硝酸甘油片不但溶化很快，而且含在舌下微有烧灼感，这也是药物有效的标志。硝酸甘油片作用迅速而短暂，对治疗突发性冠状动脉狭窄引起的心绞痛具有特效，是心脏病患者常用的必备药物。

每年十月初，世界将目光转向瑞典和挪威，诺贝尔奖获得者名单将在此时公布。而诺贝尔奖的颁奖盛典都是在每年12月10日的下午举行，这是因为诺贝尔是1896年12月10日下午4：30去世的，这一天也被定名为“诺贝尔日”。和平奖得主由挪威国会主席在奥斯陆市政厅举行的仪式上授奖，其他奖得主由瑞典国王在斯德哥尔摩音乐厅举行的仪式上授奖。

车轮革命

硫化橡胶

一个个性鲜明的、易冲动的天才，他的勤奋不在于把年报做平。

——美国专利专员约瑟夫·霍尔特评价查尔斯·古德伊尔

如果说19世纪是火车和轮船时代，那么20世纪就是汽车时代。汽车时代实际上也是石油的时代和橡胶的时代，作为汽车的重要部件，汽车轮胎几乎全部采用橡胶制成。正因为橡胶轮胎的普遍使用，才使汽车成为一种完美的交通工具。随着橡胶制品在生产和生活领域的广泛使用，橡胶已经远远超出汽车必备品的范畴，而成为一种重要的战略物资。

橡胶的发现和使用

天然橡胶来自橡胶树的乳白汁液。哥伦布踏上新大陆之后，发现南美洲的土著人会玩一种有弹性的球，它是用硬化了的植物汁液做成的。欧洲人对此十分好奇，便把一些样品带回欧洲。1770年，英国化学家普里斯特利发现它可用来擦去铅笔字迹，因此给它起了一个名字叫“橡皮擦（rubber)”。橡胶就这样被发现了。

1791年英国制造商用松节油作溶剂将橡胶制成了防水服，并申请了橡胶的第一个专利。1823年，英国人马金托什把白色浓稠的橡胶液体涂抹在布上，制成防雨布，并缝制了“马金托什防水斗蓬”，这可能是世界上最早的橡胶雨衣。19世纪初，英国和美国兴起了早期的橡胶工业，但橡胶却有一个致命的缺点，就是对温度过于敏感。温度稍高它就会变软变黏，而且有臭味；温度一低它就会变脆变硬。这一缺点使得早期的橡胶工业几乎都陷入了危机。

硫化橡胶的发明

1833年，美国人查尔斯·古德伊尔最早预见到橡胶服、橡胶靴以及橡胶帽在未来必定拥有巨大的市场，他所要做的就是克服橡胶不耐冷热的缺点。于是他辞掉所有工作，开始专心致志地进行橡胶实验。他把家中厨房当做实验室，煮橡胶时把房子弄得臭气熏天。1837年9月，古德伊尔在橡胶中加入松脂来使其变得柔韧，加入镁来使其坚韧，加入氧化钙将其硫化或鞣制，他把这些混合物熬煮20分钟后冷却，结果这种橡胶在所有温度下都能

橡胶树原产于亚马孙森林，现已遍及亚洲、非洲、大洋洲、拉丁美洲40多个国家和地区。制作橡胶的主要原料——天然橡胶，就是由橡胶树割胶时流出的胶乳经凝固及干燥而制得的。天然橡胶因其具有很强的弹性和良好的绝缘性，可塑性，隔水、隔气性，抗拉和耐磨等特点，广泛地运用于工业、国防、交通、医药卫生领域和日常生活等方面，是重要的战略物资。

1834 年，美国商人查尔斯·古德伊尔受到焦炭炼钢的启发，开始进行软橡胶硬化的试验。经过无数次失败后，在一个偶然的机会，发现了硫化橡胶受热时不发黏而且弹性好，于是硬化橡胶诞生了，橡胶轮胎制造业从此也应运而生。图为古德伊尔在他的“厨房实验室”进行橡胶硬化实验。

知识链接：固特异轮胎

在发明硫化橡胶技术后，由于其专利被别人抢注，特别是硫化技术“太容易”掌握，许多橡胶厂都在无偿享受古德伊尔用辛苦换来的成果。负债累累的古德伊尔在有生之年一直陷于专利纠纷之中，直到 1860 年 6 月 1 日他在贫病中去世，还欠债权人 20 万—60 万美元的债务。1898 年，为了纪念他对美国橡胶工业作出的巨大贡献，弗兰克·希伯林兄弟把自己创建的轮胎橡胶公司命名为——固特异（与“古德伊尔”音译相同）。从血缘到经济上，查尔斯·古德伊尔与固特异公司并没有任何联系，但固特异公司却更乐于认为自己是查尔斯·古德伊尔橡胶技术和探索精神的传承者。今天，固特异公司已经是世界上最大规模的轮胎生产公司。

保持良好的稳固性和柔韧性。古德伊尔认为他找到了制胜的关键，并东拼西凑筹措资金开了一家胶衣店。可是不到一周，他卖出去的所有衣服都被退了回来。因为这些衣服只要沾上一滴弱酸物（如色拉调味品）或弱碱物（如洗涤剂）就能融化。

古德伊尔不得不重新开始试验。1839 年 2 月，古德伊尔在他以往的配方中加入了硫黄，进行火炉燃烧橡胶试验，结果橡胶既没被烧焦也没被毁掉，反而变得结实、柔韧、有弹性。古德伊尔因此明白，改变橡胶属性的关键不是水煮，而是硫化与烧制。古德伊尔因此将其命名为“硫化橡胶”。

硫化橡胶发明之时，古德伊尔已经负债累累，无力承担硫化橡胶的开发与销售。他把硫化橡胶的样品给了一位曾与他通过信的英国科学家托马斯·汉考克。汉考克用自己的名字为硫化橡胶制作过程申请了专利并因此发了财，而古德伊尔去世时仍身无分文。但是他的发明掀起了一股胶制衣物的热潮。特别是 1887 年，英国人乔恩·博伊德·邓禄普制造出世界上第一个橡胶充气轮胎。橡胶充气轮胎有弹性、无噪声，最终成了汽车的标准配置。

美国固特异轮胎橡胶公司始建于 1898 年，创始人是弗兰克·希伯林兄弟。它是世界上最大规模的轮胎生产公司，总部位于美国俄亥俄州阿克隆市。为了纪念 1839 年发明“硫化橡胶”的查尔斯·古德伊尔，兄弟俩将公司取名“固特异轮胎与橡胶公司”，并选择“飞足”为商标，取其优美、迅捷之意。

百变材料

塑料的诞生

塑料是一种能塑造成各种形状的材料，不像非塑性物质那样需要切凿。

——1926年3月美国《塑料》杂志

塑料的发明堪称20世纪人类的一大杰作。过去的120年间，塑料及其变体对改变人们的生活发挥了空前绝后的作用，无疑已成为现代文明社会不可或缺的材料。目前塑料已广泛应用于各行各业之中。

约翰·韦斯利·海厄特（1837—1920年），美国发明家，发明了“赛璐珞（Celluloid）”。

赛璐珞的发明

塑料是一种新型材料，在它被发明出来之前并不存在任何类似物质。塑料，顾名思义就是可以塑造的材料，也就是具有可塑性的材料。现今的塑料是用树脂在一定温度和压力下浇铸、挤压、吹塑或注射到模型中冷却成型的一类材料的专称。

19世纪60年代，美国由于象牙供应不足，制造台球的原料缺乏。为此，纽约两家公司提供1万美元奖金，寻找一种可以取代象牙的材料。1868年，美国阿尔邦尼的一位叫约翰·海厄特的印刷工人，决定发明出一种代替象牙制作台球的材料。他首先在木屑里加上天然树脂虫胶，但成型后过于易碎。1869年他又发现在硝化纤维中加进樟脑时，硝化纤维能变成一种柔韧性相当好的又硬又不脆的材料，并可以在热压下做成各种形状的制品，用它来做台球更不成问题。约翰·海厄特将它命名为“赛璐珞”。1872年，他在美国纽瓦克建立了一个生产赛璐珞的工厂，除用来生产台球外，还用来做马车和汽车的风挡及电影胶片，从此开创了塑料工业的先河。1877年，英国也开始用赛璐珞生产假象牙和台球等塑料制品。后来海厄特又用赛璐珞制造箱子、纽扣、直尺、乒乓球和眼镜架。

塑料的发明

赛璐珞虽然是最早的人工制造的塑料，但它是人造塑料，而不是合成塑料。第一种合成塑料是将酚醛树脂加热模压制得，是在1910年由美籍比利时化学家利奥·贝克兰制成的。

1908年，贝克兰在实验室随意玩弄两种常见的有机物质甲醛和苯酚时，两种物质发生了反应，嘶嘶地冒着泡沫，还发出了臭味和阵阵黄色的浓烟。贝克兰原来希望能够生成当时新兴电子产业所大量需求的物质——虫胶，但这次意外实验却制成了一种坚硬的琥珀色树脂材料。贝克兰对这块琥珀色材料进行了反复化合实验，结果制成了1000多种化

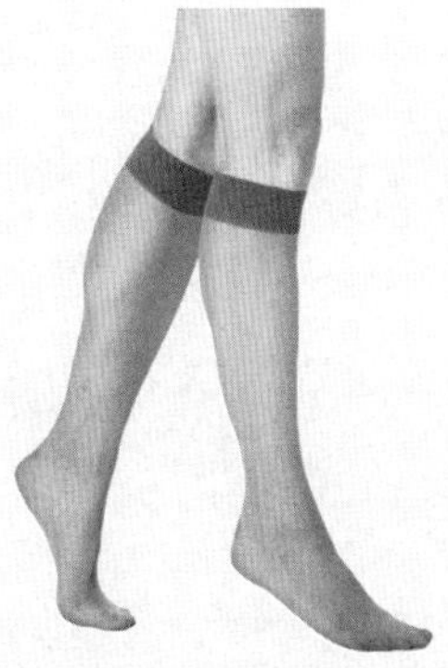

自美国人发明了尼龙丝袜后，袜子基本由化学制品尼龙制作而成，长袜、裤袜、吊带袜等相继出现。一时间，拥有几双尼龙袜或是否有漂亮的尼龙袜成为引人注目的一个焦点。1940年，高筒尼龙袜在美国创造历史最高销售纪录。当时，透明轻薄的尼龙袜配上裙子成为欧美贵妇人的时髦产品。图为一双裸色的膝高尼龙袜。

合物，其中一种化合物具有绝缘性和可塑性。贝克兰用自己的姓氏将其命名为“贝克莱特”(Bakelite)。

知识链接：尼龙袜

塑料行业在20世纪30年代真正的明星是聚酰胺（PA），其商品名为尼龙。它是由美国最大的化学工业公司——杜邦公司的卡罗瑟斯博士主持研发出来的。1938年10月27日杜邦公司正式宣布世界上第一种合成纤维诞生了，这种合成纤维命名为尼龙（Nylon）。尼龙的合成奠定了合成纤维工业的基础，并使纺织品的面貌焕然一新。用这种纤维织成的尼龙丝袜既透明又比丝袜耐穿。1939年10月24日杜邦在总部所在地公开销售尼龙丝长袜时引起轰动，被视为珍奇之物争相抢购。人们曾用“像蛛丝一样细，像钢丝一样强，像绢丝一样美”的词句来赞誉这种纤维。到1940年5月，尼龙纤维织品的销售遍及美国。

利奥·贝克兰作为酚醛树脂的发明者，却讨厌使用“塑料”一词来描述其创造的合成材料家族中的新成员。贝克兰常抱怨“这个名字没有意义”。他还是喜欢使用“树脂”一词。利奥·贝克兰于1924年成为美国《时代周刊》封面人物。

在高温下，“贝克莱特”会软化，可以塑造成任何形状，冷却后能够保持所塑的形状；它还具有防水性、防腐性、很好的绝缘性和易切割、易塑形等特性。就这样，贝克兰发明了塑料。

塑料问世之后，几乎每天都有用塑料制成的新产品问世。塑料成了20世纪初的神奇材料，各种塑料变体很快出现。1913年，在德国聚氯乙烯被研制出来；1929年，德国又发明了聚苯乙烯；1932年，蒙特利尔的天主教牧师朱利叶斯·纽兰德发明了树脂玻璃，被广泛用于制造飞机座舱罩、桌面装饰物、隐形镜片等各种各样的东西；1933年，在英国皇家化学公司制出了聚乙烯，用于制造特氟纶、合成纤维等。到20世纪60年代，塑料被广泛用作包装材料、绝缘材料等，可以说人类生活已经离不开塑料。

工业血脉

石油化工的兴起

如果你控制了石油，你就控制住了所有国家；如果你控制了粮食，你就控制住了所有的人；如果你控制了货币，你就控制住了整个世界。

——基辛格

石油化工作为一个新兴工业，在20世纪20年代随石油炼制工业的发展而形成，并在第二次世界大战期间成长起来。战后，石油化工的高速发展，使大量化学品的生产从传统的以煤及农林产品为原料，转移到以石油及天然气为原料上来。当前石油化工已成为各工业国家的重要基础工业。

1973年第四次中东战争爆发后，阿拉伯国家再次拿起石油武器去支援埃及和叙利亚。在石油的对外供应方面，阿拉伯国家逐月减产50%，后来还对美国实行石油禁运，这给美国带来了很大的压力。与此同时，石油生产大国趁机推行石油国有化的政策。这一系列的减产、控量、禁运的措施，直接导致油价飞涨，油价的飞涨也是二战后经济危机的主要原因之一。图为埃及军队越过苏伊士运河。

石油化工产业的发展历程

20世纪20年代汽车工业飞速发展，带动了汽油生产，以生产汽油为目的的热裂化工艺开发成功。40年代催化裂化工艺开发成功，形成了现代石油炼制工艺。为了利用石油炼制副产品的气体，1920年开始以丙烯生产异丙醇，这被认为是第一个石油化工产品。20世纪50年代，以制取乙烯为主要目的，烃类水蒸气高温裂解技术开发成功，裂解工艺的发展为石油化工提供了大量原料。同时，一些原来以煤为基本原料（通过电石、煤焦油）生产的产品陆续改由以石油为基本原料，如氯乙烯等。在20世纪30年代，高分子合成材料大量问世。如1931年的氯丁橡胶和聚氯乙烯，1933年的高压聚乙烯，1935年的丁腈橡胶和聚苯乙烯，1937年的丁苯橡胶，1939年的尼龙66等。第二次世界大战后石油化工技术继续快速发展，1950年开发了

1922年的邮票。它展示的是喷涌的巴库油井。

腈纶，1953年开发了涤纶，1957年开发了聚丙烯。由石油和天然气出发，生产出一系列中间体、塑料、合成纤维、合成橡胶、合成洗涤剂、溶剂、涂料、农药、染料、医药等与国计民生密切相关的重要产品。

石油化工的高速发展依赖于大量廉价的原料供应。20世纪50—60年代，原油每吨约15美元。原料、技术、应用三个因素的综合，实现了由煤化工向石油化工的转换，完成了化学工业发展史上的一次飞跃。20世纪70年代以后，原油价格上涨，石油化工发展速度下降，新工艺开发趋缓，通过采用新技术，节能、优化生产操作，综合利用原料，向下游产品延伸等成为石化工业的发展方向。

知识链接：欧佩克组织

1960年9月，伊朗、伊拉克、科威特、沙特阿拉伯和委内瑞拉的代表在巴格达开会，决定联合起来共同对付西方石油公司，维护石油收入。9月14日，五国宣告成立石油输出国组织（Organization of Petroleum Exporting Countries），音译为“欧佩克（OPEC）”。欧佩克组织是世界主要产油国的国际性石油组织，总部设在奥地利首都维也纳。欧佩克的宗旨为通过消除有害的、不必要的价格波动，确保国际石油市场的价格稳定，保证各成员国在任何情况下都能获得稳定的石油收入，并为石油消费国提供足够的、经济的、长期的石油供应。

石油化工是世界经济的重要支柱产业

石油化工起源于石油炼制，石油炼制生产的汽油、煤油、柴油、重油以及天然气，是当前主要能源和燃料的来源。

石油化工是材料工业的支柱之一，石油化工提供了大量高分子合成材料和绝大多数有机化工原料。在化工领域，除化学矿物提供的化工产品外，石油化工生产的原料占据绝对重要地位。

石油化工对促进农业的发展起到了至关重要的作用。石化工业提供氮肥、农用塑料薄膜、农药等产品，以及大量农业机械所需的各类燃料，形成了石化工业对农业生产的支撑。

石化产品在工业和生活中不可或缺。现代交通工业的发展与燃料供应息息相关；金属加工、各类机械毫无例外需要不同润滑材料及其他配套材料；建材工业是石化产品的新领域，如被称为化学建材的塑料型材、门窗、铺地材料、涂料；轻工、纺织工业是石化产品的传统用户，新材料、新工艺、新产品的开发与推广，无不有石化产品的身影；高速发展的电子工业以及诸多的高新技术产业，依赖于石化产品，尤其是以石化产品为原料生产的精细化工产品。可见石油化工产业的基础性地位不容置疑。

储油罐是储存油品的容器，它是石油库的主要设备。常见的金属油罐形状，一般有立式圆柱形、卧式圆柱形、球形等几种。图为立式圆柱形储油罐。

新材料支柱

高分子化工的发展

我站在科学道路上，我别无选择。
——赫尔曼·施陶丁格

在自然界，棉麻、蚕丝、木材、淀粉等等都是天然高分子化合物，但是直到20世纪初期，经过施陶丁格等一些化学家们的共同努力，人们从认识高分子化学理论到建立高分子化学工业，使高分子合成材料成为了与金属材料和无机非金属材料同等重要的世界材料三大支柱之一。

高分子化学

高分子化学是研究高分子化合物的合成、化学反应、物理化学、物理、加工成型、应用等方面的一门新兴的综合性学科，它包括塑料、合成纤维、合成橡胶三大领域。

被誉为“高分子化学之父”的德国化学家赫尔曼·施陶丁格提出的纤维、塑料具有聚合物结构的先锋理论以及他晚年在生物大分子方面的研究，对于材料科学和生物科学的发展贡献卓著。他还推动了现代塑料产业的大发展。由于施陶丁格在聚合物领域的卓越成就，他于1953年被授予诺贝尔化学奖。可以说，没有施陶丁格，就不会有合成聚合物，更不会步入新材料的时代。

高分子化学是在20世纪前期真正成为一门科学的，但它的发展非常迅速。自然界的动植物包括人体本身都是以高分子为主要成分而构成的，这些高分子早已被用作原料来制造生产工具和生活资料。只是到了工业上大量合成高分子并得到重要应用以后，这些人工合成的化合物，才取得高分子化合物这个名称。

高分子的分子内含有非常多的原子，以化学键相连接，同时以接合式样相同的原子集团作为基本链节。高分子具有重复链节结构这一科学概念，由德国著名化学家施陶丁格在1922年提出，并于1930年被广泛承认，它推动了高分子的飞跃发展，加上链式反应理论的成熟和有机自由基化学的发展，三者相互结合，使高分子合成有了比较方便可行的方法。从20世纪30—40年代起，许多现在通用的高分子品种，都已投入工业生产。后来，为了合理的加工和有效的应用，对高分子结构和性能的研究工作逐渐开展，使高分子成为广泛应用的材料。

高分子化工

实际上，高分子化工的实践领先于高分子化学理论的酝酿和发展，它经历了对天然高分子的利用

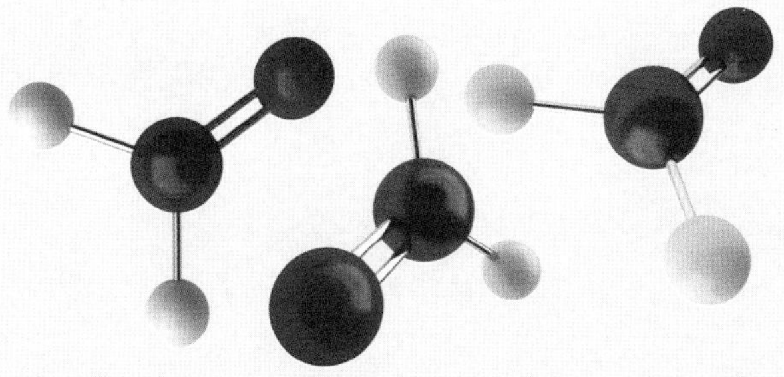

从乙二醇到芳香溶剂和氯化石蜡，液体化学品可以是不透明的、半透明的或透明的，因此需要不同的测量仪器和技术，对其进行成功的颜色测量。亨特实验室提供正确的解决方案，通过仪器和软件样品处理装置，每次都能确保一致和准确地对每个样品进行颜色测量。

和加工、对天然高分子的改性、以煤化工为基础生产基本有机原料（通过煤焦油和电石乙炔）和以大规模的石油化工为基础生产烯烃和双烯烃为原料来合成高分子等四个阶段。

人类应用木材、棉麻、羊毛、蚕丝、淀粉等天然高分子化合物的历史长达数千年。硫化天然橡胶、赛璐珞的生产迄今已有100余年之久，但有关高分子的含义、链式结构、分子量和形成高分子化合物的缩合聚合、加成聚合反应等方面的基本概念，则依赖于高分子化学理论的指引，在20世纪30年代才被明确。1915年，为了摆脱对天然橡胶的依赖，德国用二甲基丁二烯制造合成橡胶，在世界上率先实现了合成橡胶的工业化产生。1929年美国科学家卡罗瑟斯促成了尼龙66的问世。随后，聚甲基丙烯酸甲酯、聚苯乙烯、聚氯乙烯、脲醛树脂、聚硫橡胶、氯丁橡胶等形形色色合成高分子材料相继问世，迎来了现代高分子化学的蓬勃发展。

如今，高分子合成工业生产出五彩缤纷的塑料、美观耐用的合成纤维、性能优异的合成橡胶等，高分子化工已经发展为新兴的合成材料工业，并成为国民经济发展速度最快的部门之一。

知识链接：高分子理论的一场科学辩论

长期以来，人们对高分子化合物的组成、结构及合成方法知之甚少，比如它们的分子量究竟是多少，为什么类似胶体那样难以透过半透膜，为什么没有固定的熔点和沸点且不易形成结晶？传统的胶体理论者认为，天然橡胶是因为异戊二烯的不饱和状态，通过部分价键缔合起来的。而德国化学家施陶丁格于1922年提出了高分子是由长链大分子构成的观点。因此施陶丁格的大分子理论与胶体论者展开了面对面的辩论。

在这场论战中，不同观点的科学家都秉持着严肃认真的科学态度，当许多实验逐渐证明施陶丁格的理论更符合事实时，原先大分子理论的两位主要反对者、晶胞学说的权威马克和迈那在1928年公开承认了自己的错误，不仅给予施陶丁格高度评价，并且还帮助施陶丁格完善和发展了大分子理论。从此，随着塑料、合成纤维、合成橡胶三大合成材料的诞生，科学技术成功解决了地球自然资源不敷人类之需的难题。

尼龙66的特点包括机械强度高，韧性好；自润性、耐摩擦性好，作为传动部件其使用寿命长；弹性好，耐疲劳性好，可经得住数万次的双挠曲；耐腐蚀性能佳，不霉，不蛀，耐碱但不耐酸和氧化剂；染色性能良好；相对密度小，是除聚烯烃纤维外的纤维中最轻的。所以，尼龙66主要用于汽车、机械工业、电子电器、精密仪器等领域。从最终用途看，汽车行业消耗的尼龙66占第一位，电子电器占第二位。

新兴产业

精细化工的广泛应用

立邦漆，创造奇迹！

——立邦漆广告词

化学工业的发展过程是人类对自然资源的利用逐步深入的过程，即由初级加工逐步向深度加工发展，由一般加工逐步向精细加工发展，由主要生产大批量通用的基础材料逐步向既生产基础材料又生产小批量多品种的专用产品发展的过程。因此，精细化工是化学工业发展的必然趋势。

精细化工的概念

精细化工是指生产“精细化学品”的专业工业门类。而“精细化学品”这个概念，也是发达国家在20世纪60年代才开始使用的。比如日本化工界正式使用精细化工这个概念，是1967年春由通产省化学工业局首先提出的。之后美国有人从经济角度出发，将价格在每磅1美元以上的化学品叫精细化学品，每磅在0.25美元以下的化学品叫重化工产品。今天，我们普遍接受的精细化工概念，是日本京都大学教授小田良平提出的四个要素：一是产量小，附加价值高；二是目的产物的选择性高；三是具有技术独创性；四是操作精细。所以，今天我们把常用的医药、农药、染料、涂料、香料、有机橡胶用品、印染助剂、皮革助剂、各种高分子添加剂、黏合剂、试剂、表面活性剂、纸、照相感光材料等等都称为精细化学品。生产这类化学品的工业就是精细化工。

精细化学品具有能直接服务于人类生产生活需要的特点，它既能够独立发展，例如医药、农药、染料、涂料等历史均很悠久，也能够与重化工的高度发展和社会需求的不断扩展协同推进。1968—1971年间，日本生产的医药、界面活性剂、化妆品等14个种类的精细化学品的总产值占整个化学工业总产值的45%，年增长率平均达10%以上。

世界发达国家在精细化工发展的主要目标上，是扩大专用品的生产，其中医药保健品中有关生命科学制品，如抗癌药物、仿生医疗品、无污染高效除草剂、杀菌剂等等，是重点发展的领域。

精细化工的产业价值

精细化工与工农业、国防、人民生活和尖端科学都有着极为密切的关系，是世界各国的重要工业部门，也是化学工业发展的战略重点之一。20世纪70年代两次世界石油危机，迫使各国制定了化学工业精细化的战略决策。比如发达国家在20世纪70—90年代的精细化工产值率，美国由40%上升到53%，德国由38.4%上升到56%，日本则达

位于英国约克郡卡斯尔福德的西克森和威乐奇有限公司，是一家优质化学品公司，专门研究有机精细化工中间体的合成。这是以这家企业为基础，对现有设备（泵、反应器、管道、通风口、安全阀）加工进行更新的项目，将排放物减少到最小，提高工厂的安全性。

知识链接：油漆

油漆早期大多以植物油为主要原料，故被叫作“油漆”。不论是传统的以天然物质为原料的涂料产品，还是现代发展中的以合成化工产品为原料的涂料产品，都属于有机化工高分子材料，所形成的涂膜属于高分子化合物类型。20世纪以来，油漆工艺有了重大发展，出现了黏着力更大、光泽度更高、阻燃、抗腐蚀与热稳定性高的各种颜色的油漆。按照现代通行的化工产品的分类，涂料属于精细化工产品。现代的涂料正在逐步成为一类多功能性的工程材料，是化学工业中的一个重要行业。

到57%。未来，发达国家的精细化率可达60%—65%。

精细化工有助于高效农业的发展，为其提供高效农药、兽药、饲料添加剂、肥料及微量元素等。在轻工业方面，精细化工的一个很大的市场，包括品种数量不胜枚举的化妆品、个人卫生用品、洗涤品、清洗剂、香料、香精、食品添加剂、皮革工业、造纸工业、纺织印染工业的各种助剂和各种用途的表面活性剂。在高技术领域，精细化工为军事工程、高空、水下、特殊环境等条件下的特殊需要提供各种不同性质和功能的材料，如宇宙火箭、航空与航天飞机、原子反应堆、高温与高压下的作业、能源开发等不同环境下需要的高温高强度结构材料，各种具有热学、机械、磁学、电子与电学、光学、化学与生物等功能材料，都无一不与精细化学品密切有关。同时，未来精细化工的发展战略目标是高新科技领域的开发研究，它包括各类新型化工材料（功能高分子材料、复合材料）、新能源、电子信息技术、生物技术（包括发酵技术、生物酶技术、细胞融合技术、基因重组技术等）、航空航天技术和海洋开发技术等。

以合成化工产品为原料的涂料产品，都属于有机化工高分子材料，是精细化工产品。多乐士是英国帝国化学工业集团（ICI）旗下品牌，是全球最大的建筑装饰漆供应商之一，在全球化工行业名列前十，因而是油漆界里的世界级别的品牌。

特写

放射化学的革命者
居里夫人发现镭

在所有的世界名人当中，玛丽·居里是唯一没有被盛名宠坏的人。

——爱因斯坦

镭作为一种化学元素，它能放射出人们看不见的射线，不用借助外力，就能自然发光发热，含有很大的能量。镭的发现，引起科学和哲学的巨大变革，为人类探索原子世界的奥秘打开了大门。由于镭能用来治疗难以治愈的癌症，也给人类的健康带来了福音。所以，镭被誉为“伟大的革命者”。

居里夫人雕像，她手托着一枚闪闪发光的镭原子。居里夫人是第一位在不同领域两次获得诺贝尔奖的女科学家。

镭的发现

1896 年，法国物理学家亨利·贝克勒在研究铀盐时发现了元素放射线。但他并未能揭示放射性真正的原理。这引起了居里夫人极大的兴趣，她和丈夫皮埃尔建立起专门的实验室，根据门捷列夫的元素周期表排列的元素，逐一进行测定，很快发现另外一种钍元素的化合物也能自动发出射线，与铀射线相似，强度也相像。居里夫人认识到，这种现象绝不只是铀的特性，因此将它命名为“放射性”，铀、钍等具有特殊“放射”功能的物质，叫作“放射性元素”。

1898 年 7 月，居里夫妇宣布发现了新元素，它比纯铀的放射性要强 400 倍。为了纪念居里夫人的祖国——波兰，新元素被命名为钋。1898 年 12 月，居里夫妇又根据实验事实宣布，他们发现了第二种放射性比钋还强的新元素，他们将此命名为“镭”。

镭的提纯

居里夫妇虽然宣布发现了新元素镭，但是因为按化学界的传统，一个科学家在宣布他发现新元素的时候，必须拿到实物，并精确地测定出它的原子量。而居里夫人的报告中却没有测定镭的原子量，也没有取得镭的样品。

为了得到镭，居里夫妇必须从沥青铀矿中分离出镭来。当时，沥青铀矿非常稀少，矿中铀的含量更少，价格又很昂贵。幸亏他们得到了奥地利政府赠送的一吨已提取过铀的沥青矿的残渣，才得以开始提取纯镭的艰难实验。

在简陋的窝棚实验室里，居里夫人要把上千公斤的沥青矿残渣，一锅锅地煮沸，还要用棍子在锅里不停地搅拌；要搬动很大的蒸馏瓶，把滚烫的溶液倒进倒出。就这样，经过 3 年零 9 个月锲而不舍的工作，1902 年，居里夫妇终于从矿渣中提炼出 0.1 克氯化镭，测得镭的原子量为 225，后来得到的精确数为 226。

镭是一种极难得到的天然放射性物质，它的形体是有光泽的、像细盐一样的白色结晶，镭具有略带蓝色的荧光，这点美丽的淡蓝色荧光，象征着居里夫人崇高的科学态度和无私的奉献精神。因为在放射性上的发现和研究，居里夫妇和亨利·贝克勒共同获得了1903年的诺贝尔物理学奖，居里夫人也因此成了历史上第一个获得诺贝尔奖的女性。8年之后的1911年，居里夫人又因为成功分离了镭元素而获得诺贝尔化学奖。

1898年12月，居里夫妇把在沥青铀矿中发现的一种放射性元素命名为镭。为了得到纯净的镭，他们进行了艰苦的劳动，在一个破棚子里，夜以继日地工作了将近4年。自己用铁棍搅拌锅里沸腾的沥青铀矿渣，眼睛和喉咙忍受着锅里冒出的烟气的刺激，经过一次又一次的提炼，才从一吨沥青铀矿渣中得到0.1克的镭。

在光谱分析中，镭与任何已知元素的谱线都不相同。镭是放射性最强的元素，医学研究发现，镭射线是治疗癌症的有力手段。在法国，镭疗术被称为居里疗法。镭的发现从根本上改变了物理学的基本原理，对于促进科学理论的发展和在实际中的应用，都有十分重要的意义。

经历了千辛万苦提纯出来的0.1克镭，在玻璃容器中闪耀美丽的淡蓝色的荧光，这光芒中融入了居里夫人“美丽的生命”，这项成就的取得也是对居里夫人“不屈的信念”的回报。

知识链接：美国为居里夫人捐献一克镭

居里夫人获得诺贝尔奖之后，她并没有为提炼纯净镭的方法申请专利，而将之公布于众。她曾经对一位美国女记者说：“镭不应该使任何人发财。镭是化学元素，应该属于全世界。”这位记者问她：“如果世界上所有的东西任你选挑，你最愿意要什么？”她回答：“我很想有一克纯镭来进行科学研究。我买不起它，它太贵了！”原来，居里夫人在丈夫死后，把他们几年艰苦劳动所得，价值百万法郎的镭，送给了巴黎大学实验室。这位记者深为感动，她回到美国后，写了大量文章号召美国人民为居里夫人捐赠一克纯镭。1921年5月，美国总统哈定在华盛顿亲自把这克镭转赠给居里夫人。在赠送仪式的前一天晚上，居里夫人再次声明：“美国赠送我的这一克镭，应该永远属于科学，而绝不能成为我个人的私产。”

Louis Pasteur

生命之源与健康之基：生物和医药

近代生物学的研究起点是维萨里等人的解剖学、哈维的生理学、林耐的分类学以及拉马克等人的生物化学。工业革命后建立起来的现代科学制度，是19世纪自然科学全面繁荣的基石。近代生物学的主要领域在19世纪都获得了重大进展，如细胞的发现，达尔文生物进化论的创立，孟德尔遗传学的提出，巴斯德和科赫等人奠定的微生物学的科学基础，都对医学发展产生了巨大影响。20世纪现代生物学体系建立以来，从分子生物学、分子遗传学、细胞生物学的出现，到生态学在生物学中的地位日益增长，再到神经生物学猛然崛起，现代生物学不断向微观和综合方向深入。

近代西方医学从文艺复兴以后开始了一场革命。帕拉切尔苏斯指出人体生命过程是化学过程，达·芬奇、维萨里等人倡导建立起了解剖学，推动了外科地位的提高。17世纪体温计、脉搏计、显微镜等发明，使新陈代谢、血液循环、人体组织学的研究得以发展，也促进了临床医学中内科学的发展。18世纪至19世纪，病理解剖学的建立，叩诊的发明、预防医学的成就，以及细胞病理学、细菌学、药理学、实验生理学的建立和诊断学的进步使现代医学体系逐步形成。技术手段上，听诊器、血压测量、体温测量、体腔镜检查乃至检眼镜、喉镜、膀胱镜、食管镜、胃镜、支气管镜等都是在19世纪开始应用的，同时麻醉法、防腐法和无菌法的应用，对19世纪末20世纪初外科学的发展，起了决定性的作用。

认识微观世界 显微镜

若是从一个曲面：凸的或凹的，去透视一件物体，所得到的现象是不同的，它能够变成这样：大的使我们看成了小的，或者相反，小的看成大的；远的看成近的，隐蔽的变成看得见的。

——罗杰·培根

显微镜是人类20世纪最伟大的发明之一。它使人类看到了仅用肉眼永远无法看见的微观世界，不仅有助于科学家发现新物种，更有助于医生治疗疾病。所以说显微镜的发明，对于近现代生物学和医学的发展贡献至伟。

显微镜的发明

早在1290年，意大利威尼斯的工匠们已经会打磨高质量的透明玻璃镜片来制作眼镜，当时大部分透镜眼镜都能放大图像，但只能放大很小的倍数。1558年，瑞士博物学家康瑞德·格斯纳制作了曲率更大的凸透镜，并且镶了金属边框。他用这面放大镜观察蜗牛壳。这是历史上第一次利用透镜进行光学放大和科学研究，从而揭开了人类探索未知的、无穷无尽的微观世界的序幕。

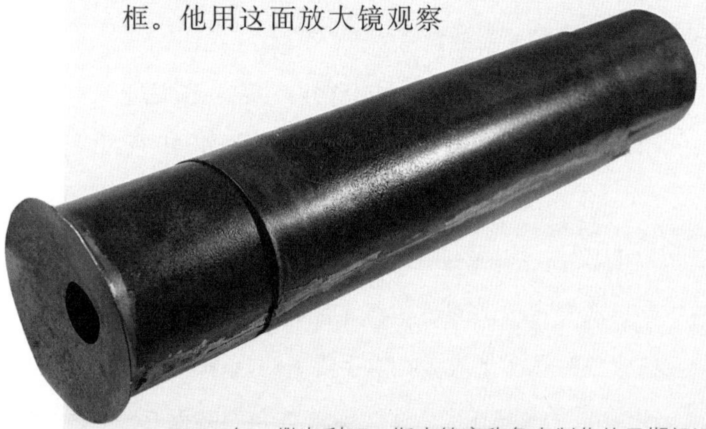

1841年，撒迦利亚·斯内德宣称詹森制作的早期望远镜是一个光学器件的复制品。1858年，荷兰生物学家和自然学家皮耶特·哈廷声称这就是早期的显微镜，他把这归功于詹森，使詹森宣称拥有两个装置的永久发明权。它的实际功能和创建者一直受到争议。

16世纪90年代初期，荷兰密得尔堡的眼镜制造商汉斯·詹森和他的儿子札恰里亚斯开始研究利用两面透镜达到更大的放大效果。通过反复实验，他们确定了成像最大最清晰时两面透镜的距离、前透镜和物体的距离以及后透镜和人眼的距离，并用金属管固定住两片透镜，从而制成了世界上第一部显微镜，其放大倍率在9—10之间。

然而，詹森父子发明显微镜后，并没有用它做过任何重要的观察，因此显微镜一直被看作是一种新奇的小玩意，主要在集市上出售。第一个开始在科学上使用显微镜的，是意大利科学家伽利略，他通过显微镜观察到一种昆虫后，第一次对它的复眼进行了描述。

1652年，荷兰另一位业余科学爱好者列文虎克决定把显微镜实际应用到科学发现中去。他磨制了放大倍数更大的透镜。然而，高倍率的透镜前面仅有一小块空间在准焦距内，只要有轻微的抖动，被观察物体就会被极度放大，把列文虎克刺激得眼酸头痛。为此，列文虎克专门设计出了显微镜的底座，使之能够托住被观察物体。后来，他又给底座加装了螺旋调节纽，可以横向纵向移动物体，从而

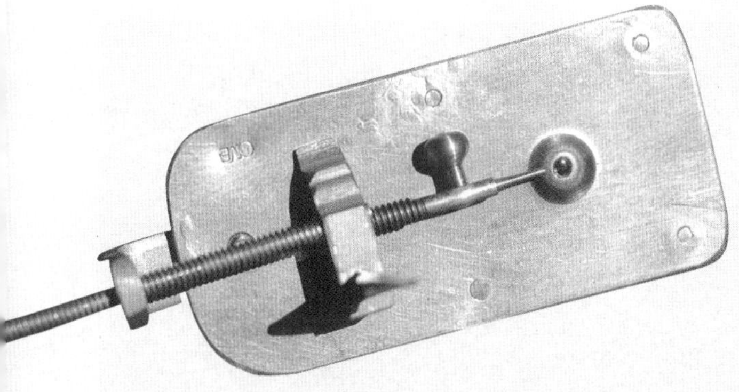

早期简单的显微镜用途之一就是检查生物的微小细节，它是荷兰呢绒布匹商安东尼·范·列文虎克在1652年发明的。他把一个小玻璃球磨制成了凸镜，用螺丝钉连接到一个金属固定器上，于是他的显微镜就做成了。列文虎克生活在荷兰黄金时代，他制作的一架显微镜的放大倍数竟然达到了270倍。要知道，当时其他显微镜的放大倍数最高仅有50倍。

知识链接：明视野显微镜

明视野显微镜是最通用的一种光学显微镜。利用光线照明，标本中各点依其吸收的光不同在明亮的背景中成像。它由物镜、目镜、聚光镜、光源、载物台和支架等部件组成。其中聚光镜用于调节显微镜的照明，物镜和目镜是放大微小物体成像的主要部件。由同轴的两个正透镜——物镜和目镜组成的显微镜称为复式显微镜。

获得并保持合适的焦距。这样，世界上第一部实用显微镜诞生了。

显微镜的发展

1660年，列文虎克用显微镜第一次观察到了微生物的存在、普通水滴中微生物的存在、血液质以及细菌质，这一系列令人震惊的发现，使他成为欧洲最负盛名的科学家之一，从此显微镜为科学研究开辟了一个新的天地。

1665年，英国著名的机械师兼科学家罗伯特·胡克开始研究显微镜。他进一步改进了列文虎克显微镜的技术和功能，并用自己制作的显微镜获得了许多著名发现。1889年，瑞士科学家奥格斯特·科勒发明了一部全新的显微镜，显微镜带有内置光源和光线聚焦镜。这样，受观察的物体就会被照亮，从而变得更加清晰。1884年，美国发明家查尔斯·斯宾塞发明了复合（多透镜）带光显微镜，放大倍率高达1250倍。科学杂志将其称为前所未有的进步。1926年，德国科学家汉斯·布奇发明了电子显微镜，放大倍率比斯宾塞显微镜还要高1000多倍。1933年，麦克斯·克诺尔在柏林制造出了第一部实用电子显微镜。人们利用这部显微镜能够看到纳米级的物体。

显微镜使科学发生了变革。没有显微镜，人类就永远不可能对细胞、微生物、血液、分子及原子进行研究，医药学、解剖学、生物学、动物学和化学也都离不开显微镜的帮助。显微镜让人类更加深入地了解自身和大自然。

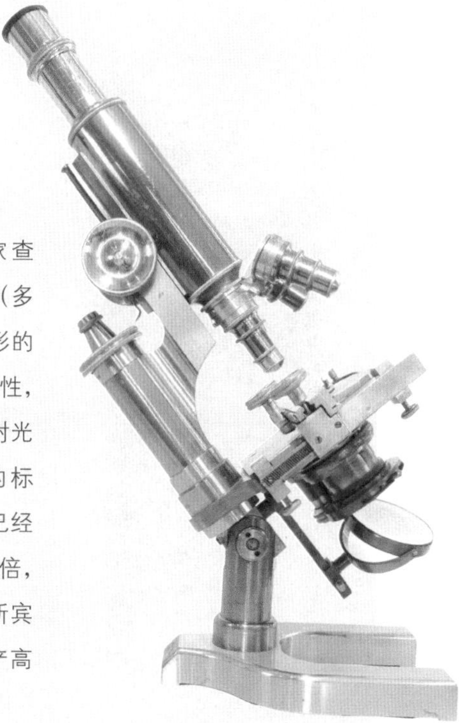

1884年，美国发明家查尔斯·斯宾塞发明了复合（多透镜）带光显微镜，马蹄形的底座增加了显微镜的稳固性，底部的镜子能够汇聚并反射光线，使光线透过上面放的标本。这种复合光学显微镜已经能把标本放大到1000多倍，后来德国蔡司和查尔斯·斯宾塞创办的公司开始合作生产高质量的光学设备。

感知人间冷暖

温度计的发明和温标制定

这个温标的特点是它完全不依赖于任何特殊物质的物理性质。

——开尔文

温度计是可以准确地判断和测量温度的工具。自从有了温度计，人类就掌握了测定温度高低的科学依据。温度计的使用范围非常广泛，它不仅是人类科学研究的重要工具，也是生产生活的必备品。

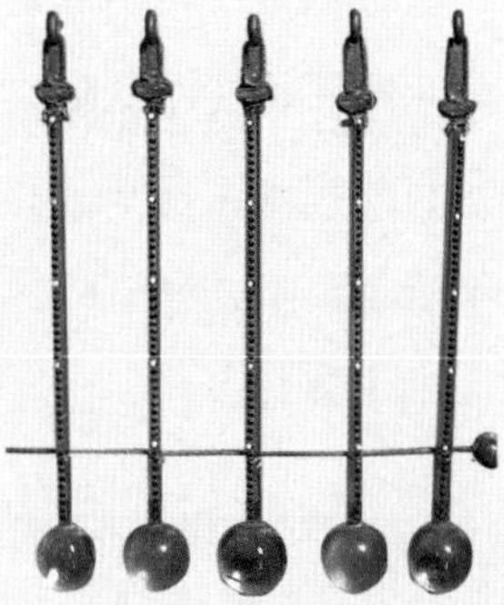

图 1

图 2

意大利科学家伽利略基于物质热胀冷缩原理研制的用于测量温度的工具，其经过数次改进成为我们今天常用的测温装置。图 1 为在伽利略博物馆展出的 17 世纪能够测量 50 度的温度计。图 2 是人们基于物体密度随温度变化的原理而设计出彩色玻璃球温度计，也称为伽利略温度计。这种温度计是用来测量空气温度的。现主要用于室内环境装饰或作为礼品收藏。

温度计的发明历程

据说在公元前 200—前 100 年间，古希腊的菲隆和希隆就各自制造过一种以空气膨胀为原理的测温器。1593 年，意大利科学家伽利略制成了第一个气体温度计。他用一根一端敞口的玻璃管，另一端带有核桃大的玻璃泡。使用时先给玻璃泡加热，然后把玻璃管插入水中。随着温度的变化，玻璃管中的水面就会上下移动，根据移动的多少在标有“热度”的刻度上读出温度的变化和温度的高低。这是有史以来的第一支有刻度的温度计。但是这种温度计受外界大气压强等环境因素的影响较大，所以测量误差较大。

后来伽利略的学生和其他科学家，在这个基础上反复改进，如把玻璃管倒过来，把液体放在管内，把玻璃管封闭等。1611 年，伽利略的同事桑克托留斯改进了伽利略的气体温度计，制成一种蛇状玻璃管气体温度计，玻管上有 110 个刻度，可测体温。1631—1632 年，法国化学家詹·雷伊把伽利略的玻璃管倒转过来，并直接用水而不是空气的体积变化来测定温度。这是第一支用水作为工作物质的温度计。但因管口未密封，水会蒸发而产生越来越大的误差。1641—1650 年间，意大利托斯卡纳大公爵斐迪南二世完善了第一支以酒精为工作物质的温度计，他用蜡把红色酒精温度计的玻管口封住，在玻管上刻度。这支温度计是现代温度计的雏形，很快在佛罗伦萨普及，并传到英国和荷兰，以致这一年被一些人认为是温度计诞生之年。1659年，法国天文学家伊斯梅尔·博里奥制成第一支用水银作为工作物质的温度计，他把玻璃泡的体积缩小，并把测温物质改为水银，这是温度计工作物质变革的关键一步。1672年，法国科学家休宾在巴黎发明了第一个不受大气压影响的空气温度计。

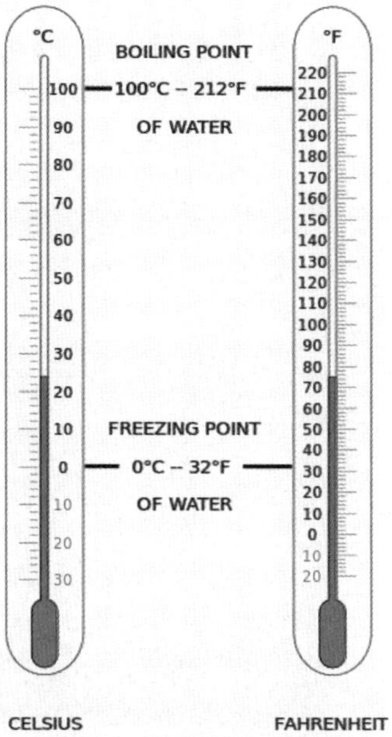

华氏温度（图右）与摄氏温度（图左）的关系为：℉ = 9/5℃ +32，或℃ = 5 / 9（℉ − 32）。现在英、美等国家多用华氏温度，中国、法国等大多数国家以及在世界科技界和工农业生产运用中，则多用摄氏温度。

混乱的温标

实际上，随着温度计发明的不断改进，真正需要解决的是如何为温度计定制刻度，也就是需要制定统一的温标。

1646年，意大利物理学家莱纳尔第尼提出以水的冰点和沸点作为温度计刻度的两个定点，这是一个伟大的建议。但无奈当时流行的酒精温度计的酒精沸点（78.5℃）低于水的沸点（100℃），所以用水的沸点为第二个定点对酒精温度计显然不切实际，所以这一建议当时未能实施。1665年，荷兰物理学、数学家惠更斯再次提议把水的冰点和沸点作温度计刻度的两个定点，以便各种温度计标准化。1688年，达兰西的温度计以水和牛油熔解时的两个温度作为温度计刻度的两个固定点。1703年法国物理学家阿蒙东制成了一支实用气体温度计，他最先指出测温液体是规则膨胀的，并最先指出“有绝对零度存在”。18世纪初，形形色色的温度标准（温标）已多达30余种。例如，丹麦天文学家罗默以人体温度为22.5“℃”和水的沸点为60“℃”作温度计上刻度的两个定点。牛顿于1701—1703年制作的亚麻子油温度计把雪的熔点0“℃”和人体的温度12“℃”作温度计的两个定点。总之在18世纪以前，温度计的温标不统一且不太实用。

法国物理学家纪尧姆·阿蒙东是第一个假设极限温度存在的科学家。1703年，他发现降低密封瓶中一定体积的空气的温度，瓶中的气压也会随之降低。他由此推断温度降得越低，气压也就会越小，直到为零。然而气压代表的是外部力量对一个表面的作用力，它不可能为负数。一旦降到零，它便无法再低，这时它所对应的温度也同样降无可降。阿蒙东推算这个温度为−240℃。

国际统一温标的形成

1709—1714年，迁居荷兰的德国玻璃工华

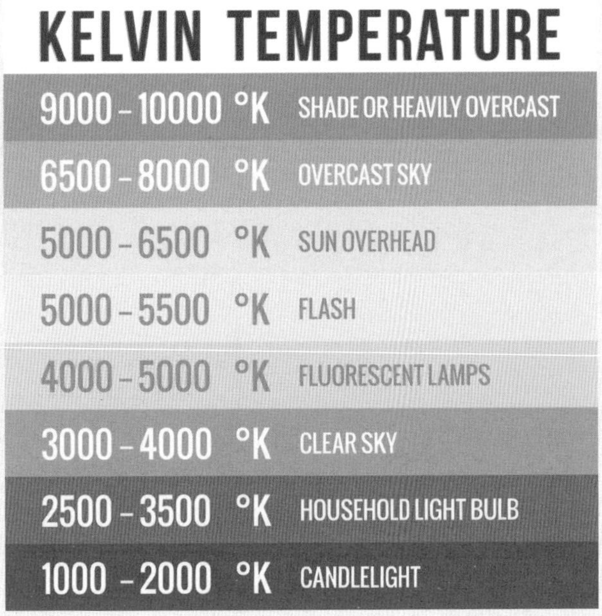

KELVIN TEMPERATURE
9000 - 10000 °K SHADE OR HEAVILY OVERCAST
6500 - 8000 °K OVERCAST SKY
5000 - 6500 °K SUN OVERHEAD
5000 - 5500 °K FLASH
4000 - 5000 °K FLUORESCENT LAMPS
3000 - 4000 °K CLEAR SKY
2500 - 3500 °K HOUSEHOLD LIGHT BULB
1000 - 2000 °K CANDLELIGHT

图为开氏温标，也称绝对温标，是一种标定、量化温度的方法。它对应的物理量是热力学温度，或称开氏度，符号为K，为国际单位制中的基本物理量之一。

伦海特经过研究，把冰、水、氯化铵的混合物平衡温度定为0 ℉，人体温度定为96 ℉，其间分为96格，每格为1 ℉。1724年，他又把水的沸点定为2120 ℉。但遗憾的是，他未能将冰的熔点定为0 ℉，而是定为32 ℉。这就是华氏温标，其符号为F。这是曾长期使用且至今仍在香港和世界许多地方使用的第一种温标。华伦海特还发明了在给温度计填充水银时进行净化的方法，制成了第一种实用的水银温度计。

1730年，法国博物学家列奥缪尔制成了一种酒精温度计，他把水的冰点0°Re和沸点80°Re刻在温度计上作两个定点，再把其间分为80格，每格为1°Re。这是其后流行了多年的第二种温标——列氏温标，其符号为R。

1742年，瑞典物理学家、天文学家摄尔修斯制成的水银温度计则把水的沸点和冰的熔点分别定为0℃和100℃，其间分为100格，每格为1℃，这是第三种得到广泛流行的实用温标——摄氏温标，其符号为C。1743年，有科学家指出上述定点不符合越热的物体温度越高的习惯。8年以后的1750年，摄尔修斯接受建议，把上述两定点的温度对调，这才成了现在的摄氏温标即百分温标。

上述三种温标都是初级原始的温标，它们有两个缺点：一是温度值只有在两个定点是准确的，其余各点都不准确；二是定义范围很窄，例如水银温度计测量范围是–38.87℃— 356.9℃。远远不能满足极寒或高温的测量。

1848年，英国物理学家开尔文提出热力学温标，其符号为T。开尔文于1854年指出，只需选用一个固定点数值，这种温标就能确定。这个点就是“绝对零度”。然而，在实际建立热力学温度单位时，考虑到历史传统和当时的技术条件，开尔文不得不用摄尔修斯的0℃—100℃的间隔作为100个新温度的间隔，即新温度的每个间隔为1

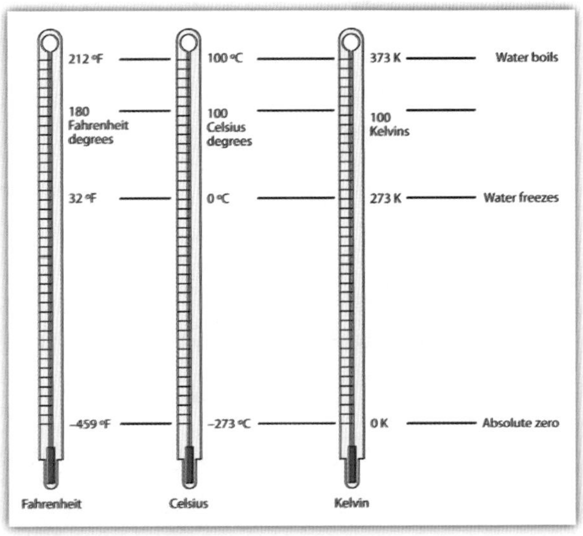

图为三种温标的比较，从左到右分别是华氏温标、摄氏温标和开氏温标。它们之间的换算方式为：华氏度=32+ 摄氏度 ×1.8；摄氏度 =（华氏度－ 32）÷1.8；开氏度 =273.16+ 摄氏度。

开氏度与1摄氏度相当。这就是开氏温标。开氏温标的特点是：与任何物体的性质无关，不受工作物质的影响，解除了工作物质因凝固、汽化而受到的限制，仅与热量有关。1927年，第七届国际计量大会确定开氏温标为最基本的温标。1967年，第十三届国际计量大会将这种温标的单位“开氏度”改为“开尔文（K）”，我国也于1984年2月27日由国务院颁令在1991年1月1日起正式使用开氏温标。

知识链接：体温计

1714年，华伦海特研制出在水的冰点和人的体温范围内设定刻度的水银体温计。一位荷兰医生用它来给发热病人量体温，但那种体温计实在太大了，因此未能普遍使用。1868年，德国教授文德利希出版了《疾病与体温》一书，书中记载了2.5万例病人的体温变化，而他所使用的体温计还是那种很大的水银体温计，每次要花20分钟的时间来记录体温。实际上，英国医生阿尔伯特在1867年设计了一个能快速而准确测量体温、长度只有约15厘米的体温计，其大小不过是文德利希使用的体温计的一半，这种体温计现在仍在使用，其最大特点是细管内有一段特别狭窄，这使体温计离开被测人体后在这狭处中断的水银柱并不下降，医生可以从容不迫地读出体温。

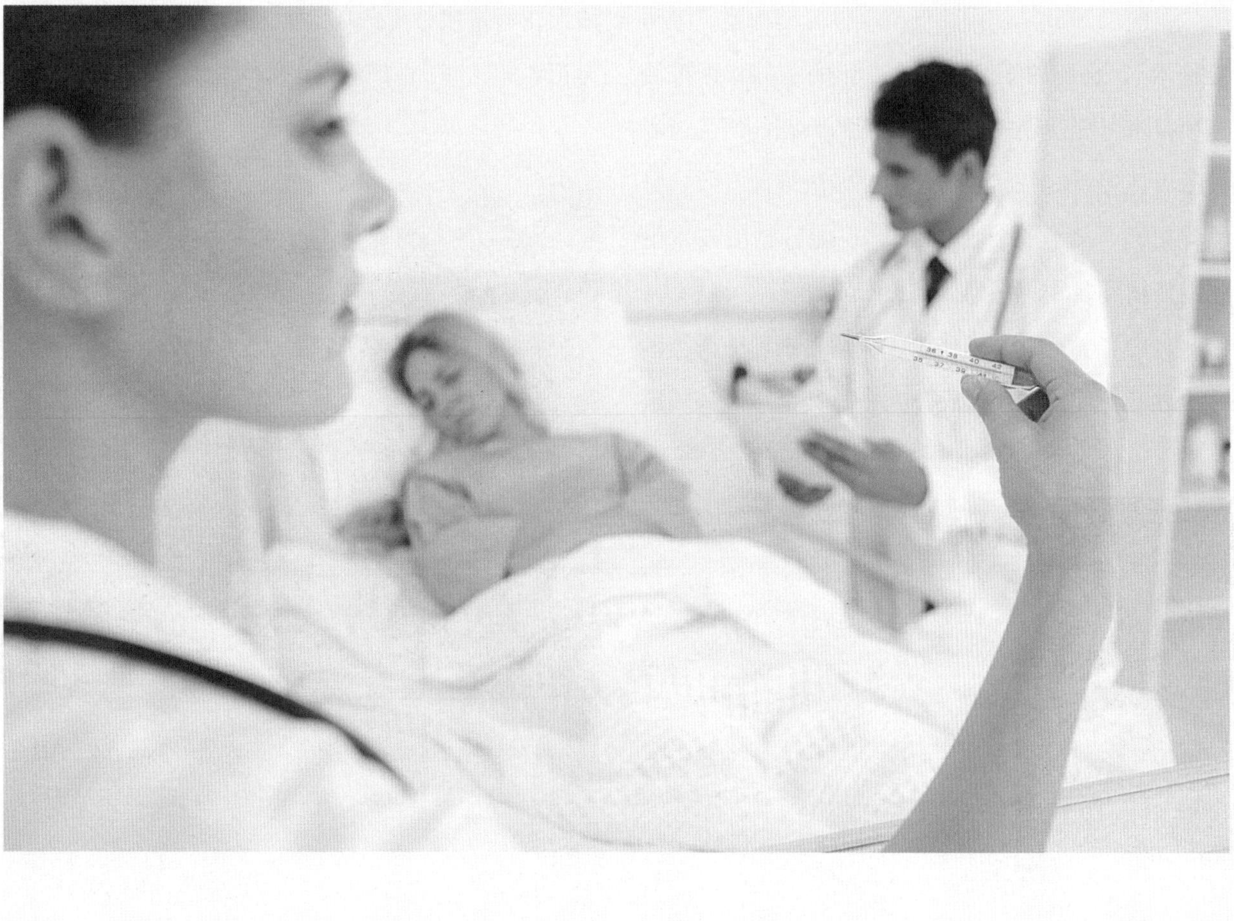

体温计又称“医用温度计”。体温计的工作物质是水银。它的玻璃泡容积比上面细管的容积大得多。泡里水银，由于受到体温的影响，产生微小的变化，水银体积的膨胀，使管内水银柱的长度发生明显的变化。

防病于未然 疫苗接种术

天花已经在世界上绝迹!
——1980 年，联合国在内罗毕的宣告

疫苗接种术的发明是医学发展史上一件具有里程碑意义的事件，它是预防、控制传染性疾病的最主要手段。事实证明，威胁人类几百年的天花病毒在牛痘疫苗出现后便被彻底消灭了，此后 200 年间疫苗家族不断扩大发展，目前用于人类疾病防治的疫苗有 20 多种。

天花病毒接种试验

18 世纪初，天花是地球上最可怕的疾病。光英国每年就有 4.5 万人死于天花，欧洲人迫切地想要找到办法来逃脱这种十分可怕而又无处不在的疾病。

目前已知最早使用的疫苗接种可溯源至“人痘接种术”，它起源于公元前 200 年的中国。据推测这项技术可能使用的是毒性较低的天花，使受试者接触天花患者的脓状囊疱，但此做法难保有效，且风险仍高，死亡率达 1%—2%。随后这项技术沿丝路传播到君士坦丁堡。

1712 年，玛丽·沃特蕾·蒙塔古勋爵成为英国驻土耳其大使。她发现天花在土耳其销声匿迹，进而得知每年秋天当地都会进行一种叫作“接种”的活动：村民先决定自己家中这一年是否有人可能得天花，然后一个老妇会带着一个盛满感染液体的坚果壳来到这家，用蘸过液体的针划开病人的一根静脉，感染者卧床两三天后就会健康如初，绝不会得天花恶疾，也不会留下疤痕。玛丽返回英国后，开始在罪犯和孤儿身上进行接种试验。她从天花病人的疱疹里收集脓水，将其中一小部分注射到试验人群体内。接种人群的死亡率是普通人死亡率的 1/3，接种后疾病减轻、不留疤痕的人数却是普通人的 5 倍。于是许多英国人纷纷让孩子接受玛丽的接种。然而活天花病毒接种十分危险而且后果难以预测，注射天花本来是为了保护病人，但有些人却因此丧命。

爱德华·琴纳（Edward Jenner, 1749—1823 年），是一名英国医生，生于英国告罗士打郡伯克利牧区一个牧师家庭，以研究及推广牛痘疫苗，防止天花而闻名，被称为“疫苗之父”。他为后人的研究打开了通道，促使巴斯德、科赫等人针对其他疾病寻求治疗和免疫的方法。

这是一幅 1802 年的漫画，描绘了琴纳为人们接种牛痘的情形。不明真相的人们恐惧地认为自己身体内会因此冒出一头牛来。

第一次世界大战中发生流感。美国红十字会的成员面戴严实的口罩，在圣路易斯的密苏里将“西班牙流感”的感染者抬上救护车。

疫苗造福人类

1794年，英国外科医师爱德华·琴纳决定找到一种对病人无风险的接种方法。住在乡间的琴纳注意到挤奶女工们几乎都不得天花，但是她们都会得一种导致手上轻微化脓的疾病，这种病叫作牛痘。琴纳推测牛痘和天花是同一类型的疾病，牛痘是安全的而天花是致命的，得了牛痘的话就会对天花具有免疫力。他给20个儿童注射了挤奶工的牛痘脓水来检验这一理论，结果受试儿童中没有一个出现天花的症状。1798年，琴纳发明了“种痘”一词来描述这个过程。从此，疫苗接种术成为预防传染疾病的有效方法。

疫苗接种术在20世纪获得了大发展。第一次世界大战中，流感蔓延全球导致2500万人丧命，因而无数研究者致力于研究流感疫苗，直至今天每年人们都会注射流感疫苗以预防这种潜在的致命疾病再次来袭。小儿麻痹症曾在全球蔓延，这种疾病破坏婴幼儿的中枢神经系统，导致无数人留下瘫痪后遗症。20世纪50年代，美国微生物学家爱德华·索特研究出小儿麻痹症病毒疫苗取得成功。到1961年，美国的小儿麻痹症病例已经减少了95%。后来，另一位是美国微生物学家艾伯特·萨宾又研发出一种活的小儿麻痹症病毒变体，这一变体毒性很小不至于引起疾病，但由于是活病毒，所以能激发病人更加强烈的免疫反应，从而保证永久免疫性。有了这两种疫苗，小儿麻痹症最终将会从地球上消失。

知识链接：儿童免疫接种常用疫苗

1. 麻疹疫苗：是一种减毒活疫苗，免疫持久性良好，婴儿出生后按期接种，可以预防麻疹。

2. 脊髓灰质炎疫苗（简称脊灰糖丸）：是一种口服疫苗制剂，婴儿出生后按计划服用糖丸，可有效地预防脊髓灰质炎（小儿麻痹症）。

3. 百白破制剂：是将百日咳菌苗、精制白喉类毒素及精制破伤风类毒素混合制成，可同时预防百日咳、白喉和破伤风。

4. 卡介苗：采用无毒牛型结核杆菌制成，婴儿出生后按计划接种，是预防结核病的一项可靠措施。

5. 乙脑疫苗：是将流行性乙型脑炎病毒感染的鼠肾细胞，培育后收获病毒液冻干制成减毒活疫苗，用于预防流行性乙型脑炎。

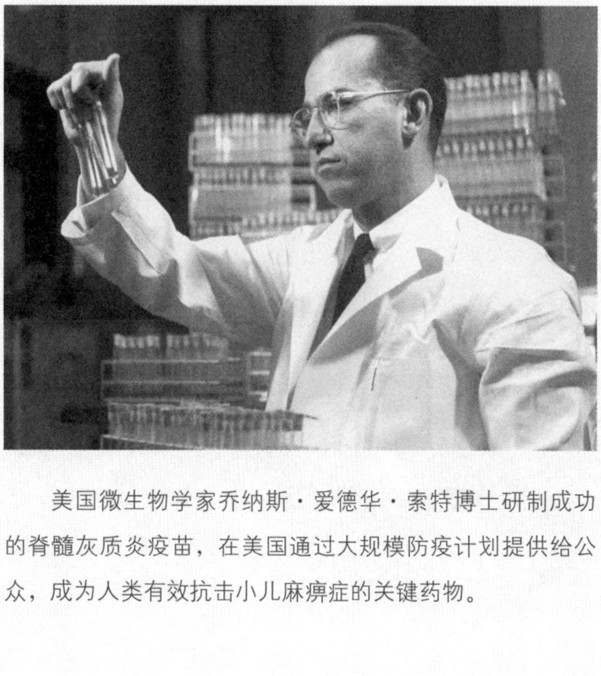

美国微生物学家乔纳斯·爱德华·索特博士研制成功的脊髓灰质炎疫苗，在美国通过大规模防疫计划提供给公众，成为人类有效抗击小儿麻痹症的关键药物。

现代医学工具

听诊器的发明

值得永存的是，我把我所制造的第一个听诊器留给了他，这才是我赠予他的最珍贵的遗产。

——雷内克的遗嘱

听诊器是内外妇儿各科医生最常用的诊断用具，它与白大褂一起构成了医生的形象标志。听诊器自从 1817 年 3 月 8 日应用于临床以来，对医生诊断病人的心、胸、肺以及脏器疾病，一直发挥着重要作用。可以说，现代医学即始于听诊器的发明。

听诊器的发明

早在远古时代的医生就已经懂得，若要准确诊断脏器疾病，最好是听听心音。古希腊的《希波克拉底文集》中，就已记载了医生用耳贴近病人胸廓诊察心肺声音的诊断方法。在很长的一个历史阶段，医生都是把耳朵紧贴到病人的胸部、侧面或背部倾听到心肺的声音，并依据心脏声音的变化做出诊断。但是，这样的诊听受外界因素干扰较大，有时因医患性别不同也常有不便贴胸倾听的情况。所以，医生诊听需要借助一种工具能够间接接触病人身体，又具有良好的拾音效果。

法国医生雷内克（1781—1826 年）于 1816 年第一个发明了听诊器，1817 年 3 月 8 日开始用于临床诊断使用。

法国巴黎的知名医生雷内克是一位颇有名望的呼吸系统、肺脏以及其他胸腹腔紊乱疾病方面（支气管炎、肺气肿、肺结核、肝硬化等）的诊断专家。1816 年夏天，雷内克被请去为一位呼吸困难的年轻贵族女子做检查并诊断。雷内克的一般诊疗程序是让病人除去部分衣物，这样他可以隔着一块薄手帕用耳朵倾听病人上身的 5 个地方：双臂下的两侧，背部上面的两侧以及胸骨上侧。然而，这次的病人是一位年轻贵族女子，如此袒胸露乳贴身倾听，让雷内克感到极不自在。为难之时，他想起了以前自己曾看到一个儿童轻敲圆木的一端，另一个儿童在圆木的另一端倾听。于是雷内克顺手用一叠纸卷成管状，然后把纸管一端放在女病人的胸部，自己用耳朵贴近纸管另一端倾听。他高兴地发现，这样听到的病人心跳和肺支气管呼吸的声音比把耳朵贴到她的胸部听得更加清楚。他把纸筒换了个位置，发现竟然可以听到她动脉与静脉内血液流动的声音。

雷内克医生马上专门制作一根空心木管，长 30cm，口径 0.5cm，为了便于携带，从中剖分为两段，有螺纹可以旋转连接，这就是第一个听诊器，它与现在产科用来听胎儿心音的单耳式木制

第一个实用的双音听诊器是1851年制造的。灵活的管道，使听诊器能够让医生使用双耳。但是医生对双耳听诊器抱有一定的怀疑，他们担心使用双耳而不是一个耳朵可能引起听力失衡。因此，单声道听诊器在医生中迅速普及，直到20世纪初还有许多医生继续使用单声道听诊器。图为1890年使用的单耳听诊器。

听诊器很相似。后来，雷内克医生又做了许多实验，最后确定，用喇叭形的象牙管接上橡皮管做成单耳听诊器，效果更好。单耳听诊器诞生于1816年。由于听诊器的发明，使得雷内克能诊断出许多不同的胸腔疾病，他也被后人尊为“胸腔医学之父”。

知识链接：量血压时为什么要用听诊器?

用血压计量血压时，血压计只能读数，但不知道什么时候的血压为准。因此，血压计放气水银柱下降时，听诊器听到的第一个脉搏跳动声音时水银柱数值为收缩压（高血压）；继续听，当脉搏跳动声音消失（或减弱）时水银柱数值为舒张压（低血压）。所以，没有听诊器就听不到脉搏声音，也不能准确掌握血压。

1840年，英国医生乔治·菲力普·卡门改良了雷内克设计的单耳听诊器。1937年，凯尔再次改良卡门的听诊器。近来又有电子听诊器问世，它能放大声音，并能使一组医生同时听到被诊断者体内的声音，还能记录心脏杂音，与正常的心音比较接近。

听诊器的改进

雷内克发明听诊器之后，他把自己在病人胸部听到的各种声音描述出来，并将各种声音与各类疾病联系起来，写成了代表作《间接听诊法》。1828年，巴黎一位内科医生阿道夫·皮奥里在听诊器前面加了一个叩诊板，这是一个用来放大体内声音并将其传进听诊器的薄铁板，结果听诊器接收到的声音变得既清晰又清脆。从此，听诊器被广泛接受，并得到普及。

1840年，英国医生乔治·菲力普·卡门改良了雷内克设计的单耳听诊器。卡门认为，双耳能更正确地诊断。他发明的听诊器是将两个耳栓用两条可弯曲的橡皮管连接到可与身体接触的听筒上，听诊器是一个中空镜状的圆锥。卡门的听诊器有助于医生听诊静脉、动脉、心、肺、肠内部的声音，甚至可以听到母体内胎儿的心音。此后，虽然新型听诊器不断问世，但是医生们普遍常用的仍然是由雷内克设计，经卡门改良的旧型听诊器。

外科手术的保护神

麻醉剂和麻醉学的发展

阿拉伯人使用麻醉剂，可能是中国传出的，因为中国名医华佗是擅长此术的。

——拉瓦尔《世界医学史》

麻醉剂是指用药物或非药物方法使人的机体或机体局部暂时可逆性失去知觉及痛觉，多用于手术或某些疾病治疗的药剂。没有麻醉剂许多手术就没有实施的可能，因为有了麻醉剂外科手术而变得安全，麻醉剂的问世使得手术学科得以发展和完善，挽救了不计其数的生命。

台北市万华区龙山寺的华佗仙师像。华佗首创用全身麻醉法施行外科手术，被后世尊为“外科鼻祖”。华佗试制成功麻醉药，将其和热酒配制，使患者服下、失去知觉，再剖开腹腔、割除溃疡，洗涤腐秽，用桑皮线缝合，涂上神膏，四五日除痛，一月间康复。因此，华佗给它起了个名字——麻沸散。

麻醉剂的发明历史

麻醉剂曾经是中国古代外科成就之一。东汉时期著名医学家华佗发明了“麻沸散”，因而被尊为世界上第一个麻醉剂的研制和使用者。此后，“麻沸散”药物原理曾传入阿拉伯和欧洲。早期欧洲的医生则是让病人在手术前喝几口白兰地以麻痹他们的知觉，18世纪之前，西医用笑气、乙醚、氯仿等化学麻醉剂进行外科手术长达一个世纪，其中乙醚应用最为广泛，最后成为医学界最主要的麻醉剂药品。

乙醚是迄今为止最为成功、唯一得以广泛使用的麻醉剂。美国佐治亚州的内科医师克劳福德·朗是在手术中首位使用乙醚麻醉病人的人。他认为乙醚对其病人的作用是使服药者变得温顺屈从，丧失行为能力或痛感。1842年秋天，克劳福德·朗第一次使用乙醚麻醉切除了地方法官詹姆斯·维纳布尔的颈部肿瘤。手术非常成功，病人十分满意，但是克劳福德·朗并未将这一发明公之于众。

两年之后，波士顿牙科医生霍勒斯·韦尔斯重新尝试用乙醚缓解手术疼痛。他在波士顿麻省总医院安排了一次供参观的拔牙手术。现场挤满了观摩的医生。但是由于韦尔斯操作失误，过早关闭了乙醚气体，病人坐起来大叫尖声，引起了人们的哄然嘲笑，不少人认为韦尔斯的实验不过是乙醚骗局。但是，了解韦尔斯实验全部过程的青年助手威廉姆·莫顿却仍对麻醉的有效性深信不疑。1845 年，莫顿决定再次尝试乙醚麻醉，并在同一所医院的同一房间中安排了拔牙手术。由于担心一旦公布了使用乙醚麻醉剂的手术计划，将无人前往观摩，所以莫顿称之为乙醚气雾剂的新型麻醉剂试验。一大群持有怀疑态度的医生前来观摩。莫顿的手术过程无可挑剔，受到了一致好评。之后，莫顿又第二次成功地进行了乙醚麻醉观摩手术，发表了数篇论文论述乙醚的麻醉功效。此后，全美国的医生，紧接着是欧洲的医生才把乙醚作为首选麻醉剂。

知识链接：麻沸散传入西方

麻沸散传入西方的痕迹在一些小说、戏剧中有所体现。最著名的是意大利作家斑德洛在 16 世纪中期写出的短篇小说，集中叙述了罗密欧与朱丽叶的爱情悲剧，其中教士给朱丽叶服食了药粉而假死。后来英国莎士比亚据此故事写出了名剧《罗密欧与朱丽叶》。

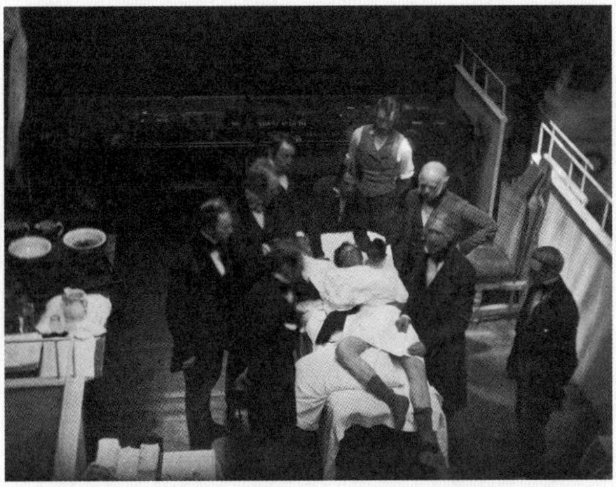

重现 1845 年 10 月 16 日莫顿用乙醚麻醉进行手术的情形

麻醉学的形成和发展

麻醉剂在外科手术中普遍使用后的很长一段时间内，所有的麻醉剂都用于全身麻醉，也就是说，通过麻醉让病人进入无知觉状态。1884 年，可卡因率先成为局部麻醉的药剂。1904 年，普鲁卡因问世，成了局部麻醉的备选药剂。1916 年，第一种合成局部麻醉剂巴比妥进入市场。这样，麻醉就不仅仅是外科手术的一种辅助手段学，而是发展为医学领域中一门新兴的学科，它是运用有关麻醉的基础理论、临床知识和技术以消除病人手术疼痛，保证病人安全，为手术创造良好条件的一门科学。

莫顿的乙醚吸入器

现代麻醉和麻醉学的概念不仅包括麻醉镇痛，而且涉及麻醉前后整个围术期的准备与治疗，监测手术麻醉时重要生理功能的变化，调控和维持机体内环境的稳态，以维护病人生理功能，为手术提供良好的条件，为病人安全度过手术提供保障，一旦手术麻醉发生意外，能及时采取有效的紧急措施抢救病人。此外，还承担危重病人复苏急救、呼吸疗法、休克救治、疼痛治疗等。因此，麻醉学是现代医学技术的重要部分。

消毒与灭菌

无菌术和杀菌剂

我对人类的贡献，只不过是出于上帝的引导！

——约瑟夫·李斯特

杀菌剂被誉为19世纪最重要的医学发明之一。“杀菌剂”一词源于希腊语，意思是“防腐”。外科手术本身极其危险，但术后感染比手术更加危险。杀菌剂可以消毒杀菌，防止创口感染，因此这一发明挽救了不计其数的生命，它对医学发展的贡献不可估量。

无菌手术的开端

整个18世纪，死于术后感染的士兵远远超过了死于战场拼杀的士兵。因此外科医生曾被视为“屠夫”，外科手术绝对是不得已而选择的下下策。

伊格纳茨·塞麦尔维斯是一名匈牙利产科医生，在奥地利维也纳总医院任职，口碑良好。1847年，塞麦尔维斯在研究一份医院上一年度的产妇分娩情况的调查报告时发现，在他自己所分管的病区里有1/5的妇女死于产褥热。然而，在有助产士照顾孕妇的病房中，仅有1/30的妇女死于这种可怕的疾病。这让塞麦尔维斯大惑不解。于是他花费几个星期的时间进行调研，发现许多助产士只是专门照料一名产妇，而医院的医生巡诊时要接连照料5—6名产妇。他还注意到医科学生在解剖课上解剖完尸体后，就去参与产科巡诊，许多人手上和指甲里仍旧留有尸体的组织和血液。塞麦尔维斯猜测也许是这些微量的尸体组织导致热病发生率和死亡率上升。于是，塞迈尔维斯命令学生必须在检查产妇之前，用稀释的漂白粉洗手。结果，产妇的死亡率下降了。进而，塞麦尔维斯命令所有医生在进入病房之前，以及巡诊每位产妇之后都要洗手。结果，死亡率明显降了下来，只有不到1/60的妇女感染产褥热，这仅仅是助产士照料下的产妇死亡率的一半，也是从前死亡率的1/10。因为塞麦尔维斯的坚持，他开洗手之先河标志着无菌手术的诞生。

杀菌剂使用效果

塞麦尔维斯开创的无菌手术的成功，也证明了细菌感染对于手术者的致命威胁的客观存在。1865年，英国医生约瑟夫·李斯特阅读了塞麦尔维斯事迹的报道以及巴斯德细菌理论的著述后，推断术后

1850年，在时任奥地利维也纳大学附属医学院的产科医生塞麦尔维斯的坚持下，医护人员实行严格的漂白粉液洗手措施，不仅使他所在医院的产妇产褥热发病率和死亡率得到了明显的控制，而且也开了医护人员无菌操作的先河。这是塞麦尔维斯应用系统的流行病学调查方法，控制医院产褥热流行爆发的成功案例。他因此也被誉为“现代医院流行病学之父”。

这是一张表现塞麦尔维斯受到产褥热病人爱戴的英国艺术品的照片。塞麦尔维斯所开创的医生和护士们都严格执行洗手的要求，在当时就使得产褥热死亡率急剧下降到1%左右。1861 年，塞麦尔维斯出版了《产褥热的病原、实质和预防》一书，这是塞麦尔维斯唯一的论文，也是一部公认的医学史上的经典著作。人们赠予他一个至高无上的荣誉称号——“母亲的救星”！

感染可能是由细菌引起的，而那些细菌可能来自医生自己或者他们的医疗器械。塞麦尔维斯是正确的，只是他不知道为什么洗手会发挥作用，因为洗手杀死了巴斯德所说的细菌。于是，李斯特开始了杀菌实践，即在给每位病人治疗之前使用苯酚溶液（一种强力清洁剂）洗手并清洗所有的医疗器械。术后死亡率立刻大幅度下降。因此，李斯特被公认为无菌手术创始人。1877 年德国贝格曼发明了高压蒸气灭菌法，建立了现代外科学中的无菌技术。到了 1880 年，人们研制了一系列效果更好、刺激更小的清洁剂，以供医生洗手消毒之用。现代的灭菌药品诞生了。

今天，正确的无菌技术是确保术后无感染的重要环节。无菌技术就是在进行手术操作时，避免细菌污染用物及手术区域的操作方法。这是手术室护理人员最基本、最重要的操作之一，执行得正确与否，直接影响到患者的安危和创口愈合。手术室护士的无菌技术非常重要，所有手术区的用物均需经过器械护士传递，他们有熟练的无菌技术，才不会污染手术区。台下配合的护士要正确使用无菌持物钳，如钳被污染，则成为直接传播细菌的媒介。手术中，手术区皮肤要作为带菌物处理，虽经消毒，也必须严密覆盖，不使其与手术创面交通。在手术台平面 20 厘米以内，需覆盖 4—6 层无菌巾，所有参加手术人员均须有正确的无菌概念，才能确保手术区无接触感染。

知识链接：无菌术

感染是外科手术最主要的危险之一。无菌术就是针对感染来源和途径所采取的一种有效的预防方法，是决定诊疗效果及手术成败的关键。无菌术由灭菌法、消毒法和一定的操作规则及管理制度组成。灭菌是杀灭（与手术区或伤口接触的物品上的）一切活的微生物（包括芽孢等）。消毒是指杀灭病原微生物和其他有害微生物，但不要求清除或杀灭所有微生物（如芽孢等）。

19 世纪的欧洲，手术后的病人常常因为刀口化脓感染而丧生。英国爱丁堡医院的外科医生约瑟夫·李斯特受到塞麦尔维斯“洗手法”的启示，研究寻找一种消毒剂可以杀灭细菌。经过多次试验，他发现提炼煤焦油时产生的一种副产品——石炭酸（苯酚）具有消毒防腐的作用，他就用石炭酸的稀溶液喷洒手术器械以及医生的双手，结果手术后感染病例显著减少。

世间灵药 阿司匹林

阿司匹林是“少有的几种能减轻人生痛苦的药品之一”。

——弗朗茨·卡夫卡

阿司匹林是历史上最基本的、用途最广泛的解热镇痛药物。多数人头痛或者发烧时都会首先服用阿司匹林，然后再去看医生。在阿司匹林出现后的100多年间，全世界的人服用了超过10亿片。它的治疗作用被不断发现拓展，近年来又在治疗风湿病上大显身手。

阿司匹林的研发

公元前1000年，人们就知道将柳树或桦树皮磨碎，其粉末能够轻微缓解疼痛。1851年6月，法国医生莫里斯·迪凡找到化学家查尔斯·哈特古拉，希望他改变病人依靠“咀嚼树皮”减轻疼痛折磨的现状，研制出一种现代的疗效显著的镇痛药方。

法国化学家查尔斯·哈特古拉在阿司匹林发明的过程中起到承上启下的作用。他从英国化学家弗雷德里克·热拉尔对水杨酸进行乙酸化的试验中得到启发，首先把成功获取的碳链分子命名为乙酰水杨酸，并指出了这种新的化合物对头痛有着惊人的疗效，且不会出现强烈的副作用。这对后来德国化学家费利克斯·霍夫曼发明阿司匹林具有直接和极为重要的启示。

人类最初发现咀嚼柳树或桦树皮，或者用其煮汤饮用，可以达到解热镇痛的功效，但人们一直无法知道柳树皮里究竟含有什么物质，以至于具有这样神奇的功效。直至1800年，人们才从柳树皮中提炼出了具有解热镇痛作用的有效成分——水杨酸，由此解开这个千年之谜。

后来，爱德华·斯通还发现白柳树皮可以替代金鸡纳树皮治疗疟疾。

哈特古拉建议直接使用水杨酸（柳树皮中的一种活性成分），但是迪凡认为水杨酸太可怕，它严重刺激口腔和胃，对病人而言它比病痛本身还要危险。

哈特古拉则认为，既然水杨酸是具有镇痛疗效的，那么现在需要做的就是寻找一种方法来抵消水杨酸的副作用。为此，哈特古拉用了整整两年时间寻找能够抵消或缓解水杨酸强烈副作用的方法。他在水杨酸中加入 200 多种不同的化合药剂并进行实验，却毫无结果。

1853 年年初，哈特古拉听说一位年轻的英国研究员用碳链分子做实验，创造分子并把它们添加到现有化合物当中，这一过程称为乙酰化作用。哈特古拉用水杨酸实验这一过程。这一过程缓慢而精细，但最后他终于取得了成功。哈特古拉把研制成功的碳链分子命名为乙酰水杨酸（乙酰化的水杨酸）。这种新的化合物对头痛有着惊人的疗效，两名病人在实验过程中疼痛减轻了，却没有任何强烈的副作用。尽管如此，哈特古拉发现制造乙酰水杨酸的过程非常艰难，速度也很缓慢，难以进行商业生产。因此他最终搁置了进一步研究。

阿司匹林的问世

在哈特古拉研发出乙酰水杨酸整整 30 年之后，1894 年，德国化学家费利克斯·霍夫曼为了给患有风湿病的父亲寻找镇痛药物，偶然发现了查尔斯·哈特古拉关于用乙酰水杨酸做实验的论文，于是试着重复哈特古拉的早期工作。由于已经有了新的处理技术，查尔斯·哈特古拉几乎无法实现的过程对于费利克斯·霍夫曼来说已经相当容易。1897 年，费利克斯·霍夫曼第一次合成了乙酰水杨酸构成的主要物质，并毫不费力地制造了一大批乙酰水杨酸，成功地减轻了父亲的痛苦。这样，乙酰水杨酸作为现代镇痛药正式问世了。

乙酰水杨酸发明之后，拜尔制药公司从费利克斯·霍夫曼那里购买了其生产权，1898 年正式上市并运用于临床，1899 年注册商标为“阿司匹林”。1934 年，费利克斯·霍夫曼宣称是他本人发明了阿司匹林。

阿司匹林广泛使用后，人们又发现它还具有抗血小板凝聚的作用，于是现代医药化工将阿司匹林及其他水杨酸衍生物与聚乙烯醇、醋酸纤维素等含羟基聚合物进行熔融酯化，使其高分子化，所得产物的抗炎性和解热止痛性比游离的阿司匹林更为长效。

虽然哈特古拉缓解了乙酰水杨酸的副作用，但

1897 年，德国化学家费利克斯·霍夫曼用水杨酸与醋酐反应，合成了乙酰水杨酸，1899 年，德国拜耳药厂在正式生产这种药品后，为其取商品名 Aspirin，这就是医院里最常用的药物——阿司匹林。

是在通常情况下阿司匹林还是会对一些病人的胃产生刺激。20 世纪 70—80 年代，一大批替代性镇痛药物（非阿司匹林）涌现出来。之后，阿司匹林的使用开始逐渐减少。但不可否认的是，到目前为止，阿司匹林已应用百年，成为医药史上三大经典药物之一，至今它仍是世界上应用最广泛的解热、镇痛和抗炎药，也是作为比较和评价其他药物的标准制剂。

阿司匹林功用的延伸

然而，随着医药界对阿司匹林功效的深入研究，阿司匹林又不断焕发出新的治疗作用。它能够抑制血液凝固，维持心脑供血，现在许多成年人每天都要服用小剂量的阿司匹林，作为抗凝剂来降低心脏病和中风的发病概率和发病强度。近代研究还表明，定期服用阿司匹林能够保护神经免受损伤，有助于抑制艾滋病病毒繁殖。所以，阿司匹林作为镇痛药物的角色虽然已经逐渐削弱，但是作为预防药物，它重新找到了有价值的广泛用途。

阿司匹林对癌症的预防作用提升了这一药物的重要性。2014 年 8 月 6 日，英国科学家从可靠研究数据得出结论：每天服用阿司匹林能减少患上或死于胃癌、肠癌等的概率。玛丽皇后学院的科学家发现，阿司匹林减少了 30%—40%的肠癌、胃癌和食道癌病人的死亡率。在减少乳腺癌、前列腺癌和肺癌的死亡率方面，阿司匹林也具有一定作用。但是这些研究还发现，至少得坚持服用阿司匹林 5 年以上，才能看到积极的影响。在医学界，是否能长期服用阿司匹林一直是一个争议激烈的问题。长期服用阿司匹林的最大副作用包括胃出血和脑部出血，而且年纪越大，内出血的可能性就越大。因此，进行这项调查研究的科学家把内出血等副作用考虑进去后，建议把长期服用阿司匹林的时间定为十年，但科学家同时警告说，服用之前须征得医生的同意。

知识链接：阿司匹林发明者之争

阿司匹林是由著名的德国拜耳制药公司首先生产、上市销售的，这一史实无人质疑。然而关于“阿司匹林究竟是由谁研制成功的”这一问题的确有过争议。长期以来，人们一直认为阿司匹林的发明者是费利克斯·霍夫曼。然而，2000 年底，英国伦敦一所大学药物部副主任沃尔特·斯奈德在几经周折后获得了德国拜耳公司的特许，查阅了该公司实验室的全部档案，终于以确凿的事实揭开了这项发明的历史真面目。据斯奈德撰文介绍：1897 年，费利克斯·霍夫曼是在当时知名的化学家、同样为拜耳制药公司工作的阿图尔·艾兴格林博士的指导下，才第一次合成了构成阿司匹林的主要物质，并且霍夫曼是完全采用了艾兴格林提出的技术路线才获得成功的。阿司匹林投产后，艾兴格林在 1908 年离开拜耳药厂之前，还成功开发了另外几种药品和新材料：乙酰纤维、乙酸酯丝和乙酸酯安全膜。因为艾兴格林是犹太人，他在 1944 年被纳粹抓进了集中营，14 个月后才出狱。1944 年，他在集中营里写的一封信中首次提到是他授意霍夫曼合成乙酰水杨酸，目的是想获得一种不像水杨酸钠常伴有不良反应的药物。但在 20 世纪 40 年代德国纳粹疯狂迫害犹太人的背景下，纳粹统治者当然不愿意承认阿司匹林的发明者中有犹太人这个事实，于是只承认霍夫曼一个人发明了阿司匹林。实际上，霍夫曼活到 1946 年，但他从来没有就发明阿司匹林的真相发表过自己的看法。因此，斯奈德的这一揭露，终于还原了这项发明的历史真相。

保鲜妙方
巴斯德灭菌法

如果延长生命的功劳全部归功于巴斯德的话，我会毫不犹豫地将他排在本书的第一位。

——麦克·哈特《影响人类历史进程的100名人排行榜》

新鲜食品的保质期总是短暂的，包括葡萄酒、啤酒、牛奶、酸奶和其他流质食品在常温下很难长时间保质，它们会在短期内变酸、变稠、变质。后来，因为路易·巴斯德发明了巴斯德灭菌法，从而延长了食品的保质期，也保障了人类的食品安全。

克服酿酒变酸的研究

19世纪以前，人们为了饮用新鲜的牛奶或羊奶，必须靠近奶源地，这是因为乳品一两天之内就会变质。而葡萄酒和啤酒酿造也经常会出现变酸变质的问题。欧洲早期的葡萄酒通常由僧侣们在修道院中酿制，如果酿制成功则制出葡萄酒；如果酿制失败就只能制出酸醋。

1858年，法国一位叫莫里斯·达尔吉尼奥的商人，找到实验化学家、微生物学家巴斯德，恳求他帮助解决自家甜菜酿酒屡屡失败的问题。达尔吉尼奥发誓说自己完全是按照化学流程来发酵酿酒的。当时流行的理论是，霉菌的出现是因为霉菌“自然长出”，和环境无关。然而，巴斯德却认为，看不见的微生物时时刻刻充斥在环境中，而霉菌就来自这些微生物体。他因此怀疑这些微生物与达尔吉尼奥的酿酒失败有关。

巴斯德在显微镜下观察了达尔吉尼奥的发酵样品。他知道发酵过程能够产生两种酒石分子晶体——左旋光性酒石分子和右旋光性酒石分子。如果发酵是一种简单的化学过程，那么两种酒石分子晶体是同等数量的。结果，他在发酵样品中只找到了左旋光性酒石分子。巴斯德认为另一种活性微生物参与了发酵，导致酿酒不再是一种纯粹的化学过程。巴斯德在显微镜里发现一些酵母菌细胞是圆球状，而另一些是细长形。由此推测出不同种类的酵母菌细胞产生不同的发酵结果，或者在发酵过程发生作用的阶段不同。如果放任它们的新陈代谢作用，不加抑制，这些微生物就会导致啤酒和葡萄酒

路易·巴斯德是著名的法国微生物学家、化学家。他研究了微生物的类型、习性、营养、繁殖、作用等，把微生物的研究从主要研究微生物的形态转移到研究微生物的生理途径上来，从而奠定了工业微生物学和医学微生物学的基础，并开创了微生物生理学。巴斯德最伟大的发明，是以他名字命名的“巴斯德灭菌法”，直至现在仍被应用。

路易·巴斯德是近代微生物学的奠基人，创立了一整套独特的微生物学基本研究方法。他坚持用“实践—理论—实践”的方法进行研究，正因为他做了比别人多得多的实验，因而令人信服地说明了微生物的产生过程。

变酸。而解决的办法就是，在酵母菌细胞完成了必要的发酵任务后，立刻把它们全部杀死，以避免其使葡萄酒变酸。

巴氏灭菌法的诞生

当然，巴斯德理论还只是推测。而且，在杀灭多余酵母、验证其理论的同时，还不能破坏葡萄酒原有的味道，这才是最终解决问题的万全之策。于是，巴斯德开始寻找简便的方法，杀灭达尔吉尼奥的酵母菌样品。他很快便发现加热是最保险、最有效的方法。但是无论是葡萄酒还是啤酒，都是不允许加热的。巴斯德反复实验，以期找到既能杀灭酵母菌中的活性细菌，又能保证葡萄酒不改变口味的最低温度。他最终发现当发酵液体缓缓地加热到57℃（华氏144 ℉）时就可以杀掉全部酵母菌细胞。巴斯德展示了20瓶葡萄酒的酿造过程：一半在发酵之后加热处理，另一半不做加热处理。他用这些葡萄酒进行了口味试验，结果表明加热丝毫不影响葡萄酒的口感，而且加热过的葡萄酒不再出现发酸的问题。

1859年，巴斯德灭菌法的应用从葡萄酒扩展到啤酒又扩展到奶制品。而后，巴斯德完成了微生物理论的研究工作，证明了有机体极其微小，肉眼看不见，悬浮在空气中并布满了几乎所有物体表面，进而开辟了微生物学领域。

后来，巴斯德灭菌法与包装工艺和车间灭菌技术相结合，成为食品工业的基本生产流程。乳制品、葡萄酒和啤酒加工业也因此得以从小型的地区经营发展成为超大型国际集团。巴斯德灭菌法被称为发明史上最著名、最实用的加工工艺之一，它能够防止微生物疾病的传播，为人类食品安全提供了保障。

知识链接：巴氏消毒奶

巴氏杀菌奶是指将生奶加热到72℃—85℃之间烧15秒，瞬间杀死致病微生物，保留有益菌群。目前市场上保质期较短的牛奶多为巴氏消毒法消毒的“均质”牛奶，用这种方法消毒可以使牛奶中的营养成分获得较为理想的保存，是目前世界上最先进的牛奶消毒方法之一。

新鲜的食品在空气中放久了之所以会腐败变质，是因为受到空气中的微生物污染。因此，巴斯德认为，如果食品经过无菌处理且保持隔离状态，它就不会很快变质。基于这一设想发明的有效灭菌方法——巴斯德灭菌法，因此就成为食品行业广泛使用的保质工艺。

现代文明的全球化：工业化的传播

19世纪是英国工业革命的成果传播和扩散的时代，它使工业生产技术上的革命真正成为推动人类进步和历史发展的动力，引领着欧洲大陆、北美乃至全世界走向新的文明时代。

工业革命开始之后，因为法国大革命带来的动乱，西欧地区工业化进程相对较慢，直到19世纪20年代，比利时、法国北部才出现比较明显的工业化发展。而德国则因政治分裂、交通不畅、行会制约等因素导致初期工业化进程缓慢。1871年德国统一后，依靠其优良的教育体系和一大批科学家、发明家的不断努力，德国迅速崛起，第一次世界大战前已凌驾于英国之上，成为欧洲最大的工业国。19世纪90年代俄国、意大利、奥地利等国也开始工业化，到19世纪结束前，几乎所有欧洲国家都已受到工业革命的影响。

工业革命向全球扩散的最成功国家无疑是美国。自由的体制、企业家精神、广阔的市场、资本自由流通、自然资源丰富等有利条件，使美国在19世纪50年代以后进入高速发展时期，20世纪前期它的工业生产值已接近英、法、德三大国的总和。

在东方，工业化的成功典范则是日本。1868年的“明治维新”推动日本致力于累积资本、培养劳工与引进新技术，建立起以纺织业、运输业与重工业为主的工业体系。

除欧美和日本外，其他地区虽然未能完成工业化，但仍引进了一些工业设备与技术，逐渐改变了原始的生产方式。

近水楼台先得月

比利时的工业革命

19 世纪中期比利时就已成为一个充分发展的工业国家，远远走在它的邻国前面。

——鲁道夫·吕贝尔特《工业化史》

19 世纪初，比利时是世界上工业最发达的地区之一，是欧洲大陆最早进行工业革命的国家之一，到 19 世纪后期，比利时人均产值甚至超过英国而居世界第一。

比利时工业化的进程

19 世纪初，工业革命从英国逐渐传播到欧洲大陆。一方面，1815 年之后美国独立战争和拿破仑战争所引发的世界性动乱基本结束；另一方面，1825 年英国开始取消禁止出口机械的法律。因此，英国实业家积累的剩余资本开始积极寻找投资大陆的机会，而在英国的铺设铁路热也影响到欧洲大陆。

19 世纪安特卫普是世界头号钻石市场，钻石出口约占比利时出口总量的 1/10。总部位于安特卫普的巴斯夫工厂是最大的巴斯夫基地，约占比利时出口额的 2%。安特卫普其他工业及服务业包括汽车制造业、电讯业、摄影产品等。图为巴斯夫工厂夜景。

比利时是英国选择的第一个欧洲大陆的工业输出国。不仅因为它是法国大革命时期英国与欧洲大陆之间的一个缓冲国，而且比利时的经济命脉，工业设备技术都依赖于英国的扶持。1830 年，比利时从荷兰独立出来以后，工业化进一步加快。当时，比利时自然资源丰富，钢铁供应充分，行会限制和封建义务制约较少，劳动人口能够自由流动，因此成为欧洲大陆上第一个有待工业化的国家。

比利时的工业化进程从 1830 年开始加速，到 1870 年，大多数比利时人已居住在城市，直接依靠工业或贸易过活。早在 1830 年，比利时每年就生产 600 万吨煤，而到 1913 年，这数字已上升到 2300 万吨。在比利时佛兰德，纺织业迅速兴起，其机械装备是英国人约翰·科克里尔于 1802 年制造的，比利时工业革命由此发端。后来科克里尔家族发起的铁煤联营工业成为比利时的经济增长重心。列文·鲍温斯为比利时引进了第一台现代纺棉机，1801 年鲍温斯以英国的骡机为基础，在根特建立了一家织棉工厂，并最终发展成为一个纺棉家族帝国。尽管比利时国土面积不大，但到 19 世纪中叶已成为欧洲大陆工业发展最充分的国家。

比利时交通运输的发展

14 世纪以前，位于北海东岸的比利时的布鲁日就已经是北欧最大的港口。后来安特卫普又发展

比利时布鲁塞尔市内的约翰·科克里尔纪念碑雕塑。约翰·科克里尔，英国商人，1817年开始他的家族产业的实业活动，其商务中心位于比利时的列日地区，主要生产纺织织布机。很快，他成为欧洲大陆第一个对蒸汽机械怀有浓厚兴趣，并致力于建立蒸汽机车的商业巨子。

知识链接：比利时工业革命的奠基者科克里尔

1802年，英国人约翰·科克里尔在比利时吕蒂希创办了一家纺织机械厂，这被视为工业革命的开始。他是将以前被英国垄断的纺织工业引进比利时的第一人，从而使纺织业在比利时的工业革命中发挥了带头作用。之后，科克里尔家族先后在比利时制造蒸汽机，建立冶炼厂，并于1820年按照英国的模式建立了比利时的第一座搅炼炉。1823年，科克里尔又建立了比利时第一座焦炭高炉，1835年建起了欧洲大陆上第一家机车厂。科克里尔的企业将采煤、炼铁、炼钢、机械制造集于一身，成为欧洲第一批统管生产与销售全部过程的组织之一，其规模和技术当时在欧洲大陆均处于领先地位。

成为哥伦布发现新大陆之前一个巨大的、综合性的、反应灵活的市场。在比利时并入法国时期，公路得到改善，疏通了斯海尔德河，促进了纺织品和金属制品的需求迅速增长和交易流通。

1834年，比利时发布了铁路法，将铁路列为国家企业。1835年，布鲁塞尔—梅歇尔间铁路开通，一年后延长至安特卫普。虽然后来比利时铁路的扩建任务允许私营公司承担，但是铁路线建成后，几乎全部由国家接收、管理。1872年，比利时创立了价格甚低的“周票”制度，乘坐6英里（约10公里）的火车大约花费2美分，长期乘车上下班者60英里（约100公里）仅需5美分。1881年，比利时还修建了窄轨铁路，把蒸汽机车通到了农民的家门口。到1870年，比利时已拥有铁路3000公里，是世界上铁路网最稠密的国家。铁路的建设不仅促进了煤铁工业的迅速发展，而且大大开拓了比利时同普鲁士、荷兰、法国及英国的贸易，推动比利时快速成为继英国工业革命之后率先完成工业革命的国家。

这是比利时工业革命时期修建的布鲁塞尔—梅歇尔间铁路安特卫普市段。1834年，比利时发布的铁路法，将铁路列为国家企业，并且长期由国家运营，这极大促进了比利时铁路的发展，很快成为欧洲各国中通车密度最大的国家。

工业化与封建制的博弈

法国工业革命的缓慢推进

法兰西第二帝国“通过排干沼泽地、修建公路、改善港口、资助铁路以及在巴黎修造讲究的林荫大道，促成了令人惊叹不已的繁荣局面”。

——爱德华·麦克诺尔·伯恩斯和菲利普·李·拉尔夫《世界文明史》

18世纪的法国是欧洲大陆上典型的封建专制国家，但受到英国工业革命的影响，法国的许多手工工场中，纺织、炼铁、煤矿、造船等工业开始出现集中的大规模生产。法国的工业革命在起伏跌宕中缓慢推进。

法国工业革命的开端

18世纪晚期，法国开始从英国引进蒸汽机、珍妮纺纱机，出现了极个别使用机器的工厂。法国大革命后，法国国内资本主义的发展开始活跃，工业化开始加速。1825年英国取消禁止机器出口的法令后，大批机器输入法国，提高了法国的工业技术水平。七月王朝时期，工业革命真正开始，纺织工业的发展最为突出。19世纪40年代末，阿尔萨斯的米卢斯成为纺织业中心，被称为“法国的曼彻斯特”。当时全法国已有棉纺厂566家，纺纱机11.6万台。工业中蒸汽机的使用更加广泛了，但由于法国煤矿资源贫乏，在纺织业中，以水力装置带动工作机的企业，还是明显多于使用蒸汽机的企业。

这是19世纪位于米卢斯的纺织厂，米卢斯是法国阿尔萨斯地区的制造中心。

法国丰富的铁矿资源促进了冶铁业的发展，1839年冶铁业中使用的焦煤熔炉已有445座，是七月王朝时期的最高数字。生铁产量从1818年的11万吨增长到了1848年的40万吨。作为工业发展重要标志的铁路，自1831年法国建成第一条铁路后发展缓慢，到1842年政府才通过修建全国铁路的法令，逐渐修建了由巴黎通往各主要城市的铁路。但法国工业化的进程在1848年又受到“二月革命”的政治动荡影响而被迫中断。

低水平的法国工业化

第二帝国时代，拿破仑三世的经济政策顺应了工业资本主义发展的潮流，法国工业才真正开始大踏步前进。政府支持大的合股公司的发展，1863年的法令规定，资金在2000万法郎以内的公司可自由建立，不需申报和批准。这为集资进行固定资本的投资创造了便利条件。同时政府对重要工业部门减轻税收，并在商业中实行了商标制。1853—1856年减收产品税的部门有煤、生铁、钢、机器

这张地图标出了19世纪法国和比利时工业发展的重点地区。如同英国一样，由于蒸汽机的使用在不同程度上推进了这些地区的工业化进程。在法国，北部和东部地区工业化发展更为迅速，红色标出的为重工业区，灰色标出的主要是纺织业区。

制造、粗毛制品等行业，1857年的商标法则保护了优质产品和专利权。

这一时期，法国政府开始重视修筑铁路、疏浚运河和加强城市建设，以巴黎为中心，通往斯特拉斯堡、马赛、波尔多、布列斯特等大城市的铁路网得以建成。运河航道到1869年也有了4700公里。城市建设发展迅速，仅在巴黎就新建了7.5万座建筑物和十余座桥梁，建成了全市下水道工程。到1870年，法国煤产量增至1333万吨，生铁产量增至118万吨，钢轨增至17万吨以上，钢产量增至101万吨，蒸汽机增至33.6万马力。因此，在第二帝国统治的近20年内，法国工业总产值增长了2倍，法国经济的增长率超过了19世纪的平均发展速度。实际上，第二帝国建立起了法国的重工业、机器制造业和工业装备农业，法国的工业革命已经基本完成。

虽然初步完成了工业革命，但法国工业化却处在较低的发展水平，远远落后于英国。到1872年，全国平均每个企业雇佣的工人只有2.9人，即使在工业集中的巴黎，也不过4人。这说明使用机器生产的大工业企业为数是极少的。

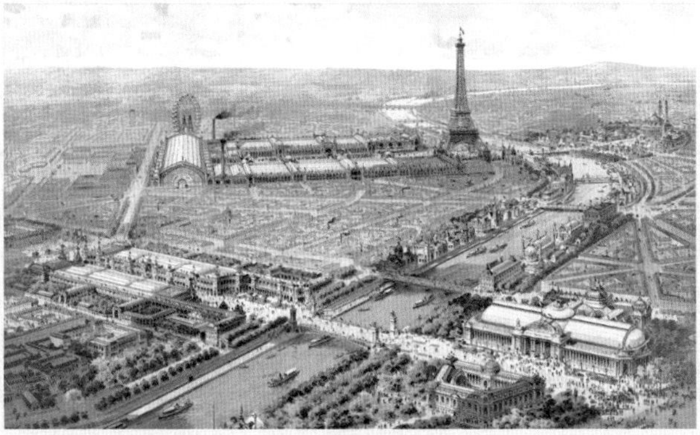

1900年4月14日，巴黎万国博览会开幕，这是巴黎第五次举办博览会，也是人类历史上的第11届博览会。博览会一直延续到11月12日闭幕，共吸引了近5000万人次参观。这届巴黎博览会充分展示了在过去一个世纪内工业化所取得的成就，以及即将快速发展到新世纪的美妙前景。

知识链接：米卢斯的印染纺织品博物馆

工业革命时期，法国纺织业居世界第二位，仅次于英国。米卢斯属于法国阿尔萨斯，位于上莱茵河谷。当时这里是自由城市，纺织品得到快速发展，举世瞩目，并成为欧洲的纺织品之都，因此今天仍然建有“印染纺织品博物馆”。米卢斯印染纺织品博物馆独家珍藏着超过600万份的印花布料样品。这里还是普拉达的一个“基地”，据说普拉达设计师，每年都要来到博物馆，从“旧时代衣物”中寻找灵感，所以这里也被称为纺织品设计师们的“麦加”。

第184—185页：埃菲尔铁塔

埃菲尔铁塔是西方现代社会工业化的产物，象征着机器文明的成果。埃菲尔铁塔矗立在法国巴黎塞纳河南岸的战神广场，它是世界著名建筑、法国文化象征之一、巴黎城市地标之一、巴黎最高的建筑物，被法国人亲昵地称呼为“铁娘子”。

铸造德意志之剑
克虏伯工厂

德意志帝国，确切来说是用煤与铁打造的，而非铁与血。

——凯恩斯

鲁尔工业区是德国工业的心脏。到了19世纪中后期，普鲁士统一德国前夕，鲁尔已经成为欧洲大陆上最庞大的工业城市体。普法战争、第一次世界大战和第二次世界大战，德国之剑的锋芒三次都是在这里被锻造出来。正是在民族主义的驱动下，诞生于鲁尔区的克虏伯工厂所炼制的“克虏伯钢”，锻造了德国统一和工业化最为优质的坚硬脊梁。

1887年产的克虏伯170毫米口径重炮。19世纪70年代前后，西方各国的冶金技术有了很大的发展。德国克虏伯钢厂发明以坩埚铸造大钢块，能制造大口径钢炮。克虏伯钢炮在普法战争中大显神威，声名大振。

克虏伯：德国钢铁大王

1587年，克虏伯家族来到鲁尔河畔，在小小的埃森城定居。1810年左右，家族第七代弗雷德里希·克虏伯创建了克虏伯钢铁厂。但是由于技术问题和资金短缺，克虏伯的钢铁厂负债累累。1826年弗雷德里希·克虏伯去世时，家族接班人是他仅有14岁的儿子阿尔弗雷德，也正是这位少年，后来成为克虏伯家族真正的第一代掌门人。

在阿尔弗雷德的努力下，到1857年，他不仅还清了父亲欠下的债务，还将工厂发展到1500多人。19世纪后半期，克虏伯公司赶上了钢铁行业的大牛市，它参与了德国、美国等铁路系统的建设，并为中国的京广铁路供应钢材。当时，克虏伯采用了能够将低质铁矿砂便捷冶炼成优质钢材的贝塞麦酸性转炉炼钢法，同时改进了源自英国、将褐铁矿中磷成分脱除的托马斯冻炼法，之后的西门子－马丁炼钢法更帮助克虏伯在炼钢技术上取得领先。到1887年阿尔弗雷德去世时，克虏伯工厂已经拥有2万名职工。1914年，德国的钢铁产量达到1760万吨，是英、法、俄三国的总和。

克虏伯家族奠基人阿尔弗雷德·克虏伯。他继承并发扬了克虏伯家族恪守时间、遵从纪律、执行命令的传统。他不仅使克虏伯家族成为德国的“钢铁大王”，也成为德国的“军火大王”。

克虏伯：德国军火大王

阿尔弗雷德在利用民用钢铁取得商业成功的同时，更致力于先进武器的生产。从1844年起，克虏伯开始为普鲁士军队生产铸钢大炮，帮助德皇和俾斯麦完成了德国的统一。可以说，没有克虏伯大炮，就没有普法战争的胜利，德国的统一和崛起都将大大延后。

1860年10月，刚登基的威廉一世参观了克虏伯炼钢厂，阿尔弗雷德预备了一间超过300平方米的大厅来展示工厂的成就，包括生铁与铸钢车间生产流程的模型、钢锭、火车轮轴与克虏伯大炮的样品。全副军礼服、头戴双鹰标志尖顶银色头盔的威廉一世兴致盎然，他授予了阿尔弗雷德红鹰勋章与骑士十字勋章。当月，威廉一世责令陆军部向克虏伯订购了100门发射6磅炮弹的新式后膛装填线膛炮。从那之后，克虏伯获取了未来德意志国家权力给予的特殊支持和优惠。

在二战以前，克虏伯兵工厂是全世界最重要的军火生产商之一，产品几乎涵盖了各种武器门类，包括克虏伯大炮、潜艇、虎式坦克等经典武器。二战后，克虏伯家族遭受重创，放弃武器生产，回归钢铁与机械制造。

知识链接：克虏伯大炮和古斯塔夫重炮

克虏伯大炮是19世纪克虏伯公司生产的一种当时世界上最先进的武器，这种大炮曾使“铁血宰相”俾斯麦带领德国在19世纪中叶先后战胜了奥地利和法国，实现了德国的统一。

克虏伯大炮的口径为280毫米、炮管长11.2米、重44吨、仰角可达30度，有效射程接近2万米，炮弹在3000米内可穿透65厘米厚的钢板，每分钟可发射1—2发炮弹。

古斯塔夫重炮是二战期间克虏伯公司研制的巨型火炮，其作用是摧毁敌方的防御工事、大型要塞以及巨型碉堡。最终，克虏伯公司制造出了这个骇人听闻的超级大炮。古斯塔夫重炮口径高达800毫米，炮管长达32米，全长达53米，高12米，全重1488吨，可将重达7吨的炮弹投射到37公里以外的目标。它的穿甲弹每枚重达7吨，一枚高爆弹重4.8吨，推进燃料1.8—2吨。该重炮参与了对苏军在塞瓦斯托波尔战略要地所筑起的坚固的防御工事的袭击，同时也加入了斯大林格勒会战。

1867年博览会中展出的一款克虏伯工厂生产的巨型大炮

电气化的引领者 西门子

成功即是最好的广告!

——维尔纳·冯·西门子

1847年，德国西门子创始人维尔纳·冯·西门子制造出全球第一台指针式电报机，从此西门子公司不仅见证了德国工业化的发展历程，而且一举成为全球电气工程和电子领域最伟大的企业。而维尔纳·冯·西门子本人，也以其卓越的发明和大规模的技术革新，成为第二次工业革命的推动者和引领者。

电报通讯的开创者

西门子－哈尔斯克电报机制造公司成立于19世纪中叶，当时的政治、经济和社会都处于一个快速变革的时期，技术的进步正在以惊人的速度和从前无法想象的方式改变着人们的生活。

维尔纳·冯·西门子是世界著名的德国发明家、企业家、物理学家，兼具“三重身份”使之在德国工业化时代创造性地铺设、改进海底和地底电缆、电线；修建电气化铁路；创新平炉炼钢法，革新炼钢工艺；创制世界上第一台直流发电机，创办世界一流的电气化企业西门子公司。

维尔纳·冯·西门子出生于1816年，1835年加入了普鲁士军队，并在柏林炮兵工程学校系统学习了数学、物理、化学和弹道学等方面的知识。1847年，他和机械师约翰·乔治·哈尔斯克共同改进了指针式发报机，并共创了“西门子－哈尔斯克电报机制造公司”。当时，随着政治和经济的发展，人们对快速通信手段的需求与日俱增。1848年夏，普鲁士政府与成立不久的西门子－哈尔斯克电报机制造公司签订了一项协议，在柏林和莱茵河畔法兰克福之间铺设通信线路，电报线全长500公里，整条线路包括10个电报站、18台指针式电报机，这在当时的欧洲大陆上无疑是最长的。最后，这条线路实际上将德国北部最重要的城市都囊括其中。

1849年3月28日，指针式电报机迎来了它具有历史意义的时刻。这一天，普鲁士的腓特烈·威廉四世当选为德意志皇帝，电报线仅在一小时以内就将官方公布的消息传到了柏林。这充分体现了电报传递信息的惊人速度，因而腓特烈·威廉四世当年就批准了电报机的公开使用。

电报的发明为远距离传递信息提供了一种快捷的方法，完全转变了人们的时间和空间概念。大陆间的电报线跨越了全球，缩短了世界不同地区间的距离。1853年，西门子－哈尔斯克电报机制造公司帮助俄国建造了全长1万公里，从芬兰直至克里米亚的电报网络。1870年4月21日由西门子公司建造的第一条直接横跨大陆连接英国和印度的电报

1847 年生产的西门子指针式电报机

线正式竣工，该线路全长 1.1 公里，相当于地球周长的 1/4。从伦敦和加尔各答之间传递公文，仅需要 28 分钟。作为世界上速度最快、最可靠、实际上也是利润最丰厚的电报线之一，印欧电报线一直使用到 1931 年，整整工作了 60 年。1875 年 9 月 15 日，一条跨越大西洋海底、直通美国的通讯电缆也由西门子公司铺设成功。到 1914 年为止，西门子铺设的深海电缆总长度达到约 6 万公里。

两次世界大战间的这段时期是通信工程发展的鼎盛时期。1909 年西门子 – 哈尔斯克电报机制造公司在慕尼黑与施瓦宾之间安装了第一台城市自动电话交换机，1923 年在上巴伐利亚的威尔海姆区电话网中安装了世界上第一台自动长途交换机，从此“接线小姐”逐渐被自动交换设备所取代。1927 年，一条使用了“西门子 – 卡罗鲁斯 – 德律风根”系统的线路在柏林与维也纳间投入使用，这种新技术在传送摄影照片（通常被称作传真）这一应用领域中尤其受到人们的欢迎。1933 年，在西门子 – 哈尔斯克电报机制造公司的推动下，德国邮政局开始了世界上第一个公众拨号

知识链接：西门子的电力机车

电力机车是指由电动机驱动车轮的机车。电力机车因为所需电能由电气化铁路供电系统的接触网或第三轨供给运行中的电力机车，所以是一种非自带能源的机车。1879 年，维尔纳·冯·西门子驾驶一辆自己设计的小型电力机车，拖着乘载 18 人的三节车厢，在柏林夏季展览会上表演。机车电源由外部 150 伏直流发电机供应，通过两轨道中间的绝缘第三轨向机车输电，这是电力机车首次成功的实验。19 世纪末，德国西门子公司对交流电力机车进行了改进，1903 年西门子三相交流电力机车创造了每小时 210.2 公里的高速纪录。电力机车具有功率大、过载能力强、牵引力大、速度快、整备作业时间短、维修量少、运营费用低、便于实现多机牵引、能采用再生制动以及节约能量等优点。使用电力机车牵引列车，可以提高列车运行速度和承载重量，从而大幅度地提高铁路的运输能力和通过能力。今天，西门子仍然是世界电力机车和高速列车行业的佼佼者。

在 1848 年，西门子 – 哈尔斯电报机制造公司铺设了第一条从柏林到法兰克福的远程电报。这幅画展示的是正在铺设柏林和科隆之间的电缆。

电传网的试验，由此开创了办公室通讯的新纪元。1936年，西门子–哈尔斯克电报机制造公司成为世界上第一家通过一根同轴电缆成功传送200个电话和1个电视节目的公司。

电气工程的领导者

作为一位电气工程的先驱、天才的发明家、科学家以及慧眼独具的企业家，西门子在推动19世纪下半叶科学技术的发展和引入与日常生活息处相关的广泛的革新成果方面发挥了重要的作用。西门子的名字因此也成为电气工程的同义词。

电的实际应用起始于电报。1856年，维尔纳·冯·西门子设计了H型电枢，1866年他又发现了发电机工作原理。从而为利用其他能源经济、简便地发电提供了可能，也为我们今天的电气工程奠定了基础。1879年，第一台电力机车在柏林贸易展览会上展出；同年，由西门子公司设计制造的第一批差别式电弧路灯安装在柏林的皇帝画廊大街；1880年，在曼海姆建造了第一部电梯；1881年，世界上第一辆有轨电车在柏林–利赫特菲尔德投入使用；1896年5月，西门子在欧洲大陆上建造的第一条地铁线路在布达佩斯正式投入运营；1903年，西门子高速电力机车在试车时创造了时速达210公里的世界纪录，该纪录在后来的约30年内从没有被打破过。

铁路信号系统和电子医疗设备也是西门子公司最具竞争力的电气工程产品。1926年，西门子在柏林波茨坦的一个交通指挥塔上安装了德国第一套

西门子公司于1879年制造完成世界上第一电力机车。1879年德国人西门子驾驶一辆他设计的小型电力机车，拖着乘载18人的三辆车，在柏林夏季展览会上表演。机车电源由外部150伏直流发电机供应，通过两轨道中间绝缘的第三轨向机车输电。这是电力机车首次成功的实验。

1866年，西门子提出了发电机的工作原理，并由西门子公司的一名工程师完成了人类第一台发电机。同年，西门子还发明了第一台直流电动机。第二次工业革命的主要标志是电力的发明和广泛应用，也就是说当发电机都广泛投入使用时，才开始了真正意义上的工业革命。图为西门子大电流铜电刷换向电机。

由红灯、黄灯、绿灯三个信号组成的自动交通信号灯；1932年，西门子在柏林至汉堡的高速列车中安装了列车自动控制系统。1847年西门子和埃米尔·迪布瓦·雷蒙发明了滑动电感器用来进行神经治疗；1933年西门子公司推出的"X射线管球"因操作极其简便而风行世界；在第二次世界大战前的几年，西门子成为世界上最大的电子医疗设备公司，它的产品既包括诊断设备也包括治疗设备，辅助设备、如增感屏和荧光镜，牙科设备和助听器，电子显微镜和粒子加速器等。

20世纪初，西门子将流水线主要用于生产那些畅销的家电产品，用于生产吸尘器的流水线装配于1924年，当时具备了一天生产125台吸尘器的能力。其他家电，如电烙铁、电吹风、电炉、电饭煲、烘箱、烤箱和炊具等，像其他领域的一些产品一样，也走上了流水线生产。在两次世界大战期间，西门子开始制造滚筒式洗衣机、电冰箱、加热器、恒温器、电动咖啡研磨机、风扇、电熨斗、电吹风、干手器等各种小家电。

知识链接：西门子中国与《拉贝日记》

20世纪初，西门子公司的业务发展到中国。1909年，西门子雇员约翰·拉贝被派到中国工作，先后成为北京、天津、南京西门子分公司经理，他在中国生活了整整30年。1937年12月侵华日军进攻南京，约翰·拉贝被在南京的外国人推举为南京安全区主席。12月13日，日军攻占南京后，进行了令人发指的血腥屠杀。拉贝利用自己的纳粹身份，在其住宅收容了600多名中国难民，在他负责的不足4平方公里的安全区内，他和他领导的10多位外国人，不仅拯救了25万中国人的生命，而且捍卫了人类的真理和尊严。50多年后，约翰·拉贝当年在他租住的南京市小粉桥1号院子写下的著名的《拉贝日记》被公之于世，成为揭露侵华日军南京大屠杀的铁证。

图为位于中国江苏省南京市小粉桥1号南京大学鼓楼校区南园的拉贝故居。拉贝故居是一座德式小洋楼，1932年夏天，拉贝同当时的金陵大学农学院签订房租协议，农学院将在当时的小桃园10号（现为小粉桥1号）金陵大学校园内的这幢西式花园别墅出租给拉贝。拉贝全家在此生活了7年。1937年12月13日，南京城沦陷后，拉贝的住宅也成为南京国际安全区的一部分，被称为"西门子难民收容所"，难民最多时这里收留了630多人。目前，拉贝故居被列入首批国家级抗战纪念设施、遗址名录。

意大利工业化的骄子
菲亚特

在人人向往的环境中自由地穿行，重寻驱车临风的感受，在梦幻般舒适与安全中找回人与自然的美妙融合。

——菲亚特·蓝旗亚的承诺

19 世纪最后 10 年，意大利进入快速工业化时代。今天的世界十大汽车公司之一，意大利菲亚特汽车公司，就是创建于 1899 年。菲亚特是世界上第一个生产微型车的汽车生产厂家，今天菲亚特旗下拥有菲亚特、克莱斯勒、吉普、道奇、法拉利、玛莎拉蒂、阿尔法·罗密欧等国际著名品牌。

家用轿车的普及者

19 世纪末期欧洲和美国工业革命时期，科技创新活动十分活跃，新产品新发明层出不穷，新公司也如雨后春笋般地出现。1899 年 7 月 11 日，9 名意大利的企业家和皮埃蒙特家族以 8 万里拉的社会资本创建了“意大利都灵无名氏汽车制造厂”。同年，菲亚特的第一辆汽车 4HP 问世，这种外形近似马车的轿车在第一年生产了 8 辆。

第一辆菲亚特 4HP 汽车的模型。菲亚特是世界上第一个微型汽车生产厂家，其前身是意大利都灵汽车制造厂。菲亚特的第一家工厂 1900 年在都灵但丁街落成，当时拥有 150 名工人，1.2 万平方米厂房。这一年，菲亚特生产了 30 辆 3.5 马力汽车。

在菲亚特的股东之中，曾任骑兵军官的乔瓦尼·阿涅利崇尚进步、创新和技术，工作勤奋且具有远见卓识。1902 年他当选为常务理事后，就在短短几年里，带领菲亚特公司迅速发展壮大，员工人数由 150 人增加到 2500 人，连续推出了 12HP、60HP、100HP、130HP 轿车和菲亚特的第一辆卡车。1907 年菲亚特生产的 130HP 轿车最高时速达 160 公里，这在当时是一个了不起的成就。1914 年第一次世界大战的爆发，迫使菲亚特转产为战争服务，生产飞机、机关枪、航空发动机等军工产品。1919 年战争一结束，菲亚特就推出了 501、502、510 等紧凑型轿车，特别是 501 小型车非常畅销，在全球共销售了 4.5 万多辆。

1920 年 11 月，乔瓦尼·阿涅利当选为菲亚特董事长。1923 年，采用了美国福特公司的生产流水线建设的菲亚特林格多工厂竣工落成，它是当时欧洲最大的汽车生产厂，成为意大利工业的象征。此后，菲亚特开发出了一系列豪华轿车和超级跑车。在 20 世纪 30 年代，菲亚特生产的 500 型轿车是首批面向普通老百姓的家庭轿车，它小巧，便宜，性能良好，广受大众的欢迎。虽然第二次世界大战期间菲亚特再一次全面转产为战争服务，但战后很快恢复发展，1955 年问世的

乔瓦尼·阿涅利，菲亚特汽车公司创始人，20世纪前半期意大利最重要的企业家。1899年创立意大利都灵汽车制造厂（即菲亚特汽车公司），很快使公司成为国际著名的汽车企业。第一、第二次世界大战期间，菲亚特都为意大利军队全力提供军备。

Fiat600微型轿车宣布了意大利普及汽车时代的到来，在15年里，共有超过400万辆Fiat600驶下生产线。

豪华轿车的代表者

随着实力进一步增强，菲亚特开始兼并国内的其他汽车生产企业。1969年，菲亚特兼并了具有贵族血统的蓝旗亚汽车厂，并购买了法拉利车厂50%的股份，菲亚特不仅把世界跑车界第一品牌法拉利归到了自己旗下，而且保持了它的高雅、尊贵格调。1984年菲亚特收购了现代运动轿车标志的阿尔法·罗密欧，1993年又收购了展现着意大利轿跑车精华的玛莎拉蒂，从而成为一个经营多种品牌的汽车公司。

知识链接：F1的“法拉利红”

法拉利于1929年由意大利人恩佐·法拉利创办，主要制造一级方程式赛车、赛车及高性能跑车。法拉利是世界闻名的赛车和运动跑车的生产厂家，长期赞助赛车手及生产赛车。目前菲亚特拥有法拉利90%的股权，但法拉利依然独立于菲亚特运营。恩佐·法拉利不仅是一位狂热的赛车手，还是一位出色的赛车设计师。他设计制造的F1赛车以“法拉利车队”命名，涂装着鲜艳的红色，在世界性大赛上共获得100多次胜利，至今尚没有哪一种赛车能够打破这项纪录。因此法拉利被誉为“红魔”。具有传奇色彩的“法拉利红”起初是国际汽车联合会在20世纪初期分配给意大利赛车的颜色，如果说F1就是法拉利最好的广告形式，那么红色就是最能够代表运动精神的颜色。

今天，菲亚特是意大利最大的工商业集团，它占有意大利41%的国民生产总值，包括11个生产经营部门，还有其他产品公司和一个研究中心，属于菲亚特集团控制下的公司有600多家，但汽车、拖拉机的销售额占总销售额的75%左右。

法拉利是菲亚特旗下闻名世界的赛车和运动跑车品牌。法拉利赛道日嘉年华是全球最具人气、最成功的单一品牌赛事之一。在嘉年华的两天时间内，法拉利对于车迷来说已经不仅仅是赛车，更是一种信仰和梦想。就像在F1赛场上，永远有那么一群穿着红色战袍为法拉利车队摇旗呐喊的忠实粉丝。

铁路大王
范德比尔特

范德比尔特是一个有着多面的人物，他的种种性格并不一定都值得人们敬佩，但他从来都不是伪君子，不管是被憎恨、被敬畏，还是被厌恶，他始终得到了人们的尊重，甚至是敌人们的尊重。

——T·J. 斯泰尔斯

1865 年 4 月美国南北战争结束后，美国开始进入高速发展的时代。不断涌出的企业领袖们造就了美国梦的标准，定义了美国文化的含义，将美利坚合众国引向伟大。而铁路大王范德比尔特正是在这一伟大的时代，从一个乡村穷小子，成长为美国航运、铁路与金融巨头。

航运大亨：范德比尔特

1794 年，科尼利尔斯·范德比尔特（Cornelius Vanderbilt, 1794—1877 年）出生于纽约史坦顿岛，平民家庭出身的他，文化教育水平很低，连英语发音和书写都经常被挑出错。11 岁时，范德比尔特离开学校开始在纽约港的码头上为父亲的帆驳船效力。1810 年，16 岁的范德比尔特向母亲借了 100 美元，开始了他在史坦顿岛与曼哈顿之间旅客和货物运输业务的创业历程。在第一个航运旺季结束后，他不仅还清了母亲的借款，还多给了她 1000 美元，这是范德比尔特事业成功的开始。到 1817 年，年仅 23 岁的范德比尔特已经拥有几艘总价值超过 7000 美元的帆驳船，还积累了 9000 美元现金。但就在帆驳船运输事业蒸蒸日上的时刻，范德比尔特出人意料地卖掉自己的帆驳船，选择给别人打工，成为一艘小型蒸汽船“耗子号”的船长。原来，具有远见的范德比尔特已经预感到新兴的蒸汽船必将主宰航运业。

1828 年，范德比尔特创办了蒸汽船航运公司。他采取猛烈的价格战手段，很快使自己成为这一行业的主导者。经过十几年的苦心经营，范德比尔特拥有了上百艘蒸汽船，成为一支庞大的船队。1848 年，加利福尼亚金矿的发现掀起了西部淘金热，范德比尔特在铁路横贯大陆之前开通了从纽约运送淘金者到旧金山的蒸汽船新航线，这给他带来每年超过百万美元的收入。

在 19 世纪末 20 世纪初的“镀金年代”，号称“铁路大王”的美国人范德比尔特无疑是亿万富翁的代表之一。他是著名的航运、铁路、金融巨头，美国史上第二大富豪，当时的身家远超过当今的比尔·盖茨。他甚至成为流行的电脑游戏《铁路大亨》的原型人物。

油画：科尼利尔斯·范德比尔特所拥有的“范德比尔特号”蒸汽船航行在哈德逊河上。范德比尔特绰号“船长”，因为他的事业从航运开始。他从 1828 年开始成立自己的蒸汽船航运公司，仅用十多年时间就发展成了一支由 100 条蒸汽船组成的船队。他抓住美国西部淘金的热潮，开通了东海岸到加利福尼亚的航线。这条新的航线给范德比尔特带来了每年 100 万美元的收入，这在当时是个天文数字。

知识链接：纽约中央火车站

纽约中央火车站位于美国曼哈顿中心，始建于 1903 年，1913 年 2 月 2 日正式启用。纽约中央火车站是由美国“铁路之王”范德比尔特家族建造，是纽约著名的地标性建筑，也是一座公共艺术馆。它是世界上最大、美国最繁忙的火车站，同时它还是纽约铁路与地铁的交通中枢。纽约中央火车站有一个著名的“吻室”。在铁路运输的黄金时期 20 世纪三四十年代，从西海岸到东海岸的火车非常之少，远道而来的乘客们，包括一些政要和各行各业的名人们，在下了火车之后，就是在“吻室”与迎接他们的至爱亲朋们拥抱接吻。

铁路大王：范德比尔特

1864 年开始，70 岁的范德比尔特再次作出了人生中的重要决定：放弃自己所钟爱的蒸汽船事业，将事业重心从航运转到铁路。因为他已经洞察到，进入快速扩张期的铁路系统，将逐步替代航运成为美国运输业的核心。范德比尔特再一次利用自己的精明冷酷，在华尔街市场上连战连捷，一举将哈林铁路、哈德逊铁路以及纽约中央铁路收入囊中。此后，又陆续将密歇根中央铁路、湖滨铁路、加拿大南方铁路等十几条铁路归入自己的控制之下。这样，一个庞大的铁路系统最终成就了范德比尔特“铁路大王”的名号。

一张价值 1 万美元的纽约和哈莱姆铁路股票。范德比尔特在西部淘金热浪潮中不仅开通了东西部航运线路，还进入海运领域。但其重心转向铁路投资。他充分发挥精明冷酷、敢于冒险的精神，在华尔街市场上连战连捷，不仅获得了巨大利润，同时也将哈林铁路、哈德逊铁路以及纽约中央铁路收入囊中，3 条铁路共同撑起了“铁路大亨”的名号。

美国著名历史学家、传记作家、普利策奖得主 T·J. 斯泰尔斯将其所创作的范德比尔特的传记取名为《第一大亨》。之所以如此命名，就是因为在范德比尔特充满传奇的一生中，他先后将蒸汽船航运企业和铁路企业发展到自由资本主义阶段所能发展到的极致水平，并深深左右着他在世期间的华尔街。他去世时的资产总值，占到当时美元流通总量的 1/9，比 2006 年全球首富比尔·盖茨所占比重的 1/138 高出 15 倍以上。他迎来事业巅峰的时候，镀金时代的“强盗资本家”洛克菲勒、卡内基、摩根、古尔德的事业才刚刚起步。毫无疑问，范德比尔特是美国镀金时代的开创者。

钢铁大王 卡内基

如果把我的厂房设备、材料全部烧毁，但只要保住我的全班人马，几年以后，我仍将是一个钢铁大王。

——卡内基

安德鲁·卡内基是与洛克菲勒、摩根齐名的19世纪末美国经济界三大巨头之一。卡内基钢铁公司通过白手起家成长为一个巨型钢铁联合企业，几乎垄断了美国钢铁市场，并且雄踞世界最大钢铁企业数十年之久。卡内基本人也从一个一文不名的移民成为堪称世界首富的“钢铁大王”，而在功成名就之后，他又将几乎全部的财富捐献给社会，由此成为美国人心目中的英雄和个人奋斗的楷模。

卡内基，12 岁时随全家移民美国，他发迹于钢铁制造业，而且成了一个著名的慈善家。

美国“钢铁大王”安德鲁·卡内基在美国工业史上写下永难磨灭的一页。他征服钢铁世界，成为美国最大钢铁制造商，并跃居世界首富。而在功成名就后，他又将几乎全部的财富捐献给社会。他生前捐赠款额之巨大，足以与死后设立诺贝尔奖奖金的瑞典科学家、实业家诺贝尔相媲美，成为美国人民心目中永远的英雄和个人奋斗的楷模。

“穷小子”的美国梦

1835 年 11 月 25 日，安德鲁·卡内基(Andrew Carnegie, 1835—1919 年）出生于苏格兰一个并不富裕的平民家庭。在 1846 年欧洲大饥荒和 1847 年英国经济危机的压力下，卡内基一家不得不移民美国寻求生路。来到美国后，卡内基一边在一家纺织厂当童工，一边参加夜校学习复式记账法。

1849 年，年仅 14 岁的卡内基应聘到匹兹堡市的大卫电报公司当送电报的信差，迈出了人生的第一步。凭借自己的努力和勤奋，卡内基很快被提升为管理信差的负责人，后来又成为电报公司里首屈一指的优秀电报员。

1853 年，宾夕法尼亚州铁路公司西部管区主任斯考特看中了有高超的电报技术的卡内基，聘他去当私人电报员兼秘书。在宾夕法尼亚铁路公司的

10余年中，卡内基不仅逐步掌握了现代化大企业的管理技巧，而且尝试参与股票投资，收益颇丰，这为他以后开办钢铁企业打下了一定的经济基础。

1865年，卡内基果断地辞掉了铁路公司的职务，创办匹兹堡铁轨公司、火车头制造厂以及铁桥制造厂，并开办了炼铁厂，真正开始涉足钢铁企业。

“钢铁大王”成长史

19世纪60年代，美国的钢铁生产经营极为分散，从采矿、炼铁到最终制成铁轨、铁板等成品，中间需经过许多厂家，致使最终产品的成本很高。卡内基决心建立一个全新的、囊括整个生产过程的供、产、销一体化的现代钢铁公司。1873年底，卡内基与人合伙创办了卡内基－麦坎德里斯钢铁公司，在随后的20多年间，卡内基使自己的财富增加了几十倍。

1881年，卡内基与弟弟汤姆一起成立了卡内基兄弟公司，其钢铁产量占美国的1/37。1892年，卡内基把卡内基兄弟公司与另两家公司合并，组成了以自己的名字命名的钢铁帝国——卡内基钢铁公司。19世纪末20世纪初，卡内基钢铁公司已成为世界上最大的钢铁企业，它的年产量超过了英国全国的钢铁年产量。卡内基终于攀上了自己事业的顶峰，成了名副其实的钢铁大王。他与洛克菲勒、摩根并立，是当时美国经济界的三大巨头之一。

卡内基音乐厅是卡内基于1891年在纽约市第57街建立的第一座大型音乐厅。一开始该厅的名字仅是简单的“音乐厅”，只是在建筑正面华盖上方镌刻有“音乐厅由安德鲁·卡内基出资建造”的字样。后来在纽约音乐厅公司（音乐厅最初的管理机构）董事会成员们的劝说下，卡内基同意用他的名字命名，音乐厅于1893年正式更名为卡内基音乐厅。

知识链接：卡内基音乐厅

卡内基最受世人尊敬的，不是因为他获得的巨大财富，而是因为他对慈善事业与世界和平的伟大贡献。1900年，年逾花甲的卡内基以5亿美元的价格将卡内基钢铁公司卖给金融大王摩根。然后，他开始实施把财富奉献给社会的伟大计划。到1919年8月11日，卡内基去世时，他为慈善、教育和公益事业的捐献总额高达3.3亿多美元。

1890年，卡内基出资在纽约市第57街建立了第一座大型音乐厅，1893年正式更名为“卡内基音乐厅”。音乐厅按照意大利文艺复兴风格设计，观众席共有2760个座位。1891年5月5日，在音乐厅落成的音乐会上，俄国著名作曲家柴可夫斯基亲自指挥了他写于1883年的《加冕典礼进行曲》。次年，纽约交响乐团成立，他们以卡内基音乐厅为根据地长达70年之久。卡内基音乐厅另一个伟大的历史时刻出现在1893年12月，捷克作曲家德沃夏克在这里首演了《自新大陆交响曲》。1964年，卡内基音乐厅被指定为美国国家历史地标，今天卡内基音乐厅不仅是纽约高雅艺术的殿堂，也是世界音乐的圣殿。

石油大王
洛克菲勒

总有一天，所有的炼油制桶业务都要归标准石油公司。

——洛克菲勒

已经繁盛了六代的美国洛克菲勒家族几乎可以称之为“世界财富标记”——标准石油公司、大通银行、洛克菲勒基金会、洛克菲勒中心、芝加哥大学、洛克菲勒大学、现代艺术博物馆以及在“9·11”事件中倒塌的世贸大楼，所有这一切都被烙上了洛克菲勒家族的印记。从这个家族的创始人约翰·戴维森·洛克菲勒算起，一个多世纪以来，洛克菲勒家族不仅创造着财富，而且也积极地参与文化、卫生与慈善事业，将大量的资金用来建立各种基金，投资大学、医院，让整个社会分享他们的财富。

基魁特，又名洛克菲勒庄园。它位于纽约北面100多公里的一个叫“睡谷”的小镇，这里人杰地灵，风景优美。该庄园建于20世纪初，毗邻哈德逊河，面积4000英亩(超过800万平方米)。1960年，洛克菲勒家族把庄园的绝大部分捐献给了国家，现在这里由美国国家公园管理系统负责，但据说目前仍然有10个洛克菲勒后代家庭居住其内。

洛克菲勒的成长经历

1839年7月8日，约翰·洛克菲勒出生于纽约州哈德逊河畔的一个小镇。他从父亲那里学会了讲求实际的经商之道，又从母亲那里学到了精细节俭、诚信严谨的长处，因此洛克菲勒从小就表现出了自己的商业才能。16岁那年，洛克菲勒决定放弃上大学，到商界谋生，于是他成为一家谷物商行的会计办事员。1858年，洛克菲勒辞掉工作，向父亲借了1000美元，与英国朋友克拉克合伙成立了“克拉克·洛克菲勒经纪公司”，把美国西部的谷物、肉类出售到欧洲，开始了创业。

这时候在美国宾夕法尼亚州已经发现了石油，然而洛克菲勒看到了疯狂采油必然导致原油价格下跌，因此并没有急于投资。果然不久后，原油价格一再暴跌，洛克菲勒及时出手，花费重金买下了与别人合伙设立的石油公司的所有权。1863年，洛克菲勒在克利夫兰开设了一个炼油厂，把西部的石油运到纽约等东部地区。

在石油工业中，勘探石油等工作被称为“上游工业”，精制和销售属“下游工业”。随着下游工业的兴盛，克利夫兰出现了50多家炼油厂，洛克菲勒决定垄断“下游工业”。洛克菲勒联合了两位资金雄厚、信誉很好的投资合作者，在1870年1月10日创建了一家资本额为100万美元的新公司——标准石油公司。身为公司创办人和总裁的约翰·洛克菲勒获得了公司最多的股权，当时他年仅30岁。

从洛克菲勒在俄亥俄州创建了股份制的标准石油公司开始，石油公司的发展进入了一个新的时代。标准石油公司的“标准”一名，来源于他们标榜自己出产的石油是顾客可以信赖的符合标准的产品，这也意味着给石油行业带来了秩序上的标准。图为位于俄克拉荷马州的标准石油公司油井。

开创垄断时代

标准石油公司成立后，通过科学的管理、精细的经营、高质量的产品赢得了声誉，也具备了坚实的竞争能力。洛克菲勒更善于向竞争者们提供现金或标准石油公司的股票，以买下他们的炼油厂。洛克菲勒是垄断组织“托拉斯”的首创者，他先后在美国合并了40多家厂商，形成了巨型的石油垄断企业集团。到1879年底，全美炼油业的90%被标准石油公司控制；到1880年，全美生产出的石油，95%是由标准石油公司提炼的。自美国有史以来，还从来没有一个企业能如此完全彻底地独霸过市场。洛克菲勒成功地造就了美国历史上一个独特的时代——垄断时代。

之后，标准石油公司进一步向全球扩大市场，到1935年，洛克菲勒控制了海内外大约200家公司，资产总额达到66亿美元，他的私人财产也超过了15亿美元，成了名副其实的“石油大王”。标准石油公司几经更名，最后定名为美孚石油公司。

知识链接：《洛克菲勒留给儿子的38封信》

《洛克菲勒写给儿子的38封信》一书的内容是老洛克菲勒写给儿子的教育信件，是经典的家训，更是致富的圣经。在这些信件中，洛克菲勒不仅教导后代怎么赚钱，更告诉后代应该怎样生活。在信件的字里行间，流露出洛克菲勒对生活、对社会、对家人的真情实意，传递着他对于奋斗、努力、行动的教诲与解读。通过这本书读者可以了解洛克菲勒家族经久不衰的真正原因，其中的经商之术、为人之道和教育之本具有普遍的教育意义。《洛克菲勒写给儿子的38封信》一书在中国有多个译本，先后由中国多家出版社出版，可见其深受广大读者欢迎。

漫画：老洛克菲勒监督检查他的儿子。这幅漫画反映的是约翰·戴维森·洛克菲勒透过窗帘偷偷阅读股票行情信息，以此考察小约翰·戴维森·洛克菲勒是否在恰当地经营美国钢铁公司股票。墙上的一个采样器提示他想到了威廉·雷尼·哈珀这个人，他是芝加哥大学的第一任校长，并且是洛克菲勒慈善机构的受益者。

欧亚大动脉

西伯利亚大铁路

在修建铁路时，战略性的社会政治考虑，较之财贸和经济的考虑，占有绝对优势。

——谢尔盖·维特

俄国是欧洲大陆进入工业化较晚的国家，但是在19世纪90年代，俄国在“维特改革”的推动下，迎来了工业化发展的高潮，其中尤其以大规模的铁路建设引人注目。著名的西伯利亚大铁路于1891年始建，1916年全线通车。它成为俄罗斯在沙皇时代最突出的工业建设成就之一。

贝加尔铁路桥。环贝加尔湖的铁路本来是西伯利亚大铁路的一部分。日俄战争爆发时，伊尔库斯克附近难于通行的环贝加尔湖区的这段铁路正在最后施工阶段。1904年冬天，俄国开始在冰面上铺设铁轨直接穿过湖区到伊尔库斯克。冰上铁路要特别设计，枕木非常密，铁轨比较粗，在零下几十摄氏度严寒风雪的极其恶劣的气候条件下，在冰上架设了铁路并运行，真是不可思议。

史无前例的铁路建设工程

从16世纪开始，俄国疯狂地在亚洲扩张领土，攫取了整个西伯利亚地区，但这片广袤的土地距离俄国的欧洲部分太过遥远，因而在几百年里都无法得到开发。19世纪末期，俄国开始进入工业化时期，为了发展国内经济、牢固占有这片远离欧洲的土地，沙皇决定修建一条贯通整个西伯利亚的大铁路。

1890年，沙皇亚历山大三世正式颁发命令，决定首先从最东端的海参崴动工。1891年5月，皇储尼古拉（即后来的末代沙皇尼古拉二世）亲临海参崴主持铁路奠基仪式。1892年7月，铁路工程又从车里雅宾斯克往东修建，俄国最高当局为此成立了“西伯利亚大铁路特别管理委员会”，由皇储尼古拉亲自出任主席。

这幅画展示的是1837年俄国的第一条铁路开通时的情景，该铁路使用的是从英国进口的火车头，铁轨长达20多公里，从圣彼得堡到沙皇村。

西伯利亚大铁路的修建异常艰难，除了密布的河流湖泊与山脉、面积辽阔的永久冻土层外，恶劣的气候成了最大的考验。在西伯利亚，冬季的温度能达到惊人的零下50℃，而在盛夏又经常出现近40℃的高温。巨大的温差经常造成钢铁脆裂、设备损坏。在极其恶劣的条件下，成千上万的俄国贫

图为位于俄国海参崴的“9288纪念碑”

苦农民以及服苦役者参与了施工，很多人因劳累致死。同时，作为欧洲经济比较落后的一个国家，俄国几乎是倾尽国力才能承担起惊人的铁路建设费用。仅在1891—1901年，俄国就为西伯利亚大铁路花费了14.6亿卢布，远远超过了同期的军费开支。经过13年的艰辛努力，1904年7月13日，这条世界最长的铁路干线才开始通车，而收尾工程则延续到了1916年。

“世界第十二大奇迹”

西伯利亚大铁路的建成对于俄国具有里程碑式的意义。在20世纪早期，汽车和飞机还没有广泛地投入使用，陆路运输最重要的角色就是火车。这条世界上最长的铁路，穿越乌拉尔山脉，在西伯利亚的针叶林上延伸，几乎跨越了地球赤道周长1/4的里程；它将俄国的欧洲部分、西伯利亚、远东地区连接起来。其中欧洲部分约占19.1%，亚洲部分约占80.9%，共跨越8个时区、3个地区、14个省份。铁路设计时速为80公里，从莫斯科到达终点站海参崴共9288公里，需要七天七夜的时间。

知识链接：维特改革

谢尔盖·维特是俄罗斯帝国末期的财政部部长，保守主义改革家。他主持财政十多年，对俄资本主义发展、铁路和银行的建设都发挥了重大影响。维特对外主张东进政策，推动修建西伯利亚大铁路。通过引进外国资本发展俄国经济，并颁布了俄国第一部宪法以稳定俄国内政。维特是俄罗斯帝国末期最具非凡政治才能的人物，但是他的改革主张和施政理念却遭到保守派、自由派和民主党的顽固反对和激烈攻击。最后，他因无法调和改革派与保守派的矛盾而去职。

在西伯利亚大铁路的东端海参崴火车站站台上，矗立着一块“9288纪念碑”，这是为了纪念被称作“世界第十二大奇迹”的西伯利亚大铁路而建的。纪念碑高4米左右，高耸的尖顶上安放着俄国双头鹰国徽，碑身的黑色大理石上镶嵌着“9288”四个黄灿灿的铜字，标志着横贯欧亚两大洲的西伯利亚大铁路的终点与首都莫斯科的距离是9288公里。

西伯利亚大铁路曾经被称为俄罗斯的“脊柱”、连接欧亚文明的纽带，对俄罗斯乃至欧亚两大洲的经济、文化交流产生过举足轻重的影响。特别是第二次世界大战期间，这条铁路为苏联打败德、日法西斯作出了卓越的贡献。

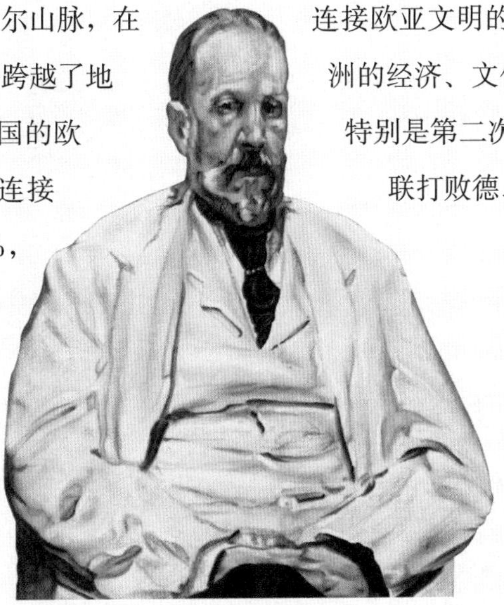

财政大臣维特伯爵的肖像（1849—1915年）。他帮助俄罗斯帝国实现了现代化，扩大了铁路规模，发展了工业。

日本军工财阀
三菱公司

财阀是日本最大的战争潜力，只要财阀存在，日本就是财阀的日本。

——美国负责日本战后赔偿全权代表鲍莱

日本工业化进程在资本主义体系中起步最晚，它是在被西方列强的坚船利炮打开国门后，被迫走上工业化道路的。因此在不利的国内外环境下，日本以市场机制为前提，通过政府主导的赶超政策和强有力的政府干预，以及军事力量来实现工业化。但日本仍然是亚洲最早进入工业化的国家，并且很快跻身于世界工业化强国的行列。

明治维新后日本工业化的发展

日本在1868年明治维新以前，还是一个以农业为主的封建国家。明治维新后实施的“脱亚入欧”政策，促进了日本的现代化和西方化。经过明治维新，日本的工业逐渐发展起来，但与欧美主要资本主义国家相比，工业化水平还很低。1880年，新式纺织机输入日本后，纺织工业才得以迅速发展。同时，在国家的推动、引导和扶植下，出现了开办企业的高潮，到1885年，产业革命已迅速展开。1894年的甲午中日战争，进一步刺激了日本近代产业的发展，依靠在中国开设工厂、企业及其他商业特权和战争赔款，日本的工业、交通运输、银行、贸易等出现了惊人的发展，大大加速了工业化进程。到20世纪初，日本近代工业的主要部门都已经建立起来。因此可以说，明治维新后日本政府一方面通过大力引进西方先进科技，实行出口导向型政策促进本国工业的发展，而另一方面又注重发展教育科技，并在政府干预下迅速改革传统生产体制，建立适合大生产的大型财阀。同时，日本的对外扩张侵略、掠夺财富也加速了工业化的进程。

军工财阀三菱公司

日本财阀是以家族为中心形成的垄断财团。19世纪80年代初起，日本政府将一批国有企业和矿山廉价出售给拥有特权的资本家（即所谓“政商”），这些资本家成为日本财阀的前身。明治政府对私营企业采取优厚的保护政策，加快了垄断资本的形成，最终这些垄断财团掌握了日本的经济命脉。

1894年11月21日，甲午中日战争期间，辽宁旅顺，日军步兵向椅子山炮台进攻。

日本“第一财阀”三菱集团创始人岩崎弥太郎（1835—1885年）

知识链接：三菱重工

三菱重工是三菱财阀最重要的企业成员之一。1884年，三菱创始者岩崎弥太郎向日本政府租借了工部省长崎造船局，将其发展为三菱造船株式会社。至1934年，其业务已拓展至重型机械、飞机、铁路车辆等领域，公司更名为三菱重工业株式会社。三菱重工在两次世界大战期间成为日本军国主义最重要的军工生产企业，特别是在二战中，三菱重工共制造军用飞机1.7万余架，建造了当时世界上最大的军舰“武藏号”和各类军舰114艘。现在，三菱重工仍是日本最大的军工生产企业，其产品包括战斗机、导弹、坦克、潜艇和驱逐舰等。

日本三菱财阀兴起于明治早期。三菱财阀创始人岩崎弥太郎出生于土佐藩，早年负责管理藩内财政，1871年废藩置县之前，他接收了大阪的土佐商会，并乘机廉价购买土佐的船舶，1873年改称三菱商会。1874年日军入侵中国台湾，三菱商会在政府保护下充当海运业界“政商”的企业。日本撤军后，政府将新购轮船交付三菱，成为岩崎发家的基础并一跃成为“海运之王”。

19世纪90年代起，日本政府选择“以武力扩张促进资本主义发展”的近代化道路，三菱财阀转而发展军事重工业。从1886年起，三菱借助日本政府颁布的《造船奖励法》，将长崎造船局改造为东亚地区规模最大造船厂，其造船业很快达到世界水平。两次世界大战期间，三菱财阀被日本政府指定为“军需公司”，并形成康采恩集团。从造船、钢铁、冶金、电机等产业，到军舰、军用飞机、兵器战车的制造，三菱公司成为进入战时军需生产状态速度最快、企业生产对日军支持最有力、扩大再生产的资本增长率最高的财阀。战后美国占领军采取“解散财阀”的措施，遏制财阀的垄断势力，包括三菱在内日本主要财阀大都转入民用产品生产。

东京的三菱总部大厦

特写

后来居上 德国的“创始人年代”

德国的模式不同，是国家通过有目的的制度安排和提供激励来促使国家工业化。这个工业化模式被称为有组织的资本主义。

——波斯坦《剑桥欧洲经济史（第七卷）》

鲁尔工业区的遗迹。鲁尔工业区是德国也是世界最重要的工业区。它形成于19世纪中叶，是典型的传统工业地域，被称为“德国工业的心脏”。鲁尔工业区突出的特点是以采煤工业起家的工业区，进而促进了钢铁、化学工业的发展，并在大量钢铁、化学产品和充足电力供应的基础上，建立发展了机械制造业。

鲁尔的德国矿业博物馆。鲁尔工业区起步于采煤工业，区内拥有着丰富的煤炭资源。煤炭地质储量为2190亿吨，占德国全国总储量的3/4。随着煤炭的综合利用，炼焦、电力、煤化工等工业得到了大力发展，带动了钢铁、化学工业、机械制造业，特别是重型机械制造工业、氮肥工业、建材工业的快速兴起。

在世界近代经济发展史上，德国并不是最早进行工业化的国家，也不是最先发展制造业的国家，但德国却在19世纪末到20世纪初的短短几十年时间内，不仅全面实现了工业化，而且赶超了工业革命的发源地英国，成为第二次工业革命的领导者之一。而这一切，与德国历史上著名的“创始人年代”息息相关，正是在1871年前后这个短暂而辉煌的时代，德国诞生了850多个股份公司，其中包括今天依然赫赫有名的伟大企业。这些企业，为德国工业的发展以及“德国制造”的确立，奠定了坚实基础。

德国工业化的历程

1871年德国统一之前，以普鲁士为代表的德国工业化进程是从铁路为代表的交通运输业开始的，并带动与此相关的钢铁、煤炭和机器制造业的发展。当时莱茵河流域的鲁尔地区是欧洲最大的重工业集中地和工业人口稠密区之一，以蒸汽机车制造为代表的德国机器制造业，以及金属加工业取得了长足进步，60%的企业达到中等规模水平。

1871—1914年，德国完成了国家统一，并借助19世纪后期出现的以电能、内燃机和合成化学等高新科技为基础的第二次工业革命的机会，改造了传统机器设备制造业，形成以加工工具、刀具和缝纫机等为主的轻型机器设备，以机床制造为主的重型机器设备，以及电力机器设备为主的三个制造体系。

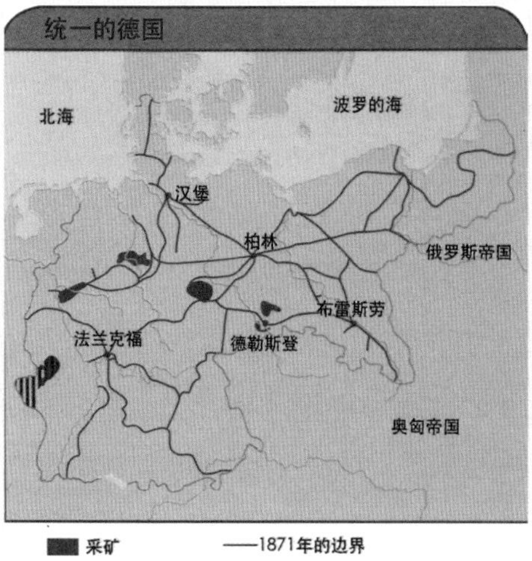

这幅铁路地图反映了19世纪中叶德国铁路建设和工业发展的成就。1835年，德国铁路建设始于巴伐利亚，在1865—1875年的十年中，德国铁路里程迅速扩大了1倍。钢铁不仅被用来建造机器、商船和军火，而且也被用于建设铁路和火车头。到19世纪末期，德国的电子工业和化学工业迅猛发展，引领了第二次工业革命。

早期德国的机器产品由于大量仿制英国的机器产品，曾被英国厂商强迫标出“德国制造”的字样，而“德国制造”几乎是劣质产品的蔑称。为此德国机器制造商经过近20年摸索和技术改进，终于在1893年的美国芝加哥世界博览会上为“德国制造”赢得声誉，从此确立了德国在机器设备制造领域的领先地位。同时，德国企业家开拓了化学和制药等高新制造业，并在这些领域获得了国际性垄断地位。1907年，德国在各个制造领域，特别是在技术密集型制造领域的生产率，都已领先于英国。到1914年，德国不仅完成了工业化任务，建立起完整的工业体系，成为欧洲头号工业强国，同时也成为那个时代先进制造业的成功范例。

知识链接：德国化学产业三巨头

巴斯夫、拜耳和赫希斯特公司是德国化学产业的“三巨头”企业，为德国成为世界化学工业的垄断者和领先者立下了汗马功劳，它们是德国化学产业发展的缩影。

1863年创办的拜耳公司、同年创办的赫希斯特公司的前身——迈斯特尔·鲁齐乌斯公司和1865年创办的巴斯夫公司的前身——巴登苯胺碱厂，都是依靠合成染料系列产品起家的，并先后成功合成了茜素染料、偶氮染料和靛蓝等染料，它们使德国掌握了该领域绝大多数的技术专利和生产工艺，为德国染料产业的发展插上了腾飞的翅膀。

在两次世界大战期间，德国将“三巨头”合并成立垄断组织“I.G. 法本工业公司”，为战争服务。这个康采恩性质的大型垄断集团不仅垄断了全德国的染料、炸药和合成氨等产品的生产，控制了德国化学制造业85%的份额，而且也是当时欧洲最庞大的康采恩和世界化学制造业的“巨无霸”企业，形成了全球性垄断。二战后，I.G. 法本公司被拆解，拜尔公司、赫希斯特公司和巴斯夫公司成为其三大继承公司。

1951年12月，拜尔公司重新成立，集中精力扩大其药品系列的生产，凝聚于药品研发的核心竞争力。1952年，巴斯夫公司以“巴登苯胺苏打股份公司”的名称得以重建，开发了一系列的农业化学产品和包装用聚乙烯薄膜等塑料制品，通过聚乙烯开发，巴斯夫公司顺势进入了石油化工领域。1953年，赫希斯特公司完成了重新组建，业务包括制药、精细化学产品、玻璃纸、纤维素衍生物类产品、中间化学品等。后来，赫希斯特公司同美国企业合作，进入聚合物日用品的生产领域。

德国工业化的特点

由于资源禀赋和市场狭小的制约，“德国制造”的工业品主要用于出口。19世纪后期德国主要出口纺织品和各种消费品。20世纪以后主要出口金属、机械和化学制品等。1913年，德国成为世界上最大的化学制品、机械、电气设备出口国，其中机械产品的出口总值占世界机械产品总产值的29.1%，德国三大化学品制造业公司生产了当时世界市场90%以上的化学品。

为了增强德国工业产品的竞争力，德国工业领域普遍采取了卡特尔等共同利益集团的合作组织形式。1879年，德国就有14个卡特尔组织，1890年增加到210个，1902年达到300个，1905年增至385个，1911年猛增到550—600个。共同利益集团的合作形式主要存在于化学和药品行业，主要有染料利益共同集团I.G.法本公司。同时，各种行业协会，如德国机械设备制造业联合会（VDMA）、德国工程师协会（VDI）、德国汽车工业协会（VDA），以及电气和电子制造协会（ZVEI）等，也被视为机器设备、电气和电子以及汽车制造业的产业合作形式。各产业之间的垄断竞争和竞争合作关系，形成了相互促进的共赢局面，这保证了德国工业和制造业既具有强大的国际竞争力，又具有灵活的市场适应性。

世界上第一辆摩托车，是1885年戈特利布·戴姆勒的发明创造。1885年8月29日，戴姆勒发明的这辆配有单缸风冷发动机的摩托车获得了专利，因此这一天也被确定为世界上第一辆摩托车的诞生日。

李比希（1803—1873年）创建了有机化学

“创始人年代”的辉煌成就

1871年德国的统一具有划时代的意义，这一年前后催生的一大批成功的大公司，以及众多伟大的德国科学家、发明家和工业家，为德国钢铁制造、工程机械、新型化学和电子工业的建立立下了汗马功劳，这一时代因此以“创始人年代”而载入德国史册。

克虏伯工厂的创始人阿尔弗雷德·克虏伯在欧洲大陆首先采用贝塞麦炼钢法，制造铁轨和轮轴。1851年，该厂生产了铸钢大炮，从而成为欧洲主要的军火制造商。在普法战争中该厂生产的枪支使它获得“帝国军火库”的称号。

维尔纳·冯·西门子发明了改良的发报机，1847年，他在柏林建立了一家公司生产西门子指针电报机，1848年，西门子电报公司铺设了第一条从柏林到法兰克福的远程电报线路。19年之后，西门子发现了电动发电机的原理，他的公司因此发展成了一个制造业巨头。

1827年，拜伦·尤斯蒂斯·冯·李比希在吉森大学建立了化学研究实验室，它导致更多的实验室和技术学院在德国兴建，因此帮助德国创建了举世闻名的化学工业，也使德国数十位化学科学家获得了诺贝尔奖。1863年，弗里德里希·拜耳在埃尔伯费尔德建立了一家工厂，生产染料和医药产品。今天拜耳公司依然是全世界最著名的化学医药企业。

1876年工程师奥托发明了四冲程煤气内燃机；1883年戴姆勒发明了汽油机和汽车；1886年卡尔·本茨发明了汽车；1897年狄塞尔发明了柴油机；德国由此开启了现代汽车制造业。今天，“德系汽车”众多闻名遐迩的经典品牌，如戴姆勒·奔驰汽车公司旗下的奔驰和迈巴赫，宝马汽车公司旗下的宝马和法拉利，大众汽车公司旗下的大众、斯柯达、奥迪、保时捷和兰博基尼等，依然代表着汽车工业的顶尖水平。

在“创始人年代”，还有一大批举世闻名的品牌脱颖而出：1853年创设的世界顶级钢琴——“斯坦威”钢琴；德国拜耳公司发明的“阿司匹林”；巴斯夫公司命名的“阴丹士林”染料商标；成立于1846年的德国蔡司眼镜公司及其“蔡司商标”；1731年成立的双立人公司及其“双立人品牌”；1862年由技工师米歇尔·普法夫创办的最早批量生产缝纫机的百福公司；由1758年和1841年建立的一家小型炼铁厂和机械制造厂演变、合并、发展起来的德国曼恩集团生产的重型柴油机；由罗伯特·博世于1886年创办的德国第二大独立电子设备制造商博世有限公司等，都是基业长青的百年企业和品牌。

博世是德国最大的工业企业之一，从事汽车技术、工业技术和消费品及建筑技术的产业。1886年年仅25岁的罗伯特·博世先生在斯图加特创办公司时，就将公司定位为“精密机械及电气工程的工厂”。博世总部设在德国南部斯图加特市，在世界50多个国家设立分支机构。图为博世公司位于布拉格总部大楼上的标志。

巴斯夫股份公司是著名的德国化工企业，也是世界最大的化工厂之一。它创立于1865年，公司位于德国莱茵河畔的路德维希港，以制造染料产品起家，在1900年初期加入化肥行业的生产，于1920年将重点放在需高压技术的合成物生产上。现公司的业务涵盖化学品、塑料、功能化学品、农用和营养品以及原油和天然气等领域。

繁华人间：城市和商业

自 18 世纪第一次工业革命以来，人类产业和技术变革不断推进，先后实现了机械化、电气化和自动化。产业和技术革命直接影响了农业、工业、商业以及社会进程，尤其对城市的地理环境、经济发展、历史演变、人口增长与分布形成了极其深远的影响。

产业和技术革新因波及范围、影响程度和变化趋势不同，必然使城市和商业的发展产生地域性差异。英国是世界上最先开始工业革命的国家，也是城市和商业繁荣发展最早的国家。英国的伯明翰、伦敦、曼彻斯特等商业城市，附近有丰富的煤、铁资源，资源的大量开采成就了这三座城市的繁荣发展。第二次工业革命，美国和德国在煤铁矿、河湖附近建立工业基地，促进了商业城市的发展，出现了当时最著名的两大商业城市群：“美国五大湖城市群”和“德国鲁尔区城市群”。之后，美国匹兹堡的钢铁产量超过英国而成为“钢都”，底特律的汽车制造业催生了“汽车城”。而更新的产业和技术革命，让德国的电子工业城市慕尼黑、日本的新型商业城市大阪、美国休斯敦的航天城和旧金山的硅谷迅速崛起。

因此，工业时代城市和商业的发展，必然具备完善的商品体系、信息交换、交通运输、基础设施以及教育、文化、娱乐、医疗、服务等综合性功能，现代城市和商业已经成为人类文明的重要成果。

人口聚集

19 世纪英国城市化发展

有些完全是新兴的城镇出现了，它们起初是一些小村庄，但很快就扩大为具有一定规模的城市。

——M·W. 苏思

工业革命后，英国大工业企业的发展需要大量产业工人，于是人口开始逐步聚集到工厂附近，形成一个个完整的社会功能齐全的村镇，随着这种聚集的推进，村镇变成小城市，小城市又变成大城市，这就是城市化的进程。英国是世界上最早完成工业化的国家，也是最早进入城市化的国家。

人口迁移促进城市的发展

工业革命前的英国是一个典型的农业社会，中央政府虽然设在伦敦，但贵族的统治根基在农村，多数贵族只是在上院开会时偶尔到伦敦小住。工业革命彻底改变了这一种情况，它在促进了农业现代化的同时，也产生了大量农村剩余劳动力。这恰好满足了城镇的工厂规模不断扩大的需要。同时，城市生活方式开始在农村普及，特别是城市高度发达的物质文明与农村传统文明形成了强烈反差，推动了农村年轻一代离开祖祖辈辈生活的乡村，成群结队到城市中去。英国从 19 世纪五六十年代以后工业集中趋势日益显著，农业剩余劳动力大规模转移到城市，为城市的兴起和发展补充了新的血液。

英国开始工业革命后，就业机会变多，吸引了大量外来移民。到了 1860 年，英国城市化程度提高，来自全世界的人才涌入英国的城市，有德国人、瑞士人、法国人、希腊人等，他们一般前往伦敦这样的大城市。这些人带来了先进的科学技术和熟练的工作经验，也带动了英国的城市化。

外来人口大量进入城市，导致城市不断膨胀。1800 年伦敦仅有 100 万人口，到 1850 年伦敦人口就增加到 236.3 万。1851 年，英国的城市人口已经占全国人口的 52%，而 60 年后的 1910 年则达到 78.9%，已经成为高度城市化的国家。

伦敦塔桥是一座上开悬索桥，位于英国伦敦，横跨泰晤士河，因在伦敦塔附近而得名，是从泰晤士河口算起的 15 座桥梁中的第一座桥，也是伦敦的象征。伦敦塔桥始建于 1886 年，是为了适应 19 世纪下半叶伦敦东区商业的发展而修建的。

索尔福德码头位于大曼彻斯特都会区，历史上属于兰开夏郡。18 世纪和 19 世纪，索尔福德发展为工业都市和内陆港口，纺织产业快速发展。索尔福德码头是曼彻斯特运河主要的码头。工业革命期间索尔福德快速发展，运河的开通进一步促进了这里的开发。

知识链接：伦敦成为国际金融中心

工业革命之后，英国成为“世界工厂”，其工业品占领世界市场，英镑成为当时在国际贸易和资本输出中最普遍使用的货币。19 世纪中叶，伦敦便取代了阿姆斯特丹成为世界上最大的金融中心。第一家现代意义上的中央银行——英格兰银行的建立，促使股份制银行全面兴起，形成了比较完善的公私信贷体系。发达的票据贴现体系大大提高了信贷的吸引力，以票据贴现和承兑为主的国际货币市场得到快速的发展。海上保险、财产保险和个人寿险业务以及再保险金融市场相继建立，保险业得到了巨大的发展。通过国债发行和流通建立起有效的资本运行体系。以债券市场为主、股票市场为辅的资本市场使伦敦国债市场得以健康发展，并奠定了伦敦现代长期资本市场的基础。

工业革命促使新城市的兴起

新兴城市的兴起和发展是英国工业革命中的一面旗帜，也是英国城市化的体现。工业革命改变了传统的城市分布格局，出现了一大批新兴工业城市。比如格拉斯哥在 18 世纪末还是一个默默无闻的小城镇，但到了 1831 年已经是一个 20 万人口的大城市，靠的就是 60 多条汽船和 107 家纺织厂。

格拉斯哥是苏格兰第一大城市与第一大商港，英国第三大城市。位于苏格兰西部的克莱德河河口。在工业革命的推动下，18 世纪 70 年代克莱德河的加深使得较大的船只可以航行到河的更上游，因而横跨克莱德河的格拉斯哥桥就成为城市交通的枢纽。这对 19 世纪格拉斯哥工业，特别是造船业的勃发起了直接的促进作用。据说维多利亚时代全世界的船只和火车大多都是在格拉斯哥制造的。

伯明翰，在 16 世纪时还是一个小村镇，人口也不到 500 人，工业革命后伯明翰兴建了铁工业区，成为英国最大的生产中心，1801 年人口就增至 7.4 万人。在工业化的带动下，伯明翰依靠着自己的钢铁工业，超过了曼彻斯特和利物浦，成为英国第二大城市。英国工业革命中，不少小城镇因为棉纺织业的迅猛发展而成为大工业城市，比如曼彻斯特就是英国近代城市化的典型。曼彻斯特在 1840 年聚集了英国 85%的纺织产业，因而城市人口在几十年中增加了好几倍，成为重要的新兴城市。

工业革命带来的交通运输业的发展加速了城市化进程。铁路、公路、水路把繁华的都市与荒僻的村庄联系起来，大大促进了商品流通和人口流动，同时带动了建筑业、邮政业、商业、金融业等许多商贸服务业的发展，极大地健全了城市功能。

工业文明的盛会

英国首届世界博览会

艺术和工业创造并非是某个国家的专有财产和权利，而是全世界的共有财产。

——英国皇家艺术协会主席阿尔伯特亲王

19 世纪前半叶，英国工业革命已经取得巨大成功。自维多利亚女王登基后，英国不仅成为世界第一的工业强国，也是当时欧洲金融的中心。因此，英国希望通过举办一次世界性的博览会，来展示其强大的国力，展示英国的财富和技术成就，彰显英国作为“世界工厂”的繁荣和昌盛。1851 年在伦敦举办的首届世界博览会，当时又称万国工业博览会，正是基于这样的背景和目的。

首届世界博览会的筹办

1849 年 6 月 30 日，一次历史性的会议在伦敦白金汉宫召开，参加者有皇家艺术协会成员、全国博览会组委会成员、建筑公司成员和维多利亚女王的丈夫阿尔伯特亲王。会上讨论了举办世界博览会的基本框架：博览会将是国际性的，由国家发出参展邀请，将成立一个皇家委员会来主办世博会，同时决定世博会展品分为四个大类：原材料、机械、工业制品和雕塑作品，并将建设一幢特别的临时建筑作为世博会展厅，举办场地选在海德公园南侧。会后，“世博会皇家委员会”在英国国内进行了广泛的宣传、游说、筹资活动。很快，英国议会两院也以多数票同意在海德公园内举行博览会。1850 年 1 月 3 日，世博会皇家委员会正式成立。随后，维多利亚女王便以国家名义向世界各国发出世博会参展邀请。

在面向全球征集世博会主展厅建筑设计方案时，园艺师约瑟夫·帕克斯顿和他的创作“水晶宫”脱颖而出。1850 年 9 月 26 日，水晶宫奠基，6 个月不到就竣工了。水晶宫整体由钢铁、玻璃和木头制成，整幢建筑本身就是现代化大规模工业生产技术的结晶。

海德公园是英国伦敦最知名也是最大的皇家公园。它位于英国伦敦市中心的威斯敏斯特教堂地区，占地 360 多英亩（约 150 万平方米），原属威斯敏斯特教堂产业。1851 年，维多利亚女王首次在这里举办伦敦国际博览会。

首届世博会主展馆的水晶宫内，挂满万国彩旗，各种工艺品、艺术雕塑琳琅满目，目不暇接。来自不同国家的发明、珍奇和不同产品让观众目瞪口呆，惊讶不已。

世界博览会盛况

英国首届世界博览会共有18000个参展商，提供了10万多件展品，每类展品都设一个专家委员会监督展品挑选。组委会专设特别评选委员会对展品进行评选，以展品是否新颖、是否是重要的发明、生产商（作者）的创意和艺术设计的优秀程度作为评选的根据。最后，评选委员会评出5084个奖项，其中外国人获得3045项。

1851年5月1日早上9时，水晶宫开门接纳前来参加开幕式的客人。50多万人聚集在海德公园四周。11时30分，9驾皇家马车列队离开了白金汉宫前往海德公园参加世博会开幕大典，12时的钟声敲响，在“哈利路亚”乐曲声中，王室和他们的随行人员进入展览宫。开幕式上维多利亚女王和每一位宾客一样兴奋激动，她由衷地盛赞道：这次“和平节日”的创造者，把地球上所有国家的工业联合了起来，确实让人感动，永远值得纪念。

世界博览会不单是展示技术和商品，而且伴以异彩纷呈的表演，富有魅力的壮观景色，设置成日常生活中无法体验的，充满节日气氛的空间，它成为一般市民娱乐和消费的理想场所。水晶宫内挂满万国彩旗，参观人流摩肩接踵，各种工艺品、艺术

1851年在英国伦敦举办的首届世界博览会主展馆水晶宫的照片。水晶宫最初位于伦敦市中心的海德公园内，是1851年首届世博会的主展馆。水晶宫是工业革命时代的重要象征物，它不仅开创了近代功能主义建筑的先河，也成就了第一届伟大的世博会。

维多利亚和阿尔伯特博物馆是为1851年在伦敦召开的第一届世界博览会而建，以维多利亚女王和阿尔伯特公爵命名，专门收藏美术品和工艺品，包括珠宝、家具等。大约也是由于世博会的影响，这个博物馆的主导思想一开始就与传统的博物馆不同，举办一些对现代人生活有影响的展览，作为博物馆干预社会生活最有实效的典范。在英国，维多利亚和阿尔伯特博物馆是规模仅次于大英博物馆的第二大国立博物馆。

雕塑琳琅满目，目不暇接。人们惊奇地观看来自不同国家的发明、珍奇和不同的产品。各种工作的机器让人大开眼界，有开槽机、钻孔机、拉线机、纺纱机、造币机、抽水机等，这些不同的机器又通过特别建造的锅炉房产生的蒸汽一起驱动，让人领悟到工业革命给世界带来的变化。而美国作为一个新型国家，在这次博览会上显示了让欧洲人惊叹的实力，共有5048位企业家携带500多项产品漂洋过海参加了世博会，麦考密克收割机、科耳特左轮枪、固特异橡皮和口嚼式烟草等受到广泛好评。

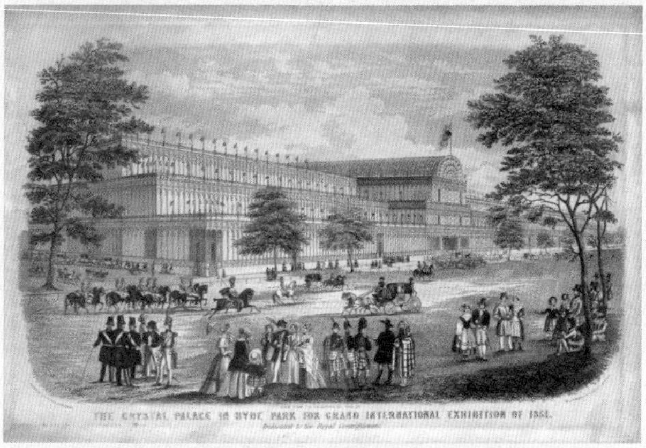

1851年伦敦世博会主展馆水晶宫是由园艺师约瑟夫·帕克斯顿设计的。他尝试了以玻璃与钢铁建造巨大温室的可能性，也运用强韧、耐久的建筑材料以达到形式简单而又能够快速建造的目的。

当然，最受赞誉的还是水晶宫。人们赞美这座通体透明、庞大雄伟的建筑，英国人为能开创世界建筑奇迹感到无比荣耀和自豪。水晶宫成为世博会的标志，它成就了世博会的举办。

首届世界博览会的巨大收获

1851年10月14日伦敦首届世博会举行了闭幕式，主办方宣布世博会圆满结束，博览会共吸引了五六十万人前来参观，获得了186437英镑的利润。经皇家组委会的讨论，决定除了给帕克斯顿5000英镑奖励外，盈余分成两个部分：一部分建立博物馆用于教育民众，在南肯辛顿购买87英亩(约35万多平方米）土地建立科学和艺术中心，这块

水晶宫效果图

土地上有维多利亚和阿尔伯特博物馆、科学和地质博物馆、帝国科学和技术学院、皇家艺术和音乐学院及大英自然历史博物馆；另一部分设立科学艺术奖励基金。

维多利亚时代是英国的鼎盛时期，工业革命的完成使英国成为欧洲的头等强国，殖民主义的扩展使英国自诩为“日不落帝国”。首届世界博览会展示了英国工业技术的划时代成就，但维多利亚女王用外交方式，邀请各国参展，形成了国际性博览会的格局，它更关注交流与发展，彰显融合与分享，将不同思想、不同创造、不同文化、不同文明熔为一炉，成为世界博览会人文气氛日浓的初始之源。

广角

水晶宫

提起1851年伦敦首届世界博览会，人们必然会想起那座与它同时诞生的著名建筑：水晶宫。这座历史上第一次以钢铁、玻璃为主要材料的超大型建筑，不仅开创了近代功能主义建筑的先河，也成就了第一届伟大的世博会。

1837年，一位英国探险家在圭亚那发现美丽的王莲，便采集种子带回了英国，他把种子交给查丝华斯庄园首席园艺师约瑟夫·帕克斯顿种植。帕克斯顿成功地让王莲长出了11片巨大的叶子并开出美丽的花朵，他将花以维多利亚女王命名“王莲”，并作为礼物送给了维多利亚女王。

有一天帕克斯顿把7岁的小女儿抱在王莲一片巨大的叶子上观赏花朵，水上飘逸的绿叶居然轻而易举地承担起她的体重。帕克斯顿翻开叶子观察其背面，只见粗壮的茎脉纵横呈环形交错，构成既美观又可以负担巨大的承重力的整体。这个发现给了他灵感，一种新的建筑理念在脑中形成：建筑除了简洁明快的功能之外，建筑构件可以预先制造，不同构件可以根据建筑大小需要组合装配，这样的建筑成本低廉，施工快捷。当帕克斯顿听说为了举办首届世界博览会将在海德公园建造展览场馆之事后，他将这一独特的构造方式提报给组委会。1850年6月20日，帕克斯顿带着他的图纸前往伦敦，这一设计赢得了建筑委员会、组织委员会和民众一致赞许。

1850年9月26日，水晶宫奠基，仅用6个月不到就建设完工。这栋建筑使用了8.4万平方米的玻璃（相当于8个半的标准足球场地），由伯明翰一家玻璃供应商提供，这家公司是当时唯一可能满足如此庞大需求的工厂。另一个主要建材是铁，包括铁柱3300根，铁梁2300条，占地面积7.4平方米，宽度与长度分别约为125米、564米，共有三层楼。水晶宫，这座原本是为首届世界博览会展品提供展示的一个场馆，却成了第一届世博会中最成功的作品和展品。

首届世界博览会结束后，水晶宫被移至伦敦南部的西得汉姆，并以更大的规模重新建造，1854年6月10日由维多利亚女王宣布向公众开放，在此后的82年中，它一直是伦敦的娱乐中心。1936年11月30日，水晶宫遭遇一场巨大的火灾，几个小时内，火焰吞噬了这座标志着大英帝国骄傲的建筑物。温斯顿·丘吉尔曾如此悲伤地表示：“这是一个时代的终点。”

资本市场

伦敦证券交易所

所有统计数据都表明，伦敦证券交易所公布的外国证券总数多过世界上任何其他的证券交易所。

——李俊辰《伦敦金融城：金融之都的腾飞》

伦敦证券交易所是世界上历史最悠久的证券交易所之一，其历史可以追溯到300多年前。

证券交易所的成立为英国工业革命提供了重要的融资渠道，也为促进当时英国经济的兴旺发挥了重要作用；而英国工业的强劲发展也促进了交易所自身的壮大，从而确立了英国世界金融中心的地位。截至第一次世界大战之前，伦敦证券交易所一直是世界第一大证券交易市场。

股份公司的发展和证券市场的形成

近代股份有限公司出现于16世纪中期至17世纪初，当时荷兰和英国成立了一批具有较明显现代股份公司特征的海外贸易公司。到1695年，英国成立了约100家新股份公司，其交易额在1700年就有1200万英镑，到1800年已达2500万英镑。

19世纪繁忙的英格兰银行。英格兰银行成立于1694年，最初的任务是充当英格兰政府的银行，目前是英国的中央银行。它自诞生之日起，就是全世界最大、最繁忙的金融机构。英格兰银行大楼位于伦敦市的针线大街，因此它有时候又被人称为“针线大街上的老妇人”或者“老妇人”。

18世纪下半叶，英国开始了工业革命，到19世纪中期，股份公司在制造业中普遍建立起来。这些公司就是利用发行股票的办法筹集资金，后经政府许可，这些股票可以自由买卖。这些被允许自由买卖的股票和债券就成了英国早期证券市场的基本元素。

英国的证券交易所起源于17世纪末期。当时英格兰银行成立并发行了大量的政府债券和银行股票，英国政府为此设立了皇家交易所，专门买卖政府债券，而民间的股票交易活动大都在咖啡馆内进行。到18世纪之时，随着英国国债制度的确立，银行网络系统的初步建立，股份公司和证券交易所的逐步发展，英国近代金融体系基本建立起来，金融革命发生了。

英国证券交易所的发展

随着国债和股票交易的日趋活跃，交易形式的逐渐完善，伦敦证券交易所于1773年在乔纳森咖啡馆正式宣告成立。1802年伦敦证券交易所获得英国政府的正式批准。交易所成立后，分散的证券交易集中于交易所经营。为了加强对交易所的管理，1812年英国颁布了第一个证券交易条例。

1773年，英国的第一家证券交易所在伦敦柴思胡同的乔纳森咖啡馆成立。1802年，交易所获得英国政府正式批准。伦敦证券交易所曾是世界第三大证券交易中心，也是世界上历史最悠久的证券交易所。伦敦证券交易所曾为当时英国经济的兴旺立下汗马功劳，其几百年来一直保持着面对面公开叫价式交易方式和实行最低佣金制，这些传统的做法曾为世界各证券交易所的楷模。

知识链接：世界三大证券交易所

世界三大证券交易所是：纽约证券交易所、东京证券交易所和伦敦证券交易所。纽约证券交易所是世界上最大的有价证券交易市场，最早成立于1792年5月17日，由24名经纪人在纽约华尔街西北角的一家咖啡馆门前的一棵梧桐树下签订了“梧桐树协议”。当时完全是原始的票据交易，到1817年股票交易开始活跃，于是市场的参与者又成立了“纽约证券交易管理处”，1863年更名为“纽约证券交易所”。东京证券交易所的前身是1879年5月成立的东京证券交易所株式会社，二战后被美军解散，1949年5月16日，现代意义上的东京证交所重新开张，很快成为亚洲最大的证券交易市场。1983—1990年东京证券交易所得到了飞速发展，1990年东京证券交易所在最火爆时，吸引了全世界60%的流动资本，成为全世界最大的资本市场之一。

19世纪初英国开始大规模地修建运河、铁路、开采矿山，主要利用股票的形式筹集建设资金，遂使矿山股、铁路股成为主要的交易对象。19世纪30年代至40年代，纺织业和重工业得到显著发展，一大批由家族经营的工厂企业，为了扩大生产和加强竞争，而改为股份公司，也发行了大量的股票。在这一阶段，产业股的股票发行和流通占主要地位。股票交易也越来越兴旺了。在曼彻斯特、格拉斯哥、利物浦等地先后建立了许多地方性的证券交易所，主要经营国内股票和债券交易。伦敦证券交易所则成为海外投资、世界金融的中心交易场所。1890年英国证券市场协会成立后，开始对一些小型的分散的证券交易所实行合并。

今天，伦敦依然是世界上最国际化的金融中心之一，其外国公司股票的交易量和市值都超过了本国公司的股票，这在其他交易所是罕见的。

伦敦金融城在伦敦著名的圣保罗大教堂东侧，有一块被称为“一平方英里”的地方。工业革命之前，伦敦就已经成长为世界首要的金融中心。这里有被称为“银行之王”的英国中央银行——英格兰银行；有经历了200多年历史的伦敦股票交易所；有著名的伦敦商品交易所（现更名为伦敦期货与期权交易所）；还有西方世界最重要的黄金交易场所伦敦黄金市场；而劳埃德（劳合社）则是一个国际性保险市场，曾是世界保险业中资金最雄厚、保险费收入最高的保险垄断组织。图为伦敦皇家交易所和门前广场上的惠灵顿雕像。

市政卫生

城市污水处理系统

该工程不仅解放了伦敦人的鼻子，还提升了伦敦的形象。

——英国《金融时报》专栏作家约翰·凯

19 世纪早期，工业革命推动下的城市化发展也出现了一系列严重的环境问题，除了空气污染外，城市中还充斥着刺鼻的臭味和四溢的污水，由此引发的疾病严重威胁着人类生存。城市污水处理系统的发明和建设，不仅拯救了发展初期的城市文明，更拯救了不计其数的生命。

欧洲城市早期污水处理方法

欧洲早期的城市并没有系统完善的污水处理设施。文艺复兴时期，污水管道和城市公共厕所逐步出现。当时伦敦桥上有两座可供 10 人共同使用的公共厕所，直接通向泰晤士河，大约有 150 多户居民使用这个公共厕所。夜晚，欧洲家庭一般使用夜壶，每天清晨把夜壶里的粪便倒入化粪池，甚至直接倒在大街上。年复一年，积累的粪便渗入深层土壤，污染了城市水井中的饮用水。这是欧洲很长时期瘟疫流行的重要原因。

早期的抽水马桶。抽水马桶以及城市排污系统当之无愧是文明史上最伟大的发明之一。真正意义上的抽水马桶在 18 世纪后期才发明出来，而直到 19 世纪的维多利亚时代，现代厕所才成为英国大多数房屋的标配。不夸张地说，伦敦作为一流国际大都市的地位，就是从抽水马桶入户的时刻奠定的！

1597 年，约翰·哈林顿爵士发明了抽水马桶。他只做了一个献给英国女王伊丽莎白一世，女王将它安装在里士满的城堡里，除了她自己，任何人不得使用。1775 年，英国人亚历山大·卡明斯发明了一种经过改进的“水箱”，拉动绳索，蓄水水箱的阀门打开，释放水流冲过便器顺着管道排出。3 年后，伦敦锁匠约瑟夫·布拉默制造出厕所内部系统。后来英国土木工程师托马斯·克罗珀制造出一种更加简洁的全瓷壳设计，代替了约瑟夫·布拉默的系统。

但是，这些创造并没有解决城市整体污水处理的问题，特别是城市人口不断集中，大部分水井已经受到长期污染，不能再饮用。因此，城市污水处理系统的发明和建设迫在眉睫。

城市污水处理系统的发明和建设

1819 年，出生于一个法裔家庭的约瑟夫·巴泽尔杰特（Joseph Bazalgette，1819—1891 年），在英国攻读土木工程专业。在 1853—1854 年席卷整个伦敦的霍乱中，仅伦敦中心的死亡人数就超过了 1 万。巴泽尔杰特带领工程师团体大声呼吁，霍乱是一种饮用水传染疾病，改善卫生设施是唯一的解决方法。1858 年夏天，一股持续的热浪带着“巨

19 世纪初的英国正处在第一次工业革命的蓬勃发展阶段，并开始了具有现代意义的城市化过程。但是 1858 年的夏天，伦敦爆发了著名的“恶臭事件”，不仅市民生活备受困扰，连议会也不得不停开。最终一位名叫约瑟夫·巴泽尔杰特（左图）的工程师对伦敦的排水系统进行改造。到 1865 年，工程终于完工，城市的污水被送到了离伦敦很远的河流下游。从此之后，霍乱从伦敦彻底消失了。而约瑟夫·巴泽尔杰特建设的下水道工程被称为世界七大工业奇迹之一。

知识链接：伦敦地下排水系统的改建

巴泽尔杰特在 19 世纪中叶兴建伦敦地下排水系统时并没有完备的历史降雨量资料可供参考，而当时的地下空间又比较宽敞，因此下水道内径设计和建造得十分庞大，这在无形中提高了城市抵御内涝灾害的能力。但古老的伦敦下水道系统目前已经处在临界点，每次遭遇大雨，便会发生溢流，导致成千上万吨的污水流入泰晤士河。为此，伦敦计划投资 42 亿英镑建造一条“超级下水道”，将污水直接排入处理厂，避免河流遭到污染。

臭”袭击了伦敦，当时的泰晤士河就如同一条臭气熏天的露天污水沟，鱼类和植物早已绝迹。令人窒息的恶臭甚至让英国议会被迫迁出了伦敦，他们成立了伦敦市政工程委员会，任命巴泽尔杰特为总工程师，委派他解决这一问题。

巴泽尔杰特设计了一套全方位地下污水管道系统，包括 130 多公里的大型砖结构排水沟，近 1800 公里的小型街道排水沟，约 2.1 万公里的支线排水沟，从此污水不再汇入泰晤士河，而是进入 1865 年完工的贝肯污水处理厂。工程建设的头 8 年中，巴泽尔杰特的工作受到了许多质疑和嘲讽。1865 年末，威尔士亲王正式宣布启动巴泽尔杰特污水管道的第一部分。1866 年秋季，一场霍乱席卷了英格兰，但是却没有波及已经安装了污水管道的伦敦中心地区。人们开始为巴泽尔杰特喝彩欢呼，衷心地感谢他拯救了伦敦。

巴泽尔杰特用数年时间完成了伦敦全市的污水处理系统的建设。后来，尽管混凝土替代了砖头，抽水机变得更加小巧高效，但是我们现在的污水管道仍旧与巴泽尔杰特的设计完全相同。巴泽尔杰特因此被称为历史上拯救生命最多的工程师。

巴泽尔杰特首次将雨水管道和污水管道分离，污水管道的出口改成了泰晤士河的入海口。他把隧道设计成倒立的鸡蛋形状，使污水在底部流动得更快，将垃圾冲洗干净。他设置了“防暴雨安全机制”，当降水量过多时，允许污水排入泰晤士河，以防城市被淹。所有这些细致周密、极具前瞻眼光的设计，使这个建成于 150 多年前的伦敦下水道系统，今天仍在为伦敦服务。图为总工程师和设计师约瑟夫·巴泽尔杰特爵士在伦敦第一个封闭式排水系统的施工现场监理。

设计规划

城市街道的发展

街道不仅是交通廊道，还必须是人们愿意生活和停留的场所。
——英国《街道导则》

城市街道一般是指城市中两侧建有建筑物，并设有车行道、人行道、绿化带和各种市政公用设施的线性开放空间。现代城市街道是主要的交通空间，它的形成和发展源于机器化大生产推动下的城市化进程之中。

步行时代和马车时代的街道

在欧洲工业革命之前漫长的历史时期，许多著名城市的街道主要呈现为经过规划的格网模式和未经过规划的“有机”模式两种状态。格网模式如古希腊时期的米利都城、古罗马时期的罗马城等；“有机”模式如中世纪时期的帕多瓦城、文艺复兴时期的威尼斯城等。中世纪时期，城市居民的出行方式基本以步行为主，城市街道主要是一个简单实用的步行系统，只有少数社会上层人士能够以马匹或马车作为代步工具，因此中世纪的街道以“有机”模式为主。例如布鲁塞尔老城的街道基于人的尺度，便于居民步行，街区距离不大，两侧建筑不高，街道主要作为步行通道和公共空间。

16世纪马车开始在欧洲发展，18世纪后半叶得到普及。“马车时代”的到来对城市街道模式的改变产生了较大影响。街道尺度放大了，街道被拓宽、街区距离增加；街道功能模式复杂化，步行道和车轮道开始分离；街道网络布局模式发生变化，如17世纪罗马城改造按照巴洛克式的规划方法进行，形成了“环形+放射”的模式，更有利于马车通行。

布鲁塞尔老城区街道。布鲁塞尔有1000多年的历史，目前形成的城市格局大体是18世纪大规模城市建设的成果。布鲁塞尔老城区的许多街道如埃杜里弗小巷等都是鹅卵石或者青石块铺成，两边耸立着许多中世纪的哥特式建筑。

有轨电车时代和汽车时代的街道

两次工业革命的兴起，使电的使用普及开来。有轨电车是19世纪下半叶在英国马拉轨道车基础上发展起来的一种交通工具，它更加清洁安全并且运量更大，因而得到快速发展。美国到1923年有轨电车发展达到鼎盛时期，线路总长达7.56万公里，几万人口的小城市都建设了有轨电车，有轨电车成为现代化城市的象征。第二次世界大战前有轨电车在全世界被广泛使用。

有轨电车的运行深刻地改变了城市形态与街道模式，有轨电车通行的街道沿线成为城市最繁

1879 年，德国工程师维尔纳·冯·西门子在柏林的博览会上首先尝试使用电力带动轨道车辆。此后俄国的圣彼得堡、加拿大的多伦多都进行过开通有轨电车的商业尝试。匈牙利的布达佩斯在 1887 年创立了首个电动电车系统，1888 年美国弗吉尼亚州的里士满也开通了有轨电车。图为北京前门大街的有轨电车。

华的地区，街道功能日益复杂化。街道成为两侧大量商业建筑的临街界面，大大增强了人们交流和活动的公共空间。同时由于人流量和车流量的快速增加，它作为交通空间的功能也愈加增强了。

20 世纪汽车的普及给城市街道带来了根本性的变化，勒·柯布西埃于 20 世纪 20 年代提出了街道等级体系，它打破了传统混含式的城市街道模式，也在一定程度上牺牲了步行交通和公共交通的空间。从此网格状的街道模式被颠覆，代之以“树状街道”。“汽车时代”城市街道按等级划分已经在 20 世纪中期完全普及，城市中纵横交错着大量的“大马路”，街道作为公共空间的功能急剧下降，而交通功能成为主导。

从罗马时代到 17 世纪，牛津街一直是沟通伦敦西城到牛津地区的主要道路。18 世纪末期伦敦城市大规模建设后，使得牛津街初具现在的规模，一流的购物中心在 20 世纪开始起步。今天，牛津街是英国伦敦首选的购物街道并享有遍及全球的声誉。

知识链接：欧洲著名的大街

法国巴黎香榭丽舍大道，金碧辉煌而又充满文化和浪漫情调。它西接凯旋门，东连协和广场，全长 1880 米。香榭丽舍大道是巴黎主要的旅游景点之一，有很多奢侈品商店和演出场所，还有许多著名的咖啡馆和餐馆。

英国伦敦牛津街，古典优雅的气息。罗马时代建成的牛津街，在 20 世纪开始建设了大量购物中心，长约 2 公里的街道上云集了超过 300 家的世界大型商场。

德国柏林库达姆大街，协调平衡的风格。这里是威廉大帝纪念堂的所在地，后来发展为了一个重要的购物大道，并且伴随着很多的艺术咖啡屋、剧场、戏院和电影院。今天它是高级时装和时尚商店汇集的首要地区。

奥地利维也纳克恩顿大街，建筑和音乐的融合。它的形状呈 U 字形，在这条街上国际名牌与典型的维也纳家庭企业融洽地共存着，新旧建筑风格迥异，世界最著名的歌剧院——维也纳国家歌剧院坐落于此。

俄罗斯莫斯科市阿尔巴特大街，兴起于 19 世纪，1917 年以前，阿尔巴特大街是莫斯科的文化中心，有 200 家商店和食品店以及书店、古玩店、珠宝店集中在此。

法兰西第一大道
香榭丽舍大道

到香榭丽舍大道，在中午，在晚上，阳光下，细雨中，在香榭丽舍找到你的所有。
——《香榭丽舍大道》

闻名世界的巴黎香榭丽舍大道是位于法国首都巴黎的东西主干道，全长1880米，最宽处约120米，东起协和广场，西至戴高乐广场。它的东段以自然风光为主，两侧是平坦的草坪，恬静安宁；西段是高级商业区，世界一流品牌、服装店、香水店都集中在这里。繁华时尚的香榭丽舍大道从17世纪以来就是法国贵族和新兴资产阶级的娱乐天堂，历久弥新地散发着火树银花、雍容华贵的魅力，因此被称为“世界上最美丽的街道”。

法国香榭丽舍大道又名爱丽舍田园大街，是法国巴黎城一条集高雅及繁华，浪漫与流行于一身的世界上最具光彩与盛名的道路。

香榭丽舍大道的早期建设历史

香榭丽舍大道始建于1616年，当时的法国皇后玛丽·德·梅德西斯决定把卢浮宫外一处满是沼泽的田地，改造成一条绿树成荫的大道。因此在那个时代的“香榭丽舍”被称为“皇后林荫大道”。1667年，皇家园艺师勒诺特为拓展土伊勒里花园的视野，把这个皇家花园的东西中轴线向西延伸至圆点广场，从而形成了香榭丽舍大道的雏形。此后，勒诺特在对卢浮宫前的杜乐丽花园进行重新设计时，延伸了花园中心小路的长度，新

巴黎香榭丽舍大道的西端凯旋门，即雄狮凯旋门，位于法国巴黎戴高乐广场中央。它是一座迎接外出征战的军队凯旋的大门，也是现今世界上最大的一座圆拱门。这座广场也是配合雄狮凯旋门而修建的，因为凯旋门建成后，给交通带来了不便，于是就在19世纪中叶，环绕凯旋门一周修建了一个圆形广场及12条道路，呈放射状，就像明星发出的灿烂光芒，因此这个广场又叫“明星广场”。凯旋门也称为“星门”。

的林荫道从卢浮宫出发直至现在的香榭丽舍圆形广场。太阳王路易十四可以顺着这条没有任何建筑物遮挡的道路，观看迷人的落日晚霞。1709 年两旁植满了榆树的中心步行街的建成，勾勒出了香榭丽舍大道的雏形，这条街道也成了当时巴黎城举行庆典和集会的主要场所。1724 年，昂丹公爵和玛雷尼侯爵接手了皇家园林的建设管理，他们完成了香榭丽舍大道的全线规划工作，从此香榭丽舍大道就成为巴黎最有威望、最重要也最具诱惑力的一条街道。

“法兰西第一大道”的形成

19 世纪，法国资本主义进入飞速发展的“美好年代”，香榭丽舍西段顺应经济发展的需要，成为重要的商业大道，同时保留了法国式的优雅情调。1828 年，这条大道的所有权收归巴黎市政所有，后来的设计师希托夫和阿尔方德改变了最初的规划方案，为香榭丽舍大道添加了喷泉、人行道和煤气路灯，使之成为法国花园史上第一条林荫大道。

第二帝国时期，拿破仑三世耗时 18 年（1851—1869 年）建设新巴黎，他委任塞纳省省长奥斯曼主持扩建工程。为疏通城市交通，奥斯曼把交叉路口的广场改为交通枢纽，为此扩建了许多街头广场，如星形广场、巴士底广场等。连接各大广场路口的是笔直宽敞的梧桐树大道，两旁是豪华的五六层建筑；远景中，每条大道都通往一处纪念性建筑物。奥斯曼将星形广场原有的 5 条大道拓宽，又增建 7 条，使广场成为 12 条呈辐射状大道的中心。香榭丽舍大道则从圆点广场延长至星形广场，成为 12 条大道中的一条，并真正成为“法兰西第一大道”。这种格局使城市气势恢宏，车流通畅，成为实用标准与审美标准相结合的典范，当时即引得世界许多大都市纷纷效仿。

巴黎扩建后，香榭丽舍大道迎来了发展史上的春天，富有法国特色的时装店、高档化妆品店、银行、高档轿车行、高级夜总会等纷纷进驻，为其注入了更多时尚奢华的气息。

知识链接：“香榭丽舍”译名的神来之笔

“香榭丽舍”这个译名是徐悲鸿先生留学法国时翻译的，既有古典的中国韵味，又有浪漫的西方气息。“榭”是中国园林建筑中依水架起的观景平台，平台一部分架在岸上，一部分伸入水中。而曾经的香榭丽舍就曾是一片水榭泽国，现在则是一个让世人流连忘返的巨型观景平台。弥漫着咖啡、香水、糕点香气的街道可谓是名副其实的“香榭”，而街道两旁典雅的奥斯曼式建筑，被称为“丽舍”，更为贴切。

繁华都市巴黎除了著名的四大商业街：香榭丽舍大道、蒙田大道、奥斯曼大道和圣·奥诺雷街之外，还遍布着许多商业购物的街巷，各种世界著名品牌店、特色商店、美食店鳞次栉比，尽显世界时尚之都的风采。图为巴黎商业街上 GAP 品牌店。

天堂巴黎

时尚之都的繁华商业

莱法耶特总有新鲜事!

——老佛爷百年经典口号

商业是现代城市的灵魂，商业文明也是工业时代的重要标志。巴黎不仅是法国的政治、经济、文化、商业中心，更是素以“浪漫之都”“时尚之都”“世界花都”“艺术之都”而著称。这样一座繁华而美丽的世界名城、旅游胜地和购物天堂，每天都吸引无数来自全球的宾客与游人。

巴黎四大百货公司

老佛爷百货公司，是巴黎最大的百货公司，建于1895年。它位于奥斯曼大道40号，紧邻巴黎歌剧院。1912年，它凭借豪华如宫殿般的装修轰动一时，华美迷炫的拜占庭式巨型镂金彩绘雕花圆顶，绚丽无声地见证了无数时尚潮流的替换。在沿圆顶宣泄而下的柔和日光里，闲散地漫步于奢侈品专柜之间，能够感受到艺术、文化与奢侈时尚巧妙地紧密结合在一起。来往的人影绰约，像赴一场中世纪的聚会，购物真正成了一种享受。老佛爷这个花都的时尚风向标，不仅将当季的欧风时尚强烈地突显在绚丽的橱窗里，内部不断推陈出新的奢侈品牌和新设计师的杰作，也绝对能满足所有高品位时尚人士最个人化的需求。

19世纪末，老佛爷百货就已经来到巴黎的奥斯曼大道。老佛爷百货之所以经久不衰，不仅因为他们拥有世界上几乎所有的时尚品牌，而且因为他们的全球眼光和文化视野。今天，老佛爷百货已经成为巴黎时尚文化的缩影。

巴黎春天百货公司，专营奢侈品，建于1865年。春天百货的建筑本身就是历史文化遗产，1881年修建的装饰着彩色马赛克和玻璃天窗的角楼现在已经是举世闻名的游览地点。登上福楼咖啡厅的7楼，观赏春天百货用3185块彩画玻璃组成的屋顶，其宏伟华丽的“新艺术风格”穹顶令人惊叹，绝对是一种艺术的享受。

波马舍百货公司，它是世界上最古老的百货公司，开业于1838年，是巴黎左岸唯一保留下来的宫殿。今日呈现在世人眼前的奥斯曼式、矮圆拱的庙堂风貌，是完成于1869年的扩建工程中。这里是法国电影经常借用的拍摄场景，也是法国大文豪左拉最喜欢流连的地方。

市政厅百货公司，1856年开业，原名拿破仑杂货店，1912年更名为巴黎市政厅百货公司。它是第二帝国时期奥斯曼男爵伟大城建工程的产物，百货公司成为一个新兴业态。今天，市政厅百货公司是

巴黎春天百货公司是巴黎第一家率先采用电力照明的百货公司。而它用 3185 块玻璃组合而成的圆形屋顶，如今更是被法国政府列为文化历史遗产。今天巴黎春天百货公司在世界很多地方开有分店，图为开在上海的巴黎春天百货公司。

一家以经营生活起居用品为主的专业百货公司。

知识链接：巴黎高等商学院

巴黎高等商学院，由巴黎工商会于 1881 年创立，是法国最负盛名的高等商业管理学院，也是欧洲最著名的商学院之一。建校伊始，法国经济“自由主义”的支持者和坚信教育可以推动进步的人们为其办学成功倾注了不懈的努力。1892 年，巴黎高等商学院引入竞争激烈的入学考试，申请人必须证明他们的“道德水准”，并对学生的校园生活提出了严苛的要求，每位被录取的新生在报到时均需携带 42 件日常衬衫、6 件晚装衬衫、12 双袜子和 24 块手帕，由“慈父般开明的行政部门”来监督学生的纪律和表现，这是保证学生迈向成功的关键因素之一。其杰出校友包含前法国总统奥朗德，世界贸易组织总干事拉米等。

巴黎四大商业街

巴黎汇聚了各大奢侈品牌和服装精品，其购物场所既有大型百货商店，还有购物街。巴黎最具有代表性的商业购物街主要有 4 个。

蒙田大道，这是法国最为著名的购物街，修建于 1672 年，全长 615 米，宽 33 米，奢侈品旗舰店云集：包括 56 号的 Louis Vuitton、30 号的 Dior、38 号的 Celine、8 号的 Prada 等，LVHM 集团成就了这条街，从 20 世纪 80 年代开始 LVHM 集团下属的几大顶级名牌纷纷入驻。

香榭丽舍大道，这里是巴黎最繁华热闹的一条购物街，这条街上共有 332 家店铺，其中 102 家是服装店，几乎全是目前在国际上最流行的品牌。

奥斯曼大道，因为拥有两家法国最大的百货公司老佛爷百货及春天百货而成为闻名世界的购物大街。

圣·奥诺雷街，18 世纪时这里是贵族居住区，街上汇集了众多奢侈品店和古董店，丝巾专家爱马仕（Hermes）更是从 1837 年起就落脚此地了。除此之外还有 Chanel、Gucci、Lagerfeld Gallery、Christian Lacroix、Sonia Rykiel、Versace、Lanvin 等耳熟能详的品牌落户于此。

1835 年，14 岁的路易·威登告别家乡瑞士，徒步 250 公里远赴巴黎闯天下。他从行李箱工匠的学徒，一步步成为首席助理，并最终成为拿破仑三世的欧也妮皇后信任的行李箱专家。1854 年，路易·威登创立了自己的公司，在巴黎尊贵地段开设了首家店铺。从此，“LV”成为享誉世界的著名品牌，并成为卓越品质、杰出创意和精湛工艺的时尚旅行艺术的象征。图为位于香榭丽大道的路易·威登商店。

工业化的勃兴

美国著名工业城市

作为全国钢铁业的中心，匹兹堡为全国的桥梁、铁路、大厦提供钢铁。

——《匹兹堡：烟雾笼罩的城市》

美国从1800年开始进入工业革命阶段，1865年南北战争胜利后美国的工业革命加速发展，1870年美国开始第二次工业革命，并很快走在世界的前列。在工业化不断发展的过程中，美国的城市化进程也大大加快，形成了一系列著名的工业城市。

“钢都”匹兹堡

匹兹堡是美国宾夕法尼亚州第二大城市，是美国著名的钢铁工业城市，有“世界钢都”之称。

总部设在匹兹堡的美国钢铁公司是美国最大的钢铁垄断跨国公司，成立于1901年，由卡内基钢铁公司和联合钢铁公司等十几家企业合并而成，曾控制美国钢产量的65%。它先后吞并了50多家企业，依靠其雄厚的经济实力垄断了美国的钢铁市场和原料来源。在20世纪初匹兹堡钢铁工业极速发展的年代，这里的钢铁厂的每根烟囱每天都喷吐着浓烟。

1837年宾夕法尼亚运河建成，1851年铁路通达，使匹兹堡成为重要的水陆交通枢纽。同时，匹兹堡凭借附近地区丰富的烟煤、石灰石和铁矿石资源，加上内河港口的运输便利，开始大规模发展钢铁等重工业。钢铁大王安德鲁·卡内基在匹兹堡建立了卡内基钢铁公司（后来成为美国钢铁公司），一度垄断了全美一半以上的钢铁产量，成为钢铁业的托拉斯。到19世纪80年代，匹兹堡已经发展成为美国最大的钢铁基地，其钢铁产值占美国当时钢铁产值的近2/3。一战前后，美国重工业和铁路建设发展迅猛；二战期间，由于战争对钢铁的需求量猛增，匹兹堡进入钢铁工业发展的“黄金时代”。

匹兹堡市曾是美国著名的钢铁工业城市，有“世界钢都”之称。20世纪80年代后，匹兹堡的钢铁业务已经淡出，转型为以医疗、金融及高科技工业为主，因而成为传统产业转型发展的典范城市。

钢铁工业的发展相继带动地区的经济发展，包括美国钢铁公司、西屋电气公司、美国铝业公司等公司总部都设在匹兹堡，冶金、焦炭、重型电气制造设备和玻璃等行业是匹兹堡经济的支柱行业。

匹兹堡从1860年只有5万人口、以商业为主的小城市，经过半个世纪工业的蓬勃发展，到1910年已经成为一个居民53万多人、排名全美第八的制造业领袖城市，它的钢铁业为美国的工业化做出了不可磨灭的贡献，同时也为这座城市带来了巨大的财富。

"汽车城"底特律

底特律是美国密歇根州最大的城市，著名的世界传统汽车中心。18世纪末，底特律建造了大量镀金时代建筑并因此被称为"美国的巴黎"。由于占据五大湖水路的战略地位，底特律逐渐成了一个交通枢纽。随着航运、造船以及制造工业的兴起，底特律自19世纪30年代起稳步成长。1896年，亨利·福特在麦克大道的厂房里制造出了他的第一辆汽车。1908年，福特T型车下线。在福特与其他汽车先驱者威廉·C.杜兰特、约翰·弗朗西斯·道奇和霍勒斯·埃尔金·道奇兄弟、沃尔特·克莱斯勒等的共同努力下，底特律快速成为世界汽车工业之都，美国三大汽车制造企业通用、福特、克莱斯勒齐聚于此。

1973年通过铁路从底特律运输出去的新汽车。20世纪60年代初，底特律进入全盛期，成为全球最大的制造业中心。底特律生产的汽车被源源不断地输送到全球各地。但是到了20世纪70年代，石油危机重创美国汽车工业，同时日本及其他外国小型汽车制造商也对美国传统三大汽车公司造成了威胁。底特律步入严重衰退阶段，直至2013年7月18日正式申请破产。

知识链接：底特律的破产

底特律的命运与美国汽车工业的兴衰密不可分。20世纪60、70年代，底特律因为种族问题尖锐对立，导致白人离开城市，这就是美国历史上有名的"白人逃离"。与此同时，世界"石油危机"也使大功率、高油耗的美国车，在节油小巧的日本车面前失去了竞争优势。2008年后，持续经济危机使"底特律三巨头"雪上加霜，通用和克莱斯勒一度寻求破产保护。昔日辉煌的"汽车之城"，已经成为暴力犯罪频发，失业率高，以及深陷财务危机的美国"最悲惨的城市"。180亿美元的负债，使底特律不得不于2013年7月18日正式申请破产保护，从而成为美国历史上最大的破产城市。

虽然经历了1929年开始的大萧条，但底特律在二战期间迎来了发展机遇。通用、福特、克莱斯勒等汽车公司响应罗斯福建立"民主的兵工厂"的号召，为盟军制造军用汽车、飞机引擎等设备。二战结束后，底特律汽车生产商又为工业复兴和经济复苏做出极大贡献。20世纪50年代，底特律的人口达到185万，成为美国第四大都市。20世纪60年代初，底特律进入全盛期，成为全球最大的制造业中心，高峰期底特律的制造业岗位达到了22万个，汽车工人也迅速成为一个庞大的"中产阶层"。

全球性城市
纽约

一般而言，全球性城市的形成可以被看作全球流动资金在这些城市集中的过程。

——王旭《美国城市史》

美国的工业化是从铁路开始的，铁路带动了美国钢铁业的发展，以后是电力工业、石油工业的兴起。工业化使美国迅速实现了城市化，汽车、电力机车、电话、电报、电灯、打字机、计算机、留声机、电影和摩天大楼等新鲜事物充斥于人们的生活。而纽约正是在美国工业化的浪潮中，一跃成为世界上公认的最大城市、最大的国际金融中心和全世界的经济中心。在超过一个世纪的岁月中，纽约在商业和金融方面发挥了极为重要的全球影响作用，同时还深刻影响着全球的政治、教育、媒体、娱乐与时尚界的风云。所以，纽约是当之无愧的全球性城市。

纽约的名称在历史上经过多次变迁。1524 年，意大利人乔瓦尼·达韦拉扎诺来将之命名为“新昂古莱姆”。1609 年，荷兰人将之命名为“新尼德兰”。1626 年，荷兰殖民总督彼得·米纽特从当地勒纳佩人手中，以 60 荷兰盾买下曼哈顿岛。建立贸易站，并按荷兰首都阿姆斯特丹的名字，将这个地方命名为“新阿姆斯特丹”。1651 年爆发英荷战争，荷兰人于 1664 年将新阿姆斯特丹拱手让给英国。英国将地名改为“纽约”，即“新约克”。图为 1660 年绘制的新阿姆斯特丹城市地图（左下角约为南，右上角约为北）。

纽约的早期发展史

纽约的早期发展源于荷兰人和英国人的殖民统治，在北美洲大西洋沿岸兴起的一批港口城市，奠定了美国城市化的基础，如波士顿、纽约、费城等。美国独立之后，这些城市得以快速发展，纽约也正是在这一历史时期迅速崛起，并奠定了其在东部沿海城市中的核心地位。

早期的纽约首先是在曼哈顿岛南半部发展起储运业和批发商业，以及为海员服务的保险业和为商贾服务的金融业。作为工业革命前商业城市的主要职能，金融保险、储运批发是纽约的主导产业。尽管此时华尔街尚未成为美国金融中枢，但纽约的金融中心地位已经悄然成形。到 18 世纪中叶，曼哈顿岛南端成为纽约的闹市区。

独立战争后，政治的独立和国家的统一有力地推动了美国经济的发展，东北部是美国新兴城市经济的主导地区，纽约又居于中心地位，因此成为东北部经济发展的最主要受益者。英国资本、英国商品、外来人口大量来到纽约，给这个城市带来了财富和机遇。因为大多数进口贸易需要贷款，也使纽约的华尔街与英国资本关系密切，这为其日后成为美国金融中心奠定了基础。

纽约市濒临大西洋，地处哈德逊河河口，城区大多落在曼哈顿、斯塔滕岛和长岛，整体面积 1214.4 平方公里，其中 425 平方公里为水域，789.4 平方公里为陆地。因此，从大西洋遥望纽约，就能够看到全美最壮观的摩天大楼天际线。

工业革命时期纽约的崛起

工业和交通运输，是促进纽约城市化发展的两个重要动力。

工业革命在 19 世纪上半期为纽约的飞速发展提供了物质保证。工业革命极大地改变了纽约，蒸汽动力和煤炭炼铁推广开来，机械设备也得到了许多改进，加速了制造业发展，小型工场开始成为现代工厂，拥有熟练的经理人员去监督工人。以纺织业为例，纽约家庭作坊出产的纺织制成品逐渐减少，工业制成品越来越多。1823 年，纽约出现了 36 个棉纺织业公司；到 1831 年，公司数目增加到了 112 个，并雇用了 5500 个工人，总资产达 360 万美元。到 1850 年，纽约的总资产增长到了 410 万美元。

从 19 世纪初到 1840 年，美国交通运输的剧烈变革对纽约城市发展的促进更为明显。这一时期的交通运输网主要是由运河及汽船水上运输系统和陆地铁路系统组成。1817 年开工，1825 年建成的伊利运河是由纽约州出资修筑的，汽船可以进入哈德逊河直达大湖区，使大湖区成为纽约的原料产地和消费市场，因而提高了纽约的商业中心地位。1851 年，伊利铁路全线通车了，哈德逊铁路也延伸到了西部，这样纽约就同时拥有两条通向西部的铁路，在其腹地形成了完善的水路交通网。到 1850 年，纽约已经成为美国首屈一指的大都市和最大的商业中心。纽约从进出口货物中收取代租费、运费、保险费等，因此积累了大量财富，也逐渐成为金融中心。1841 年竣工的商业交易所成为纽约这一商业中心的权力代表，华尔街是美国财富与力量的集聚地。

进入 19 世纪以后，纽约的城市发展还得益于人口的快速增长。纽约是美国经济机会最多的城

1824 年，从布鲁克林区遥望曼哈顿。布鲁克林区最早的殖民者是荷兰人，一开始在东河边建了六个荷兰村庄，有小荷兰之称。布鲁克林就是荷兰一处地名的英译。1686 年英国王室将布鲁克林纳入纽约州的国王郡，与曼哈顿隔东河相望。1898 年经居民投票同意，布鲁克林区正式划归纽约市，成为纽约五大区之一。

市，对移民具有很强的吸引力，这使其成为一个名副其实的移民中心，到1860年，外来移民占到了纽约总人口的48%。移民中有许多技术工人，为纽约的经济发展带来了新技术，提供了丰富的劳动力资源，也加快了纽约的城市化进程。1870年，纽约人口已超过100万，人口的聚集更助推了纽约经济效益的提升。

华尔街铜牛是美国华尔街的标志，是一座长5米，重6.3吨的铜牛塑像。华尔街铜牛的设计者是意大利西西里岛的艺术家阿图罗·迪·莫迪卡。现在铜牛成为纽约市的公共财产，不准任何人买卖，莫迪卡拥有肖像权。华尔街铜牛原来位于纽约证券交易所门前的人行道，后被搬到与华尔街斜交的百老汇大街。华尔街铜牛是“力量和勇气”的象征，喻意着只要铜牛在，股市就能永保“牛”市。

纽约成为全球性城市

1848年，美国加利福尼亚发现了金矿，从旧金山源源不断涌入纽约的黄金，从根本上改变了纽约的经济结构，冲击了传统商业准则。越来越多的投资，越来越广阔的市场，越来越繁荣的商业往来，使纽约的金融业飞速发展。1800年，纽约只有5家银行，到了1835年，就发展到86家银行，总资金超过了1800年的10倍。到1846年，银行的数目增加到了152家，资产总数超过4300万美元。同时，纽约人还通过运送东部淘金者谋取暴利。因为通过陆路从东部到加利福尼亚十分困难，淘金者只好取道海路，通过巴拿马地峡到达太平洋。像范德比尔特这样的大亨，就是利用运输淘金者获得暴利，进而能够在华尔街呼风唤雨，左右金融市场。而且，加州的淘金者需要大量的衣服、工具、粮食等生产生活用品，这也刺激了纽约工业的发展。

尽管纽约在1850年时曾是一座繁荣的城市，但它也经历了一系列的经济危机。这幅油画所展示的是1857年谷物价格下跌以及商业面临崩溃时，华尔街的银行家们惊慌失措的情景。

1840—1870年，纽约进入了发展的黄金时期。它的人口增长速度远远超过了美国中部一批著名的工业城市。1850年，纽约成为仅次于伦敦和巴黎的世界第三大城市；1860年，它的人口超过了利物浦、曼彻斯特和伯明翰的总和。纽约工业、商业、

《华尔街：金钱永不眠》剧照。“贪婪是好的！”，这是《华尔街》这部电影中的经典台词，也是主人翁戈登心中不变的真理，他在交易时赶尽杀绝的作风，还有累积财富时毫不留情的做法，让他成为金融界的传奇。

金融业、银行业与证券交易活动空前活跃，纽约的整体实力大大增强。到19世纪70年代，纽约一跃成了美国的首位城市。

当然，受到1929—1933年经济大萧条的影响，以及二战后城市经济结构调整的冲击，纽约城市发展一度停滞。但是，从20世纪70年代起，纽约开始向生产性服务业转型，纽约市大量的银行、贸易公司、交易所、律师事务所、会计公司、广告公司、设计中心、房地产公司、交通通信服务公司等成为经济活跃的主体，促使国际贸易与金融流通、国际银行业、国际航空业的增长，不动产繁荣，美国在国外财富的增长以及外国财富在美国的增长达到惊人的地步。纽约长期以来一直是世界上最大的货币金融市场、最大的股票市场，聚集了大量的外国银行。1970年，纽约市有外国银行47家，资产100亿；到1985年，外国银行增至191家，资产2380亿。同时，纽约还成了全球性生产要素的配置中心，全球最重要的知识和技术创新中心，全球规模最大的经营决策管理中心，全球最重要的信息枢纽之一，全球最活跃的娱乐休闲中心之一。从此，纽约真正成了名副其实的全球性城市。

知识链接：《华尔街》和《华尔街：金钱永不眠》

华尔街是纽约市曼哈顿区南部从百老汇路延伸到东河的一条大街道，以世界的金融中心而闻名。著名的纽约证券交易所、纳斯达克证券交易所、纽约期货交易所汇集于此。因此，“华尔街”早已超越了一条街道的名称，它是全球具有影响力的金融市场和金融机构的代称，同时它也是财富和权力、贪婪和欺诈的代名词。

1987年，由20世纪福斯电影公司制作的电影《华尔街》，讲述了贪婪成性的股市大亨戈登·盖柯不择手段进行股票行情幕后操纵，牟取暴利败露后被绳之以法的故事。2010年，20世纪福克斯电影公司又拍摄了《华尔街》的续集——《华尔街：金钱永不眠》，故事承接上一集，讲述了戈登·盖柯在服刑期满后，准备重新投身到华尔街的商战中，但他很快发现华尔街比他当年更加贪婪和凶险。他以财经评论家和理财作家的身份警告人们危机随时可能降临，但却无人理会。戈登只好回归家庭，尝试修补与女儿薇妮破裂的关系。这两部影片都由著名导演奥利弗·斯通执导，奥斯卡最佳男演员迈克尔·道格拉斯主演。

第232—233页：全景中的曼哈顿天际线

纽约曼哈顿号称“世界十字路口”，曼哈顿的天际线绝对是世界上最美的风景之一。从哈德逊河或是布鲁克林向曼哈顿方向望去，都能欣赏到壮观的曼哈顿摩天楼群外形的天际线，乘坐游船前往自由女神像的途中也可以拍摄到天际线的美景，日出日落时分更为美丽。

NEW YORKER

阅尽人间奢华
纽约第五大道

纵然千山万水走过，纽约你依然看不懂。
——菲茨杰拉德

纽约第五大道是美国纽约曼哈顿的中轴线，是美国最著名的高档商业街，位居全球十大租金最昂贵商业街的首位。第五大道的两旁，鳞次栉比的是玻璃幕墙闪闪发亮的高楼大厦，西装革履的男士和身穿时装的女士，穿梭往来徜徉其间，呈现出一幅高雅、时尚的美国现代生活图景。

第五大道长期位居世界“十大购物街”之首，是名副其实的购物天堂。整条街涵盖了多处纽约必去的景点和顶级百货商店，汇集了无数家全球奢侈品专卖店和旗舰店，高级定制服装、珠宝首饰、电子产品等应有尽有、极尽奢华，每天都吸引着世界各地的游人前来。

高品质和高品位的标志

第五大道在 19 世纪初不过是一片空旷的农地，经过扩建后，逐渐变成纽约的高级住宅区和名媛绅士聚集的场所，高级购物商店也开始出现。1883 年，美国铁路大王范特比尔德在纽约第五大道与 51 大街之间大兴土木，盖起了一栋极其奢华的私宅，这一事件被后人认为是第五大道快速走向繁华的开端。从那以后，在纽约第五大道上拥有一栋豪华私宅便成为美国富豪的一种身份象征。

1907 年成立的第五大街协会发动地产所有者、经济承租人和零售商在一年间大约集资了 180 万美元，用来完善商业区和健全政府服务。20 世纪后，第五大道变成了摩天大楼“争高”的场所，其中以 1934 年落成的帝国大厦为最高楼。

从洛克菲勒中心到第 58 街的路段上，布满了奢侈品商店，莫特、轩尼诗、路易·威登等国际大

纽约第五大道是美国纽约市一条重要的南北向干道，位于曼哈顿岛的中心地带，南起华盛顿广场公园，北抵第 138 街。自 19 世纪中期之后，第五大道逐渐变成纽约的高级住宅区及名媛绅士聚集的场所，高级购物商店也开始出现。包揽众多货品齐全、受人喜爱的商店是第五大道的一个特色。进入 20 世纪后，第五大道变成了摩天大楼“争高”的场所，也是世界级的文化艺术的殿堂。

品牌早已进驻纽约第五大道。第五大道以全美国最著名的珠宝、皮件、服装、化妆品商店，吸引着成千上万的游客。而在60街到34街之间的第五大道，聚集了许多著名的品牌商店，是高级购物街区，被称为“梦之街”，是好莱坞巨星、各国的达官富豪、社交名媛们最喜爱的购物场所。20世纪是美国经济大发展的时期，也是新富豪们层出不穷的时代，纽约第五大道因此也是美国人心目中的神圣之地，它几乎成为“最高品质与品位”的代名词。

知识链接：中央公园

纽约中央公园位于美国纽约市曼哈顿区，东西两侧被著名的第五大道和中央公园西大道所围合，公园占地约340多万平方米，是世界上最大的人造自然景观之一。19世纪中叶，纽约逐步成为世界金融、贸易中心和世界上最大的城市之一。但城市兴旺发达的另一面，拥挤、嘈杂、喧哗无比的环境以及日益严重的空气污染，使人们倍感压抑。于是，一种追寻自然，崇尚自然的浪潮在纽约人中掀起。1851年纽约州议会通过的《公园法》促进了纽约市中央公园的发展，为人们忙碌紧张的生活提供一个悠闲的场所。1858年中央公园设计竞赛公开举行，奥姆斯特德与沃克斯的方案在35个应征方案中脱颖而出，成为中央公园的实施方案。公园于1873年建成，历时15年。中央公园实行免费游览，园内遍布浅绿色草地和树木郁郁的小森林，建有湖泊、庭院、溜冰场、回转木马、露天剧场、两座小动物园、网球场、运动场、美术馆等。还有很多活动项目，从平时的垒球比赛，到节庆日举办的各种音乐会，为身处闹市中的居民和游客提供了急需的休闲场所和宁静的精神家园。

历史、文化和艺术的殿堂

第五大道上著名的历史景点众多，由南至北有帝国大厦、纽约公共图书馆、洛克菲勒中心、圣帕特里克教堂以及中央公园等。而在中央公园附近，有大都会艺术博物馆、惠特尼美术馆、所罗门·古根海姆美术馆、库珀·休伊特设计博物馆等著名的博物馆，因此被称为“艺术馆道”。而在大都会艺术博物馆以北，博物馆更是密集，又有“博物馆街”之称。

第五大道最南端的华盛顿广场独具特色。围绕着凯旋门似的纪念拱门，是著名的纽约大学和格林尼治村，那里是纽约文化气息最浓厚的地方，纽约的作家、画家、演员、艺术家都喜欢汇集于此。这里还有纽约最古老的剧场，遍布的餐馆更是各种文化圈子聚会的首选。与它毗邻的苏荷区有许多展示艺术家们新作的画廊，展示的服装也是设计师的最新作品。100多年来，第五大道一直站在成功的峰顶。

纽约所罗门·古根海姆博物馆是古根海姆美术馆群的总部，它是纽约著名的地标建筑之一，世界上最著名的私人现代艺术博物馆之一，也是全球性的一家以连锁方式经营的艺术场馆。它由美国20世纪最著名的建筑师弗兰克·劳埃德·赖特在1947年设计，1959年建成。图为所罗门·古根海姆博物馆展出的当代艺术。

现代建筑

水泥、钢跨架结构与电梯

帝国大厦是个明星！
——无声影片《帝国大厦》导演安迪·沃霍尔

工业革命后钢铁产业的发展，使建筑材料逐步从传统的砖石、木材转变为钢结构，这不仅是建筑材料和建筑结构的变化，也是建筑艺术和建筑风格的更新。有了钢结构、水泥、电梯，摩天大楼就拔地而起，城市面貌从此走向现代。

从混凝土到钢框架结构

混凝土的基础是水泥，而在公元前 300 年，罗马工程师就尝试生产水泥和混凝土，直到德洛尔姆于 1552 年研究出了生产水泥的配方。但随着罗马帝国的灭亡，水泥制造技术失传了。1824 年，英国泥水匠托马斯·阿斯普丁发现了水泥生产的配方，以此凝结的混凝土显示了令人难以置信的强度，这就是标准水泥的诞生。1867 年，法国人约瑟夫·莫尼尔尝试在浇筑混凝土时把金属条放在圆柱当中，由此发明了第一种强化混凝土。钢筋混凝土在 20 世纪初开始大规模应用于建筑结构领域，直到今天，钢筋混凝土依然是人类所能想到的最完美的建筑结构材料。混凝土具有前所未有的极其优异的可塑性能，并且能用木材、塑料或者钢材做出模块。这样，结构设计与雕塑艺术的界限变得模糊起来。

1848 年，纽约市工程建筑师詹姆斯·博加德斯设计了一种坚固的铁框架，这种框架隐藏在建筑物之中，墙体就依附在框架上。他在纽约建造了一座叫作“铸铁大楼”的五层厂房，这是世界上首座铁框架结构建筑物。框架结构的概念出现后，它让结构高度可以提升、重量可以减轻，也使建筑物的外墙可以不再承担任何结构作用。从此，建筑可以不再是千篇一律的砖石墙体，其外表可以随心所欲使用玻璃、陶瓷、金属等任何材料。

将混凝土和钢框架结构的结合，促使 20 世纪 30 年代世界大城市中涌现了大量高层建筑，克莱斯勒大厦、帝国大厦都是那个黄金时代的产物。

詹姆斯·博加德斯设计的铁框架，不仅牢固，而且防火。从此，钢铁结构的建筑逐步取代传统的混凝土建筑，后来更以钢板或型钢替代了钢筋混凝土，强度更高，抗震性更好；并且由于构件可以工厂化制作，现场安装，因而大大缩短工期。今天，钢结构建筑在高层建筑上的运用日益成熟，逐渐成为主流的建筑工艺。图为詹姆斯·博加德斯设计建造的“铸铁大楼”。

1853年，在纽约水晶宫展览会上，奥蒂斯先生公开展示了他的安全升降机。他站在载有木箱、大桶和其他货物的升降机平台上，当平台升至大家都能看到的高度后，他命令砍断绳缆，制动爪立即伸入平台两侧的锯齿状的铁条内，平台安全地停在原地，纹丝不动。此举迎来了观众热烈的掌声，奥蒂斯先生不断地向观众鞠着躬说道：一切平安，先生们，一切平安。

电梯和摩天大楼

有了混凝土和钢框架结构，建筑物就解决了高度提升的困难。摩天大楼重新定义了城市规划的方式，为开辟城市中心、容纳稠密的人口创造了条件。在楼房出现的早期，楼层越高租金越低，因为租户不得不爬楼梯。而电梯的发明使顶楼房间成为时尚追求。

1849年，美国机械工人伊莱沙·奥蒂斯在纽约的一家工厂工作，他的任务是把设备和材料，用升降机运送到新建的4楼仓库中去。但升降机很不牢靠，频频发生事故，奥蒂斯决心要制造出一台质量更好的升降机。

奥蒂斯在升降机的两边安装了垂直金属杆，以防止升降机运行中出现左右摇晃；然后在升降机的四周修建了一个齐腰高的网状金属护栏，以防止货物从升降机中跌落；最后在升降机的侧杆上安装了棘齿，在升降机底部安装了金属钳口，以控制升降机的运行和停止。这样，奥蒂斯升降机，也就是著名的“奥蒂斯电梯”诞生了。

1885年，詹姆斯·博加德斯为芝加哥一家保险公司设计建造了一座十层办公大楼，这是世界上首幢摩天大楼。在这幢建筑物内安装了两部奥蒂斯电梯。电梯和摩天大楼从此紧密地融合于一体。

知识链接：帝国大厦

帝国大厦位于美国纽约曼哈顿第五大道350号，建成于1930年，共102层，楼高381米。它是世界上第一个超过巴黎埃菲尔铁塔高度的建筑物，也曾位居世界最高建筑物长达40年之久。帝国大厦的建筑采用钢筋混凝土筒中筒结构，基本柱网为5.4×7米，自振周期为8.3秒，并且在中央电梯井区的纵横方向都设置了钢斜撑，以此能够经受巨大负荷和大风的考验。帝国大厦的建造材料主要是花岗岩、印第安纳砂石、钢铁、铝材等。帝国大厦只用了410天就建成，这得益于混凝土和钢框架结构的大量材料可以预制，因而成就了这一建筑史上的奇迹。帝国大厦内部共安装了73部电梯，电梯速度高达每分钟427米。

帝国大厦今天早已不是世界上最高的摩天大楼了，但它永远是世界摩天大楼的标志之一，也始终是纽约的地标性建筑之一。1955年，美国土木工程师学会将帝国大厦评价为现代世界七大工程奇迹之一。纽约地标委员会将其选为纽约市地标，1986年该建筑被认定为美国国家历史地标。

重回历史现场

浪漫之都

建设新巴黎

巴黎是法国的心脏，让我们尽一切努力让这个伟大的城市美丽。让我们修筑新的道路，让拥挤的缺少光明和空气的邻居更健康，让仁慈的光芒穿透我们的每一堵墙。

——法兰西第二帝国皇帝拿破仑三世

19世纪的巴黎，曾以肮脏、拥挤和危险著称。作家马克西姆·杜·坎普如此描写当时的巴黎："1848年，巴黎变得越来越不适合居住。人口不断增加，铁路又在不断运来移民……那些腐臭、狭窄、错综复杂的小街巷禁锢着人们，令人窒息。卫生、安全、交通和公共道德，所有这些都被阻碍。"但是，也就是从1848年开始到1870年，巴黎发生了翻天覆地的改变。中世纪留下的那个旧巴黎城彻底改观了，变成为一座街道宽敞笔直、建筑高大整齐的新城。这个至今仍然闪耀着高贵光芒、弥漫着浪漫情调的新巴黎，其创意的蓝图来自于拿破仑三世的幻想，实现的行动依靠奥斯曼男爵的强有力推进。1870年，拿破仑三世勾画的愿景终于成为现实，但几个月后，奥斯曼被政敌推翻，拿破仑王朝崩溃，一个时代结束了。但，伟大的巴黎永存！

在近代巴黎城市史上，乔治–欧仁·奥斯曼是一位极具争议性的人物。1853年奥斯曼被任命为塞纳河行政长官。这位在巴黎度过美好童年的精力充沛的男爵，以拿破仑三世关于城市"最高理想"原则重塑巴黎城市空间，他对旧巴黎进行大规模改造，推动巴黎完成剧烈的城市现代性转型，今天的巴黎正是他的遗产。当然，关于奥斯曼对巴黎的"创造性的破坏"，至今仍然极具争议。批评者将奥斯曼描述成一个斩断巴黎物质文脉的反面人物，而赞赏者将奥斯曼的功绩称为现代主义都市计划的伟大传奇。

欧仁·奥斯曼的建设

19世纪中期，在法兰西第二帝国皇帝拿破仑三世的统治时期，巴黎经历了一次大规模的改建。早年曾经流亡伦敦的拿破仑三世，对伦敦的城市规划和交通建设非常入迷，他喜爱英国式的花园，也关注英国改造贫民窟的具体做法。那时他就幻想，有朝一日将改建巴黎，他甚至还在地图上用蜡笔标出了新街道的走向。

1848年，路易–拿破仑·波拿巴当选法兰西第二共和国总统，1852年称帝，建立法兰西第二帝国，称拿破仑三世。这给了他实现自己梦想的机会，他将要为法国建设一个壮丽的帝国首都，并促进其商业、工业和交通的发展。

巴黎凯旋门是拿破仑为纪念他在奥斯特利茨战役中大败奥俄联军的功绩，于1806年2月下令兴建的。在19世纪中叶奥斯曼重建巴黎的浩大工程中，环绕凯旋门一周修建了一个圆形广场及12条道路，每条道路都有40—80米宽，呈放射状，就像明星发出的灿烂光芒，因此这个广场又叫明星广场。

奥斯曼按照拿破仑三世所吩咐的改造巴黎的第一阶段要求，即刻动工修建东西向的里沃利街和圣安托万路，南北向的新建的塞瓦斯托波尔大道和斯特拉斯堡大道，形成了便于巴黎市内交通的大十字路。图为刊印于1854年法国画报《L'Illustration》上的里沃利街夜晚施工状况图。

香榭丽舍大道又名爱丽舍田园大道，“爱丽舍”之意为“极乐世界”或“乐土”，因此这里被称为“世界上最美丽的街道”。这条横贯首都巴黎的东西主干道，全长1800米，最宽处约120米，为双向八车道，东起协和广场，西至戴高乐广场，最西端就是著名的凯旋门。

为了物色改建工程的负责者，拿破仑找到了欧仁·奥斯曼，让其全权主持巴黎改建工程。

奥斯曼是狂热的古典主义崇尚者，他理想中的城市拥有笔直并且整齐的宽阔干道，均衡而富有节奏的城市布局，丰富而且多样的古典建筑，所有这一切与巴黎众多的文物古迹

知识链接：巴黎歌剧院

巴黎改建期间新造了不少建筑，在这些建筑中有一座堪称经典的不朽之作，那就是巴黎歌剧院。

巴黎歌剧院是建筑师加尼叶设计的，1862年开工，1874年完工，完工时拿破仑三世已经倒台，加尼叶为他专门设计的皇帝专用入口已不再需要。在风格上巴黎歌剧院属于折中主义建筑，是法国古典风格和意大利巴洛克风格的完美结合。歌剧院立面有一排双柱，左右各有一个亭阁，其间点缀了大量花饰和雕像。歌剧院内的观众大厅富丽堂皇，装饰了各种颜色的大理石。门厅和休息厅布满了巴洛克式的雕刻、吊灯和绘画，墙壁上四处可见金色的镶嵌图案，目的就是要营造一种金碧辉煌的氛围。

交融构建出崭新的城市景观。

从1853年开始直到1870年离职，奥斯曼可以说是全身心投入到巴黎改建的工程之中。他大刀阔斧地在巴黎市区拆除了2.7万所旧房屋，新建了7.5万幢新建筑。新建筑大多数是用石块建成的，高大、雄伟、美观，成排林立的奥斯曼建筑成为巴黎街头最典型的风景线。塞纳河上新修了9座桥，把两岸街区连成一体。新开辟了长达95公里的街道，街道从城市中心的凯旋门向四周辐射出去12条大街，香榭丽舍大道被作为东西向的街道主轴彻底改建，这条街上集中了巴黎的上等商店、咖啡馆和饭店，成为主要的商业区。

奥斯曼还整修了卢浮宫、巴黎圣母院等古建筑，尤其是对巴黎圣母院的整治相当成功。位于塞纳河中斯德岛上的巴黎圣母院前的广场得以扩大，一条林荫大道纵贯全岛，鲜花广场使环境大为改观。

为巴黎下水道设计和施工做出巨大贡献的是欧仁·贝尔格朗。1854年，奥斯曼让贝尔格朗具体负责施工。到1878年为止，贝尔格朗和他的工人们修建了近600公里长的下水道。随后，下水道就开始不断延伸，到现在长达2400公里。巴黎的下水道系统又经过了无数次的改进，巴黎人甚至将其开发成了一个下水道博物馆，向世人介绍他们的成就。

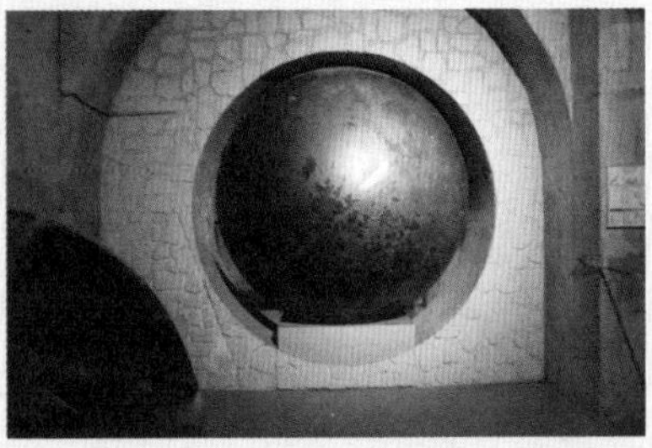

这是贝尔格朗为巴黎下水道设计的直径1米多的大木球，用于调节下水道水流压力。大木球放入下水道主干道使水流加快，可以冲走沉积物；拉开大木球，下水道水流量加大，便于快速排水。今天看来，这些简单的设备装置，是真正低碳、绿色的。

全新的公共设施

巴黎改建的同时促进了城市的近代化。奥斯曼认为："任何一项计划都不是孤立的，每一条新的道路都联系着其他道路，或者联系着已有或将要建设的公共建筑，道路网则和污水管道、供水系统联系在一起，绿化种植则是为了界定一般的道路和林荫大道。"对城市进行体系化整理，这是奥斯曼城市规划理念中最闪耀的亮点之一。

奥斯曼为城市增添了大量草坪和公园，构成现代巴黎不同层次的绿色环境。巴黎人休闲散步的绿色胜地万森森林公园和布洛涅森林，成为巴黎东西两侧的绿色之门，有巴黎"双肺"之美誉。其他如蒙索公园、卢森堡公园、蒙苏里公园、肖蒙山丘公园等点缀于城市东南西北各个角落。此外，无数星罗棋布的小广场、林荫大道与花园构成城市整体的绿色系统。法国小说家乔治·桑女士将这些城市花园称为"令人陶醉的发明"，她看见了属于"所有人的奢侈"。

为了改善巴黎居民的饮用水供应，奥斯曼修建了一条131公里长的高架水渠，为大多数居民引来合格的饮用水。1855年还开办了出租马车的城市公共交通业务，街道上行驶着公共马车和马拉有轨车。

中世纪以来，巴黎缺少排放污水的设施，街区也没有公共厕所，不少街道经常是粪便污水横流，臭气熏天。民众把街道和广场当成垃圾场，各种废弃物随意倾倒。1802年的一场水灾，巴黎的排水系统几乎崩溃，大水裹挟污浊泥浆横冲直撞，在胜利广场、路易十四的铜像所在处扩散成十字形，向城区主要街道扩散。为此，奥斯曼任命著名建筑师欧仁·贝尔格朗专门负责巴黎下水道施工建设工程。

贝尔格朗修筑了一个完整的地下水道网，利用巴黎东南高、西北低的地势特点，流入水道网的污水被集中到一个总干道，并沿这条总干道，排到20公里以外的郊区。为了保证下水道畅通，贝尔格朗发明了清沙船，大的十几米长，几个人合力操作，小的1米多长，单人可驾驶。清沙船多为钢铁结构，像拖船一样扁平，用于清除阴沟里的沉积物。此外，贝尔格朗设计了直径1米多的大木球，其外表像木酒桶，全部由木条拼成。根据流体力学原理，木球的放入使水流宽度变窄，压力增大，流速加快，于是冲走了沉积物。木球后还系了一根长长的绳子，一旦大木球被卡住，工人们只需通过绳索拉它们回来即可。这种大木球通常只在干道使用，漂流17公里要用整整7天时间。有了这些木球，巴黎的下水道每天不但可以外排120万立方米的污水，每年还能捞起1.5万立方米的固体垃圾。这样，新建造的排污系统，把下水道修到了城里每条街道下面。到1878年时，巴黎地下排污系统共建造了近600公里的下水管道，这成为奥斯曼最具代表的工程之一，也被称为构筑了“城市的良心”。

巴黎歌剧院又称为“加尼叶歌剧院”，它拥有2200个座位，是世界上最大的抒情剧场，总面积11237平方米。歌剧院是由查尔斯·加尼叶于1861年设计的，是折中主义登峰造极的作品，其建筑将古希腊罗马式柱廊、巴洛克等几种建筑形式完美地结合在一起，规模宏大，精美细致，金碧辉煌，被誉为是一座绘画、大理石和金饰交相辉映的剧院，给人以极大的享受。这也是拿破仑三世典型的建筑之一。

奥斯曼的巴黎改造具有跨时代的意义，这是人类历史上第一次将一个城市作为整体进行考量。城市规划不再是简单地以区块划分，对各个街区进行单独处理为模式，而是消除了城市街区间的阻隔，对整个城市空间进行完整规划，城市的功能通过网络和系统得以实现，从此城市规划和建设走上了现代化的轨道。

知识链接：巴黎“下水道博物馆”

巴黎的地下排污系统经过奥斯曼新建之后，又被不断扩充发展。现在，巴黎的下水道总长达2400公里，是世界上最长、最现代化、最亮丽的下水道，被称为“人类工程奇迹”，这里也是世界上唯一的一座实景“下水道博物馆”。巴黎下水道十分宽敞，高度在2米以上，中间是3米宽的排水道，排水道两旁是1米宽的便道，供检修人员通行。排水道主要用于排放雨水和经过处理的污水，四通八达，可以行船。每走一段路，就看到一个通往地面的铁梯，上面就是街边的井盖。每隔一段距离就有一个阀门间或维修间，里面备有各种阀门、开关、计量仪表和维修工具。排水道两旁还有一些纪念品商店，成为“下水道博物馆”的展览长廊，也使下水道具备了文化气息。

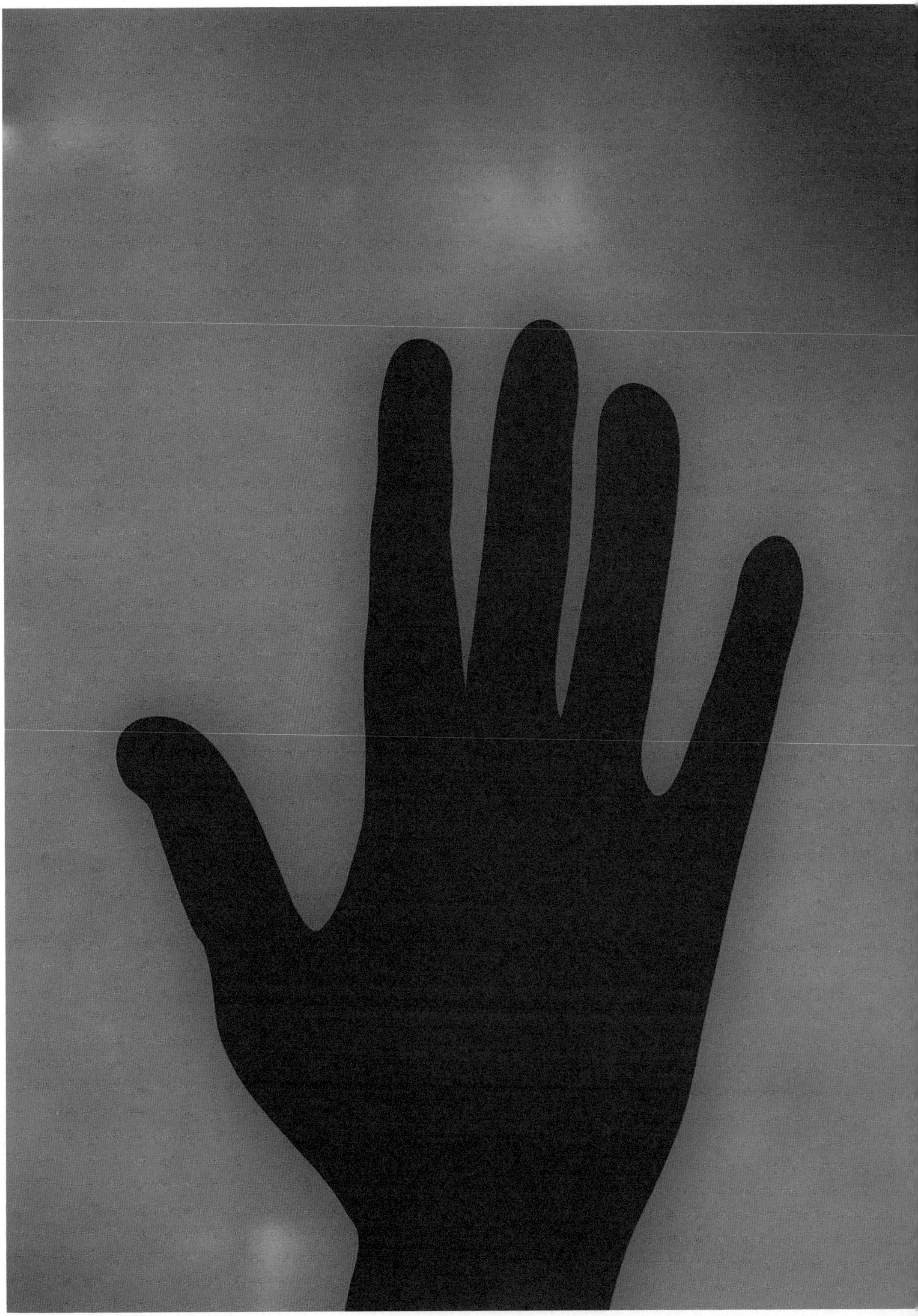

人类进步的阶梯：思想

与工业革命时代取得的巨大物质成果相媲美的，是这一时期人类思想的辉煌进步和丰富发展，这基于资本主义制度及其新的社会秩序的形成，也来自于思想大解放的促进。主流的社会经济理论为资本主义的发展建立了思想支撑和理论基础，也有一些社会经济思想针对资本主义出现的种种问题进行批判性的分析，甚至提出尖锐的否定。

奠定资本主义经济思想基础的是经济自由主义学说，它以其创始人亚当·斯密为代表，包括了托马斯·马尔萨斯、大卫·李嘉图、詹姆斯·穆勒等“古典经济学家”。他们倡导经济个人主义，主张政府实施自由放任政策，承认自由竞争和自由贸易的合理性，同时也坚持自由意志基础上的契约精神。这一时期基于科学发现基础上的达尔文的“进化论”，在自然发展与社会发展方面形成了服从自然规律的一致性。

同时，对资本主义发展过程中各种社会、经济、政治问题提出批判的，包括功利主义哲学家杰米里·边沁；政府和国家干预的鼓吹者弗里德里希·李斯特；乌托邦社会主义者夏尔·傅立叶和罗伯特·欧文；无政府主义者米哈伊尔·巴枯宁和彼得·克鲁泡特金等。而卡尔·马克思和弗里德里希·恩格斯所创立的“科学社会主义”则更为坚定地批判和否定资本主义制度，他们提出的历史唯物主义、辩证唯物主义、阶级斗争观念、剩余价值学说和社会主义发展规律对19世纪的工人运动和20世纪的解放运动都产生了极为深刻的影响。

资本主义精神

亚当·斯密与自由竞争理论

《国富论》中提出的主题是：一个国家最有效地增加财富的方法是规定一个法律结构，使个人能自由地在他们的经济活动中追求改善其经济条件的利益。

——美国经济学家赫策尔

著名的英国经济学家亚当·斯密不仅是经济自由主义学说的创始人，也是现代经济学的奠基人。他的主要著作虽然是在工业资本主义尚未充分发展之前所创作的，但毫无疑问是资本主义理想的先知者，以他和他的学生及后继者为代表的古典经济学家群体，极力张扬自由竞争下的市场机制，认为自由竞争制度是最佳的经济调节机制，政府不应加以干预。这一理论不仅为18世纪资本主义新秩序的全面建立奠定了思想理论基础，也深刻地影响着今后长达两个世纪的世界经济发展。因此亚当·斯密被称为“现代经济学之父”和“自由企业的守护神”。

作为现代经济学的主要创立者，亚当·斯密的经济思想体系结构严密，论证有力，他吸收了历史上经济思想学派的所有优点，同时也系统地剖析了他们的缺点。亚当·斯密的接班人，包括像托马斯·马尔萨斯和大卫·李嘉图这样著名的经济学家完整地继承了亚当·斯密经济事项的基本纲要，也对他的体系进行了精心的充实和修正，从而形成了今天称为经典经济学的体系。

《国富论》对重商主义的批判

亚当·斯密（Adam Smith, 1723—1790年）于1723年6月5日出生于英国苏格兰，先后在格拉斯哥大学和牛津学院求学，1750年后，亚当·斯密在格拉斯哥大学任教长达15年之久。1759年，他出版著名的《道德情操论》，获得学术界极高评价。1768年，亚当·斯密开始着手著述《国民财富的性质和原因的研究》（简称《国富论》），1776年3月此书正式出版并引起大众广泛关注和讨论，影响从英国波及欧洲大陆和美洲。《国富论》一书是亚当·斯密最具影响力的著作，它对经济学领域的创立具有极大贡献，使经济学成了一门独立的学科。在西方世界，这本书甚至可以说是经济学所发行过的最具影响力的著作。所以，《国富论》不仅是自由竞争经济学说的开山之作，而且它创立了经典经济学体系，因而是现代政治经济学研究的起点。

在亚当·斯密研究经济学的时代，英国已经步入资本主义初级阶段，成为欧洲最先进的资本主义国家。工业革命正在酝酿和发生，工厂制手工业和机械制大工业的过渡时期已经到来。因此，亚当·斯密把历史上各种流派、各种思想的经济学学说，经过系统整理和哲学辨析，创作出了经济学巨著《国富论》。

《国富论》一书首先是对盛行于中世纪英国的重商主义经济观念的批判。重商主义产生于16世纪中叶，盛行于17—18世纪中叶。重商主义者认为，大量储备贵金属是经济成功所不可或缺的，要得到这种财富，最好是由政府管制农业、商业和制造业，发展对外贸易垄断，通过高关税率及其他贸易限制来保护国内市场，并利用殖民地为母国的制造业提供原料和市场。

1790年7月17日亚当·斯密去世后，被安葬在爱丁堡皇家英里路上的坎农盖特教堂的墓地。坎农盖特教堂是一座建于1690年的古老教堂，教堂里坐落着亚当·斯密的青铜雕像，亚当·斯密的墓地就在它的背面，简朴的墓碑上面写着：“《国富论》的作者亚当·斯密安眠于此。”而亚当·斯密为自己拟定的墓志铭是：“格拉斯哥大学道德哲学教授《道德情操论》的作者。”

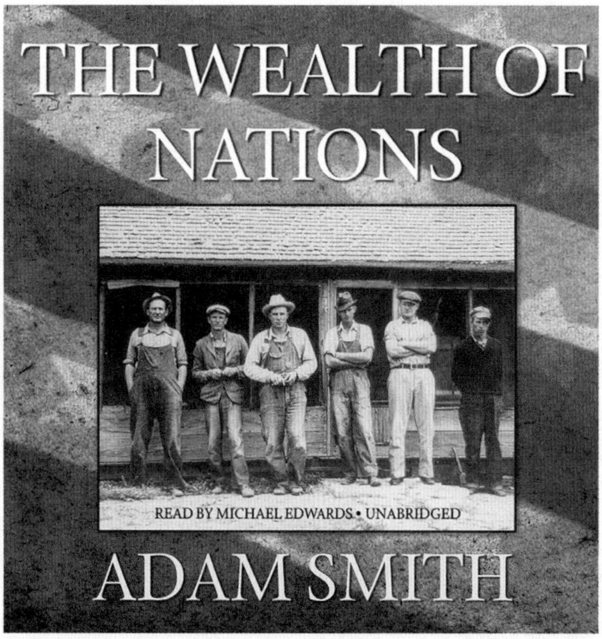

《国富论》是亚当·斯密最著名也是最重要的一本经济学专著，于1776年第一次出版，出版于资本主义发展初期，在英国工业革命以前。书中总结了近代初期各国资本主义发展的经验，批判吸收了当时的重要经济理论，对整个国民经济的运动过程做了系统的描述，被誉为“第一部系统的伟大的经济学著作”和“西方经济学的《圣经》”。亚当·斯密也因此获得了政治经济学古典学派“创立者”的称号。

而亚当·斯密在《国富论》一书中提出，劳动才是最重要的，劳动分工能大量地提升生产效率。《国富论》重点提倡自由市场，自由市场表面看似混乱而毫无拘束，实际上却是由一双被称为“看不见的手”所指引，将会引导市场生产出正确的产品数量和种类。亚当·斯密认为人的动机都是自私而贪婪的，自由市场的竞争将能利用这样的人性来降低价格，进而造福整个社会。

实际上，“重商主义”这一名称最初就是在亚当·斯密的《国富论》中提出来的，虽然他在著作中抨击了重商主义，大力提倡自由贸易和开明的经济政策。但是，直到19世纪中叶英国才废弃以重商主义哲学为基础的经济政策。

自由竞争理论的确立

工业革命的先期浪潮极大地影响着亚当·斯密的思想，他认识到迫切需要消除封建主义与重商主义的障碍，为工业发展创造一个自由竞争的环境。因此，自由竞争理论可以说是亚当·斯密经济学的核心理论。

亚当·斯密对竞争的功能倍加推崇，主张完全放任的自由竞争。他把自由竞争下的市场机制作为最佳的经济调节机制，主张国家应该实行放任自由的经济政策，取消政策或法律对私人经济活动的限制、监督，反对政府对经济活动的任何干预，把国家的任务限制在最小范围之内。他认为只要管好三件事：保卫本国社会的安全，使之不受其他独立社会的暴行与侵略；设立一个严正的司法行政机构，使社会中任何人不受他人的欺侮或压迫；建立并维持社会的公共工程和公共设施。

亚当·斯密创建的自由竞争理论的核心包括“经济人”概念和利益机制、竞争机制、看不见的手、自然秩序四项内容。

在“经济人”概念和利益机制中，亚当·斯密关心个人利益能否在生产者的经济活动中得以贯彻和实现，因为这关系到工业发展和经济发展是否能获得充足的动力的根本问题。他认为经济运行的起点是出于“自利的打算”，这是一种自然规律。关心自身利益是人的天然本性，人们从事经济活动，无不以追求自己最大经济利益为动机。因此“经济人”这个概念很恰当、很准确地概括了这一思想。

在对竞争机制的论述中，亚当·斯密认为单个生产者的产品是否符合市场需要，个别商品生产者价值能否实现，都需要依靠竞争来调节，竞争使社会生产与社会需求相适应。竞争机制第一能够激发劳动要素的能量，鼓励劳动者熟练技巧和提高能力；第二能够调节工资与劳动力供求之间的关系，使劳动力能在不同部门和不同企业间合理流动；第三“经济人”的特点在于对利润的

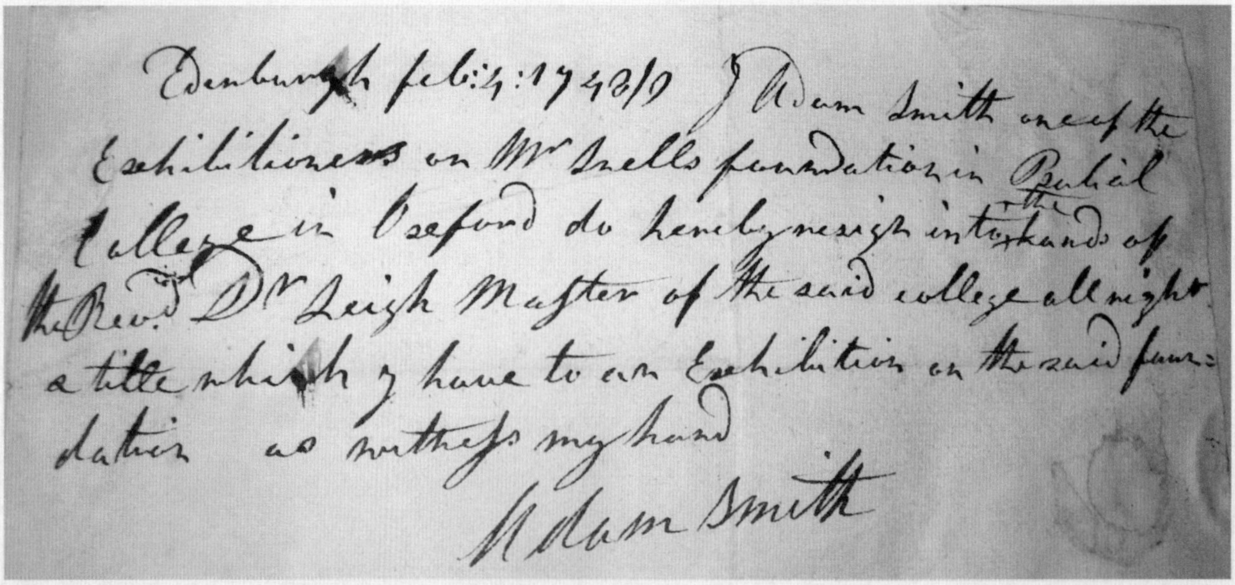
Edenburgh feb:4:1748/9 I Adam Smith one of the Exhibitioners on Mr Snells foundation in Baliol College in Oxford do hereby resign into the hands of the Revd Dr Leigh Master of the said college all right & title which I have to an Exhibition on the said foundation as witness my hand

Adam Smith

《道德情操论》手稿。1759 年，36 岁的亚当·斯密完成了第一版《道德情操论》后一举成名。相比《国富论》，《道德情操论》给西方世界带来的影响更为深远，它对促进人类福利这一更大的社会目的发挥着更为基本的作用；对于维持自由市场经济的良性运行，更深层次地激发善良、正义、仁慈、克己等一切道德情操和人类情感，最终促进社会的和谐发展，无疑具有十分重要的意义。

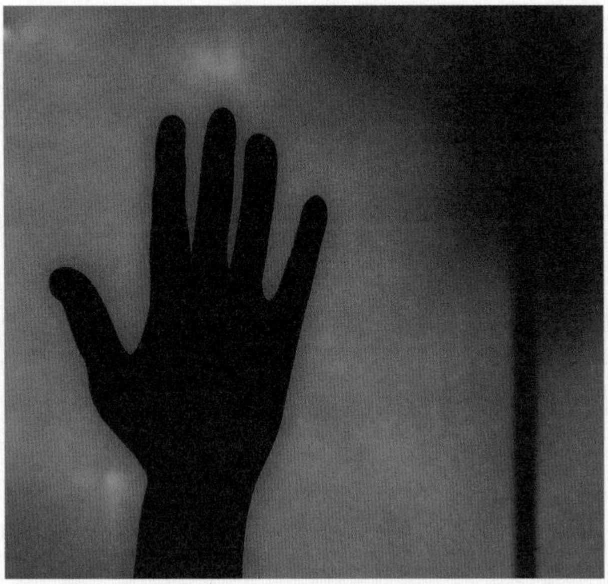

“看不见的手”是亚当·斯密在《国富论》中提出的命题。最初的意思是，个人在经济生活中只考虑自己利益，受“看不见的手”驱使，即通过分工和市场的作用，可以达到国家富裕的目的。后来，“看不见的手”便成为表示资本主义完全竞争模式的形象用语。这种模式的主要特征是私有制，人人为自己，都有获得市场信息的自由，自由竞争，无须政府干预经济活动。

知识链接：《道德情操论》

《道德情操论》是亚当·斯密的伦理学著作，首次出版于1759年。在书中，亚当·斯密用同情的基本原理来阐释正义、仁慈、克己等一切道德情操产生的根源，说明道德评价的性质、原则以及各种美德的特征，并对各种道德哲学学说进行了介绍和评价，进而揭示出人类社会赖以维系、和谐发展的基础，以及人的行为应遵循的一般道德准则。

《道德情操论》所阐述的主要是伦理道德问题，《国富论》所阐述的主要是经济发展问题，但亚当·斯密把《国富论》看作是自己在《道德情操论》中论述的思想的继续发挥。如对利己主义行为的控制上，《道德情操论》寄希望于同情心和正义感，而《国富论》则寄希望于竞争机制。但在对自利行为动机的论述上，两书在本质上却是一致的，那就是把“同情”作为判断的核心。

追逐，通过自由竞争会引导资本流动；第四自由竞争会导致工资和利润趋于均等，达到社会资源的合理配置。

亚当·斯密认为竞争机制是依靠“看不见的手”的调节发挥作用的。每个人在追求各自经济利益时，受一只“看不见的手”所指导，结果有效地促进了社会利益。人性与社会性、私利与公利、经济动机与经济利益、经济行为与经济目标，经济要素与经济过程都受到“看不见的手”均衡而合理地调整与引导，达到各经济因素的持续平衡，不需人为的指导或政府的干预。

亚当·斯密运用“自然秩序”来替代“人为秩序”，他认为要使“经济人”和“看不见的手”充分地、不受阻碍地发挥作用，并贯彻到整个经济生活中，从而使个人利益和社会利益保持一致，使经济发展的动力问题和平衡问题都得到圆满的解决，就需要依靠“自然秩序”来保证竞争在任何时间、任何地方都能得以充分发展。因为“人为秩序”可能导致垄断，而垄断限制了竞争，破坏了市场上“看不见的手”的自发调节作用，垄断尤其是封建残余垄断是自由竞争的最大障碍。

由此可见，亚当·斯密的自由竞争理论是批判封建主义和重商主义的有力武器，在“经济人”中贯穿着竞争，在“看不见的手”中贯穿着竞争，在“自然秩序”中也贯穿着竞争。所以，亚当·斯密的自由竞争理论为资本主义自由竞争时代的发展奠定了思想基础，它促进了早期资本主义的快速成长，在当时历史条件下具有重要的积极意义。

发展的可持续性
马尔萨斯和《人口学原理》

如果在一般国家中每个人都有想生多少孩子就生多少孩子的自由，其必然的结果肯定就是贫困。

——亚里士多德

托马斯·罗伯特·马尔萨斯是英国著名的人口学家和政治经济学家，以其政治经济学和社会科学方面的著作，尤其在人口原理上的论断在知识界久负盛名。他的名著《人口学原理》于1798年发表，是工业革命前人均生产力不足时期政治经济学的经典之作。

马尔萨斯的人口研究

托马斯·罗伯特·马尔萨斯（Thomas Robert Malthus, 1766—1834年）1766年2月13日出生于英国一个富有的家庭。他早年在剑桥大学耶稣学院求学并当选为耶稣学院院士，后来又被按立为圣公会的乡村牧师。1805年，马尔萨斯成为英国第一位政治经济学教授，执教于东印度公司学院。

1798年以前，马尔萨斯的主要活动是研究人口问题。1798年，马尔萨斯将他与父亲在讨论时形成的观点，匿名出版了《人口学原理》。

在马尔萨斯看来，人口增长是社会前进的掣肘，绝大多数国家的人口都有超过生活资料的趋势。但古代社会的观念却是多生育是人之大福。马尔萨斯认为，人口的增长比生活资料的增长要快，在正常情况下，人口每25年以几何级数率增加，而生活资料只以算术级数率增长，因而人口增长势必有超过生活资料增长的趋势。他说，假设世界现有人口10亿，在225年内，人口对生活资料的比率将会是512∶10。当人口增长超过生活资料的增长时，就会发生贫困和罪恶，所以要限制人口增长，使二者保持平衡。

《人口学原理》的核心理论

马尔萨斯《人口学原理》是以讨论人具有食欲和性欲这两个“本性”开始的，即：第一，食物是人类生存所必需的；第二，两性间的情欲是必然的，而且几乎会保持现状。从这两个“人类本性的固定法则”出发，可以得出一个最基本的经济比例：食物或生活资料的增长与人口的增殖

产生于18世纪的以英国经济学家马尔萨斯为代表的经济学学派被称作“马尔萨斯主义”。马尔萨斯在其代表作《人口学原理》和《政治经济学原理》中提出了“马尔萨斯人口论”，人类必须控制人口的增长，否则，贫穷是人类不可改变的命运。他还提出了让渡利润论和第三者理论。即由于存在着由地主、官僚和牧师等组成的“第三者”，他们只买不卖，才支付了资本家的利润，才避免了社会消费不足而导致的生产过剩的危机。

《人口学原理》书影，是工业革命前，人均生产力不足时期政治经济学的经典之作。马尔萨斯的人口理论是以土地报酬递减规律为基础，认为由于土地报酬递减规律的作用，食物生产只能以线性增长，赶不上以指数增长的人口需要，并认为这是“永恒的人口自然规律”。马尔萨斯《人口学原理》的经典在于抛开了社会制度，抽象地从生物属性和脱离现实的假设来说明人口规律。

之间的关系。他把保持人口增殖与生活资料增长相互平衡的唯一出路，归结为抑制人口增长。从而将支配人类命运的永恒的人口自然法则，归纳成三个定理。

第一是人口制约定理，说明人口与生活资料之间必然存在某种正常的比例，即“人口的增长，必然要受到生活资料的限制”；第二是人口增殖定理，即“生活资料增加，人口也随之增加”；第三是马尔萨斯人口理论的核心——人口均衡定理，即“占优势的人口繁殖力为贫困和罪恶所抑制，因而使现实的人口得以与生活资料保持平衡”。这个原理与前两个原理是紧密相连的，它说明人口与生活资料之间最终将实现均衡，但是这种均衡不是自然实现的，而是种种“抑制”的产物。马尔萨斯的人口理论不仅在经济学上得到过广泛的应用，对现代进化论创始人达尔文也产生过关键影响，马尔萨斯对于人口问题的思考是现代进化理论的基础。时至今日，马尔萨斯的人口理论仍然发挥着重要影响，它在客观上提醒人类社会必须注意人口与生活资料的比例协调，防止人口的过速增长。从辩证法的角度来讲，马尔萨斯的人口理论是现代理论的开端，也是具有超前意识的。

知识链接：马尔萨斯人口控制理论

马尔萨斯将人口与生活资料之间的均衡，寄托于人口控制，当二者出现不平衡时，人口自然规律必然要求二者之间恢复平衡，它必然会产生一种强大的妨碍来阻止人口增长。这种妨碍就是贫困与罪恶，它表现为失业、疾病、饥荒、瘟疫、暴行、战争等等。这就是马尔萨斯在《人口学原理》出版中论述的所谓“积极抑制”。在《人口学原理》第二版中，马尔萨斯提出所谓“预防抑制”，其中最主要的是“道德抑制”，即主张人们用晚婚、独身、不育、禁欲的办法来降低人口出生率，以保持人口增长与生活资料增长之间的平衡。这就是马尔萨斯所说的支配人类命运的人口自然规律的基本内容，也是马尔萨斯主义的基本内容。

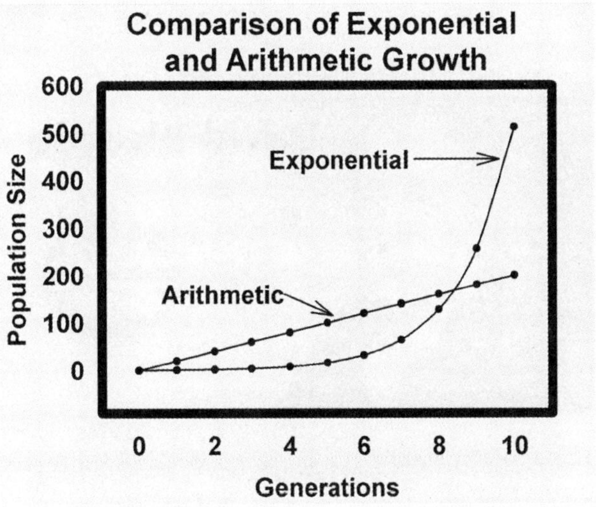

生活资料的算术级增长与人口的几何级增长。马尔萨斯用数学图例证明生产和再生产不平等是可怕的反差。他假设如果不控制，地球上的人口将以每 25 年递增一倍（这与目前知识的预估相当吻合）。他认为，最好的农业生产不可能跟上人口增长的步伐。

古典经济学的集大成者

大卫·李嘉图

因为你已经是最优越的政治经济学思想家，所以我决心让你成为最优良的写作家。

——詹姆斯·穆勒

大卫·李嘉图是古典经济学理论的完成者，古典学派的最后一名代表，最有影响力的古典经济学家。他的研究领域主要包括货币、价格和税收，其主要经济学代表作是1817年完成的《政治经济学及赋税原理》。他认为限制政府的活动范围、减轻税收负担是增长经济的最好办法。

《政治经济学及赋税原理》被誉为是继亚当·斯密《国富论》之后的第二部最著名的古典政治经济学著作。它的出版被人们称为“李嘉图革命”。该书多次再版，成为经济学说史上一部真正的辉煌巨著，是关于政治经济学经典研究方法的基础。这部巨著囊括了古典政治经济学的所有理论，包含着李嘉图的全部思想精粹，成为《资本论》的重要思想源泉，在亚当·斯密和马克思之间建起了一座桥梁。

大卫·李嘉图的劳动价值理论

大卫·李嘉图（David Ricardo, 1772—1823年）出生于英国一个犹太人家庭，早年从事证券交易获得了极大成功。1799年，大卫·李嘉图读到了亚当·斯密的《国富论》，激发了他研究经济学的兴趣。1817年他发表了成名作《政治经济学及赋税原理》（*On the Principles of Political Economy and Taxation*），1819年当选为上议院议员，极力主张议会改革，支持自由贸易。可见，大卫·李嘉图绝不单纯是一个坐在书斋里的学者。

大卫·李嘉图继承并发展了亚当·斯密的自由主义经济理论，他于1817年完成了《政治经济学及赋税原理》一书，书中阐述了他的税收理论。李嘉图认为资本主义是有利于生产力发展和社会发展的一种生产方式，它是与工人利益相矛盾并以牺牲后者的利益为代价的。不过，李嘉图相信最终应该克服这种对抗，生产和社会的发展同每个个人的发展相一致。这就是“李嘉图定律”，是西方经济学理论的组成部分。

大卫·李嘉图的经济观点受到英国功利主义哲学家和社会改革家边沁的影响，建立起了以劳动价值论为基础，以分配论为中心的理论体系。他在亚当·斯密商品价值理论的基础上，进一步提出决定商品价值的不仅是投入的有效劳动，还有投入在生产资料中的劳动。他认为全部价值由劳动产生，并在三个阶级间分配：工资由工人的必要生活资料的价值决定，利润是工资以上的余额，地租是工资和利润以上的余额。由此说明了工资和利润、利润和地租的对立，从而实际上揭示了工人阶级和资产阶级、资产阶级和地主阶级之间的利益对立关系。

大卫·李嘉图也继承了马尔萨斯的主要学说，并形成了他著名的“生存工资”观点。他认为工资趋于仅够工人“生存和延续他们的种族，既不增加，也不减少”的水平。如果工资上升到生存水平以上，人口就会增加，职业竞争就迫使工资下降到原来的水平。同样，大卫·李嘉图认为地租是由必须开垦的贫瘠土地上的生产成本所决定的。当人口增长时，社会总收入中的较大比例就流入了地主的口袋，因此大卫·李嘉图谴责收地租者是资本家和工人的共同敌人。

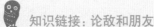

知识链接：论敌和朋友

李嘉图与马尔萨斯是同时代的著名经济学家。但马尔萨斯成名早于大卫·李嘉图，其《人口学原理》成为大卫·李嘉图学习的名著。在学术交流中，马尔萨斯主动结识了大卫·李嘉图。但是，在谷物贸易、价值理论、经济周期理论等方面，两人产生的分歧和争论一直持续到大卫·李嘉图逝世。但大卫·李嘉图与马尔萨斯的关系不单是终身论敌，更是终身朋友。他们十几年间持续通信交流思想，还经常相互拜访。大卫·李嘉图还在经济上给予马尔萨斯无私的帮助。他们持久的友谊成为思想史上的一段佳话。马尔萨斯在大卫·李嘉图故去后，深情地说道：“除了自己的家属外，我从来没有这样爱戴过任何人。”

大卫·李嘉图的比较优势理论

大卫·李嘉图在观察国际贸易的案例时发现，同一种商品在不同国家其相对价值各异，这就给各国参与国际贸易获取贸易利益留下了可利用的空间。在大卫·李嘉图看来，在商品的交换价值由生产中所耗费的劳动量决定的前提下，每个人都会致力于生产对自己来说劳动成本相对较低的商品。同样，每一个国家都可能有“某种具有优势的产品”，那么，“各国都更为合理地分配它的劳动资源，生产这种具有优势的产品”，并“将其用于相互交换，各国就都能得到更多的利益”。所以，大卫·李嘉图认为两国在两种商品生产上所处的优势或劣势程度的差异，能够刺激贸易机会的产生，并使两国都能获得贸易利益。

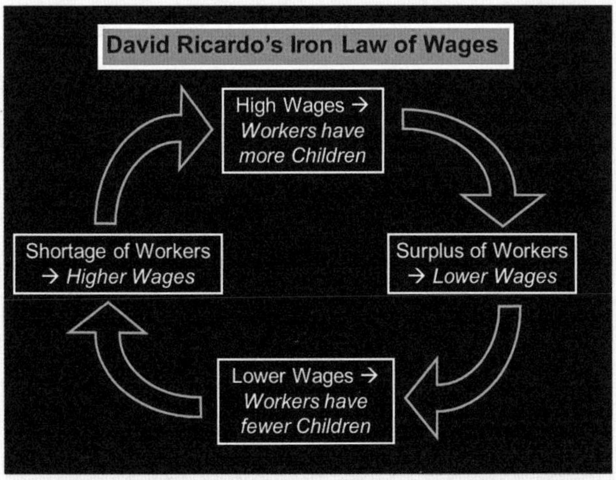

受马尔萨斯影响的经济学家断定：在正常的环境下，人口过剩使工资不会大大地高于维持生计的水平。而李嘉图说：“劳动的自然价格就是必须使劳动者能够共同生存，即使人类不增不减永世长存的价格”。这个学说一般被称为“工资钢铁定律”——工资总是趋向于下跌至仅够维持生存的最低水平。

针对当时英国通过的限制谷物贸易的《谷物法》，大卫·李嘉图坚持从理论上驳斥贸易限制的荒唐。他认为国际分工与国际交换的利益，只有在政府不干涉对外贸易，实行自由贸易的条件下，才能最有效地实现。在一个具有充分商业自由的体制下，每个国家把它的资本和劳动置于对自己最有利的用途，这就是国际贸易学说中的“比较成本规律”。因此，李嘉图是坚定的自由贸易论者。

追求最大幸福
边沁的功利主义理论

道德的最高原则就是使幸福最大化，使快乐总体上超过痛苦。

——杰里米·边沁

杰里米·边沁是英国的法理学家、功利主义哲学家、经济学家和社会改革者。他是一个政治上的激进分子，亦是英国法律改革运动的先驱和领袖，并以功利主义哲学的创立者，以及对社会福利制度发展的重大贡献而闻名于世。

边沁的思想贡献

1748 年，杰里米·边沁（Jeremy Bentham, 1748—1832 年）出生在伦敦的一个托利党律师家庭。他从小聪慧，1760 年就进入读牛津大学女王学院修读法律并于 1769 年获得律师资格，但他认为当时的英国法律缺乏理性基础，希望法律的指导原则能从科学中汲取营养，而不是像 18 世纪那样为纯粹的特权、自私和迷信所支配。这促使他后来成为英国最著名的激进法律改革家。

边沁还是伦敦大学学院公认的“精神之父”。因为边沁本人一贯倡导高等教育应该广泛推广，这与伦敦大学学院的早期宗旨“教育人人平等”不谋而合。因此，伦敦大学学院也是英国第一所漠视一切性别、宗教信仰、政治主张的差异的英国大学，“国际化”一词，就是由边沁本人创造出来的。因此当边沁去世后，按照他的遗愿，他的遗体陈列于伦敦大学学院主建筑的北部回廊，完全向公众开放。

实际上，边沁对 18 世纪和 19 世纪思想史的伟大贡献，在于他将启蒙运动时期被世俗化和淡化的国家权威的正当性，和建立其上的原则，以一种崭新的价值系统重新构建起来。因此，边沁被认为是一位社会设计师和西欧现代化的先驱。他的伦理观和法律观，为自由民主制度奠定了社会基础。

边沁的“最大幸福原理”

1789 年，边沁在英国出版了《道德和立法原理导论》一书，因而闻名于世。边沁的伟大梦想就是：建立一种完善、全面的法律体系，让普遍、完善的法律之眼洞察社会生活的每个角落，并澄清英国法中“普遍性的不准确与紊乱之处”。边沁决心

杰里米·边沁是英国哲学家和法律改革家。作为一名功利主义者，他认为行为的道德性取决于它的效用，或有用性。他在其著作《道德与立法原理导论》中对英国法律进行了道德层面的研究，主张法律应当有助于最大多数人的最大幸福。边沁是经济学家亚当·斯密的热情拥护者，他把亚当·斯密的民主原则应用到了法学和经济学当中。

伦敦大学学院是一所创建于 1826 年的综合性大学，一直以来与牛津大学、剑桥大学、帝国理工学院（IC）和伦敦政治经济学院（LSE）一起并称为 G5 超级精英大学。边沁在伦敦大学学院历史上有重要地位，被公认为伦敦大学学院的“精神之父”。该校的早期宗旨强调“教育人人平等”，这些主张与边沁提出的教育思想直接关联。“国际化”一词，就是由边沁本人创造出来的。

知识链接：边沁的社会福利思想

边沁是社会福利思想的最早提出者之一，他把幸福分为四个目标：生存、充裕、平等和安全。他认为：“最大多数人的最大幸福是正确与错误的衡量标准。”他提倡人类应努力做好各种事情，并积极探求实现幸福的方法。在追求幸福的过程中存在个人利益与社会全体利益之间的矛盾，为了实现最大多数人的最大幸福，就应协调好个人利益与全体利益，社会要关心个人利益，个人要服从社会利益。边沁的功利主义社会福利思想是对当时英国残存的各种旧的社会价值观念的一种清理，也是对 19 世纪英国社会改革运动的推动。

对英国普通法进行“去神秘化”的澄清，他大力鞭笞自然法和普通法，号召借助彻底的法律改革，建设真正理性的法律秩序。更重要的是，边沁不仅仅提议了很多法律和社会改革，更阐明了这些法律所基于的潜在的道德原则，这种道德原则就是“功利主义”——任何法律的功利，都应由其促进相关者的愉快、善与幸福的程度来衡量。

边沁在《道德与立法原理导论》中，阐述了两个主要的哲学思想：一是功利原理和最大幸福原理，二是自利选择原理。边沁的功利原则认为“善”就是最大地增加了幸福的总量，并且引起了最少的痛楚；“恶”则反之。自然将人置于乐和苦两大主宰之下，由此决定我们的是非准则和行为的因果关系。因为人的行为都是趋利避害的，所以任何正确的行动和政治方针都必须做到产生最多数人的最大幸福，并且将痛苦缩减到最少，这就是著名的“最大幸福原理”。所谓自利选择原理，就是每个人都是他自身幸福的最好判断者，个人追求一己的最大幸福，是具有理性的一切人的目的。在人类社会生活中，自利的选择占着支配地位，这是人性的一种必然倾向。

继边沁之后，功利主义哲学和伦理学思想，被约翰·穆勒进一步修正和扩张，“边沁主义”得以成为自由主义者的国家政策的最主要元素。

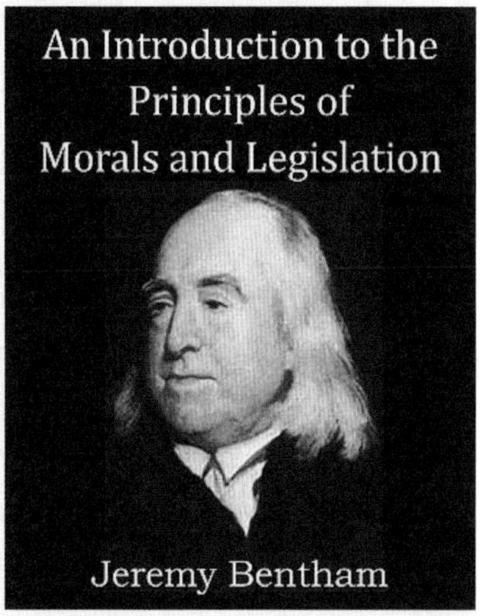

《道德与立法原理导论》于 1789 年初次发表，边沁认为，功利是指任何客体的这么一种性质，它倾向于给利益有关者带来实惠、好处、快乐、利益或幸福，或者倾向于防止利益有关者遭受损害、痛苦、祸患或不幸，即趋利避害。

资本的秘密

马克思与《资本论》

在人类历史上，少有学说像马克思思想一样，被不一般的人为严重扭曲。
——美国近代马克思主义学家达拉普

马克思一生的两大重要发现，一是历史唯物主义，二是剩余价值理论。前者在工业时代成为工人阶级反抗资产阶级的思想武器，后者使其用经济观点阐释历史发展规律的学说在世界各国都拥有为数众多的信徒。到第一次世界大战前，每一个工业国家都有一个具有相当影响力的社会主义政党。

马克思与阶级学说

1818年5月5日，卡尔·马克思出生于德意志联邦普鲁士王国莱茵省特里尔城一个律师家庭。马克思早年先后在波恩大学、柏林大学学习法律，并于1841年获得了耶拿大学哲学博士学位。1843年秋，马克思夫妇一同来到巴黎。马克思开始研究政治经济学、法国社会运动及法国历史，并最终成为一名共产主义者。1844年9月，弗里德里希·恩格斯到访巴黎，与马克思结下了深厚的友谊。两人共同开始了对科学社会主义的研究，共同创立了马克思主义。

马克思主义对工业时代社会变革产生最大影响的，是其关于阶级斗争的学说。1848年2月，马克思和恩格斯出版了《共产党宣言》，标志着马克思主义的诞生。马克思主义认为，阶级是人类社会发展到一定阶段的产物，人类社会的历史，除原始社会以外，都是阶级斗争的历史。人类社会的发展，是从没有阶级的社会到阶级社会，最后通过社会革命，过渡到更高的没有阶级的社会。这被马克思称之为“人类社会的发展规律”，也是其历史唯物主义的精髓。进而，马克思主义认为资产阶级和无产阶级是资本主义社会两大敌对阶级，工人阶级只有用暴力推翻全部现存的资本主义制度，消灭私有制，才能实现其阶级解放的目标。阶级斗争学说在19世纪60年代之后的工人运动和共产主义运动中都产生着深刻影响，“国际工人协会”的成立，巴黎公社运动的爆发都受到阶级斗争学说的指引。

马克思作为马克思主义的创始人之一，这使他成为当之无愧的无产阶级的精神领袖，并被称为全世界无产阶级和劳动人民的伟大导师。他是国际共产主义运动的先驱，第一国际的组织者和领导者。在他有生之年，他更多以一名德国思想家、政治家、哲学家、经济学家、社会学家而著称，其主要著作有《资本论》《共产党宣言》等。同时马克思也作为革命家，参与并以其思想理论指导全世界无产者为实现社会主义和共产主义理想而进行斗争。

马克思和夫人燕妮摄于1869年的照片。燕妮出生于一个德国贵族家庭，1836年与正在波恩大学读书的马克思相恋，但到1843年6月19日他们才得以成婚。婚后她分担了马克思的部分工作或者参与到工人运动中。燕妮在社会运动中也有她自己的角色，在英国伦敦生活期间她也不断地通过德文报纸发表政治文章和论文。1881年12月2日，燕妮在伦敦去世。

知识链接：《共产党宣言》

《共产党宣言》是马克思和恩格斯为共产主义者同盟起草的纲领，也是马克思主义诞生的重要标志。该书由马克思执笔，1848年2月24日在伦敦正式出版。《共产党宣言》的核心理论是：从原始社会解体以来人类社会的全部历史都是阶级斗争的历史，并包括一系列发展阶段；在资本主义阶段，无产阶级只有使整个社会摆脱任何剥削、压迫以及阶级划分和阶级斗争，才能使自己从资产阶级的剥削统治下解放出来。因此，《共产党宣言》号召：消灭私有制，推翻资产阶级统治，由无产阶级夺取政权，然后将资产阶级的全部资本和一切生产工具都集中在无产阶级手里，并尽快发展社会生产力。《共产党宣言》声称：共产党人公开宣布“他们的目的只有用暴力推翻全部现存的资本主义制度才能达到”。

《资本论》与剩余价值

马克思于1867年出版了《资本论》，提出了其核心理论——剩余价值学说。所谓剩余价值，就是由雇佣工人在生产过程中所创造的被资本家无偿占有的超过劳动力价值的价值，是资产阶级不付出任何等价物就占有的价值的一般形式。马克思将剩余价值分为绝对剩余价值和相对剩余价值两种形式。绝对剩余价值是指通过把工作日延长到超过必要劳动时间而生产的剩余价值；相对剩余价值是指在工作日长度不变的条件下，由于缩短必要劳动时间、相应延长剩余劳动时间而产生的剩余价值。通过对剩余价值的起源和本质、剩余价值的生产和分配或转化的详尽分析，马克思发现了资本主义经济运行的本质，揭开了资产阶级对无产阶级剥削的秘密，阐明了资本主义发生、发展和灭亡的运动规律，指出了无产阶级的历史使命——推翻资本主义制度。

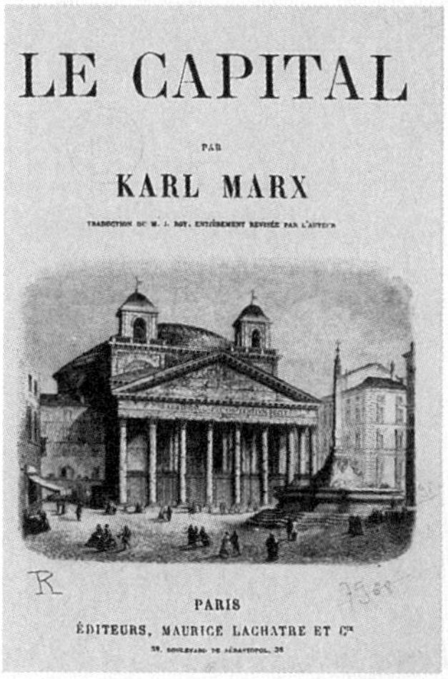

图为《资本论》法文版书影

物竞天择
达尔文与进化论

观察的材料已经明显地证明了种的不变理论的荒谬。

——拉马克

19世纪中叶，达尔文创立了以自然选择为核心的科学的生物进化学说，第一次对整个生物界的发生、发展作出了唯物的、规律性的解释，推翻了神创论等唯心主义形而上学在生物学中的统治地位，不仅使生物学发生了一个革命性转变，而且对人类学、心理学和哲学的发展都产生了深刻影响。因此，达尔文的进化论是对人类思想进步的伟大贡献。

进化观念的形成

1809年2月12日，查尔斯·罗伯特·达尔文（Charles Robert Darwin, 1809—1882年）出生于英国普雷斯顿。早年他先后在爱丁堡大学学医，在剑桥大学学习神学，但达尔文对自然历史更感兴趣，并在剑桥大学接受了植物学和地质学研究的科学训练。

1831年，达尔文从剑桥大学毕业后，被以“博物学家”的身份推荐到英国海军“小猎犬号”舰艇上，参加始于1831年12月27日的环球科学考察航行。达尔文先在南美洲东海岸的巴西、阿根廷等地和西海岸及相邻的岛屿上考察，然后跨太平洋至大洋洲，继而越过印度洋到达南非，再绕好望角经大西洋回到巴西，最后于1836年10月2日返抵英国。这次航海考察改变了达尔文的思想。回到英格兰后，他专注于科学研究，立志要成为一个推进进化论的严肃科学家。1838年，他偶然读到了马尔萨斯的《人口学原理》，从中得到启发。他认为世界并非是神在一周之内创造出来的，地球的年纪远比《圣经》所讲的古老得多，所有的动植物都经历过改变，而且还在继续变化之中。至于人类，可能是由某种原始动物转变而成的，也就是说，亚当和夏娃的故事根本就是神话。达尔文领悟到生存斗争在生物界的意义，并意识到自然条件就是生物进化中所必须有的“选择者”，具体的自然条件不同，选择者就不同，选择的结果也就不相同。

物竞天择与适者生存

1859年11月24日，达尔文出版了生物进化

达尔文，英国生物学家，进化论的奠基人。他通过历时5年的环球航行，对世界动植物和地质结构等进行了大量的观察和采集。他在伟大著作《物种起源》中提出了生物进化论学说，从而摧毁了各种唯心的神造论以及物种不变论。“进化论”被列为19世纪自然科学的三大发现之一（其他两个是细胞学说、能量守恒转化定律）。

1831—1836 年，达尔文乘坐英国海军军舰“小猎犬号”进行了长达 5 年的环球航行和科学考察。在此前的剑桥学习期间，达尔文结识了当时著名的植物学家 J. 亨斯洛和著名地质学家席基威克，并接受了植物学和地质学研究的科学训练。这次航海激发了达尔文致力于生物学研究的热情，并为他出版《物种起源》奠定了基础。因此达尔文自己也说：“‘小猎犬’的旅程是迄今为止我一生中最重要的事件，并决定了我的整个职业生涯。”

知识链接：社会达尔文主义

社会达尔文主义是将达尔文进化论中自然选择的思想应用于人类社会的一种社会理论。最早提出这一思想的是英国哲学家、作家赫伯特·斯宾塞。这种思想认为生存竞争所造成的自然淘汰，在人类社会中也是一种普遍的现象。它常被利用来强调人种差别和阶级存在的合理性，以及战争不可避免等。社会达尔文主义实际上影响了 19 世纪末 20 世纪初的种族优越和竞争思想，甚至鼓吹一个种族为了生存必须具备侵略性。因此它对第一次世界大战后兴起的纳粹德国的领土扩张和种族灭绝政策有重要影响。

的重要著作《物种起源》，创造性地讲述了生物进化的过程与法则，确立了自然选择进化论的核心思想。达尔文认为，生物之间存在着生存争斗，适应者生存下来，不适者则被淘汰，这就是自然的选择。生物正是通过遗传、变异和自然选择，从低级到高级，从简单到复杂，种类由少到多地进化着、发展着。

达尔文的进化论认为：首先，物种是可变的，现有的物种是从别的物种变来的，一个物种可以变成新的物种。其次，所有的生物都来自共同的祖先，这得到了后来的分子生物学的印证：所有的生物都使用同一套遗传密码，可见达尔文的远见卓识。再次，自然选择是进化的主要机制。最后，生物进化的步调是渐变式的，它是一个在自然选择作用下，累积微小的优势变异的逐渐改进的过程，而不是跃变式的。达尔文的这个结论受制于当时科学发展的局限因而存在争议，在达尔文之后的大部分生物学家、古生物学家、遗传学家，都相信生物进化是能够出现跃变的。

进化论的发现，无疑是人类历史上继日心说取代地心说，否定了地球位于宇宙中心的神话之后，取得的第二次重大科学突破，它把人类置于普通生物同样的层面，彻底打破了人类的自我神化，将现代科学的理性思维牢固建立起来。

达尔文在 1859 年出版的《物种起源》一书中系统地阐述了他的进化学说。其核心是自然选择原理：生物都有繁殖过剩的倾向，而生存空间和食物是有限的，所以生物必须“为生存而斗争”。人类进化起源于森林古猿，从灵长类经过漫长的进化过程一步一步发展而来。经历了猿人类、原始人类、智人类、现代类四个阶段。

gham Gra oth
1728 – MATTHEW BO
1736 – JAMES W
1754 – WILLIAM MU

人类群星闪耀时：发明家对人类文明的贡献

发明是应用自然规律解决技术领域中特有问题而提出创新性方案、措施的过程和成果。人类历史上的各种发明，都是为了满足社会经济发展和人们生产生活的需要而创造出来的。18 世纪工业革命以来，随着思想解放的深化、科学研究的进步、文明发展的提升和社会经济的变革，发明创造日益成为推动人类文明前进的动力。一方面，是生产发展的刺激和生活变革的需求，引导一大批发明家发挥聪明才智，创新出无数改变人类历史的重大发明成果；另一方面，不断涌现的发明创造成果，也在不断改写着人类文明进步的历史，推动社会经济突飞猛进的发展。可以说，工业化的时代就是发明的时代，就是发明家引领人类进步的时代。

工业时代的发明家绝大多数不是书斋里的学者，而是生产一线的劳动者或者是对科技创造的痴迷者。他们发明的灵感和源泉，来自于生产中出现的问题、生活中亟待解决的需求。无论是瓦特对蒸汽机的改进，还是纺织工具机的一系列发明，都是直接来源于工业革命的需要，也推进了工业革命的发展；无论是发电机、电动机的发明，还是电灯、电话以及一系列家用电器的出现，也都是来自于时代生活的需求并改变了时代生活的面貌。人类历史上从来没有哪个时代像工业时代那样，以如此澎湃的激情推动着发明家不断创新并改变着世界。

机械动力

瓦特与蒸汽机

它武装了人类，使虚弱无力的双手变得力大无穷，健全了人类的大脑以处理一切难题。它为机械动力在未来创造奇迹打下了坚实的基础，将有助并报偿后代的劳动。

——詹姆斯·瓦特的讣告

蒸汽是工业革命的源动力，蒸汽机作为工业时代的动力机，不仅成就了18—19世纪英国的世界经济统治地位，也为机械化的普及和水泵、火车、轮船的运转提供了长达150年的能量，为工业化的实现注入了强劲的力量。以蒸汽为动力，建立在机械、钢铁基础之上的第一次工业革命从根本上改变了人类发展的方向。可以说，没有蒸汽机就没有现代化。

瓦特的历史使命

从蒸汽中获得动能的想法，可以追溯到公元1世纪前后。当时亚历山大的希罗观察到，膨胀的水蒸气能够产生一定的能量，使物体抬升或运动。但是这一观察只是停留在现象的认识上，而没有去思考蒸汽产生的动能具有什么实用价值，因此，水在烧开时升腾的蒸汽能够抬升锅盖的现象，在1500年间也只是一种司空见惯的生活常态。

英国进入工业革命之后，工具机的发明领先于动力机的发明。因此早期的水力纺织机工厂必须临河而建，利用水力提供动能，甚至依靠畜力提供动能。在英国的煤矿坑道里，开采面经常漏水，矿工迫切需要水泵来保持井下干燥。因此，托马斯·塞维利在1698年、托马斯·纽科门在1712年先后发明了蒸汽机来推动矿井抽水泵的运转。但大多数蒸汽机产生的动力仅能保持自身的运转而已，根本谈不上抽水。托马斯·纽科门在1712年发明的蒸汽机，是当时最好的蒸汽水泵，但即使是这台机器，不仅耗煤量很大，而且也是时好时坏、动力不足。最后，真正改进蒸汽机的历史使命幸运地落到了年轻的机械师詹姆斯·瓦特身上，使瓦特一跃而成为工业时代最伟大发明家。

詹姆斯·瓦特（James Watt, 1736—1819年）1736年1月19日出生于苏格兰格拉斯哥。瓦特的父亲是熟练的造船工人并拥有自己的船只与造船作坊，还是小镇的官员。

纽科门的蒸汽机。蒸汽来自锅炉，驱动气缸里的活塞，以此带动一个木梁。蒸汽的另一端转动一个安装在矿井通风管道上的泵活塞。

这使得瓦特从小就接触机械和制造，并表现出了精巧的动手能力以及数学上的天分。

1755年，瓦特从苏格兰到伦敦接受了仪器制造匠的学习培训。1757年，格拉斯哥大学的教授允许瓦特在学校里开设了一间小修理店，这给瓦特提供了实践的机会。1757年，格拉斯哥大学任命瓦特为其正式的“数学仪器制造师”，并为其在校园里安排了一个专门的车间。

1762年，英国机械师与商人马休·博尔登慕名而来，他雇用了25岁的瓦特来制造新型的、更先进的蒸汽机。但实际上，直到此时，瓦特也还从未亲眼见过一台可以运转的蒸汽机，但是他却满怀信心地开始建造自己的蒸汽机模型。

瓦特并不是蒸汽机的发明者，瓦特运用科学理论，逐渐发现了纽科门蒸汽机的问题所在。他对原有的纽科门蒸汽机进行了一系列改良，才有了现代意义上的蒸汽机。

詹姆斯·瓦特不但是一个英国发明家，更是第一次工业革命的标志性和最重要的人物之一。自从他1776年制造出第一台有实用价值的蒸汽机以来，经过一系列重大改进，蒸汽机成为工业革命“万能的原动机”，它在工业上的广泛应用，促进了人类进入机械化时代。瓦特开辟了人类利用能源新纪元，因此后人把功率单位确定为“瓦特”。

成功改进蒸汽机

1763年，瓦特得知格拉斯哥大学有一台纽科门蒸汽机，但是正在伦敦修理，他请求学校取回了这台蒸汽机并亲自进行了修理。修理后这台蒸汽机勉强可以工作，但是效率很低。经过大量实验，瓦特发现效率低的原因是由于活塞每推动一次，气缸里的蒸汽都要先冷凝，然后再加热进行下一次推动，从而使得蒸汽80%的热量都耗费在维持气缸的温度上面。为此，瓦特学习了热能物理学，不久他便认识到了现有蒸汽机中两个明显的低效率设计。首先，因为蒸汽锅炉没有被绝缘，所以锅炉房热得让人窒息。瓦特把他的锅炉用绝缘层裹住。其次，瓦特发现，在汽缸内将蒸汽再次冷凝既费时又耗能。他在汽缸内新建了一个冷凝室。这样，当活塞到达汽缸顶部的时候，汽缸底部一个新的阀门打开，蒸汽涌入冷凝室后喷水将其冷凝。因此，瓦特设计的汽缸热耗少，效率高。

1774年，瓦特设计的蒸汽机取得了成功，其功率是当时其他蒸汽机功率的3倍。1776年，以“博尔登－瓦特”命名的蒸汽机在波罗姆菲尔德煤

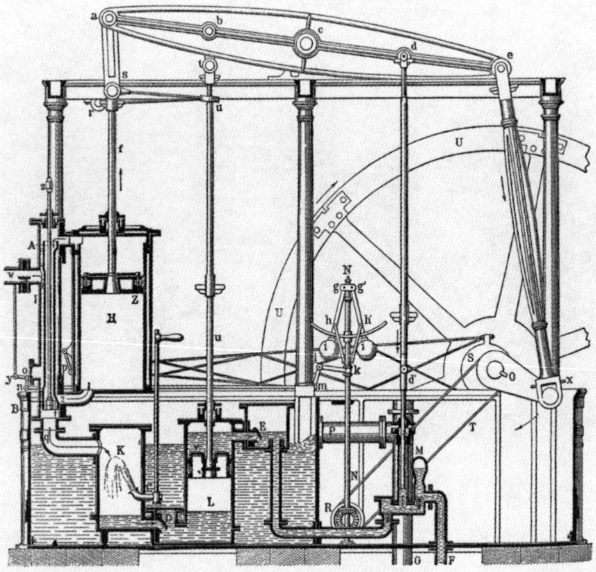

由瓦特设计、默多克发明的长途滑阀六柱低压蒸汽机。威廉·默多克是19世纪苏格兰发明家。从1777年开始，默多克为瓦特的蒸汽机工厂工作了62年直到去世。默多克在蒸汽机领域最重大的发明是“太阳与行星”曲柄齿轮传动系统，这个系统保证蒸汽机能够持续地沿着中心轴运转。为了使轮轴的旋转增加惯性，从而使圆周运动更加均匀，默多克在轮轴上加装了一个大飞轮，对传动机的这一重大革新使蒸汽机成为开动一切工作机的万能机，也大大增加了蒸汽机的实用性。

矿首次向公众展示其工作状态，并很快投入生产。1776年，第一批新型蒸汽机制造成功并应用于实际生产。这批蒸汽机由于还只能提供往复直线运动而主要应用于抽水泵上。在之后的5年中，瓦特赢得了大量的订单并奔波于各个矿场之间安装由这种新型蒸汽机带动的水泵。在博尔登的要求下，瓦特开始继续研究如何将蒸汽机的直线往复运动转化为圆周运动，以便使得蒸汽机能为绝大多数机器提供动力。一个显而易见的解决办法是通过曲柄传动，但是该项专利的所有人是约翰·斯蒂德，而对方要求同时分享瓦特此前的分离冷凝器的专利，这一要求被瓦特坚决地拒绝了。

瓦特蒸汽机的功能飞跃

瓦特改进后蒸汽机对于运动简易抽水泵来说已经是很大的进步，但却不足以为工厂提供动力。瓦特与博尔登认为，需要使蒸汽机具备两个更重要的功能：一是蒸汽机的每次冲程必须制造更多的动力；二是工厂需要的不是水泵的上下运动，而是转动轴、条板、传送带，他们需要的是往复回转运动。

1781年，瓦特公司的雇员威廉·默多克（William Murdoch, 1754—1839年）发明了一种称为“太阳与行星”的曲柄齿轮传动系统，并以瓦特的名义成功申请了专利。这一发明绕开了曲柄专利的限制，极大地扩展了蒸汽机的应用。之后的6年里，瓦特又对蒸汽机作了多方位的改进并取得了一系列专利，他发明了双向气缸，使得蒸汽能够从两端进出从而可以推动活塞双向运动，而不是以前那样只能单向推动；使用节气阀门与离

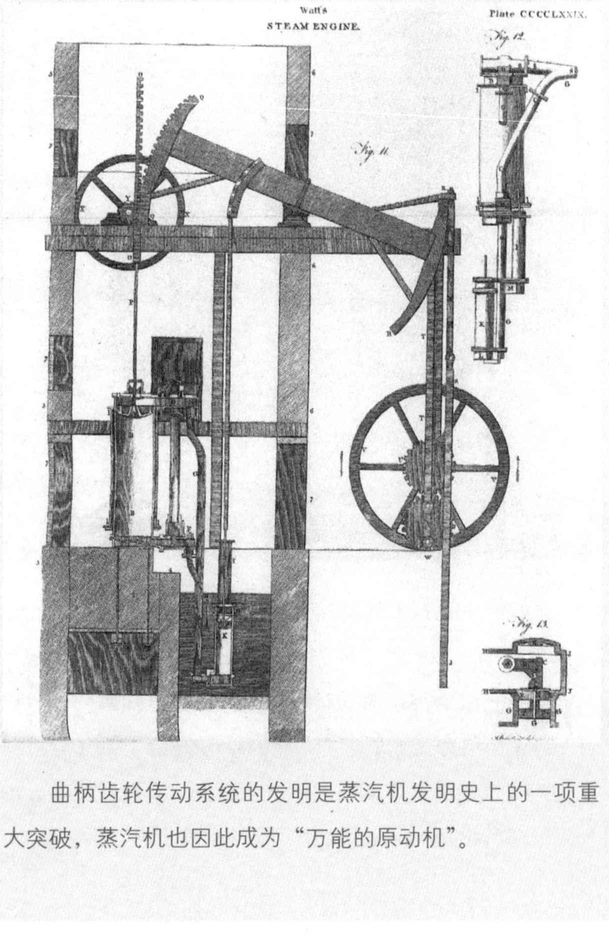

曲柄齿轮传动系统的发明是蒸汽机发明史上的一项重大突破，蒸汽机也因此成为“万能的原动机”。

位于伯明翰的博尔登、瓦特、默多克雕像。瓦特最初是在著名的卡伦钢铁厂的拥有者约翰·罗巴克的资助下开始研究蒸汽机的，但因为耗资巨大，导致罗巴克破产，相关专利都由伯明翰一间铸造厂老板马修·博尔登接手。瓦特与博尔登从此开始了他们之间长达 25 年的成功合作，瓦特在蒸汽机改良发明取得的一系列成果，就是在此期间获得的。之后，威廉·默多克被博尔登雇佣。这样，博尔登、瓦特、默多克三人的合作，共同成就了蒸汽机发明的许多重大突破。

心节速器来控制气压与蒸汽机的运转；发明了一种气压示工器来指示蒸汽状况；发明了三连杆组保证气缸推杆与气泵的直线运动。由于担心爆炸的危险以及泄露问题，瓦特的早期蒸汽机都是使用低压蒸汽，后来才引进了高压蒸汽。所有这些革新结合到一起，使得瓦特的新型蒸汽机的效率是过去的纽科门蒸汽机的 3 倍。有了这一系统，瓦特蒸汽机可以以任何所要求的速度旋转。

瓦特研制的蒸汽机实用性强而且马力充足，它为英国工业革命提供了充足的机械动力。不久之后，蒸汽机被应用于火车与轮船领域，成为推动世界前进的巨大力量。

知识链接：关于蒸汽机发明者的争议

在人类发明史上，很多重大发明都存在一些争议，有些因为发明者申请专利的延迟而与发明殊荣失之交臂，也有的是合作发明而最后只有一人得到了发明桂冠，当然即便如爱迪生那样伟大的发明家，也有独断专行、压制后辈的遗憾污点。在蒸汽机发明和相关专利方面，关于瓦特是否是一些蒸汽机相关的专利的发明者同样也一直存有争议。

从 1780 年左右，瓦特开始采取措施，对一些听说到的别人的主意预先提请专利，以保证蒸汽机的整体发明属于自己并防止其他人介入。还有人认为瓦特不允许其雇员威廉·默多克参与其高压蒸汽机的研制，从而推延了该项发明的产生。瓦特还与博尔登一起压制其他工程师的工作，如乔纳森·霍恩布劳尔在 1781 年发明了另外一种蒸汽引擎，但是因被诉侵犯了瓦特的专利而失败。瓦特在 1781 年申报的“太阳与行星”曲杆齿轮联动装置的专利，在 1784 年申报的一项蒸汽机专利，都有很强的证据显示是由其手下的工程师威廉·默多克发明的。但威廉·默多克本人从未对这项专利的所有权提出过异议，他一生都工作于博尔登与瓦特的公司，并在瓦特退休后被吸收为合伙人之一。即便在原来阻碍瓦特发明的曲柄专利于 1794 年过期后，瓦特的蒸汽机也一直继续采用这项“太阳与行星”传动技术。据说瓦特还曾阻挠其他一些非自己专利的蒸汽机的发明与推广，并认为用蒸汽机来推动车辆是不可能的事情。但是，瓦特为改进蒸汽机所做的巨大贡献无疑是不可抹杀的，尤其是最重要的分离式冷凝器，毫无争议是由瓦特最早提出并独自发明的。

棉花加工机械

轧棉机的发明

棉花是一种最适宜于奴隶劳动的一项农产品……

——王寅《伊莱·惠特尼与他的发明》

英国工业革命促进了棉纺织工业迅猛发展，但是，手工采棉轧棉是无法满足大工业化的棉纺织业需要的。因此，作为农业机械的轧棉机的发明，解决了棉纺织业的原料加工问题。

棉纺织业对轧棉机的迫切需要

英国棉纺织工业的发展加剧了对棉花原料的需求，但英国不是产棉国，因而迫切需要美国南方种植园为其源源不断地提供棉花原料。

美国南方温暖的气候对棉花的生长非常适宜。然而棉花采摘却是一项艰苦的劳动。南方种植园主驱使大量黑奴从事棉花的手工采摘，但分离棉纤维与棉籽的轧棉工作却是一项耗时费力的劳动，占用了奴隶们大量的时间，因而严重影响了采棉进度。大量来不及采摘的棉花最终腐烂在地里，使种植园主蒙受了巨大损失。

伊莱·惠特尼在美国早期历史发展中发挥了重要作用。他发明的轧棉机迅速改变了南方的经济模式，他倡导的标准化生产方式极大促进了北方的工业发展。从更广的意义上说，惠特尼对美国经济发展更大的贡献不在于他所设计的某种工具或机器，而是他实验并推广了一种全新的理念，开辟了美国工业生产的新时代。

1792年初，出生于美国马萨诸塞州的伊莱·惠特尼（Eli Whitney，1765—1825年）应邀参观美国独立战争英雄纳撒内尔·格林将军在乔治亚州的种植园。格林将军战后不久就去世了，把种植园留给了妻子凯瑟琳·格林。当时27岁的惠特尼之前虽然做过律师和教师，还开过制造钉子和别针的金属锻造车间，但对于机械却有着一定的专长。参观完格林种植园后，惠特尼对种植园里的农具机械进行了一系列维修与改进。他制作的新式刺绣框令凯瑟琳的朋友们羡慕不已。这些都给凯瑟琳留下了深刻的印象。

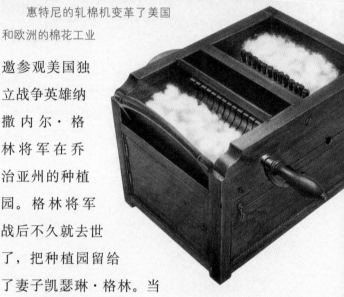

惠特尼的轧棉机变革了美国和欧洲的棉花工业

1792年末，凯瑟琳向惠特尼描述了种植园主在轧棉方面所面临的问题，迫切希望有人能够发明出一种无需人力的轧棉机器。这不仅能使发明者名利双收，更能帮助种植园主获取更高的棉花收益。于是，惠特尼同意接受挑战。

轧棉机改变棉花生产

惠特尼把格林的地下室作为工作间，开始了轧棉机的研究。长期在种植园生活的凯瑟琳为惠特尼提供了一个设计轧棉机的大体构想，在此起点上，惠特尼花费了6个月的时间进行潜心研究。他从数百个棉桃里取出棉籽，以便直接观察如何使用机械方法将棉桃中的棉花纤维剥离出来。惠特尼最初的构想是：将棉花从采摘者长长的背袋倒入一个送料斗中。送料斗底部旋转滚筒上的齿状物抓住棉纤维，把它们从金属槽拉出来，而因为金属槽太窄棉籽无法通过。然后一组刷子把轧过的棉花从滚齿上取下来，再送到下一步去装袋。然而他的设计看似简单，却被种种问题所困扰。棉纤维既粗又黏，还很坚韧，经常阻塞齿轮与木制嵌齿。很多棉籽跟棉纤维深深地缠结到一起，被滚齿带到金属槽里拉不出来。如果把槽变宽一些，就会有太多棉籽通过；而若变窄一些，棉纤维又会纠结成团把槽堵住。

1793年春天，在凯瑟琳的建议下，惠特尼用金属线代替木钉做滚齿取得了很好效果。即使是小型的、曲柄式的惠特尼机器，轧棉速度也能赶上50个工人那么快。大型的轧棉机可以替代100多个工人。轧棉机发明后，很快在美国南方产棉区普及开来，棉花也一举成为南方种植园最主要的经济作物。

轧棉机的出现提高了棉花的地位，改革了棉花生产，拯救了美国南方的种植园农业，使美国南方变得富裕起来。

知识链接：轧棉机与奴隶制

美国独立之后，南方形成以奴隶制为特点的农业经济，北方形成以纺织业为重要支柱的工业经济。当时的奴隶价格是每个人头300美元，但是受到棉花种植与粗加工过程中的技术限制，尤其是分离棉籽这一过程的低效率的限制，美国南方的奴隶制出现了萎缩与衰退的现象，而且废奴运动也从欧洲旧大陆蔓延至美国。但是轧棉机的发明延缓了这一进步历程。由于奴隶人工驱动的轧棉机在分离棉籽这个粗加工的过程中极大地提升了工作的效率，一时间美国南方再一次地掀起了蓄奴的高潮，奴隶制死灰复燃。而美国北方以及英国快速发展的棉纺织业无疑成了奴隶制延续的帮凶。所以人们认为，轧棉机的发明延缓了奴隶制的灭亡。

1793年4月惠特尼发明轧棉机青铜历史纪念奖章。惠特尼1793年设计制造出轧棉机，一人操作机器每天可轧棉五十多磅。1798年，惠特尼接受美国政府制造1万支滑膛枪合同，在纽黑文附近开办专门工厂，生产军火武器。惠特尼是实行标准化生产的创始者。

被湮灭的发明家

特里维西克与铁路

在我们祖父的那个时代，货物运输费用极其昂贵，小麦只能在它产地周围 200 英里的范围内被消费掉。但是今天，俄罗斯的小麦、印度的小麦和达科他州的小麦直接竞争，敖德萨的小麦产出直接影响着芝加哥小麦市场的价格。

——经济学家亚瑟・T. 哈德利《铁路交通》

铁路被誉为国民经济的大动脉，它是工业革命以来第一种能够运输大量物资的高效运输系统，在长达一个多世纪的时间里一直是世界上最重要、最先进的陆上运输方式。一般都认为，英国工程师乔治・史蒂芬森是世界上第一台实用的蒸汽机车的发明者，但事实上，英国发明家理查德・特里维西克才是火车发明的先行者。

铁路发明最早构想

在铁路出现之前，大件货物的运输首先是通过马车运到水路，然后再由船舶运到目的地。因为风力的不足，内陆水路的船舶航行，有时还需要用马拉驳船。因此，城市作为大量货物的集散地和加工地，就必须建在河流的沿岸或海边。由于运输费用太高，严重制约了原材料、商品、劳动力的流通。

1804 年 2 月 20 日，英国发明家理查德・特里维西克制造的蒸汽机车在铁轨上进行试验，这是人类历史上最早能在铁轨上行驶的机车。由于蒸汽机车用煤炭或木材做燃料烧锅炉，所以人们把蒸汽机车俗称“火车”。

在 1796 年之前，英国人理查德・特里维西克（Richard Trevithick，1771—1833 年）已经是一位颇有名望的发明家，他专门研制矿井抽水水泵使用的小型高压蒸汽机。特里维西克在矿井内看到矿工异常艰难地靠人力推动满载的煤车，这促使他开始考虑能否将蒸汽机装配到煤车上，让煤车自动运行。但就连特里维西克的小型蒸汽机都太大，无法装到煤车上。因此，他打算先把蒸汽机装配到马车上做一番实验，但没能取得成功。问题的关键在于蒸汽机产生的动力不足以拉动马车在布满车辙、碎石的崎岖不平的土路上行走。而要解决这个问题，必须减小车轮与道路之间的摩擦力。

找到症结之后的特里维西克决定从三个方面入手：一是为机车建造铁轨；二是增强发动机动力；三是减小发动机体积。经过半年多的实验，特里维西克认识到，如果把蒸汽机的冷凝器去掉，让蒸汽直接排入大气中，便可以提高气压，从而提高发动机动力。同时这也减小了锅炉与发动机的体积。

铁路发明桂冠旁落

虽然当时英国已经出现了马拉车辆在木制轨道

这是根据理查德·特里维西克大约在 1803 年修筑的原英国铁路重建的轨道路段。这条轨道最初是用于马拉的马车，在轨道上滚动的原来是法兰而不是轮子，所以轨道是一个接一个轮缘槽组成。

上运行，但人们还是对圆滑的钢铁车轮能在平滑的铁轨上运行表示怀疑。很多人认为这种设计不足以产生必需的摩擦力来拉动重物运行，更不用说上坡的时候了。

1802 年，特里维西克展示了他的蒸汽机车新模型。这个发动机能自动运行，依靠双活塞提高蒸汽压力和加大动力，而且加上了传动装置。1804 年 2 月 20 日，特里维西克点火启动了这辆新机车，机车用一箱煤做燃料，从潘尼达伦到梅瑟在轨道上行驶了 9 英里。为了引人注意，机车挂载了 5 节车厢，装载了 10 吨煤和 70 名乘客。铁轨沿线聚集了很多人围观，当特里维西克的机车以每小时 10 英里的前所未有的速度呼啸而过时，滚滚蒸汽与浓烟蒸腾在空中，引来人们阵阵欢呼。这次机车实验成功后，特里维西克将改进后的火车用于英格兰的煤矿区。

而几乎同时，1804 年 7 月英国发明家乔治·史蒂芬森也造出了他的第一辆机车，尤其是史蒂芬森制造的“火箭号”蒸汽机车赢得了 1829 年 10 月的英国蒸汽机车比赛，使他一下子名声大噪，以至于“火车发明者”的桂冠终于被戴在了史蒂芬森的头上。

但是，铁路和火车发明之后，并没有立刻引起英国政府和民间的重视，在 1810—1814 年间的拿破仑战争中，马匹与饲料的价格大幅升高。这时，蒸汽火车运输的优势开始体现出来，从此铁路建设开始全面展开。

知识链接：世界建设铁路和拆除铁路最长的国家

美国是世界上拥有铁路最长的国家，但目前运营的铁路里程，已经比美国历史上最长的铁路纪录要短了许多。1830 年，巴尔的摩–俄亥俄铁路建成通车，这是美国第一条铁路。之后美国铁路几乎以每年 5000 公里的速度快速扩建，到 1916 年其运营里程已经达到惊人的 408746 公里，这是美国铁路最长的纪录。此后，随着其他交通运输形式的发展和崛起，铁路运输业开始衰退，美国甚至出现平均每年拆除 1400 公里铁路的情况，到 1975 年共拆除铁路 86000 公里。目前，美国铁路里程基本稳定在 318500 公里，仍然占世界铁路总运营里程的近 1/4。所以，美国是世界上建设铁路和拆除铁路最长的国家。

1804 年特里维西克制造的机车。特里维西克无疑是一位极其重要的创新工程师，他发明了第一台高压蒸汽机车。1812 年，又建造了全新的火管锅炉。特里维西克的创造发明不仅领先于他的时代，也为 19 世纪动力机械的发展奠定了基础。可悲的是，特里维西克将改进后的火车仅仅用于英格兰的煤矿区，而英国发明家乔治·史蒂芬森制造的“火箭号”蒸汽机车因为在 1829 年 10 月的英国蒸汽机车比赛中赢得桂冠，并最先用于商业运营，一举荣膺“火车之父”称号。

收获的革命

麦考密克与联合收割机

发明家们，中西部期待着你们。你们可以把想推广应用的任何东西带到这里来，只要它确实有效。你们会在这里获取成功。带上你的机器一起来吧！

——芝加哥《农业家和西部牧场农场主联盟报》

恰如英国的农业革命为工业革命创造了基础条件一样，工业革命的发展也为农业革命提供了现代化的条件。农业生产借助机械化的帮助，极大地提高了生产力，使工业化得到了原料保证，也促进了社会生活的改善。联合收割机的发明，是农业机械化的标志之一，也是农业走向大规模集约化生产的体现。它增加了食品生产并把农业重点转向了粮食生产，它使农业从低密度的家庭劳动转变成了资本密集型的大商业。

尽管有丰富的自然资源，但当时的美国严重缺乏劳动力，这成了经济增长的最主要障碍。在这种情形下，任何有用的发明都能产生巨大的效果。麦考密克发明的收割机极大地解放了劳动力，使北方农业及广阔的美国西部农业取得了巨大进步，商品化农业使美国人民摆脱了饥饿，也为全人类解决饥饿问题提供了帮助。

美国农业的劳动力短缺

1809 年 2 月 15 日，塞勒斯·霍尔·麦考密克（Cyrus Hall McCormick, 1809—1884 年）出生于弗吉尼亚州洛克布里奇县的沃尔纳特格罗夫。麦考密克没有受过任何正规教育，但是到 1830 年时，麦考密克家中拥有了 485 公顷土地和 9 个奴隶。每年丰富的谷物、水果、木材、石料产出给麦考密克一家带来了不菲的收入。当时，尽管美国拥有丰富的自然资源，国土面积经过 1783 年的独立战争和 1803 年的购买路易斯安那而翻了两番，因而出现了劳动力的严重短缺，并阻碍了经济增长。同样，拥有大片土地的麦考密克家中也出现了劳动力的明显不足。

当时，阻碍商品化农业向俄亥俄河以南发展的关键是：当时的粮食完全依靠手工收割、聚集、脱粒、扬谷，还有装袋，耗费了人们大量的时间，一个农民每天最多只能收割 0.2 公顷小麦。大片小麦成熟后，农场主根本没有足够的人手在短时间内完成收割，以至于大量麦子腐烂在田地里。这就意味着农场播种与收获的粮食仅能满足家用，而无法扩展到商品化生产。因而，农场主迫切需要一种能够提高收割效率的机械。

在美国南方，伊莱·惠特尼于 1793 年发明了轧棉机，将劳动力从繁重低效的人工轧棉中解放了出来，不仅拓展了美国南方的影响范围，并形成了一种棉花文化，甚至使奴隶制获得了延续。由此可见，任何有助于提高农业劳动生产率的发明都能产生巨大的效果。

联合收割机的发明

美国北方是小麦的主产区，但收割粮食一直是个让人筋疲力尽的、非常艰辛的、劳动力密集型的劳动过程。小麦、黑麦、燕麦以及其他谷物都是用镰刀手工收割，还要安排人手把割好的谷物斜放成排，然后捆成捆，用手敲打使之脱粒，再去壳扬晒。成熟的麦子如果不能在雨季之前收割完毕，那么粮食就会被毁掉。

1831 年夏天，麦考密克在邻居的农场里试用了这台半机械化收割机。他用自己的马拉着收割机在弗吉尼亚石桥县的约翰斯蒂尔农场上收割小麦，围观的人们大为兴奋，因为他们见证了农业机械化正从身边的农田里开始。这种收割机是由两匹马牵引，装有地轮驱动的切割刀，拨禾轮和集穗台。它不仅能够将麦子割下，还能自动整理好割下的麦子，整齐地堆放在后面的工作台上，收割速度比人工快 3 倍。

这台诞生于沃尔纳特格罗夫农场的最原始的联合收割机当时因为没有多少人对这个新奇的玩意儿有兴趣，麦考密克只好把这台机器放进仓库。但到了 1840 年，麦考密克宣布他回到了收割机的生产和销售上，并很快赢得了销售佳绩。1844 年后，麦考密克带着他的收割机进军广袤的西部，促成了美国农业生产的工业化。他第一个将工厂制度引入农业生产领域，使得千百万农民能用上收割机和其他农业机械。

1820 年，麦考密克的父亲罗伯特尝试设计并建造了一种自动的用马力驱动的收割机，但没有成功而只得放弃。但麦考密克决心继续父亲的研究，并且梦想制造一台可以将切、割与脱粒合而为一的机器。他一边下地仔细观察和研究农夫收割麦子的每一步重复性运动，一边在他父亲的谷仓里实验如何能用机械复制农夫每一步分解的运动。麦考密克以这些实验为基础，在往复式割刀上面安装了一个带金属刀片的桨轮来切割谷物。他在这些刀片后面做了一个宽木平台用来接纳切下的秸秆，在平台上方的转鼓上安装了第二组桨板，用以敲打切下的秸秆完成脱粒。然后，粮食穿过一个金属网进入底下的存储箱。麦考密克希望这个设计可以为捆垛秸秆和包装粮食做好准备。麦考密克在试验中又发现，秸秆容易撒在木制平台上。他增加了一对前后移动的机械耙，把秸秆推到脱粒桨下面，然后收集稻草来捆包。

但是，麦考密克仍面临着一个重大挑战，那就是收割脱粒机中的所有单独部件虽然都可以各自完成工作，但如何使它们相互协调、有步骤地完成系列化的工作仍然十分困难。桨与刀片必须一起旋转而不是互相妨碍，耙子与桨必须同步。麦考密克意识到，他的联合收割机的每一个动作都同轮子的转速有关。轮子转得越快，收割机往前走得就越快，切割刀片就转得越快。因此，麦考密克在收割机两个轮子的轴上安装了传动装置与支撑滑轮，这样不同的机械就能按照不同的速度运转，收割脱粒机中的单独部件运行就被协调起来。

麦考密克把他的第一个联合收割机产品模型建在一个约 2.5 米宽的平台上，并用两匹马来拉动收割机，实验结果表明，这个联合收割机在田里的收割速度比 30 个人都要快。

密苏里河岸。美国的西进运动，是一个与工业革命相随、工农业协调发展的经济开发过程，为美国工业化提供了优越的条件和广阔的市场前景，也为美国农业的发展提供了广阔的天地。到 19 世纪 60 年代，俄亥俄河和密西西比河以北发展成为“小麦王国”，密西西比河下游成为“棉花王国”。

麦考密克的出现使 19 世纪下半叶西部的移民迁徙和繁荣富强得以同步实现，他是其中起首要推动作用的人。他发明了第一台实用的机械式收割机，然后凭借敢于冒险的制造方式、大胆创新的投资手段和富有想象力的市场开拓精神，使成千上万的农场主能够在美国的大平原上收割庄稼，而且很好地终结了饥荒导致的一次次恐慌。收割机拉开了农业生产机械化的序幕，时至今日，美国农业人口已不足 5%。

联合收割机的广泛运用

1834 年，麦考密克为他的收割机申请了专利。很多人都预测麦考密克的收割机将在麦田的日常工作中发挥重要作用，并对美国农业产生巨大影响。

1840 年，麦考密克的收割机的生产和销售只有 2 台，但到 1842 年，麦考密克已有了更好的产品，当年他卖掉了 6 台，第二年卖掉了 29 台。1844 年，36 岁的麦考密克出外考察了一趟，这次考察改变了他的一生，也改变了美国历史。麦考密克翻过蓝岭山脉，进入到密苏里河流域，又横渡密苏里河来到乱石林立的山脉大草场。他看到了开阔广袤的草场，麦考密克懂得了：在家乡密集的土地上，收割机只是一种提供方便的工具；而在西部，在这海洋般广阔的土地上，收割机是一种必需品。

1931 年赛勒斯·霍尔·麦考密克纪念奖章。麦考密克发明的收割机是 19 世纪仅有的几个上帝赐予人类的最大礼物之一，收割机让美国彻底消灭了饥荒，让这个国家中最穷的人也吃上了面包。

美国的中西部是一片辽阔的大平原，在运河和铁路开通前，粮食很难运出，农场主只好将粮食酿成酒后卖出。如果有了机械化运输方式，农民们就可以将没有加工的粮食运到了东部人口密集的城市。1848 年，加利福尼亚发现金矿后，东部的大量劳力又涌入西部，进一步使机械化成为迫切需要。

为了占有正在快速增长的中西部市场，1848 年，麦考密克来到芝加哥。他在芝加哥河北岸一个铁路交通与用水都非常方便的地方建厂，并采用伊莱·惠特尼倡导的标准化生产的原则，还安装了一台蒸汽发动机带动他的车床、锯子和打磨机。因此，麦考密克的这家工厂成为最早采用大规模生产的工厂之一。在麦考密克收割机的专利保护期进入第 14 个年头即将失效时，他又成功地改进了设计，每一年的新款机器都会增加宽度或增添新的功能，到 1870 年，麦考密克的大型联合收割机由 40 匹马牵引，割幅为 10.7 米，而且包括随车携带的打包机。这样的联合收割机供不应求，确立了竞争优势。

知识链接：拯救美国的人

在麦考密克出生的前 3 天，亚伯拉罕·林肯在伊利诺伊州出生，半个世纪后，这两个人拯救了美国。

在美国内战中，麦考密克作为移居北方的南方人，并在南方仍拥有奴隶，他最初是反对以武力来保持联邦的，但后来因为利益所在，迫使他公开声明效忠联邦。事实上，内战给麦考密克的生意创造了奇迹。到 1868 年，麦考密克的收割机年生产量达到 8000 台以上。麦考密克对内战的贡献在于他为北方战胜南方奠定了基础。林肯的战争部长斯坦顿解释道：“南方依赖奴隶制，而北方则依赖收割机。收割机取代了西部农场中的年轻人，为北方提供了大量战斗力，又给国家和军队提供了足够的粮食。因此，没有麦考密克的发明，北方恐怕无法在战争中获胜，而联邦也很可能分裂。”

1851 年，麦考密克带着自己发明的收割机来到伦敦，参加了英国 1851 年伦敦世界博览会，一举赢得国际声誉。四年后麦考密克在巴黎世界博览会上获奖。在 1867 年的法国巴黎博览会和 1873 年奥地利维也纳世博会上，经过多次改进的麦考密克收割机开始用柴油机作为驱动，收割效率大大提高，能一次完成收割、脱粒、分离、清洗，得到清洁的谷粒。

麦考密克促成了农业生产的工业化。他第一个将工厂制度引入农业生产领域，使得千百万农民能用上收割机和其他农业机械。由于农业生产中的人力为机械所取代，农产品产量大增，价格下降，最终让全人类受益。

石油时代的揭幕人 德雷克与油井

随之而来的像是一场淘金热。油溪两岸狭窄山谷中的平地很快被租了出去。到1860年11月，即德雷克的发现之后15个月，已有75口井出油，将这一地方戳得千疮百孔的干窟窿则更多。

——《石油、金钱、权力》

石油，是迄今为止人类发现并使用的最重要的能源，它被誉为国民经济的血液。没有庞大的石油工业，20世纪就不会呈现出目前的发展状况。而整个石油工业的基础，是矗立在旷野中的那一口口油井，1859年，美国人德雷克钻探了世界上第一口油井，揭开了“石油时代”的第一页。

冒险和发财梦想的驱使

“石油”一词，源自于拉丁文，意思是岩石中的油。人们最初发现和使用的，就是自流石油，美国著名的洛杉矶拉布瑞亚焦油坑就是一个石油自流口。因此石油的使用年代非常久远，传统上石油自然溢流地表之后直接用于防水或用作灯油。在主要燃料还是依靠木材、煤炭的时代，石油的工业化开采还远未被人类认识。

1857年，出生于纽约格林维尔的美国人埃德温·德雷克（Edwin Drake, 1819—1880年）乘坐一辆邮政马车，来到了宾夕法尼亚州一个贫穷的小村庄梯土斯维尔。他是受雇于宾夕法尼亚州的一个小石油公司，来到这里的石油自流田，以寻找扩大石油产量的方法的。德雷克读过一些介绍工人通过钻孔挖掘埋藏地下的盐水的资料，于是他也试图用同样的方法来挖掘石油。

德雷克首先花费了一年多时间购买了石油自流田的首个钻探权，然后阅读并掌握了盐水钻探技术，甚至花费了2个多月实地考察了两处钻探设备。德雷克购买了两座相邻的农场，农场中间有一片前景可观的自然渗流油田。同时，他还设计了一座钻塔安装在油田上。1858年中期，他已经架设好了钻塔，用船只运来蒸汽机以驱动钻孔机。他从盐水钻探公司供应商那里购买了钻头，雇用了12名盐井钻探工人操作钻孔机。钻探石油几乎是万事俱备了。

近代油井的诞生

开始钻井的近半年时间内，宾夕法尼亚州坚硬并且布满岩石的土质，让蒸汽机的活塞和摇杆一次次断裂，钻探工作被迫停止。德雷克重新研究钻探技术后认为，与其简单地直接挖掘，不如建造一种

埃德温·德雷克，一个美国穷小子，与其说他以一名发明家而著称，不如说他以一名冒险家而著称更贴切。在他的身上充分体现了美国精神的本质。德雷克充满着冒险的精神、不怕失败的精神、敢于创新的精神和不达目的不罢休的精神，终于使之在1859年8月27日成功地钻出了石油，并为现代石油奠定了钻井原型。

1859 年 8 月 27 日，在美国宾夕法尼亚州梯土斯维尔的石油溪旁，塞尼卡石油公司的代表埃德温·德雷克用蒸汽机驱动的一台冲击钻机钻出了油流，而且用蒸汽机驱动的泵抽油生产。人们把这口井称为“德雷克油井”。这幅 1890 年的照片再现了德雷克在威尔斯被允许进行商业钻探石油的情形。

更像汽锤的钻探系统。需要给钻孔机安装上锋利的钻头，将钻头和铁轴凿入岩石后，猛烈撞击将岩石撞成碎片，然后继续钻入下一个岩层。1859 年初，他雇用铁匠威廉·史密斯为其设计建造新的钻头。

根据德雷克的钻探需求，史密斯在一个巨型熔炉里锻造了一个坚硬的钻头。1859 年 8 月 27 日，史密斯的钻头钻碎了一块 22.86 米深的岩层，然后钻入一条泥土裂缝，又向下钻探了 20 厘米后，钻探工作停了下来。第二天清晨，德雷克发现一大片石油覆盖了钻塔周围的地面，钻塔仿佛耸立于平静、黝黑的湖泊之中。德雷克兴奋地几乎用尽了所有容器，来装盛油井中不断涌出的石油。因此，1859 年 8 月 27 日就被称为近代石油工业的诞生日。

此后，德雷克又竖起几座钻塔，源源不断地抽取一股股黑色石油，每天都用马车将一桶桶石油运往东部海岸城市。蒸汽机和钻孔机昼夜不停地钻探石油，梯土斯维尔很快就变得比纽约市中心还要拥挤、嘈杂和肮脏。

知识链接：神奇的石油副产品——凡士林

在德雷克的梯土斯维尔油田上，钻井工人偶然发现凝结在抽油杆上的蜡垢，对灼伤和割伤有一定止痛疗效。1859 年，药剂师兼化学家罗伯特·切森堡在参观油田时收集了一些蜡垢带回去研究，他花了 11 年时间从中提炼并净化制成一种不会腐败变质的石油基油膏。罗伯特·切森堡将其命名为凡士林（Vaseline），并于 1870 年申请获得了美国专利。今天，凡士林是联合利华集团旗下的注册商标，其产品是以凡士林（矿脂）为主要成分的身体乳，产品能改善各种肌肤问题，一年四季，全家都能使用。

1859 年宾夕法尼亚州梯土斯维尔著名石油富矿区的发现，完全要归功于埃德温·德雷克的不懈努力，在所有精明的投资人已经放弃的情况下，他仍然执着，最终成功钻出了第一口油井。当克利夫兰的商人们目睹乌黑闪亮的石油从井口喷出的壮观景象的时候，个个欣喜若狂。随后，人们怀着各种动机和希望远道而来，在梯土斯维尔安营扎寨，掀起了一股绝不亚于 10 年前美国的淘金狂热的石油热潮。

伟大的发明家 爱迪生

他是一位伟大的发明家，也是人类的恩人。

——美国第 31 任总统胡佛

托马斯·阿尔瓦·爱迪生是人类历史上第一个利用大量生产原则和电气工程研究的实验室来专门从事发明专利，而对世界产生重大深远影响的发明家和企业家。他所发明的电灯、留声机、电影摄影机等对世界进步和人类文明产生过极大影响，他一生共有 2000 多项发明，取得专利 1000 多项，无愧于“伟大的发明家”之称。

童年时代的爱迪生喜欢了解他自己感兴趣的事物，但并不是学习天才，甚至沦为班级差生。但他的母亲给了他许多鼓励并帮助他学习。爱迪生 9 岁时接触到《自然哲学的学校》一书，激发了他从事实验和发明的兴趣。爱迪生 12 岁时开始他艰苦的闯荡生涯，他做过火车上的报童，学会了发报技术，到过波士顿、纽约，一直到 24 岁时才有了自己的工厂和美满幸福的家庭。

艰辛的生活历练

1847 年 2 月 11 日，爱迪生出生在美国俄亥俄州米兰镇。早年，爱迪生被学校老师误认为是“低能儿”撵出学校，因此在家接受母亲的教育。后来，爱迪生对化学产生了浓厚的兴趣，为了攒钱购买化学药品和实验设备，爱迪生开始卖报、卖水果蔬菜挣钱。1861 年，爱迪生用卖报挣来的钱买了一架旧印刷机，开始出版自己主编的周刊《先驱报》，创刊号是在列车上印刷的，他因此在火车上获得了一间无人的休息室作为自己的实验室。但在一次化学实验中发生了火灾，使爱迪生失去了这间列车实验室。

1862 年 8 月的一天，爱迪生在火车轨道上救了一个男孩，孩子的父亲是这个火车站的站长麦肯齐，他便传授爱迪生电报技术。在麦肯齐的指导下，爱迪生学会了电报技术并发出了他的第一份电报。1863 年，经麦肯齐介绍，爱迪生担任了大干线铁路斯特拉福特枢纽站的电信报务员，但没多久就被解雇了。在 1864—1867 年的三年中，爱迪生在美国境内多个地方担任报务员，过着流浪般的日子，生活没有保障，期间他更换了 10 个工作地点，5 次是被免职，另 5 次是自己辞职。

发明的起步期

1868 年底，爱迪生以报务员的身份来到了波士顿，他发明了一台自动记录投票数的装置——“投票计数器”，为此爱迪生获得了自己的第一项发明专利权。1869年的深秋，爱迪生只身来到美国纽约一家公司找工作时，恰巧碰到那里的一台电报机坏了，爱迪生很快就修好了那台电报机，受到了总经理的赏识，结果被任命为总电报技师，有了安定的工作环境和工资待遇，这为他专心发明提供了良好条件。同年10月，爱迪生与富兰克林·波普联合创办“波普－爱迪生”公司，专门经营电气工程的科学仪器，与此同时爱迪生发明了普通印刷机。1870年，爱迪生把普通印刷机的专利权以高达4万美元的价格卖给了华尔街一家公司，以此为资本在新泽西州瓦克市的沃德街开办了一座工厂，专门制造各种电气机械。

1873年，爱迪生投入到同步发报机的研究中，到1874年12月，同步发报机的研究取得了成功，这项专利又为爱迪生赢得了3万美元的专利转让费。1876年初，爱迪生一家迁至新泽西州的门罗公园，他在这里建造了一所实验室。1877年，爱迪生改进了早期由亚历山大·贝尔发明的电话机，并使之投入了实际使用，不久便开办了电话公司。

这是在密歇根迪尔伯恩的亨利·福特博物馆重建的爱迪生的门洛帕克实验室。实验室的背壁上是管风琴。

留声机诞生于1877年，它是爱迪生众多发明中的一项。1877年12月6日，爱迪生的助手、机械工人约翰·克卢西制造出了第一台留声机样机，爱迪生在首次试验留声机时唱起了“玛丽有只小羊羔，雪球儿似一身毛……”。据悉这首《玛莉的山羊》是世界上最早被录制的歌曲。这是马修·布雷迪于1878年4月在华盛顿爱迪生的直流工作室，拍摄的爱迪生和他的留声机照片。

发明的旺盛期

在改良电话机的过程中，爱迪生发现传话筒里的膜板随话声而震动，他找了一根针，竖立在膜板上，用手轻轻按着上端，然后对膜板讲话，声音的快慢高低，能使短针相应产生不同变化的颤动，爱迪生立刻画出草图让助手制作出机器，经过多次改造后，第一台留声机诞生了。1887年，爱迪生创办了“爱迪生留声机公司”。

1878年9月，爱迪生开始研究电灯，一年之后的1879年10月21日，电灯研制成功。在这期间，爱迪生先后试用了1600多种材料，最终找到了能够连续点亮40个小时而不被烧断的灯丝材料——碳化棉丝，这是人类第一盏有广泛实用价值的电灯。1879年，爱迪生成立了爱迪生通用电气

这是爱迪生第一次成功制成的灯泡模型，1879 年 12 月在他的门洛帕克实验室公开展示。

公司，主要生产直流供电系统和照明产品。

1880 年，爱迪生派遣助手和专家们在世界各地寻找了多达 6000 种以上适用的竹子，结果发现日本竹子制成的碳丝最为实用，可以使灯泡持续点亮 1000 多个小时，达到了足够的耐用程度，这种电灯被称为“碳化竹丝灯”。

1888 年，爱迪生开始研究“活动照片”。他在巴黎世博会上看到了法国摄影家艾蒂安·朱尔·马雷发明的一种连续显示照片的装置，还有乔治·伊斯曼发明的新型感光胶片，爱迪生就利用视觉暂留现象，开始研究电影机。1891 年 5 月 20 日，爱迪生第一次在实验室展示并公开放映活动电影放映机技术。1903 年，爱迪生的电影公司摄制了第一部电影《火车大劫案》。1910 年 8 月 27 日，爱迪生向公众宣布了他的最新发明，他把留声机的声音和电影摄影机上的图像合二为一，开启了“有声电影”的时代。

瑕不掩瑜的伟大发明家

爱迪生在不断取得发明成果的同时，也因为个人认识的狭隘和保守而遭受重大失败。在著名的“电流之争”中，他败给了年富力强的发明家特斯拉。因为特斯拉所发明的交流电更适合远距离传输，而且利润更大、成本更低，比爱迪生坚持的直

《火车大劫案》海报。爱迪生致力于电影放映技术的革新，他的公司在 1903 年摄制了第一部电影《火车大劫案》。这部时长 12 分钟的黑白影片由埃德温·S. 鲍特摄制，被认为是世界电影史上第一部西部片，也是自 1895 年电影诞生之后的第一部警匪片。

位于美国康涅狄格州费尔菲尔德市通用电气公司的总部大楼

流电更具有竞争优势，导致爱迪生电气公司渐渐丧失市场份额，财务状况也急剧恶化。1892年，在美国“金融巨头”摩根的主导下，爱迪生通用电气公司与汤姆逊·休士顿电力公司合并，从此通用电气的名称上失去了“爱迪生”的名字。

从1900年开始，爱迪生致力于研制新型蓄电池。1902年，他发明了“镍铁碱性蓄电池”，这种蓄电池是用镍、铁和碱溶液制成的，每充一次电，可以驱动车辆行程160多公里。但这种蓄电池也存在突出问题，就是在车辆行驶时，电池中的化学液体会泄漏出来，许多蓄电池还出现了电力衰减状况。为此，爱迪生重点解决蓄电池漏电的问题，终于在1909年研制出性能更加良好的蓄电池。

1929年10月21日，是电灯发明50周年纪念日，人们为爱迪生举行了庆祝会。爱因斯坦和居里夫人等科学家纷纷前来祝贺。1931年10月18日凌晨3点24分，爱迪生在美国新泽西西奥兰治的家中离世，享年84岁。为了纪念爱迪生，美国政府下令全国停电1分钟，当地时间10月21日6点59分，好莱坞、丹佛熄灯；7点59分美国东部地区停电一分钟；8点59分，芝加哥有轨电车、高架地铁停止运行；从密西西比河流域到墨西哥湾陷入了一片黑暗；纽约自由女神手中的火炬于9点59分熄灭。在这一分钟里，美国仿佛又回到了煤油灯、煤气灯的时代，一分钟过后，从东海岸到西海岸又灯火通明。这是爱迪生带给人类的光芒！

知识链接：通用电气公司的历史

1879年，爱迪生成立了爱迪生通用电气公司，主要生产直流供电系统，但是后来被交流供电系统取代，最终爱迪生被迫放弃对公司的掌控。1892年，由亨利·维拉德和摩根主导的投资者集团掌管了公司，并且与汤姆逊·休士顿电力公司合并成立了通用电气公司，从此通用电气的名称前再也没有“爱迪生”的名字。

1893—1922年，在科芬和赖斯的领导下，通用电气成为美国电气产业的领导者，并且开始具有世界影响。1922—1939年，通用电气推出一系列创新型和高质量的消费品和工业设备，大大刺激了市场对电气产品的需求，推动了全球电气厂商不断加大对新的发电系统、传输系统和分配系统的投资。

二战期间，通用电气开始转向武器制造、导航系统和推进系统以及发展核能中去。到二战结束，通用电气已不再是一个单一的电力系统公司，而是一个高度多元化、以技术为基础的巨型企业。

从1968年开始，通用电气经历了博尔奇、琼斯、韦尔奇和伊梅尔特几代领导者的不断完善和发展，其重点仍放在重大技术的研发和应用上，并且投入巨资在全球范围内扩建研发中心；同时通过积极的收购，大力提升改善生态环境的系统和产品的研发能力，保持其在全球市场的创新领先性。

人造纤维的诞生

卡罗瑟斯与尼龙

像蛛丝一样细，像钢丝一样强，像绢丝一样美。

——对尼龙的赞美

20世纪初期，人口增长和需求扩大导致自然纤维出现供不应求现象。为了缓解这种压力，科学家们开始研究如何制造合成纤维。而石油化工业的兴起也为此提供了物质基础和技术保证。在形形色色的合成纤维中，较成功的是尼龙、人造丝和涤纶。在20世纪的大半时间内，用这三种材料制成的布料占到了布料销售总额的20%以上。可以想见，如果没有这些合成纤维，棉花、羊毛、蚕丝等纺织的布料的价格将是现在价格的5—10倍以上。

合成纤维研究的一波三折

1896年4月27日，华莱士·卡罗瑟斯（Wallace Carothers, 1896—1937年）出生于美国洛瓦的伯灵顿。他早年喜欢化学等自然科学，在一所规模较小的学院学习化学并获得理学学士学位后，又在伊利诺伊大学先后取得了硕士学位和有机化学专业的博士学位。1926年，卡罗瑟斯到哈佛大学教授有机化学。

1926年，美国最大的化工企业——杜邦公司的董事斯蒂恩出于对基础科学的兴趣，建议公司开展科学基础研究。1927年杜邦公司决定每年支付25万美元作为研究费用，聘请化学研究人员，并在杜邦公司位于特拉华州威尔明顿的总部所在地成立了基础化学研究所。1928年，年仅32岁的卡罗瑟斯受聘担任杜邦公司有机化学部的负责人。

卡罗瑟斯决定从当时已有的对橡胶结构的探索入手。橡胶是由叫作聚合物的长分子链构成的，卡罗瑟斯在其实验室制造出长碳链聚合物，并通过观察其所发生的反应和反应结果，让研究人员将聚合物放入各种酸碱溶液中，并加入铜、镁、其他金属

卡罗瑟斯手拿尼龙。尼龙是美国杰出的科学家卡罗瑟斯及其领导下的一个科研小组研制出来的，是世界上出现的第一种合成纤维。尼龙的出现使纺织品的面貌焕然一新，它的出现是合成纤维工业的重大突破，同时也是高分子化学的一个非常重要里程碑。

20世纪三四十年代，透明轻薄的尼龙袜配上裙子成为欧美贵妇人的时髦产品。1940年5月15日，杜邦公司生产的7.2万双丝袜在一天内被抢购一空，美国女性为之疯狂。高筒尼龙袜在美国创造历史最高销售纪录。图为1954年瑞典工厂检验员在检查出产的尼龙丝袜。

以及所能找到的一切合金，对其进行加热，然后冷却。但这一方法并没有取得理想的效果。研究人员又用盐酸与从聚合物中提取出来的醋酸乙烯酸进行化合，制成了一种有趣的化合物。这种化合物松软多孔，且有弹性。但卡罗瑟斯对此结果仍不满意，相反是杜邦公司的其他雇员预感到这种弹性化合物可能有重大的应用价值，于是继续进行研究，后来制成了氯丁橡胶并投放市场。

尼龙的诞生

为了合成出高熔点、高性能的聚合物，卡罗瑟斯和他的同事们将注意力转到二元胺与二元羧酸的缩聚反应上。1935年初卡罗瑟斯在用戊二胺和癸二酸合成聚酰胺时，拉制出的纤维的强度和弹性超过了蚕丝，而且不易吸水，很难溶，不足之处是熔点较低，所用原料价格很高，还不适宜于商品生产。紧接着卡罗瑟斯又选择了己二胺和己二酸进行缩聚反应，终于在1935年2月28日合成出聚酰胺66。这种聚合物不溶于普通溶剂，具有263℃的高熔点，由于在结构和性质上更接近天然丝，拉制的纤维具有丝的外观和光泽，其耐磨性和强度超过当时任何一种纤维，而且原料价格也比较便宜，杜邦公司决定进行商品生产开发。

知识链接：失之交臂的涤纶

1930年，卡罗瑟斯在用乙二醇和癸二酸缩合制取聚酯时，发现其聚合物能像棉花糖那样抽出丝来，而且这种纤维状的细丝即使冷却后还能继续拉伸到多达几倍的长度，经过冷拉伸后纤维的强度和弹性也大大增加。但是由于聚酯都有易水解、熔点低（<100℃）、易溶解在有机溶剂中等缺点，卡罗瑟斯因此认为它不具备制取合成纤维的可能，最终放弃了研究。此后，英国的温费尔德改用芳香族羧酸与二元醇进行缩聚反应，1940年合成了聚酯纤维——涤纶，这就是中国俗称的“的确良”。

1938年7月，杜邦公司首次生产出聚酰胺纤维，用聚酰胺66作为牙刷毛的牙刷开始投放市场。10月27日杜邦公司正式宣布世界上第一种合成纤维正式诞生了，并将聚酰胺66这种合成纤维命名为尼龙，这个词后来在英语中变成了聚酰胺类合成纤维的统用商品名称。

作为最好的人造纤维，尼龙成为20世纪四五十年代的奇迹和时尚。遗憾的是，一向精神抑郁的卡罗瑟斯总不能识别出自己成果的价值，就在杜邦公司申请到尼龙专利的同一个月里，卡罗瑟斯自杀身亡。

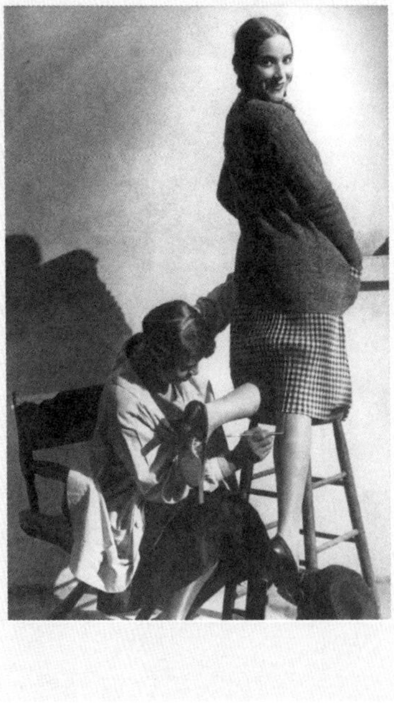

1926年，女子的腿上画着“接缝”，看上去像是穿了丝袜，可见当时尼龙丝袜紧俏。

电脑时代的开创者
霍尔德·艾肯

IBM 才是计算机行业的真正霸主，
毕竟是它一手栽培了我。
——比尔·盖茨

数字计算机的出现，是工业时代向信息时代转变的划时代标志。它既是工业时代科技发展的必然结果，也是信息时代来临的重要基础，并且在信息时代进一步推动工业化向着高科技、新技术的发展转型。计算机可以对信息进行确认、整理、指示、掌控、共享等处理，现代生活的方方面面运转几乎都依赖于计算机的运行。

数字计算机发明的先驱

人类自从开始运用数字以来，就一直在探寻进行数学运算的设备，以简化运算、解放脑力。古代中国有算盘、算筹等工具。17 世纪上半叶，苏格兰人约翰·纳皮儿发明了早期的滑尺，可以通过来回滑动上边的小条来计算乘除法。到 17 世纪末，标准的滑尺已经在整个欧洲通用。但是，这些都只是运算的辅助工具，其本身并不具有独立的运算能力。

1847 年，计算机先驱、英国数学家兼发明家查尔斯·巴比奇(Charles Babbage, 1792—1871 年)，开始设计机械式差分机。差分机具有现代数字计算机的许多原理，可以完成 31 位精度的运算并将结果打印到纸上，因此被普遍认为是世界上第一台机械式计算机。但是，因为当时的工厂都不能生产制造差分机所需的精确部件，所以巴比奇直到去世也没有把自己的设计变成现实。后来，人们才把巴比奇的差分机制造出来，这台机器有 8000 个零件，重达 5 吨，目前放置在美国加利福尼亚州硅谷的计算机历史博物馆里供人参观。

1847 年，英国数学家乔治·布尔在其著作中阐述了正式的逻辑学公理，建立了逻辑代数。他的逻辑理论建立在两个逻辑值 0、1 和三个运算符“与或非”的基础上，这种简化的二值逻辑为计算机的二进制数、开关逻辑元件和逻辑电路的设计铺平了道路，并最终为计算机的发明奠定了数学基础。

数字计算机是怎样发明的？

1937 年，美国科学家霍华德·艾肯在芝加哥大学和哈佛大学研读数学和物理学专业时，详细研读了巴贝奇和朱斯的研究论文，他认为可以将二人的研究成果合二为一制造计算机。他写出了“自动

查尔斯·巴比奇在 19 世纪中叶设计了差分机和分析机。分析机模型的设计有三个组成部分：一是用来储存数据信息的地方，叫“仓库”；二是进行数据运算处理的地方，叫“工场”；三是在“仓库”和“工场”间有一个调度，叫“控制桶”。巴比奇的设计奠定了今日电脑的基本构架，“仓库”自然相当于今天的内存（寄存器）；“工场”则是计数器；“工场”和“控制桶”相当于控制计数的中央处理单元即通常所说的 CPU。

在托马斯·沃森的领导下，IBM 不仅从一个中型公司成长为世界最大的企业之一，而且他还将 IBM 从机械制表机引入了计算机领域，并且在这一领域称霸一时。托马斯·沃森因此被誉为“计算机之父”。

运算机器”的提案，声称可以对任何数值问题进行自动准确无误的运算。这一提案得到了国际商用机器公司（IBM）的总裁托马斯·沃森的赞赏。他派出了一个工程师小组与艾肯一起研究这个项目。1939 年，艾肯又得到了美国海军的支持，并为他提供了哈佛大学的一间地下室作为实验室，研究经费由 IBM 提供。

1944 年 5 月艾肯小组研制出了有史以来第一台计算机“Mark Ⅰ”并投入使用，这台计算机高 2.4 米，长 15 米多，用了总长 8500 千米的电线、17.5 万个电子元件，由 75 万个组成部分、1200 个球轴承组成，重达 35 吨。当时，这个庞然大物可以以不可思议的速度进行运算——每秒钟运行 3 次。这就是世界上第一台实现顺序控制的自动数字计算机。今天，大型计算机已经可以达到每秒百万次甚至上亿次的运转速度。

知识链接：蓝色巨人 IBM

1896 年，美国人赫尔曼·何勒里斯根据织布机的原理，利用卡片穿孔，开发出了卡片制表系统，这一系统被认为是现代计算机的雏形。这种统计机械在 1890 年的人口普查中，被用来计算美国人口，使本来需要 10 年时间才能得到的人口调查结果，在短短 6 星期内就完成了。因此，何勒里斯成立了制表机公司，这就是 IBM 公司的源头之一。1911 年 6 月 15 日，美国华尔街金融投资家弗林特收购了制表机公司、国际计时公司和美国计算尺公司，成立了 CTR 公司，C 代表计算，T 代表制表，R 代表计时。1914 年，弗林特聘任托马斯·沃森（Thomas Watson, 1874—1956 年）担任 CTR 总裁，从此公司业务突飞猛进。1924 年，沃森将 CTR 更名为“国际商用机器公司”，英文缩写 IBM。1944 年 5 月 IBM 支持下的艾肯小组研制出了有史以来第一台计算机“Mark Ⅰ”，此后 IBM 长期统领计算机制造行业，计算机发展史的前 30 年几乎可以说是 IBM 的时代。

1944 年 5 月，“Mark Ⅰ”在哈佛大学正式运行，用于计算原子核裂变过程，编出的数学用表至今仍在使用。图为 IBM 制造的“Mark Ⅰ”计算机。

现代生活的兴起：尽享物质文明的成果

工业革命给人类社会带来的翻天覆地的变化，不仅是生产力的发展、科学技术的进步和物质文明的提高，而且也是现代生活方式的兴起和休闲娱乐方式的变革。

工业时代生产的高度专业化，使人们的生产和生活、工作和休闲逐渐分离开来，生活与休闲逐渐成为人们在工作之余回归家庭、修养身心的享受，更给人们提供了工作之外的放松感和愉悦感。

随着工业革命的深入开展，中产阶级在政治和经济中的地位越来越显著，也越来越注重在社会生活和文化习俗等方面传播自己的文化价值观，因而带动了生活娱乐趣味的改变以及知识教育、艺术欣赏、户外休闲和体育运动等生活休闲方式的兴起。同时，商业革命也渗透到社会生活的各个领域，城市逐渐形成深厚的商业化倾向。现代生活的模式因此建立起来。

当然，所有这一切都离不开工业化提供的物质基础和科技发明带来的丰富多彩的新成果。出行工具的变革推动了旅游休闲的普及；留声机、摄影技术、电视机的发明造就了大众娱乐的精彩；一系列家用电器的出现改变了人们的生活方式……从 19 世纪到 20 世纪，人们的价值观和审美观出现了快速的变化，并更加趋于多元化。可以说，工业时代最终实现了物质文明和精神文明的同步跨越，将人类引领到一个崭新的文明阶段。

信息传播的社会化

机械印刷《泰晤士报》

本期报纸在一个小时内就印刷完毕，这是印刷术发明以来的最大成就。

——1814 年 11 月 29 日《泰晤士报》首次实现机械印刷

工业革命给社会生活带来了一系列新型的产品、技术和舒适品，机器时代不仅改变而且充实了每一个人的生活，教育的普及使阅读群体扩大，信息传播成为影响经济发展的要素之一，因此，报纸出版商的生意兴盛起来，作家们也有了新途径发表他们的社会评论。

无冕之王《泰晤士报》

英国《泰晤士报》于 1785 年元旦首次出版，其创始人和首任总编辑是约翰·沃尔特。《泰晤士报》关注的领域包括政治、科学、文学、艺术等等，并几乎在每个领域都赢得了良好的口碑。同时，《泰晤士报》是最先将新闻视角延伸至英国之外的报纸，这为《泰晤士报》在政界和金融界内赢得了很高的声誉。

19 世纪早期，《泰晤士报》的报道面进一步扩大，在英国政治和伦敦事务领域方面具有很强的影响力。到 1803 年沃尔特的儿子小沃尔特接手时，《泰晤士报》达到了历史发展的第一次巅峰。小沃尔特对《泰晤士报》进行了全面改革：在经营上完全割断和政府的联系，依靠广告和发行收入而充分自立；在报道上大量刊登国内外要闻，派遣干练的记者奔赴国内外热点地区采访获得许多独家新闻，1815 年拿破仑滑铁卢战败的消息就是由《泰晤士报》抢先报道的；在言论上崇尚独立，通过遍布全国的记者网了解社会情绪和民众意见作为评论依据，因此逐步成为舆论界的重要力量；在技术上率先采用蒸汽印刷机、轮转印刷机，不断提高印刷质量和速度。经过这些改革，《泰晤士报》成了当时英国首屈一指的大报，到 1847 年小沃尔特去世时，《泰晤士报》的发行量已达 3 万多份，超过了伦敦其他大报发行量的总和。

机械印刷报纸的发明

在报纸发行量不断攀升的情况下，报纸印刷却

The Times.
No. 3956. MONDAY, JULY 3, 1797.

《泰晤士报》由创始人约翰·沃尔特于 1785 年元旦创办，最初名为《每日环球纪录报》。1788 年 1 月 1 日正式改为如今的名称。《泰晤士报》是英国的一张综合性全国发行的日报，是一张对全世界政治、经济、文化发挥着巨大影响的报纸。《泰晤士报》一直被认为是英国的第一主流大报，被誉为“英国社会的忠实记录者”。图为《泰晤士报》1797 年 7 月 3 日（星期一）的版面。

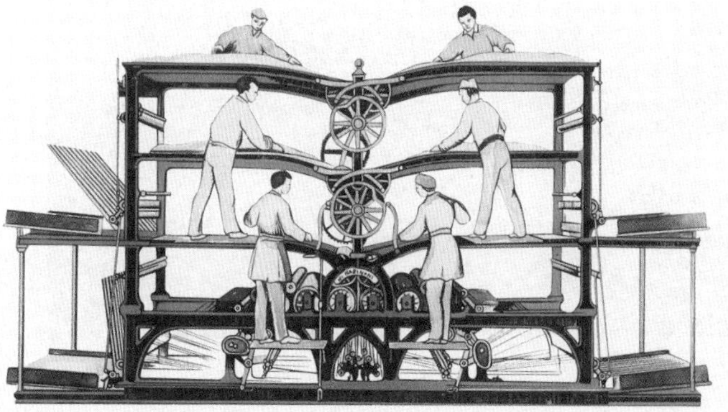

技术的发展促进了印刷工业。像这种用蒸汽驱动的印刷机是德国裔印刷工人科尼希发明的，1814 年这个印刷机首次被采用，印刷了《泰晤士报》。

知识链接：舰队街

舰队街是英国伦敦市内一条著名的街道，因邻近的舰队河命名。舰队街是传统英国媒体的总部甚至是英国媒体的代名词，因此被称为“英国报纸的老家”。舰队街的出版活动大约起始于1500年，1702年5月，英国第一份日报《每日新闻》在舰队街发行。此后，鼎盛时期的舰队街共有100多家全国或地区性报馆，包括《泰晤士报》《每日电讯报》《卫报》《太阳报》等。20世纪晚期，电脑技术带来的印刷术的改革终结了舰队街的辉煌。包括《泰晤士报》等报社开始移出舰队街，2005年随着路透社的迁出，舰队街作为新闻一条街的历史就此结束。

仍旧依赖360年前德国发明家约翰内斯·古登堡发明的手动印刷机。因此，英国资深印刷工和天才发明家弗里德里希·科尼希思考能否用蒸汽动力代替手动印刷机的繁重劳作，他最终决定将旋转滚筒引入印刷工艺。这一设想得到了精密仪器制造工安德里亚斯·鲍尔的支持，他协助弗里德里希·科尼希在英格兰成功制成一台功能完整的印刷机。1814年11月29日《泰晤士报》首次使用机械印刷。

成功印刷《泰晤士报》的双滚筒印刷机每小时印刷量可达1100印张，相比古登堡手动印刷机的每小时240印张，生产效率提高了4倍多。它最初仅印刷纸张的一面（单面印刷），但几乎同时，弗里德里希·科尼希就申请了双面印刷机的专利，他的这一开创性发明，即通过旋转滚筒引导纸张这种工艺，在之后不断出现的印刷技术变革中，仍然被继续沿用着。

在第一台机械印刷机最初仅用于报纸印刷后不久，它就开始用于印刷书籍、杂志等其他产品。滚筒印刷机发明的意义并不仅仅在于以机器替代人工，它使印刷和销售由此变得速度更快、成本更低并且信息更具时效性，从而在技术上满足了低收入阶层接触印刷媒体的迫切需求，并为信息化社会的建立做出了突出贡献。

英国《每日电讯报》创刊于1855年，由电讯报业公司出版，1888年《每日电讯报》发行量30万份，超过《泰晤士报》成为当时世界发行量最大的报纸。目前它是英国四家全国性“高级”日报中销量最大的一家。该报是保守党的喉舌。图为伦敦舰队街《每日电讯报》的报馆。

邮政改革
“黑便士”邮票

今天，邮票第一次在伦敦问世，邮局喧闹异常。

——罗兰·希尔

私营邮递业的出现在欧洲可以追溯到11世纪。1680年，英国W.陶克拉私营的“便士邮政”，实行预收信件资费、加盖收寄和投递时间的戳记、集中投递等办法，已同近代邮政相类似。1516年由英王亨利八世建立的“皇家邮政”，在1600年准许为私人传递信件。由于国家经营邮政既对国家安全有利，又能增加财政收入，英国于1635年规定：邮政由国家专营。1840年，由罗兰·希尔推动的邮政改革成为英国乃至世界邮政发展的里程碑，同时也催生了著名的“黑便士”邮票的诞生。

图为“黑便士”邮票，它所支付的资费可以将一封信传达到英国各地。

罗兰·希尔的邮政改革

自从1516年英王亨利八世建立“皇家邮政”后，虽然已经逐步准许为私人提供传递信件服务，但当时英国的邮政制度十分烦琐，除了国会议员享受免费邮寄信件的特权外，其他人寄信都是由邮递员根据路程远近，信纸页数的多少向收信人收费，邮资昂贵，一封普通国内信件的邮资竟高达6便士，最高的达到了17便士，而当时英国一个普通工人一个月的工资大约是18便士。因此，拒付费用、拒收来信的争执时常发生。

1840年1月10日，罗兰·希尔改革邮政获得成功。维多利亚女王公开宣布“均一邮资制”即日起实行。她自己将和百姓一样寄信付费，议员免费的特权也从此废除。图为1940年巴拉圭邮票上的罗兰·希尔。

从17世纪之后随着英国资产阶级革命和工业革命的相继发生，社会变革和经济发展迫切需要进行邮政改革。当时身为新布鲁斯城堡学校校长的罗兰·希尔（Rowland Hill, 1795—1879年）在进行了一系列调查、分析、计算和创新后，提出了“降低邮资、统一收费标准、简化邮递手续”的邮政改革思路。1837年1月，他公开发表了题为《邮政改革：重要性及实用性》的小册子，提出了三项建议：由寄信人在邮局付现金；通过对信封、信纸收费的办法统一邮资；使用“一片只够盖上邮戳即可的纸片，在其背面涂上黏液。这样，其持有者将纸片浸湿后，可将它贴在信封之上”。

这三项建议在英国朝野上下引起了强烈的反响，1839年8月，维多利亚女王签署法令，决定正式采纳希尔的建议，并将希尔调入财政部负责实施邮政改革。希尔倡导并推进的英国邮政改革，为英国新邮政制度的建立做出了重大贡献，也为世界各国的邮政发展翻开了新的篇章。罗兰·希尔因此被称为“英国邮政之父”，英国人民为纪念希尔，以他的名字命名了伦敦北部的“罗兰·希尔大街”，并在伦敦、伯明翰城市树立起希尔的纪念雕像。

知识链接：英国的红色邮筒

红色双层巴士、公用电话亭和邮筒，是英国著名的标志性风景。据统计遍布英国的红色邮筒大约有11.5万个，仅在英格兰地区就约有8.5万个，其中既有经典的圆筒形，也有墙壁嵌入式或灯箱式邮筒。英国邮筒的设立是1840年英国皇家邮政高官和小说家安东尼·特罗洛普倡议的，从此在路边设立固定邮筒并按时收集信件。

“黑便士”邮票的诞生

罗兰·希尔的“便士邮政法”，引发了一场世界邮政的重要革命，同时也导致了世界邮票的女皇——“黑便士”的诞生。1839年8月17日，英国议会通过了实行“均一邮资制”的1便士邮资法和预付邮资制度。9月6日向全国公开征集“标签”（当时尚不叫邮票），在收到的2600多封应征图案中，5位作者的4份作品获奖。罗兰·希尔根据这4份作品，以威廉·韦恩精刻的1837年维多利亚女王登基时的侧面肖像纪念章作原图，画了两幅邮票图稿，由雕刻家希恩兄弟雕刻版模，帕金斯·培根公司承印，用黑色油墨印制，下方印有“一便士”字样，因此被称为“黑便士”。

英国的“黑便士”是世界上第一枚邮票，于1840年5月1日出售，5月6日正式启用。“黑便士”邮票销售的第一天，英国伦敦泰晤士河边的邮政总局热闹异常，人们争先恐后购买新问世的“黑便士”邮票。当时，整张的“黑便士”邮票是240枚，从1840年5月6日起，“黑便士”邮票在不到一年的时间里重印11次，有30万全张计7200万枚，共售出6815.8万枚。尽管1840年的邮票现存数量相当可观，但要复原原来的一个完整的印张却是非常困难的。由于邮票刚刚问世，人们还不大懂得邮票是什么，所以每整张“黑便士”的纸边上面印有说明文字：“每一枚邮票是一便士，每行十二枚售一先令，每全张售一英镑。把邮票贴在收信地址右上方，涂湿标签时，请勿擦掉背胶。”

“黑便士”邮票几乎具备了现代邮票的所有特点，具有科学性和实用性，许多国家纷纷效仿，开创了邮票发行的纪元。今天的有齿孔邮票是1848年英国发明家亨利·阿察尔在发明了邮票齿孔后才诞生的。1854年英国正式发行有齿邮票。随着英国邮政制度的建立，其他国家也效仿英国发行本国邮票。大约其后的十年间，大多数国家有了自己的邮票，同时也引发了人们对集邮的热爱。

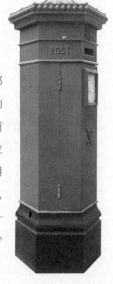

红色邮筒是英国的一大特色，英国邮政叫“皇家邮政”，因此邮筒也有皇家的印记，设计上就用花押字来体现，即邮筒上的英文字母，以此表示这个邮筒是哪位君主时代安装的。英国邮筒最早开始使用是19世纪50年代的维多利亚女王时代。因此第一代的邮筒花押字是VR（1853—1901年），当然这种邮筒现在已经很稀少了，可以说是英国历史的“活化石”。

推销宣传

印刷广告和广告画

广告是印刷形态的推销手段。

——美国现代广告之父

阿尔伯特·拉斯克尔

广告是商业发展的产物。17世纪，英国资本主义制度开始确立，之后是工业革命带来的工业化和商业化的发展，那时的报纸已经开始有广告出现。19世纪，世界经济急速扩张，对广告的需求亦同步增长，广告业获得了蓬勃发展。

印刷广告的发展

1450年，德国发明家约翰内斯·古登堡发明了手动印刷机，推动了印刷术和出版业在欧洲的发展。从此，西方进入印刷广告时代。1473年，英国出版人威廉·坎克斯印刷了许多宣传宗教内容的印刷广告，张贴在伦敦街头，这是西方最早的印刷广告。1622年，英国人尼古拉斯·布朗和托马斯·珂切尔在伦敦创办了第一份英文报纸《每周新闻》，其中就刊登了一则借书广告。1650年，又刊登了某家12匹马被盗的寻马悬赏启事。1710年，阿迪逊和斯提尔在《观察家》杂志中刊登了有关推销茶叶、咖啡、巧克力、书刊、房产、成药、拍卖物品以及转让物品的广告。

美国独立前，于1704年4月24日创办的第一家报纸《波士顿新闻通讯》就刊登了一则向广告商推荐报纸媒介的广告。被认为是美国广告业之父的本杰明·富兰克林1729年创办的《宾夕法尼亚日报》，把广告栏放在创刊号第一版社论的前头，首次刊登的是一则推销肥皂的广告。到1830年，美国已有1200种报纸，其中65种是日报。许多报纸第一版大部分或整版都是广告。在报纸广告盛行的同时，杂志广告也不断增加，并出现了广告代理商和广告公司。1843年，美国费城出现了世界上第一家广告代理公司——爱益父子公司。早期的广告代理只不过是报章的广告分销商，但到了20世纪，广告代理开始为广告的内容负责。

广告画艺术的兴起

除了印刷广告的发展外，19世纪末20世纪初西方还活跃着广告画艺术，主要是由一批画家参与绘制，兼具绘画与设计的双重特征，具有较高的艺术性，这对近现代广告艺术的诞生及发展有着极为重要的影响。其中最具代表性的是法国著名画家和

这时早期刊登在英文报纸上的网球器材广告，大约是在1880—1900年间。

这是由劳特累克绘制的《红磨坊舞会》招贴画，他用类似杜米埃的讽刺造型笔调描绘这一“乐园”场面。在以绿色为主调的环境衬托下红衣女子显得鲜明突出，一群绅士活跃其中。画面中心一对男女翩翩起舞，那舞男的身影随意屈伸跳动着，沉醉在半是幽默、半是纵情恣肆的状态中；舞女踮起腿，提起长裙踢踏着，扭摆着，充分展现出放浪形骸的恣情。

知识链接：月份牌广告

清末民初，随着洋商洋货开始涌入中国最大的商埠上海，近代西方广告也进入中国。当时出现了一种配有插图的月份牌，既有作为日历的实用性，又有广告的商业性，还具有美化的装饰性，因而大受欢迎，这就是老上海特有的月份牌广告。月份牌广告中的人物形象以上海的旗袍摩登美女为主，画家通过设计不同的服饰、装束以及一些优雅的动作来吸引人们的目光。当时著名的月份牌广告的画家主要有郑曼陀、杭稺英等人。

海报设计师朱尔斯·谢雷特和后印象派画家图鲁兹·劳特累克，他们都创作了许多具有巨大影响力的广告画，推动了广告画向更加艺术、装饰和风格化方向发展。

谢雷特从 1866 年到 19 世纪末潜心研究水粉画海报艺术，共创作出 1000 多幅广告。1890 年，谢雷特在巴黎举办了广告画个人展览，成为历史上第一个广告画家的个展。谢雷特 1892 年设计的《哑剧之光》戏剧海报，构图饱满，层次丰富，体现了当时绚丽多彩的法国文化，堪称早期绘画广告的经典之作。因此，谢雷特成为早期广告画的代表画家，被誉为近代海报艺术设计之父。劳特累克（1864—1901 年）的广告画受到谢雷特的影响，同时吸收了后印象派的艺术风格，使广告画充满怪诞、不安和灵动的视觉动感。日本浮世绘艺术风格也被劳特累克借鉴，他的广告画从浮世绘中吸收笔法、构图及色彩灵感，表现人的内心深处的思想本质。劳特累克的工作室位于巴黎的蒙马特区，那里红磨坊的模特儿、妖娆多姿的妓女成为劳特累克的创作来源。1891 年，劳特累克接受红磨坊委托绘制广告画，他把当时走红的舞女拉·吕古明丽与男舞星瓦朗顿通过空间对比的形式和平面剪影的表现手法，绘制成璀璨生动的红磨坊广告画，这使他赢得了极高的声誉。

清末民初，中外厂商都在中国投巨资采用“月份牌”做商品宣传，占据首位的是外资英美烟草公司，还有国人投资的南洋兄弟烟草公司和华成烟草公司。据《南洋兄弟烟草公司史料》记载，1923 年该公司广告费内“月份牌”一项，预算达四万元。英美烟草公司设有专门绘制广告的美术室，以高薪先后聘梁鼎铭、胡伯翔、周柏生、倪耕野、吴少云等画家绘制“月份牌”。

审美趣旨的现代化
工艺美术运动

不要在你家里放一件虽然你认为有用，但你认为并不美的东西。

——威廉·莫里斯

19 世纪下半叶，一场工艺美术运动发起于英国，运动时间大约从 1859 年至 1910 年，得名于 1888 年成立的艺术与手工艺展览协会。当时，针对工业革命的批量生产所带来的设计水平下降，这一运动旨在改良装饰艺术、家具、室内产品、建筑等方面的设计，并重建手工艺的价值。这场运动的理论指导是约翰·拉斯金，运动主要实践人物是艺术家、诗人威廉·莫里斯。工艺美术运动广泛地影响了欧美许多国家，促成了人们对工业化的巨大反思，并为以后的设计运动奠定了基础。

工艺美术运动产生的背景

19 世纪初期，欧洲各国的工业革命都先后完成，但是大批工业化产品和维多利亚时期的烦琐装饰造成了产品设计水准的急剧下降。美术家是天上的神，不屑过问工业产品；而工厂主则只管具体制作、生产流程、产品质量、销路和利润，未能想象到还有进一步改善的可能与必要。因此，艺术与技术由分离走向对立。

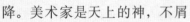

这个银制玻璃容器是阿什比（1863—1942 年）在 1900 年制作的。此人是英国的一个设计师，在伦敦东区建立了手工艺行会。

当时工业化产品在设计上普遍存在两个问题：一是工业产品外形粗糙简陋，没有美的设计；二是手工艺人仍然为少数权贵提供手工生产的用品。于是社会上的产品明显地两极分化，上层人士使用精美的手工艺品，平民百姓使用粗劣的工业品。这就形成了一种对立，不少艺术家不但看不起工业产品，并且仇视机械生产这一手段。但社会发展必然导致工业产品在消费中占据统治地位，因为工业产品可以批量生产，价格低廉，能为广大消费者所接受。

同时，19 世纪早期的手工制品也走上了一条烦琐俗气、华而不实的装饰道路。法国王政复辟之后出现的各代政府腐败不堪，反映在手工艺制品设计上就是复古之风大盛。对于正在蓬勃发展的工业时代而言，这种装饰与设计制作方式是反动的。尤其是这一时期尚属工业设计思想萌发的前夕，因而工业产品设计上是一片混乱。

因此，工艺美术运动兴起的背景就是抵抗这一趋势而重建手工艺的价值。它要求塑造出“艺术家中的工匠”或者“工匠中的艺术家”，强调对设计风格水平的重视，但其采用的方式是复旧的，因此它并不是现代设计的起点和开拓型运动。

工艺美术运动对于设计改革的贡献是重要的，它首先提出了“美与技术结合”的原则，主张美术家从事设计，反对“纯艺术”。另外，工艺美术运动的设计强调“师承自然”、忠实于材料和适应使用目的，从而创造出了一些朴素而适用的作品。这是从斯托达德－坦普尔顿设计档案中选取的一系列小工艺品草图。收藏于格拉斯哥大学图书馆。

工艺美术运动的实践

工艺美术运动是从 1851 年在伦敦水晶宫举行的世界博览会开始的。这场运动的理论指导是作家约翰·拉斯金，而运动的主要人物则是艺术家威廉·莫里斯、福特·布朗、爱德华、柏恩·琼斯、但·罗西蒂、飞利浦·威伯等共同组成的艺术小组“拉菲尔前派”。他们主张回溯到中世纪的传统，同时也受到刚刚引入欧洲的日本艺术的影响，他们提倡诚实的艺术，主张回归手工艺传统，重新提高设计的品位，恢复英国传统设计的水准。

因此，工艺美术运动的核心理念可以归结为：强调手工艺生产，反对机械化生产；在装饰上反对矫揉造作的维多利亚风格和其他各种古典、传统的复兴风格；提倡哥特风格和其他中世纪风格，讲究简单、朴实、风格良好；主张设计诚实，反对风格上华而不实；提倡自然主义风格和东方风格。他们将设计理念主要体现在首饰、书籍装帧、纺织品、墙纸、家具等用品上。

从 1855 年开始，工艺美术运动的倡导者连续不断地举行了一系列的展览，在英国向公众展示高雅品位的设计。他们试图为 19 世纪寻找一个独特的和有用的设计风格，既能对维多利亚时代的设计风格进行折中复苏，又能对工业革命造成的“没有灵魂”的机器产品进行美化修饰。因此，工艺美术运动从总体上来看既不是反工业的，也不是反现代化的。一些欧洲艺术家认为机器还是必要的，当然它们只应该被用来减轻简单重复工作的劳苦。而且一些工艺美术运动的艺术家也认为产品应该是廉价的。因而这场运动关于高质量产品与卓越设计之间相互融合的话题，也一直是热烈讨论的重点。

工艺美术运动中的艺术家们仍然试图寻找机器的效率与手工艺者的技巧之间的结合，他们觉得一个真正的艺人应该能够让机器做他想要做的事情。相对于工业时代的许多人相信人类是机器的奴隶的观念，工艺美术运动的观念无疑是进步的。所以，

工艺美术运动的设计强调“师承自然”、各种植物纹样和曲线的运用，忠实于材料和适应使用目的。这种思想被新艺术运动所借鉴和使用。这款本森钟工艺品就是采用植物叶片的装饰设计。

工艺美术运动中也有些艺术家，比如莫里斯就非常喜欢为批量生产做设计，莫里斯本人设计了许多机器生产的地毯。

威廉·莫里斯是英国拉斐尔前派画家，建筑家，手工艺艺术家。莫里斯一生主要致力于工艺美术，参加拉斯金为中心的“美的社会主义运动”。19 世纪下半叶，英国兴起了“工艺美术运动”，标志着现代设计时代的到来。威廉·莫里斯是工艺美术运动的领袖人物之一，现代设计的先驱。他提倡合理地服从于材料性质和生产工艺、生产技术和设计艺术的区分，认为“美就是价值，就是功能”。莫里斯有句名言：“不要在你家里放一件虽然你认为有用，但你认为并不美的东西。”

工艺美术运动的影响

工艺美术运动是英国 19 世纪末最主要的艺术运动，1896 年拉斯金的去世标志着这一运动基本结束。到了 20 世纪初，工艺美术运动的影响已经遍及欧洲各国，它对于新艺术运动、荷兰风格派运动、维也纳分离派并最终对包豪斯都产生了深刻的影响。因此，工艺美术运动也常常被看作是现代主义的前奏。虽然工艺美术运动风格在 20 世纪开始就失去其势头，但是对于精致、合理的设计，对于手工艺的完好保存至今还有相当强的作用。

工艺美术运动的意义在于，它打破了维多利亚

莫里斯的红屋在伦敦东南部的肯特郡，是 19 世纪工艺美术风格和英式建筑风格的重要历史建筑。这是莫里斯为他和新婚妻子简设计的一个家，他也希望在“艺术宫殿”中和朋友们享受艺术生产过程。1859 年，房子由主人威廉·莫里斯和建筑师菲利普·韦伯设计，壁画和彩绘玻璃是爱德华·伯恩－琼斯设计。房子使用红砖、瓦顶和天然材料，没有任何装饰，颇具田园风情。红屋的建筑风格是英国哥特式建筑和传统乡村建筑的完美结合，摆脱了维多利亚时期烦琐的建筑特点，采用功能需求为首要考虑，自然、简朴、实用。

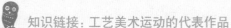

风格的矫饰风气，那些设计先驱们采用中世纪的纯朴风格，吸收日本的和自然的装饰动机，创造出了有声有色的新设计风格，而同时又完全与各种历史复古的风格大相径庭。因此，它在轰轰烈烈的工业革命高潮之中，表现出一种与时代格格不入的出世感，也体现出知识分子的理想主义情感，强调手工艺的重要，强调中世纪行会的兄弟精神，这无疑是具有时代反拨意义的。

当然，工艺美术运动对工业化的反对，对机械化的否定，对大批量生产的排斥，使之难以真正认识到工业化是不可逆转的潮流，也就难以成为真正领导潮流的主流风格。过于强调装饰，增加了产品的费用，也就没有可能为低收入的平民百姓所享有，因此，它依然是象牙塔的产品，是知识分子的一厢情愿的理想主义结晶。这也是在英国工艺美术运动的启迪下，欧洲大陆最终掀起了一个规模更加宏大、影响范围更加广泛、试验程度更加深刻的“新艺术”运动的根源。

而在美国，工艺美术运动的影响甚至延续到20世纪40年代。美国的工艺美术运动更倾向于塑造符合中产阶级之家的审美观。他们认为简单而优秀的工艺美术运动装饰艺术能够提高人们工业消费的良好感受，使得个人更加理智，社会更加和谐。因此，像斯特克利设计的家具、格林兄弟普及的平房式建筑等至今依然在美国非常热门。美国的芝加哥建筑学派及其主要人物路易斯·沙里文和弗兰克·赖特，也受到工艺美术运动的深刻影响。

工艺美术运动的美国代表人物古斯塔夫·斯特克利对于中国的传统家具风格的优点具有深刻了解，因此其设计的家具深受东方风格影响。图为古斯塔夫·斯特克利在1905年设计的扶手椅，可以明显看到中式家具印记。

知识链接：工艺美术运动的代表作品

1. 莫里斯的红屋：19世纪中期的各种住宅，不是过于简陋就是设计繁复，因此，莫里斯决定自己设计住宅。他与菲利普·韦伯合作，设计了自己在伦敦郊区肯特郡的住宅，一反中产阶级住宅通常采用的对称布局、表面粉饰的常规，将自己的住宅设计为非对称性的，具有良好的居住功能，同时完全没有表面粉饰，只采用红色的砖瓦，既是建筑材料也是装饰动机结构完全暴露。同时，采用了不少哥特式建筑的细节特点，比如塔楼、尖拱入口等，具有民间建筑和中世纪建筑的典雅、美观。因为砖瓦都是红色的，故此这个住宅建筑被称为“红屋”。

2. 家具设计：英国的查尔斯·沃赛的家具设计简单朴实，易于批量化生产，更接近工艺美术运动服务大众的精神实质。而巴里·斯科特喜欢采用动物和植物的纹样作为装饰动机，并以凸出的线条勾勒，颇为经典，他设计的家具也是英国工艺美术运动作品的杰出代表。美国的古斯塔夫·斯特克利对于东方风格、特别是中国传统家具风格的优点甚为了解，因此他设计的家具，无论是木结构方式，还是装饰细节，乃至金属构件，都有明显和强烈的东方特色。

交通、休闲与运动
自行车

你信不信我的车比你的马车还快!
——德莱斯的“可爱的小马崽”与马车的比赛

自行车其实并不是“自行”的，它是由人力驱动机械运转的交通工具，它也是第一种让普通大众自己控制方向和速度的家用交通工具。自行车比马匹便宜，其速度在19世纪晚期几乎与火车相同，由于它替代步行便显出的快捷性，因此，自行车的发明成了社会变革的有力工具。

自行车的早期研究

工业革命后交通工具的革命，主要集中在解决机械动能的问题，并依赖于消耗能源。自行车的发明，为普通大众提供了一种步行之外而又不消耗能源的便捷出行工具。一般人步行的速度通常是每小时3—5公里，骑马或乘坐马车的速度大约每小时13公里，19世纪中晚期火车的平均速度是每小时30公里左右。但是，昂贵的马车和必须依靠路轨的火车，无法为日常小道上的短途出行提供快捷灵便的帮助。

1842年，苏格兰的铁匠柯克帕特里克·麦克米伦，弄出了一辆破旧的“可爱的小马崽”。他在后轮的车轴上装上曲柄，再用连杆把曲柄和前面的脚蹬连接起来，并且前后轮都用铁制的，前轮大，后轮小。当骑车人踩动脚蹬，车子就会自行运动起来，向前跑去。他因此被警察抓住处以罚款，其罪名是“野蛮骑车”。

1817年，德国看林人德莱斯设计了自行车的最初原型，他用两个木轮、一个鞍座、一个安在前轮上起控制作用的车把，制成了一辆轮车。人坐在车上，用双脚蹬地驱动木轮运动。就这样，世界上第一辆自行车问世了。但是这个创意没有引起关注。

1842年，苏格兰铁匠柯克帕特里克·麦克米伦发明了第一辆脚踏自行车。它有缝纫机踏板一样的固定踏板，骑车人可以双脚上下蹬动固定踏板，踏板由一套复杂的杆、钉子和齿轮连在后轮上以驱动车身。但那些木制部件过于脆弱，经不起颠簸就断裂了。

1861年，法国人皮埃尔·米肖发明了脚踏两轮车，它是首辆获得国际社会广泛欢迎的自行车。这是第一辆把踏板与车轮的前轮直接连接起来的自行车，它的前轮比后轮大得多。但是，人们不知道怎样在双脚离地的情况下骑自行车，因而总是撞车摔跤。

自行车的定型设计

1870年，英国人詹姆斯·斯塔利将脚踏两轮车的前轮改进得更大一些，以便提供更多动力，制造出了著名的“平凡者”自行车。这辆车有一只

1870 年，英国人詹姆斯·斯塔利设计出大小轮自行车，这种自行车后轮直径只有 30 厘米，而前轮直径达 125 厘米以上，脚踏直接安装在前轮上，以前轮驱动，速度非常快。骑这种车就像骑马一样高高在上，很是威风。但是这种车在下坡加速时十分危险，极易摔倒。1881 年，法国标致公司批量生产这种“大自行车”，并举办自行车比赛。图为 1890—1891 年“平凡者”自行车选手在等待阿克伦自行车比赛开始。

125 厘米以上高的超大前轮和一只极小的后轮，并且首创使用了钢丝轮轴和前轮减震器，它的平均速度超过了每小时 30 公里，与当时的火车几乎一样。不过，由于“平凡者”自行车超大的前轮，上下车极为不便，骑车人常常因此摔倒在地。

1885 年，詹姆斯·斯塔利的侄子约翰·斯塔利对“平凡者”进行了最后的改进，制成了一辆可操作性较强的自行车。他成功解决了自行车设计中的四大关键问题。首先，他把自行车的双轮恢复成相同的尺寸，并给它们装上结实的橡胶轮胎。其次，他为自行车制造了今天仍在使用的菱形四面车架。再次，他把动力系统转移到后轮，使前轮专门用于控制方向。最后，为了驱动后轮，斯塔利发明了自行车链条，把脚踏板和后轮连接起来。

1888 年，苏格兰兽医约翰·邓洛普发明了自行车充气轮胎，它在 1900 年成为所有自行车的标准配件。复式齿轮 1908 年首次应用于自行车。20 世纪 20 年代，制动块的诞生使刹车更快更稳。这一切都是在约翰·斯塔利最初的自行车设计样式上的完善和进步。

自行车的普及，加速了中上层社会妇女的解放运动。骑自行车的妇女们必须脱下紧身胸衣、紧身内衣和层层褶裙，换上更简便的服饰，这样女性参与社会工作更普遍了。同时，自行车设计为汽车制造积累了经验，不少 19 世纪八九十年代的自行车制造商，在 20 世纪之交成了早期的汽车制造商，比如法国的标致，英国的亨伯、莫里斯和罗孚。

知识链接：环法自行车赛

自行车运动几乎是随着自行车的诞生同时兴起的。世界最早的自行车比赛是于 1868 年在法国举行的，赛程为 2 公里。全世界最著名的自行车赛——环法自行车赛于 1903 年 7 月 1 日首次举办，共有 60 名参赛者骑车环法行驶 2500 公里。在第一次比赛中，最终只有 21 人完成比赛，毛瑞斯·盖利成为世界上第一位环法赛的总冠军。这项比赛受到法国人的热捧，而到了 1919 年的环法自行车赛上，首次出现了黄色领骑衫。

环法自行车赛是世界最知名的年度多阶段公路自行车运动赛事，主要在法国举行，但也经常出入周边国家（如英国、比利时，还有比邻的西班牙比利牛斯山中）。自 1903 年开始以来，每年于夏季举行，每次赛期 23 天，共 21 个赛段，平均赛程超过 3500 公里。完整赛程每年不一，但大都环绕法国一周。冠军为各段时间累计最少者。图为 2014 年环法自行车赛英国约克郡赛段。

艺术与实用的完美结合
玻璃和镜子

仅只是一个平面，却又是深不可测，它最爱真实，决不隐瞒缺点，它忠于寻找它的人，谁都能从它发现自己。

——艾青《镜子》

工业革命所焕发的巨大生产力和创造性，使许多过去在人类看来非常珍稀的物质，在工业化生产面前变得非常普通，这使得社会物质极大地丰富起来，人类生活也更加精彩纷呈。

玻璃生产的演进

玻璃是自然生成物，它其实是一种透明而可凝固的液体。但是，当人类还不知道如何生产玻璃，尤其是没有掌握工业化生产玻璃的技术时，玻璃是非常珍贵的艺术品，只能用来装饰宫廷或教堂，甚至以前的建筑物的窗户都只是墙上的一个小洞，人们常常用毯子遮住洞口，挡住风雨，抵御严寒。

其实，早在公元前1500年以前，埃及工匠就已经掌握了基本的玻璃制造技术。他们先用黏土制一个陶罐模子，然后把融化的玻璃液涂到陶土模子表面并抹平，玻璃罐冷却以后，工匠就用一把金属刮刀探进罐内把里面的黏土挖掉，就剩下了与陶罐的形状和大小都相同、表面平滑的玻璃罐。这种制作工艺既漫长又昂贵，往往需要几天的时间，因此玻璃罐在人们的眼中还是奢侈品，并不是日常生活必需品。

到公元前100年时，玻璃制作技术因为铁器的出现又推进了一步，铁的熔点比玻璃的熔点高出许多，因而玻璃工匠们搅拌和拿取玻璃液都使用铁制工具。叙利亚工匠发明了用一根很细的铁管蘸上一滴黏黏的玻璃液，然后往管子里吹气，将玻璃吹成圆形的罐子。从此，吹制玻璃技术逐渐普及起来。

13世纪上半叶，玻璃制造已成为意大利威尼斯手工艺者的专长。1290年，威尼斯工匠生产出了世界上第一块全透明玻璃。1675年，英国的乔治·拉文斯克劳福特在玻璃制作材料中添加氧化铅而发明了水晶玻璃。1688年，德国首先发明了用平板玻璃制作梳妆镜的工艺。到1720年，窗玻璃已经变得相当普遍，而且价格也比较便宜。

玻璃的工业化生产

工业革命以来，机器生产很快渗透到玻璃生产

古罗马人是玻璃制作技艺的开拓者，他们把熔制玻璃术和吹制玻璃术推向专业级水平，玻璃生产者负责生产玻璃：他们将获取的原材料熔化，让熔融玻璃在水槽中硬化和冷却，随后将其分解成小块玻璃，用船运送到玻璃加工者处。加工者则将这些块状玻璃再次熔解为液体状态，然后制作出形状各异的玻璃物品。罗马人对奢侈品和物质享受的狂热，使得极尽奢华的玻璃制品在古罗马盛行起来。图中就是一件公元4世纪的罗马笼形杯制品。

11 世纪，德国发明了玻璃的手工吹筒法。就是把玻璃液吹成圆筒型，在玻璃仍热时切开、摊平，形成最初的平板玻璃。这种技术后来在 13 世纪被威尼斯工匠继承。从那以后，玻璃开始被用在建筑物的窗户上，最典型的就是中世纪教堂里的彩色玻璃。教堂玻璃窗上的图画大多以圣经故事为内容。不识字的信徒们以此诉诸感官的手段来拯救灵魂，寄托了他们对生活的期望。

知识链接：哈哈镜

哈哈镜是一种游乐场及商场里常见的玩乐设施，它的表面是凹凸不平的镜面，反映出的人像及物件呈现扭曲面貌，令人发笑，故称哈哈镜。哈哈镜的原理是曲面镜引起的不规则光线反射与聚焦，形成散乱的影像。镜面扭曲的情况不同，成像的效果也会相异。常见的变换效果有高矮胖瘦四种效果，根据镜面材质的不同可分为金属哈哈镜，玻璃哈哈镜等。

行业，为满足不同需求以及各种装饰手法，玻璃生产呈现出有史以来最为多样的面貌。

1902 年，美国的欧文·考伯恩发明了一台玻璃板牵拉机，这一技术使批量窗玻璃制作成为现实。1904 年，美国的迈克尔·欧文发明了玻璃铸型机，这一技术使得大批量生产玻璃瓶和玻璃罐成为可能。玻璃制品不再是装饰品，而成为美观、实用的日用品。

在 17 世纪法国采用铸造法制造大面积的镜面玻璃和平板玻璃的基础上，英国发明了铅玻璃，这种玻璃的折射率远远高于威尼斯、波西米亚的晶质玻璃，富有重量感，而且质地较软，容易雕刻，适宜制作光学玻璃和酒具。同时英国工业革命后玻璃的熔化技术也得到革新，燃料由木材变为煤炭，闭口坩埚的使用避免了煤灰和杂质混入玻璃液，并能防止燃烧气体与玻璃接触，使玻璃不易被污染而更加纯净。美国人发明了玻璃压机，降低了玻璃器皿的制作成本。化学知识和技术的进步使玻璃更为五彩缤纷。酸腐蚀可以方便地在玻璃上绘制图案。20 世纪，机械化促进了玻璃工业的发展。1903 年，美国人研制出玻璃喷砂机，将喷砂用于玻璃表面装饰。1905 年比利时人发明了垂直引上法。1917 年美国人发明了水平拉制法。1959 年，伦敦的阿拉斯泰尔·皮尔金顿发明了浮法玻璃工艺，这一工艺是把玻璃液浇灌到锡液中，两种液体并不相互黏着或交融，两者之间的接触面格外平滑。现在，95%以上的玻璃都是在采用浮法

玻璃制造的一个非常重要的进展是在熔融玻璃中添加氧化铅，这种技术也增加了玻璃的“工作周期”，使其更容易操作。这个过程首先由英国人雷文斯·克罗夫特在 1674 年发现的，英国首先制出铅晶质玻璃艺术器皿，后来广泛用于制造光学仪器、艺术器皿和用作防辐射玻璃等。图为雷文斯·克罗夫特的铅水晶玻璃：锥脚球形酒杯（左）和碗（右），表面和支座上带有波纹和乌鸦图案。

玻璃工艺的工厂制造出来的。

今天，我们的各种容器、窗户、眼镜、放大镜、梳妆镜、汽车挡风玻璃以及望远镜、显微镜、潜望镜的透镜，都是用玻璃制成的。我们还用玻璃设计建造房屋、学校和办公室。玻璃不仅是日用品，也是建筑材料。

制镜工艺的发展

玻璃的发明和普及为镜子的普及和大众化提供了基础。据说，镜子最早出现在公元前4000年的黎巴嫩。可考证据的抛光黑曜石镜子可以追溯到公元前2000年，当时只有贵族才有这种镜子。中国最早的抛光铜镜出现在公元前500年。大约在同一时期，罗马也有了铜镜。这种手握式镜子体积小，价格不菲。同样也是宫廷、贵族或富贵人家才拥有的。第一面可以照到全身的镜子是用罗马黄铜制成的壁挂式镜子，大约出现在公元100年左右。

13世纪上半叶，威尼斯玻璃工匠在制作透明玻璃的同时，也制作镜子。他们用不同的镜背材料做试验，以期研制出一个反光平面。工匠们首先选择了金属镜背，这要求金属必须纤薄而且易于弯曲，反光性能好，容易固定在玻璃片上。金和银都是符合这一要求的，但要是大规模生产，成本就太高了。终于，威尼斯工匠找到了锡和汞的混合物来做镜背，这种混合物容易制成平滑的薄片，易于附着在玻璃片背后，反光性好，与金银相比资源充足，价格便宜。1291年，威尼斯玻

图为位于圣海伦的皮尔金顿玻璃厂

璃工匠生产出了第一批现代、实用、镜面清晰的玻璃镜。

直到1300年以前，威尼斯都一直是整个欧洲玻璃和镜子制造业的中心。到1350年，威尼斯玻璃制作流程的秘密流传到欧洲，其他的城市开始仿照玻璃产品，纽伦堡成为新的制镜中心。1390年，德国产的镜子首先使用了镜框，先是金属镜框，而后使用了木制的镜框。到1600年，壁挂式镜子在欧洲风靡一时。

1835年，德国化学家利比格发明新的制镜方法，他把硝酸银和还原剂混合，使硝酸银析出银，附在玻璃上。一般使用的还原剂是食糖或四水合酒石酸钾钠。1929年英国的皮尔顿兄弟以连续镀银、镀铜、上漆、干燥等工艺改进了此法。利比格的新的镜背工艺，大大降低了德国镜子的价格。欧洲各阶层的人因此都买得起镜子了。

知识链接：水晶玻璃

水晶玻璃也称为人造水晶，由于天然水晶的稀少和难以开采，人造的水晶玻璃就应运而生了。由于其通透度高，故此常用于制成各种工艺品。水晶玻璃的生产工艺是英国人乔治·拉文斯克劳福特于1675年发明的，他在玻璃制作材料中添加氧化铅。一般含24%铅或以上的水晶玻璃称为全铅水晶，低于24%者则称为铅水晶。加铅的好处是使得玻璃加重，有质感，更通透、清澈和明亮；但不足之处是玻璃较软，易磨花。在现代环保理念下推出的无铅无钡水晶玻璃，极富弹性且特别晶莹透彻，安全程度更比一般水晶玻璃高出一倍。世界上水晶玻璃器皿的主产地为德国、法国、意大利、捷克、匈牙利等，不同的水晶玻璃厂各有其生产秘方，令水晶玻璃各具特色。

这面18世纪中叶制作的镶嵌在木制涂金的雕刻和彩绘框架中的仿大理石镜，显示出威尼斯工匠制镜技艺的多样性。据估计这件艺术品价值15万—20万英镑。

今天，有了透明塑料和丙烯酸塑料，镜子生产已经能够摆脱对玻璃的依赖，还有些镜子是用抛光金属制作的。在现代生活中，镜子的使用率越来越高，家庭、商店、办公室以镜子作为墙面的装潢设计非常盛行。尤其是女性，每天在镜前都要花费不少时间，镜子不仅映照出人的容颜，而且促进时尚、服饰、化妆品等产业的发展。同时，日常使用较多的平面镜，还有曲面镜，曲面镜又有凹面镜、凸面镜之分，主要用作衣装镜、家具配件、建筑装饰件、光学仪器部件以及太阳灶、车灯与探照灯的反射镜、反射望远镜、汽车后视镜等。所以，镜子的用途大大拓展了。

音乐时代
留声机的发明

我大声说完一句话，机器就会回放我的声音。我一生从未这样惊奇过。

——爱迪生

留声机能够记录声音并随时播放声音。长期以来，人们听到声音的唯一途径就是在发出声音的现场，但自从有了留声机，过去转瞬即逝的声音便能够永久保存。因此，当爱迪生最初宣称发明了留声机时，人们都认为这是一个魔术。留声机的发明有力地促进了音乐产业的发展和家庭娱乐的兴起。录音机、唱片、录音电话、电唱机、广播电台、磁带录音机、光盘、MP3播放器以及今天所有的在线音乐播放，都可以追溯到爱迪生发明的留声机。

发明留声机的物理研究

为了把瞬间消失的声音保存下来，人类早就进行了大胆的尝试和实验。1855年，法国人利昂·斯科特·德·马丁维尔把喇叭和薄膜附在金属的记录针上，在旋转滚筒上记录声波。但是，他使用这种设备的目的是研究声音的本质，他形象地记录了声音，研究了仪器画出的声波线，但却从未想到研究如何回放声音。但是，马丁维尔的设备是人类记录声音的首次尝试。

1873年，年仅26岁的爱迪生因为发明了股票行情自动收报机，并改进了电报机。1876年初，为了发明实用型电话，爱迪生一直在同亚历山大·格雷厄姆·贝尔和以利沙·格雷进行着研发竞赛，但是最后贝尔获胜了。爱迪生被迫转向改进贝尔电话的音质和发明更精良的话筒与扬声器方面。

1877年初，爱迪生正式着手发明声音录制机器，他称之为“会说话的机器”。在研制电话的过程中，爱迪生知道了如何把声波转换成电流脉冲，以及如何把电流脉冲还原成声波的物理振动。爱迪生打算在这两个转换装置中间加入一个能记录并存储声音的装置。他设想自己的录音机器依靠摆动式金属唱针来运转，金属唱针的振幅同所接收声波振幅相同。爱迪生拆开电话听筒，里面的电线缠绕着一枚小型金属棒。电流通过电线，产生磁场，推动磁化的小金属棒附着于来回振动的

1876年，爱迪生在新泽西州门罗公园中建造了自己的研究室，正是在这所研究室里，爱迪生成功发明了世界上第一台留声机和第一个可供商业生产的电灯泡。爱迪生于1886年搬离了门罗公园，但门罗公园作为爱迪生最初创业并且成功的实验室，一直以来被世人称为人类历史上最伟大的实验室。如今，门罗公园是爱迪生纪念中心和博物馆的所在地。

1877 年爱迪生发明的留声机，是一种原始放音装置，其声音以声学方法储存在唱片（圆盘）平面上刻出的弧形刻槽内。唱片置于转台上，在唱针之下旋转。留声机唱片能较简易地大量复制，放音时间也比大多数筒形录音介质长。图为 1879 年生产的爱迪逊·帕拉牌留声机。

纸制振动板。所以，爱迪生决定用金属唱针代替扬声器振动板。磁场增强或者减弱时，金属针会来回振动，这一物理运动就代表最初在电话话筒处引发电流的声音。

留声机的发明

为了解决记录并保存金属唱针的物理运动，爱迪生试验了 100 多种材料，最终选定用锡纸裹住金属滚筒，金属滚筒又与手动曲柄相连。滚筒转动并慢慢前移时，金属唱针上下振动，在锡纸上划出言语模式和音量图。而声音回放时将此过程颠倒过来，弹簧针被迫重复锡纸条上记录的振动刻痕。1877 年 8 月，爱迪生录制了他的首条声音记录“你好，你好”，以及第二条“玛利有只小羊羔”。这样，爱迪生自称其“最喜爱的发明”——留声机诞生了。

1878 年 4 月 24 日，爱迪生留声机公司在纽约百老汇大街成立，并开始进行销售业务。他们将这种留声机和用锡箔做成的圆筒唱片配合起来，出租给街头艺人。1879 年，爱迪生用脆蜂蜡滚筒代替了锡纸滚筒，从而使声音更加悦耳。最早的家用留声机是 1879 年生产的爱迪逊·帕拉牌留声机，当时每台售价为 10 美元。

知识链接：唱片的革新与播音设备的发展

1887 年，美籍德裔发明家爱弥尔·柏林纳制造了一种新型留声机，它用圆盘形的唱片代替了大唱筒，唱片用两个手摇转轮带动。这种唱片留声机是现代电唱机的雏形。1948 年，哥伦比亚唱片公司推出乙烯基唱片和“密纹”唱片。1952 年，磁带录音机面世。1977 年，索尼公司推出随身听。1979 年，索尼公司使用了最新的电脑激光技术发明了光盘。从此磁带和光碟占领了音乐市场。1995 年，德国发明者卡尔海因茨·勃兰登堡发明了 MP3 播放器。2001 年，史蒂夫·乔布斯的苹果公司推出了 iPod，数字音乐开始占据娱乐市场。

维克多曾经是全球最大的留声机制造商，其注册商标从 1901 年一直延续到 1929 年被收购。在 29 年中共设计制造了 280 多种型号的留声机，产量达上千万台。维克多于 1905 年推出柜式留声机；1909 年推出第一部内部喇叭桌面型留声机；1910 年后，维克多重点生产柜式留声机，因而被誉为柜式留声机的“鼻祖”。

长留身影在人间
摄影术

呈现在您眼前的是巴耶尔先生的遗体，
拍摄这张照片的技术的发明者。
——摄影术发明的参与者巴耶尔
在自拍照片背后的留言

工业革命和技术进步不仅使人类“留住”声音成为可能，也使人类“留住”影像变为现实。从此，过去的人和事的“音容笑貌”都可以永久保存，这不仅留住了时间和历史，也开创了人类娱乐的新纪元。

达盖尔式银版摄影术

在摄影技术发明之前，绘画是人们捕捉和留住世间万物的图像和生活中的难忘瞬间的唯一办法，但绘画受到画师技艺和客观条件的制约，往往并不是完全真实的影像。因此，寻找一种能够捕捉瞬间、再现细节并固定下来的方法，一直是人类梦寐以求的夙愿。

1818 年，法国业余科学家约瑟夫·尼埃普斯（1765—1833 年）利用银盐曝光时颜色会变深的原理，发明了第一架鞋盒照相机。他在盒子的一端穿了一个小孔，用一个涂上沥青和银盐的金属板盖住，在盒子的另一端也穿一个小孔。经过长约 8 小时的曝光，影像在金属感光板上显示了出来。

但是，尼埃普斯拍摄的影像会迅速褪去，无法保存。1835 年，法国企业家曼德·达盖尔（1787—1851 年）开始改进金属板成像技术，试图寻找一种可以“固定”照片的办法，也就是防止影像在曝光完成后褪色的办法。

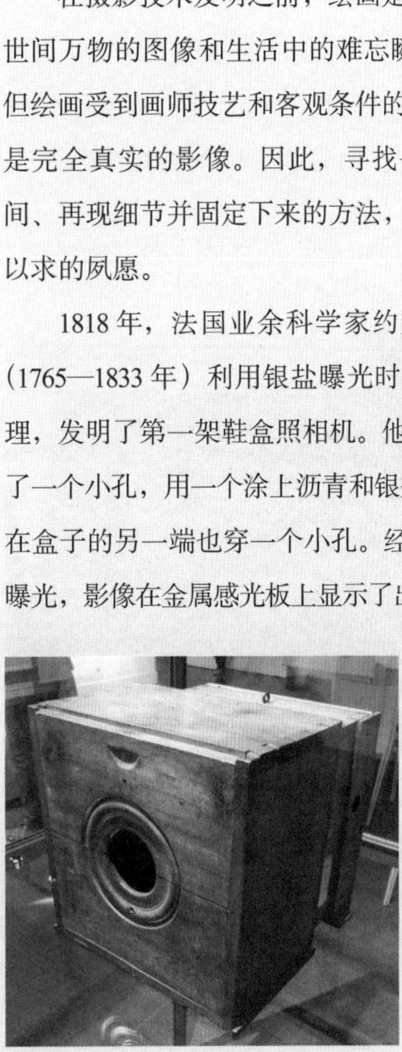

约瑟夫·尼埃普斯的照相机。世界上公认的第一幅照片是法国人尼埃普斯于 1827 年拍摄出来的。1825 年，法国人尼埃普斯委托法国光学仪器商人为他的照相暗盒（Camera Obscura）制作光学镜片，并于 1827 年将其发明的感光材料放进暗盒，拍摄和记录下历史上第一张摄影作品。这一作品在其法国勃艮第的家里拍摄完成，通过其阁楼上的窗户拍摄，曝光时间超过 8 小时。

1838 年末，达盖尔偶然发现在铜板上涂银，并在暗箱里把具有挥发性的碘蒸气涂在银的表面，使铜板具有感光性。移走镜头盖子之后，感光的铜板就曝光了。随后，达盖尔再用水银进行处理，成功地把影像固定了下来。使用这种“达盖尔式银版摄影术”产生的影像，更倾向于呈棕白色，而非黑白色。但是，碘蒸气和水银都是有毒甚至是剧毒的化学物质，对人危害很大。虽然如此，达盖尔还是于 1839 年在巴黎召开的法国科学院会议上宣布了此项发明。

卡罗式摄影

与此同时，英国自然学家威廉·塔尔博特（William Talbot, 1800—1877 年）也在进行同样实验。他认为画画使用白纸，因此影像也可以投放在白纸上。塔尔博特把不同的感光银溶液刷在白纸背面，以获得树叶的接触式印相（剪影）。1837 年，塔尔博特又发现用浓盐水处理照片可以阻止剩余的

这张达盖尔1838年拍摄的《坦普尔大街街景》，是他仅存的25幅银版照片中最著名的一幅。我们可以看到较为清晰的街道影像，在空荡荡的大街中一位绅士单脚站立，另一只脚踩在鞋箱上，一位鞋匠正在为他擦拭皮鞋。而实际上，当时的街道是喧闹的，人来车往。但拍摄的时候曝光时间较长，那些移动的人和车子没有被拍进照片里，反而是街边停留的两个人留下了永恒的影像。

知识链接：摄影术的发展

1840年塔尔博特发明摄影术之后，纽约的乔治·伊斯门于1878年发明了干板胶片。这样，保持干燥的照片底板在使用前就可以提前准备好。1889年，伊斯门又发明了卷式纸制底片，可以放进柯达相机里拍摄一系列照片，之后被一起冲洗出来。1904年，法国人卢米埃兄弟发明了第一张彩色底片。1947年，埃德温·兰德发明了即显胶卷和相机。就在这一年，伊斯门研制出了第一架价格低廉且可以大批量生产的相机——柯达布朗尼。一夜之间，所有人都能买得起相机和胶卷了。到20世纪90年代，数码相机和计算机逐步成为摄影术的一部分，电脑编码才完全代替了胶片。

银继续感光，这样就可以在曝光之后固定影像。塔尔博特得到的这些网状影像实际上是一些底片。光照射到白纸上，涂上银的部分就变黑；得不到光照的地方（相当于从相机里看到的较暗部分）银就不变黑，白纸不变色。

1838年，塔尔博特把第一张纸（底片）和另一张感光纸接触，第二张纸上就会出现所拍摄的物品的照片。塔尔博特把此过程称为卡罗式摄影。然而，塔尔博特使用的胶片需要较长时间（一个小时）的曝光，因此不能用于记录事件和拍摄人物。

1840年，塔尔博特发现底片即使只经过短时间的曝光，也会在上面留下潜在的影像。在摄影实验室里对底片进行处理之后，影像就可以显示出来。这样他就把曝光时间从1小时缩短到了不到1分钟。塔尔博特首先固定影像，再把底片曝光、冲洗、固定。通过这套程序，他可以得到无数的照片。塔尔博特奠定了现代摄影负转正的摄影工艺流程，而且他所使用的化学物质不具有毒性，所以每个人都可以安全地进行摄影。因此，塔尔博特才是实用摄影技术的鼻祖。

早期的摄影活动还不是非常普及，主要由照相馆为人提供商业摄影服务，拍照片和洗印照片。图为1846年塔尔博特（右）在进行商业性拍摄。

第七艺术 电影

电影一定能够为一般的科学任务服务，为改善人们的生活和发展人们的智慧服务。

——高尔基

有了摄影术，电影的诞生就具备了技术基础。摄影保存了静态影像，电影保存了动态影像，更保存了与动态影像相伴的声音。所以，电影记录并保存了历史。电影把整个世界展现在我们面前——它的色彩斑斓、它的声情并茂以及它的精彩变迁。电影还带来了娱乐、教诲与信息，电影重塑了我们的生活态度和价值观念。电影无疑是现代社会最伟大的娱乐方式之一，因而被称为“第七艺术”。

1878 年 6 月 19 日，埃德温·迈布里奇采用 12 台双镜头照相机列成一排，对一名骑手骑马快速奔跑的瞬间进行拍摄，尽管画面不是非常清晰，但是从其中一幅作品上还是可以看出，当马全速奔跑的某个瞬间，马的四蹄是全部腾空的，结束了数世纪以来长期困惑画家和艺术家们的难题和争论。

电影发明的偶然创意

关于电影的想象，早在人类的脑海中盘桓很久了。1504 年，达·芬奇神奇地描绘了电影的制作过程，以及把脑海中连续储存的图像转换成连贯的动作的遐想。摄影技术于 19 世纪二三十年代发展起来后，照片成为再现和保存人类记忆的主要载体。然而人类没有满足于静态影像的获得，他们期待动态影像能够更加栩栩如生、活灵活现地再现事件发展、场景变化和人物经历。

发生于 1877 年的一次意外赌约，触发了电影发明的创意。当时，美国加利福尼亚州的铁路大亨利兰·斯坦福在一场赛马赌博中，与别人发生了争论。他坚持认为，飞速奔跑的马匹肯定在某一瞬间是四蹄全部腾空的。

1891 年，爱迪生发明了活动电影放映机，它是通过在一个光源前高速转动带有连续图片的电影胶片条，从而形成活动的错觉。1908 年 2 月 11 日，爱迪生获得发明电影放映机专利权。在爱迪生领导下，美国主要电影制片公司达成一项专利权协议，这项协议结束了长期以来一系列的诉讼，以及爱迪生对其他公司侵犯他于 1891 年获得的动画片专利权而提出的反诉讼。从此，电影作为一门独立的艺术形式在美国蓬勃发展起来。

卢米埃尔兄弟。1894 年，路易斯·卢米埃尔用一个类似缝纫机上的偏心轮部件解决了电影机发明过程中的终极难题——牵引胶片问题，这一发明至今还在摄影机械中应用。1895 年，卢米埃尔兄弟的电影机取得了专利，专利书上的名称是“摄取和观看连续照片的器械”，卢米埃尔兄弟从希腊词汇中寻找词根，创造了 Cinematographe，来称呼这种摄影、放映、洗印三种用途合一的新机器，简称 Cinema，机器很灵便，总重量不过 5 公斤。卢米埃尔兄弟还确定了电影胶片每秒 16 格的标准速度，这一标准成为无声电影时代最为通用的胶片速度。

知识链接：第七艺术

意大利诗人和电影先驱者乔托·卡努杜于 1911 年发表一篇论著《第七艺术宣言》，宣称电影是区别于诗歌、音乐、舞蹈、美术、建筑和戏剧的第七艺术。电影把前几种艺术都加以综合，形成运动中的造型艺术。作为第七艺术的电影，是把静的艺术和动的艺术、时间艺术和空间艺术、造型艺术和节奏艺术全都包括在内的一种综合艺术。

而与他对赌的人则认为，这种现象是不可能发生的。随着双方争论得愈加激烈，赌注逐渐升级到惊人的 2.5 万美元。斯坦福和对赌的其他人都目不转睛地注视着赛马在跑道上飞奔。但是，赛马的四蹄运动得太快了，肉眼根本无法辨别。打赌胜负难分。于是，斯坦福就雇用了英国摄影师埃德温·迈布里奇（Eadweard Muybridge）来为奔跑中的赛马拍摄照片，以判断马蹄是否有四蹄腾空的情况，以此解决争端。

迈布里奇在跑道边对着赛马观察了好几天，终于想出一个完成任务的办法。他决定使用多部照相机给奔跑的马匹拍照，将马匹奔跑的动作分解为若干个连续的动作，而每一部照相机只是依次拍摄的一个组成部分，这样就能够确保赛马的每一步瞬间动作，都能被相机拍摄下来。迈布里奇沿着赛马跑道的栏杆并排安装了 16 架照相机，用长线钩住每架照相机的快门。然后又把这些距离地面约五六十厘米高的长线横拉过跑道。当赛马疾驰而过时，就会依次踢断这 16 根长线，从而拉动 16 次相机快门，拍摄下 16 个马匹奔跑的瞬间镜头，记录赛马每一步不同奔跑姿势。

迈布里奇把 16 架照相机拍摄的照片安装到一

活动电影放映机最初由爱迪生于 1891 年发明。但这台机器体积如同一台五斗橱那么大，重 50 公斤，人们可以通过一个孔朝里看，里面的景物看上去会动。这是一种原始的“西洋镜”，只能供一个人观看；而且画面会不时地跳动，价格也很昂贵。后来，卢米埃尔兄弟设计和制造出了世界上第一台电影放映机。这种机器不但可以放映，而且可以拍摄；画面可以放大，投影到墙上，重量只有 5 公斤。1895 年 2 月 13 日卢米埃尔兄弟获得的电影专利证书包括了电影摄影机、放映机和电影银幕。这样，“活动电影机”就宣告诞生了。

1895 年 12 月 28 日，卢米埃尔兄弟在法国大咖啡馆第一次公开售票向公众公映了他们用纪实手法拍摄的第一批短片。其中有《工厂的大门》《拆墙》《里昂贝尔库广场》《火车进站》《婴儿的午餐》《水浇园丁》等 12 部，每部只有一分钟的无声短片。特别是《水浇园丁》，它是世界上最早的一部带有喜剧因素的影片，为以后的故事片的创作开了先河。图为《火车进站》的电影胶片。

个转盘上，并在每两张照片中间点亮一盏灯。在连续播放这些照片后发现，斯坦福的判断是对的，赛马在高速奔跑时，确实有四蹄腾空的瞬间。迈布里奇的创意，无意中制作出了世界上的首部电影。这是一次仅能供一个人透过箱体的窥视孔观看的电影，然而凡是观看过的人无不惊讶万分，兴高采烈，纷纷议论着“确实看到一匹赛马在飞奔而来”。

爱迪生对电影发明的贡献

迈布里奇的创意制作传开后，引起了爱迪生的注意。当他听说了这些“会动起来的照片”后，立刻意识到拍摄制作这样连贯运动的影像，将会成为一门赚钱的好生意。1885 年，爱迪生命令自己的助手威廉·迪克森设计一款合适的电影照相机，并寻找到一种放映影片的好方法。经过 8 个月的努力，迪克森和爱迪生推出了他们的“电影摄影机”照相机。这款照相机每秒钟可以捕捉 40 个镜头，然后在“电影视镜”上把照片以“西洋镜”的形式回放出来，不过，每次只能够允许一个人观看。

1887 年，爱迪生受到显示器的启发，制成了第一台“放映机”，它的形状像长方形柜子，上面装有一只突起的透视镜，里面装着蓄电池和带动胶卷的设备。胶片绕在一系列纵横交错的滑车上，以每秒 46 幅画面的速度移动。影片通过透视镜的地方，安置一面大倍数的放大镜。观众从透视镜的小孔里观看时，急速移动的影片便在放大镜下构成一幕幕活动的画面。

1894 年 4 月，第一家电影院在美国纽约市百老汇大街正式开幕。这个电影院只有 10 架放映机，每场只能卖 10 张票。结果电影院前人山人海，人们以一睹“电影”为荣。然而，这种“电影”不能投影于幕上，使观众数量很有限，图像也不清晰。爱迪生对自己发明的这台“放映机”也很不满意，也想解决胶片传送方式的问题，但一时束手无策。

“世界电影之父”——卢米埃尔兄弟

也就在美国纽约市百老汇大街的第一家电影院内，来自法国里昂的照相器材制造商安托万·卢米埃尔有幸抢先观看了一次 20 秒钟的“西洋镜”电影，由此留下了深刻印象。但是，他也发现了爱迪生电影放映系统的巨大缺陷：每次只能允许一个人观看电影，因为无法吸引更多观众，这门生意就难以扩大。

回到法国后，卢米埃尔召集自己的两个儿子奥古斯特·卢米埃尔（1862—1954 年）和路易斯·卢米埃尔（1864—1948 年）研制轻便的照相机和能够供多人同时观看的电影放映系统。卢米埃尔兄弟总结了前人的经验，又经过自己的创造，于1894年发明了世界上第一架比较完善的、灵活轻便的手提式“活动电影机”。这是一种既能摄影又能放映和洗印的机器。电影机由一个暗箱组成，内有牵引35毫米胶片运动的机构，以及转动遮光器的机构。它备有一个摄影镜头，以每秒12幅的频率摄影。画面静止时，遮光器开启，胶片曝光，遮光器关闭时，胶片向前运动，这样便得到了负片。然后取下镜头，将负片装到机器上，与另一条未曝光胶片贴在一起，在光源照射下运行，曝光后得到正片。电影机还配有放映镜头，装上胶片后，使机器置于灯泡的照射下，光束穿过胶片和镜头，摄影机变为放映机，把影片投射到白漆墙上，供满屋观众观看。

卢米埃尔兄弟和他们的摄影师们使用这种“活动电影机”摄制了以《火车进站》《工厂的大门》等为代表的最初一批纪录片，由此成为纪录片的开山鼻祖。1895年12月28日，在巴黎卡普辛大街14号的大咖啡馆，放映了世界上首部投射电影，满屋观众站着观看了这部只有1分钟的电影。电影拍摄了工人们从法国里昂的卢米埃尔摄影工厂走出来，微笑着挥手的画面。人们把这一天定为电影诞生日，卢米埃尔兄弟被称为“现代电影之父”。

《工厂的大门》是卢米埃尔兄弟拍摄的第一批黑白无声电影之一，也是最早向观众售票放映的电影。图为《工厂的大门》的一个镜头。

知识链接：有声电影

早期电影只有画面，影片本身不发出声音，剧中人物的说白通过动作、姿态以及插入字幕间接表达。无声电影时期，电影发展为纯视觉艺术。1910年8月27日，爱迪生宣布他发明了有声电影，他把留声机的声音和电影摄影机上的图像联系起来，实现了在同一时间里把声音和图像同时记录下来。

1927年10月6日，纽约的观众在观看华纳兄弟公司出品的《爵士乐歌手》时，突然听到主角开口说了话：“等一下，等一下，你们还什么也没听到呢。”这一句话，标志着有声电影时代的来临。根据资料记载，完全意义上的有声片是华纳公司1928年7月6日上映的《纽约之光》。华纳兄弟采用了新的胶片携载声音的技术，以每秒24格的放映速度播放。

20世纪30年代早期，有声电影成为一个全球现象，电影中的对白、歌舞急剧增加，电影观众增加了一倍。在美国，有声电影使好莱坞成为全球最有影响力的文化和商业中心之一。1936年，卓别林出品了他的最后一部无声片《摩登时代》，标志着无声片的寿终正寝。

第308—309页：《摩登时代》

《摩登时代》是查理·卓别林导演并主演的一部经典喜剧电影，于1936年上映。本片故事主人公是工人查理（卓别林饰），在工厂干活、发疯、进入精神病院，这一切都是与工业时代的生存状况有着密切的联系，工人被异化成为机器的一部分。在艰难的生活中，查理和孤女相濡以沫，场面温馨感人焕发着人性的光辉。这部《摩登时代》被认为是美国电影史上最伟大的电影之一，也是查理·卓别林最著名的作品之一。

休闲与度假

所有人都在旅行

这样一个时代终将到来，人们会坐在蒸汽机牵引的车厢里，在城市之间往返旅行，就像飞鸟一样快……

——高压蒸汽机的发明者
奥利弗·埃文斯

工业革命带动了工业化的进程，工业化导致了城市化的到来，工业化、城市化又引起了人们消费方式和消费观念的转变。同时，工业革命带动了交通运输业的巨大变革，为人们的出行提供了极大便利。这一切推动了近代旅游业的兴起，而托马斯·库克则是近代旅游业的先驱者。

近代旅游的兴起

工业化和城市化激发了人们的旅游动机。工业化促使人们的生活中心从农村转移到城市，大量农村人口流入城镇，城市的价值成为全社会的价值，城市的生活方式为全社会所模仿，现代文明在城市中发生。但工业化紧张的劳动压力和城市化局促的生活环境使人们又回想起田园生活，期待亲近自然，这就大大激发和强化了人们返回到宁静的大自然中去的旅游动机。同时工业化也创造了更多的社会财富，生产已超越维持人们生存的基本需要，从而使人们逐步具备了外出旅游的财力。

利物浦是英国国家旅游局认定的英国最佳旅游城市，是著名的乐队披头士的故乡，市内建筑独具风格，有著名的大教堂、市政厅、圣乔治大厅、大剧院和爱乐乐团音乐厅。

工业革命还造就了自由的产业工人，他们有迁徙外出的自由。随着劳动保护制度的完善，工人工资有所提高，带薪假日也得到保障。因此产业工人也加入旅游活动的行列。随着中产阶层的形成和扩大，人们受教育程度得到了提高，温饱不再是生活的目标，人们便开始追求享受和舒适，社会向消费型发展，生产和生活趋向消费化。因此，旅游不再单纯是外出休闲度假，也是增长见识、培养情操的方式。

近代旅游业之父——托马斯·库克

1808年11月22日，托马斯·库克（Thomas Cook, 1808—1892年）出生于英格兰德比郡墨尔本镇。库克早年是一名传教士和积极的禁酒工作者。1841年6月9日，库克在莱斯特镇参加的一次会议上，建议所有参会人员乘坐专属火车出席一个月后在拉夫堡举行的会议。7月5日，托马斯·库克包租了一列火车，将多达570人从英国中部地区的莱斯特送往拉夫堡参加禁酒大会。往返行程近18公里，团体收费每人1先令，免费提供带火腿肉的

图为1841年7月5日托马斯·库克租用的敞篷火车，车上供应水和食物。这次行程获得巨大成功，得益于此，我们今天也能享受包价旅行。

知识链接：通济隆

通济隆于1865年由近代旅游业之父托马斯·库克成立，经过百余年的发展，目前已成为全球最大的旅行支票发行公司和世界上最大的货币兑换公司，为全球超过4000个金融机构和1.6万个商户提供旅行金融服务，并为个人消费者提供商务和休闲旅游所需的货币现金兑换服务。它在全世界拥有超过720个网点，主要开设在各大机场、城市和旅游胜地。早在1920年，通济隆的旅游业务就在北京饭店设置了办事处，2005年，其货币兑换业务再次进入中国。在北京机场的通济隆服务网点可以提供17种外币的兑入和兑回业务。

午餐及小吃，还有一个唱赞美诗的乐队跟随。这次活动在旅游发展史上占有重要的地位，被公认为世界第一次商业性旅游活动和近代旅游的开端，托马斯·库克因此成为旅行社代理业务的创始人。

1845年，托马斯·库克正式创办了世界上第一个旅行社——托马斯·库克旅行社，成为旅行代理业务的开端。1845年8月4日，旅行社第一次组织消遣性的莱斯特至利物浦观光旅游团，参加人数350人。库克本人事先亲自考察旅游线路，确定沿途的游览点，与各地客栈老板商定旅客的吃住等事宜，回来后，整理出版了《利物浦之行指南》发给旅游者，成为早期的旅游指南。1846年，他又组织350人到苏格兰集体旅游，并配有向导。1851年他组织16.5万多人参观在伦敦水晶宫举行的第一次世界博览会。4年后，博览会在法国巴黎举行，他又组织50余万人前往参观，使旅游业第一次打破了国家界限，走向世界。1872年库克组织了9位不同国籍的旅行者进行了为期222天的第一次环球旅行。之后，托马斯·库克旅行社的业务遍及欧洲、美洲、亚洲、澳大利亚与中东，并编印了世界最早的旅行杂志，曾被译成7国文字。1892年，托马斯·库克创办了类似于今天的旅行支票，可在世界各大城市通行。托马斯·库克无愧是世界旅游业的开创者。

托马斯·库克是现代旅游的创始人，被称为“近代旅游业之父”。他组织了世界上第一例环球旅游团，编写并出版了世界上第一本面向团队游客的旅游指南——《利物浦之行指南》，创造性推出了最早具有旅行支票雏形的一种代金券。库克组织了欧洲范围内的自助游，向自助旅行的游客提供旅游帮助和酒店住宿服务。19世纪中期，托马斯·库克创办了世界上第一家旅行社——托马斯·库克旅行社，标志着近代旅游业的诞生，使旅游业成为世界上一项较为广泛的经济活动。

旷世谜案 开膛手杰克

只有眼力好的人才看得到凶手。

——苏格兰场助理长官罗伯特·安德森与探长唐纳·斯文森

"开膛手杰克"是迄今为止依然悬而未决的谜案之一。实际上，开膛手杰克并不是历史上第一个连环杀手，但他出现的时代是大众传媒业开始登上历史舞台的时代，犯罪行为不仅仅被当事人和警察所关注，而且也成为整个社会议论的焦点。报纸和各种出版物在报道记录案件的同时，还不停地给杰克加上神秘的外衣，使之历经了一个世纪仍未被遗忘。当然，开膛手杰克最终也没有被警察捕获，也使他从一个简单的连环杀手变成了一个充满神秘感和浪漫气息的肮脏英雄，这大概也是开膛手杰克具有"经久魅力"的原因吧。

开膛手杰克出现的社会背景

开膛手杰克（Jack the Ripper）是1888年8月7日到11月9日间，于伦敦东区的白教堂一带以残忍手法连续杀害至少5名妓女的凶手代称。犯案期间，凶手多次写信至相关单位挑衅，却始终未落入法网。其大胆的犯案手法，又经媒体一再渲染而引起当时英国社会的恐慌。

这种狭窄的街巷将伦敦工人们的住宅隔离开来

开膛手杰克出现的时代，是维多利亚女王统治的后期，这一时期英国开始从工业革命带来的发展巅峰中衰退，社会经济出现了更多的腐败和混乱状况。英国工业独霸全球的地位开始丧失了，美国、德国迎头赶上。富庶的维多利亚时代伴随着一种罪恶，财富分配严重不均，贫富差距明显，人们的生活水平相差太大，一个国家存在着天堂与地狱的鸿沟。

杰克的犯案地点集中在伦敦东区白教堂附近。这里在当时是著名的移民集散地，远从俄罗斯和东欧来的数万移民定居在此。由于收入微薄，此处早已成为贫穷与犯罪的温床，街头上流落着无家可归的流氓与拉客的娼妓。虽然苏格兰场于1829年就建立了全市巡逻网，但薄弱的警力仍难以负担每晚有数万妓女出没的东区治安。

开膛手杰克的犯案过程

1888年8月7日，一具女尸被发现在伦敦东区的白教堂，死者是中年妓女玛莎·塔布连。她身中39刀，其中9刀划过咽喉。同年8月31日凌晨，另一位43岁的妓女玛莉·安·尼古拉斯被发现死在白教堂附近的屯货区里。她不但脸部被殴打成严重瘀伤，部分牙齿脱落，颈部还被割了两刀。最残忍的是腹部被剖开，肠子被拖出来，腹中女婴也遭利刃严重戳刺。

连续发生两起严重凶杀案后，引起了社会大众

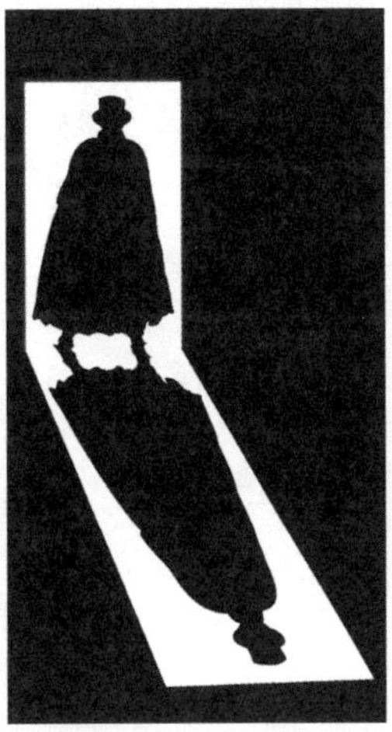

开膛手杰克在1888年8月7日到11月9日期间，成为伦敦东区一个令人恐怖名称。由于至今这一谜案仍未真相大白，所以他不仅依然是欧美文化中最恶名昭彰的杀手之一，也不断在现代大众文化中以另种形式出现。开膛手杰克的身影还透过媒体、小说、电影、电视剧、动漫、摇滚乐、玩具等，不断出现在今日的大众文化之中。

的关注，有些媒体开始以“白教堂连续凶杀案”为题进行公开报道，这加剧了当地居民的恐慌。于是警方投入更多的便衣警探巡逻，居民们也组织巡逻队维持治安。

但是仅仅8天后，也就是9月8日凌晨，又一名47岁的妓女安妮·查普曼遇害，她同样被割开喉咙，并惨遭剖腹，肠子被甩到她的右肩上，部分子宫和腹部的肉被凶手割走。9月30日凌晨，44岁的瑞典裔妓女伊丽莎白·史泰德遇害。她因被割喉死于左颈部动脉失血过多，但未遭剖腹。就在大批警察赶到史泰德陈尸现场时，另一位46岁的妓女凯萨琳·艾道斯也被发现横尸在主教广场上。除了同样被割喉剖腹，肠子甩到右胸外，她还被夺去部分子宫和肾脏。后来，一位警员在高斯顿街附近发现了一件沾满血迹的衣物，经过鉴定是凯萨琳·艾道斯身穿围裙的一部分。而在衣物掉落的附近高墙上，发现疑似凶手用粉笔写下的一行文字：“犹太人不是甘于被怨恨的民族！”

知识链接：开膛手书信

在开膛手杰克犯案期间，伦敦警方和媒体收到过大量关于案情的信件，其中不少宣称凶手亲笔写的信件都被证实为骗局。但有三封信最引人注目：

第一封信写于1888年9月25日，邮戳日期是9月27日，收件者是中央新闻社。该信用红墨水书写，并盖有指纹，署名“开膛手杰克”。信中以戏谑的态度表明自己就是杀死妓女的凶手，并声称被逮捕前还会继续杀害更多妓女。这是“开膛手杰克”之名第一次出现。

第二封信邮戳日期是10月1日，收件者是中央新闻社。这是一封同样以红墨水写成的明信片，署名“开膛手杰克”。信中提到他打算“隔天再干两件事”，一般认为这就是9月30日凌晨伊丽莎白·史泰德和凯萨琳·艾道斯两起命案。信中还提到打算割下死者的耳朵寄给警方，这与凯萨琳·艾道斯遗体外耳损毁的情形类似。之后警署宣称第一和第二封信都是由特定记者编造的。

第三封信是10月15日寄给白教堂警戒委员会的，这封信没有任何署名。信里附有半颗肾脏，并以黑色墨水书写。写信者声称“来自地狱”，并说这颗肾脏取自“某个女人”（一般认为就是凯萨琳·艾道斯）身上，其中半颗被他煎熟吃掉了。比起前两封信，一般认为此信由凶手亲自书写的可能性最大。

图为开膛手杰克博物馆在万圣节活动中，为顾客提供扮演杰克的自拍照，以及扮演杰克现场谋杀女性的场景。开膛手杰克的故事被娱乐化。

11月9日，25岁的年轻妓女玛莉·珍·凯莉被发现死在居住房间床上，她全身赤裸，颈部有勒痕，胸部和腹部被剖开，脸部的耳鼻和乳房也被割掉。这是开膛手杰克案件中第六个遇害妓女。

玛莉·珍·凯莉命案后，开膛手杰克似乎销声匿迹了。伦敦再也没有出现过类似的命案手法，媒体对命案的报道兴趣也逐渐褪去。但警方虽动员大批人力却迟迟无法侦破案件，因而受到包括维多利亚女王在内的英国各界人士的严厉批评。1892年，警方宣布停止侦办白教堂连续凶杀案。开膛手杰克案件成了历史悬案。

2014年9月6日媒体报道，在1888年9月30日开膛手杰克的第四位受害者凯瑟琳·艾道斯的披肩上，世界著名DNA专家采集到了相关样本，比对出可信度极高的DNA证据，凶手指向一名已被列为犯罪嫌疑人的波兰移民亚伦·柯斯米斯基，很多人认为这就是结案了，但是也有些人不太认同这个观点。

开膛手杰克案件的真凶

开膛手杰克案件是至今悬而未决的谜案，至今尚无明确的证据指出谁是凶手。但当时被列入主要犯罪嫌疑人之一的伦敦犹太人社群成员亚伦·柯斯米斯基，后被现代DNA技术验证出极有可能是此案的真凶。

开膛手杰克博物馆展示着所有关于开膛手杰克案件的线索、侦查过程以及嫌疑人资料，能够帮助你更全面地了解这一著名的历史连环谋杀悬案。博物馆的所在地就在伦敦东区白教堂（White Chapel），总共分五层，完整地展示了1888年那个灰暗的秋天发生过的故事，除了有当年犯罪现场的珍贵照片和警方倾尽全力搜集到的各种证据，还还原了受害人和开膛手杰克所居住的环境——一幢维多利亚时期的建筑。

英国人拉塞尔·爱德华兹长期研究开膛手杰克案件。2007年，他在一次拍卖会上买下一条带有血迹的披肩，据称为妓女凯萨琳·艾道斯凶杀案现场物品。爱德华兹仔细研究披肩后发现，它带有古老节日米迦勒节的雏菊图案。这个节日有两个日期：9月29日和11月8日，前者正是凯萨琳·艾道斯和伊丽莎白·史泰德的遇害日，后者是玛莉·珍·凯莉被杀害的日子。因此，爱德华兹认为披肩不大可能是艾道斯的物品，而很可能是由“开膛手杰克”故意留在现场，暗示他下一次的作案日期。

亚伦·柯斯米斯基是犹太人，19世纪80年代与家人一起从波兰逃到英国以躲避沙皇俄国对犹太人的迫害。他被警方列为3名重点嫌疑人之一，一名目击者也指认他为凶手。但是，警方没有足够证据指控柯斯米斯基。他因为严重精神问题被送入精神病院之后，警方解除了对他的监控。1919年，柯斯米斯基死在精神病院，终年53岁。

2011年，应爱德华兹邀请，基因证据专家、

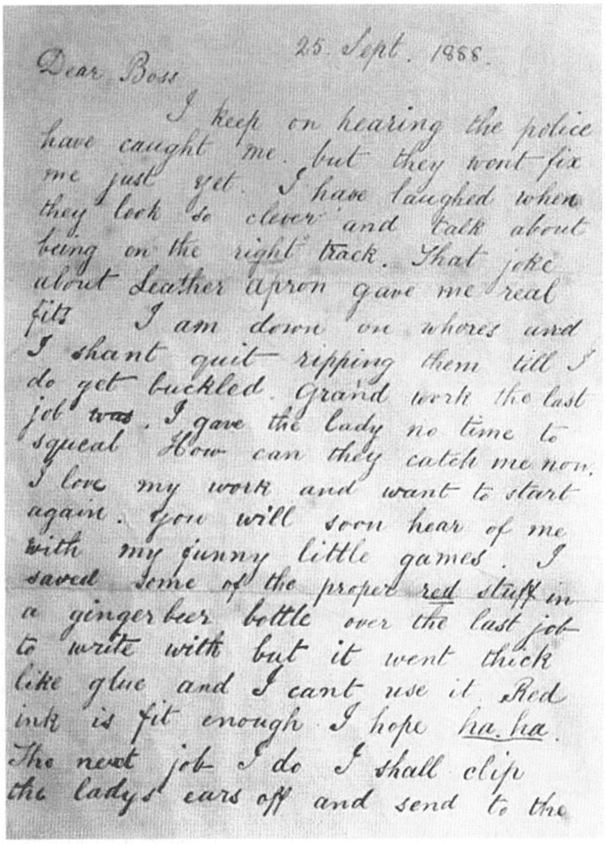
25. Sept. 1888.
Dear Boss
I keep on hearing the police have caught me but they wont fix me just yet. I have laughed when they look so clever and talk about being on the right track. That joke about Leather Apron gave me real fits. I am down on whores and I shant quit ripping them till I do get buckled. Grand work the last job was. I gave the lady no time to squeal. How can they catch me now. I love my work and want to start again. You will soon hear of me with my funny little games. I saved some of the proper red stuff in a ginger beer bottle over the last job to write with but it went thick like glue and I cant use it. Red ink is fit enough I hope ha. ha. The next job I do I shall clip the lady's ears off and send to the

图为以“亲爱的老板”为开头的信

英国利物浦约翰·穆尔斯大学高级讲师亚里·洛海莱宁开始分析披肩上的污迹。利用红外线相机，洛海莱宁确信污迹为砍切时喷溅的动脉血血渍，符合杀害艾道斯手法的特点。随后，紫外照相技术揭示出，披肩上还有精液污渍。他还在披肩上发现肾脏细胞遗迹，而凶手当年取出了艾道斯的一个肾。洛海莱宁采用“真空吸取”的方式，在不破坏织物的情况下获取了 DNA 样本。爱德华兹幸运地找到一名自称是艾道斯后裔的女性，经过比对，两人的 DNA 特征完全相符，从而确定披肩上血迹属于艾道斯。他们还研究披肩使用的染料，发现它属于 19 世纪早期东欧地区的产品。

2012 年，爱德华兹向专家戴维·米勒求助，他们在披肩上的精液痕迹中发现上皮细胞，通过调查，他们找到了柯斯米斯基妹妹的一名女性后代。比对显示，DNA 完全吻合。拉塞尔·爱德华兹的最新研究结果出台后，有关专家认为，其 DNA 研究的可信度极高，这些证据都指向亚伦·柯斯米斯基，他很可能就是“开膛手杰克”。

知识链接：“亲爱的老板”

以“亲爱的老板”为开头的信是最著名的三大“开膛手书信”的第一封，因为信中第一次使用了“开膛手杰克”这个署名，从而标志着这个名字后来成为传奇。这封信用红色墨水书写。信的原文如下：

亲爱的老板：

我不断地听到警察已经将我逮捕的消息，可惜这不是真的。当听到他们自作聪明地说案件的调查已进入正轨的时候，我实在忍不住大笑特笑。尤其是那个关于皮围裙的笑话真是让我开心。我恨妓女，我不会停止剖开她们的胸膛，除非你们能捉到我。上次干的不赖吧！我根本没给那女人喊叫的机会。他们怎么会捉到我呢。我爱这个工作，我还会干下去的。你很快就会听到我干的有趣的小把戏。我上回留了一些姜汁啤酒瓶的“红颜料”，可惜它很快就黏得像胶水一样没法用了，用红墨水也可以满足我的愿望了。哈，哈。下回我会用剪刀，把那女人的耳朵割下来送给警察，是不是很好玩儿。留着这封信，等我再完成一点儿工作再亮出来。我的刀实在是锋利，太好了，一有机会，我真想马上就投入工作。

祝您好运！

您真诚的：开膛手杰克。

别介意我把我的字号报给你。

PS：该死的手上的红墨水还没干，我还没法去邮信。现在他们又在说我是个医生了。哈，哈。

美食达人

量杯、汤匙和茶匙

烘烤食物的时候，要按照指示来做；烹饪的时候，只需凭自己的口感喜好来做就行。

——莱科·巴尔

现代生活水平的不断提高，使人们越来越注重生活质量。在家庭烹饪操作中，自从范妮·法默发明了测量器具——量杯、汤匙和茶匙后，人们对食物中的营养含量，就有了精确、标准而又科学的测量。范妮·法默还编写了首套精确的烹饪食谱，把科学引入家居生活，把家务劳动转变成"家政科学"和"家庭经济学"。她改变了美国乃至全球家庭的烹饪模式。

精确烹饪的创意

在人类漫长的烹饪历史中，厨师们都是即兴发挥，凭借经验来制作餐食的。使用配料总是以"一些""一点""一撮"或者"少许"等词语来表述；注明食物生熟程度一般用"烤熟""煮熟""煎熟"等字眼；至于把握火候，也主要靠经验或观察。所以，烹饪长期以来就是"非标准化生产"。

图为范妮·法默，以美国烹饪专家著称。她发明的量杯、汤匙和茶匙在人类发明史上留下重要的贡献，她所著的《范妮·法默食谱》是第一本把食谱的方法和计量都标准化的烹饪书。

1857年5月23日，范妮·法默（Fannie Farmer, 1857—1915年）出生在美国的波士顿，16岁时因感染小儿麻痹症而成为跛足。没有受过正规教育、婚姻生活也不顺利的她，只能靠辛苦工作养活自己。1879年初，22岁的范妮在波士顿找到一份当"保姆"的工作，然而范妮并不擅长烹饪，她做的菜肴常常令主人不满。家用食谱中的那些不准确用语，让她在烹饪中无所适从，因此她决心找到一种准确的测量器具，用来标识烹饪时食材和配料的用量。

当时，美国著名的知识女性凯瑟琳·比彻倡导，既然男性能够使工厂劳动职业化、科学化，那么女性也可以使家务劳动职业化、科学化。这对范妮是一个极大的启发。她在波士顿图书馆专门学习了科学家测量固体、液体的科学单位，比如盎司、刻度、品脱等，以及他们制定的度量标准。之后又去药店购买了烧杯、砝码、平衡量表以及一些1盎司的液体容器。接下来的几个月，范妮仔细地使用科学测量用语重新制作了自己的食谱卡片。

量杯、汤匙和茶匙的发明

范妮开始时将食谱上的一把面粉、一块奶酪等

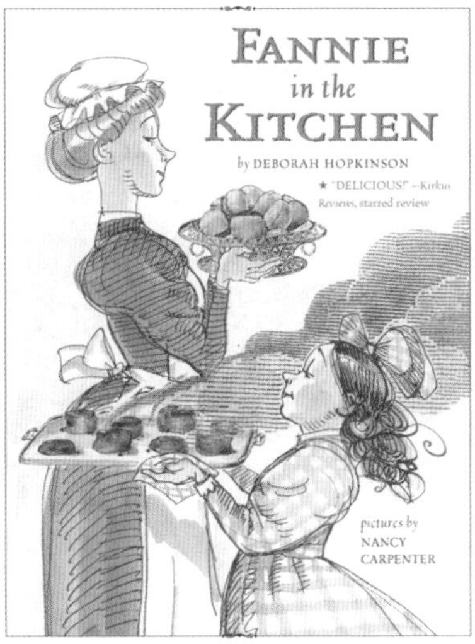

《范妮·法默食谱》是美国最成功、最受欢迎的烹调书

知识链接：《范妮·法默食谱》修订版

20世纪70年代中期，范妮·法默糖果公司想找一个出版社将1896年出版的烹饪教材《范妮·法默食谱》进行修订，以适合现代家庭使用。美国著名的烹饪书编辑朱迪丝·琼斯邀请著名的家庭烹饪教师马里昂·坎宁安来合作完成这项工作。经过历时四年半的修订，新版《范妮·法默食谱》于1979年面世，这本食谱从零开始教授家庭烹饪，介绍各种食物的属性，不同佐料的用法，如何使用炊具和厨房用品，甚至有现代家庭电器使用的讲解。1996年，《范妮·法默食谱》出版100周年纪念修订版出版，这是该书的第13版。它是美国历史上最畅销的食谱之一，销量超过400万册。

具体到多少盎司，但渐渐发现许多常用的科学单位并不适合于测量食谱配料。因为用盎司为单位测量白糖或面粉速度太慢了，而一品脱又太多。她需要找到一种介于盎司和品脱之间的新测量单位。她在雇主家的不同型号的杯具中找到一只恰好为容量8盎司的杯子，并在卡片上注明：8盎司等于1量杯。范妮又发现“一撮盐”太少了，无法用盎司来精确测量。她就找到一只茶匙，恰好容纳一撮盐，用这只茶匙盛6匙盐，恰好装满1盎司的烧杯。她把这一新的测量单位称为1茶匙。1879年秋天，范妮·法默不仅自创了3种新的标准测量单位：量杯、汤匙和茶匙，还把几百种食谱转变成精确科学的配料表。之后，范妮着手解决烤炉问题，她做了一系列实验，测量并记录了每次做出佳肴的烤炉温度和烹调时间，并把这些记录编进她的食谱，形成了世界上最早的使用科学测量单位的烹调食谱。

1894年，范妮·法默的标准量匙和量杯进入了波士顿市场。1896年，《范妮·法默食谱》正式出版，并成为烹饪学校的教材。此后，量杯、茶匙、汤匙和炉温计在全美国范围内推广开来，还走向了全世界。

在《范妮·法默食谱》中，范妮为人们提供了从汤的烹饪到坚果的使用的全套精确测量食谱。

白领女性

打字机改变女性工作

聪慧且受过教育的女性，会乐器者优先。

——20世纪20年代美国公司招聘文秘兼打字员的广告

19世纪下半叶，有线电报、电话、打字机的发明和应用，使西方办公室的功能和内涵发生了改变。尤其是打字机的应用，不仅带来书写方式的革新，也影响到妇女的职业选择，使许多妇女走出家庭或脱离工厂，成为办公室的一员。

打字机的发明

发明打字机，是人类对改变书写方式的探索。最先在打字机发明方面取得标志性成果的，是美国人克里斯托弗·肖尔斯。

肖尔斯是一位研究打字机的痴迷者。他与机械师卡洛斯·格利登和苏莱共同合作，解决了打字机字键杆在快速打字时容易碰撞的问题，他们设计了一个新键盘，将常在一起出现的字母间隔开，这就是后来大家习惯的“QWERTY”键盘。1868年6月23日，肖尔斯等3人获得了美国专利局正式授予的“打字机”专利。尔后，经过新闻出版商詹姆斯·丹斯莫尔的牵线，肖尔斯与雷明顿公司达成了生产打字机的协议。雷明顿公司采取免费赠送打字机，并进行打字培训的促销手段，使打字机很快受到社会欢迎。

不过，最初的肖尔斯打字机还有一个明显缺点，即在压纸卷轴下方打字，如果不将纸卷出来，便看不到打出的文字，这就是所谓的盲打字机。针对这一问题，1892年和1893年，发明家托马斯·奥利弗和弗朗茨·瓦格纳先后研制出了打字时能看见打印点的打字机。不久，约翰·安德伍德看好打字机的前景，买下专利，并于1895年创立安德伍德打字机公司。

20世纪初，打字机技术渐趋成熟，并传播到欧洲大陆，欧洲的厂商稍加改进就可以打法文、西班牙文、意大利文等。20世纪40年代，打字机构造基本定型，并在办公室工作中发挥出越来越重要的作用。

因为1868年肖尔斯发明的打字机。被誉为“打字机之父”的美国人克里斯托弗·肖尔斯是最早获得打字机模型专利并取得经营权的人，他的贡献在于设计出了现代打字机的实用形式和首次规范了键盘，即“QWERTY”键盘。他将最常用的几个字母安置在相反方向，最大限度放慢敲键速度以避免卡键。肖尔斯在1868年申请专利，1873年使用此布局的第一台商用打字机成功投放市场。

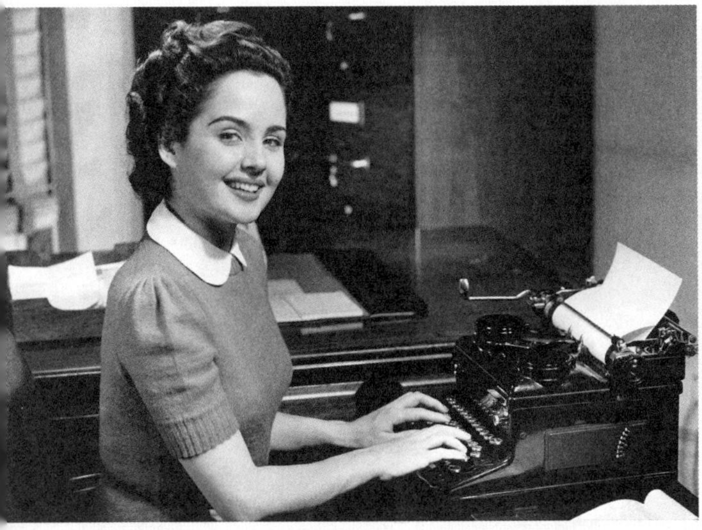

在19世纪与20世纪之交，打字机等新技术的出现，使办公室大门向女性敞开。

办公室与女打字员

打字机推广应用，对西方社会文化产生了重要影响，先是记者、作家出于职业需求，纷纷甩掉蘸水笔而改用打字机。尔后，政府部门、公司企业的公文、信函都要求打字，以给人规范的感觉。这就促使办公室增设打字员或文秘职位，而且更倾向于招募女性员工。

在打字机发明之前，办公室里很少有女性。19世纪末与20世纪之交，西方女性中很多人已接受初等教育，甚至部分人接受了中等教育且受过乐器训练，这就为胜任文秘兼打字员提供了基本条件。打字机键盘虽然与钢琴等键盘乐器有区别，但打字员的十指操作起来确实像演奏乐器一样。而且对女性而言，作为一种新职业选择，感觉办公室工作要比在工厂机会多，也体面一些。因而许多妇女愿意走出家庭或是放弃原本在工厂、商店的工作，选择进入办公室。女性进入办公室，不仅改变了工作岗位上的男女比例，也推动了男女员工权利平等与同工同酬等进步，成为妇女解放的标志。

知识链接：中文打字机的发明

20世纪初，打字机传入中国。但西文是字母打字，而中文却需要准备数百上千的常用字库，因此发明中文打字机并不容易。在前人研究的基础上，上海商务印书馆聘请毕业于同济医工学堂的舒震东为工程师，全力研制中文打字机，终于在1919年制成中国第一台实用的中文打字机，后被誉为“舒式打字机”。

为了解决中文复杂的字形构造和庞大的常用字库对打字机发明的巨大挑战，舒震东将打字机的字盘置于打字机后上方，字盘中放置可更换的常用铅字，不常用的字存在备用字盘。同时设计了“指字版”，指字版上汉字的排列顺序与字盘中的铅字一一对应。打字时移动指示针对准指字版字表的某字，揿下打字操作杆，即可将字盘中对应的铅活字锤击到打字蜡纸上。舒式中文打字机由商务印书馆所属的中国实业机器厂制造，其工作可靠，打出的字迹清晰，受到多方欢迎。1926年，商务印书馆将中文打字机送到美国费城世博会展出，荣获乙等荣誉奖章。

1926年，美国费城世博会上，商务印书馆的中文打字机一举夺得乙等荣誉奖章。这是商务印书馆工程师舒震东在前人的研究基础上经过创新试制成功的中国第一台中文打字机，它是有别于键盘式英文打字机的中文字盘式打字机，字盘式机型一直沿用到20世纪80年代。图为“舒式打字机”卡通画。

便捷生活
改变家庭生活的电器

一部机器可以做五十个普通人的工作，但没有哪部机器可以完成一个伟大的人的工作。

——哈伯德

工业化和城市化的飞速发展，极大地加快了人们的工作和生活节奏，但原来烦琐的家务牵扯了人们很多的时间精力。随着技术的发展，19世纪后期以来，发明家们不断创造出各种家用电器，旨在减轻和简化人们的家务劳动，使人们的生活更加舒适，也能够腾出更多的时间用于学习、娱乐、休闲。人类开始进入真正的享受生活的阶段。

电冰箱的发明

数千年来，冰是唯一的制冷剂，但却只能依靠气温的自然降低获取冰块。冰冻是晒干和腌制之外长时间保存食物的另一种方法。19世纪30年代，家用金属冷冻箱开始出现在欧洲和美国，人们把大块的冰放入冷冻箱中冷冻食品，但这依然不能防止食品变质。

当时的科学研究表明，气体在迅速膨胀时能从周围吸收热量，气体压缩时将会释放热量。因此，美国发明家雅各布·帕金斯在伦敦的寓所里设想出这样一个工作系统：压缩气体从喷嘴中释放并膨胀，从需要制冷的区域吸收热量，然后气体继续保留在密闭的金属管中。从制冷区抽出的气体再次压缩以释放热量并排到外界空气。这一循环过程构成了电冰箱工作的基本原理。但是年事已高的帕金斯未能将这一研究付诸制造和生产。

1859年，法国人费迪南德·卡尔（Ferdinand Carle）在重拾帕金斯的工作后，把电冰箱中的气体更换为氨气，取得了非常理想的效果。他制成了第一台有实用价值的电冰箱。遗憾的是，卡尔的思维还停留在用电冰箱制作冰块，再用冰块冷冻食品的惯性上。后来，不少发明家研制的电冰箱始终存在一个问题，就是无法控制箱内的湿度。冷空气循

你在这张1874年的广告中看到的“冰箱”其实还远不是一个现代制冷系统。它只不过是将冰块放入冷冻箱中冷冻食品。世界上第一台冰箱于1834年由居住在英国的美国人雅各布·帕金斯发明，他发现水变成水蒸气时会吸收热量，同时产生制冷效应。依据这一原理发明了冰箱。1913年，美国芝加哥研制了世界上最早的家用电冰箱，这种名叫“杜美尔”牌的电冰箱外壳是木制的，里面安装了压缩制冷系统。

第一台用电动机带动压缩机工作的冰箱是由瑞典工程师布莱顿和孟德斯于 1923 年发明的。后来一家美国公司买去了他们的专利，于 1925 年生产出第一批家用电冰箱。最初的电冰箱其电动压缩机和冷藏箱是分离的，后者通常是放在家庭的地窖或贮藏室内，通过管道与电动压缩机连接，后来才合二为一。

环不仅吸收了食物的热量，还吸收了它们的水分使食物变质。同时，电冰箱门关上之后，食物也容易受潮变质。1913 年，玛丽·恩格尔·彭宁顿在电冰箱内部加入一个专门控制空气循环的马达和风扇，解决了湿度问题。实用的电冰箱终于诞生了。1918 年，开尔文纳特推出了首款家用电冰箱。1939 年，通用电器率先推出双温电冰箱：一部分用于冷冻，另一部分用于冷藏。从此，家庭食物的储存和保鲜都依赖于电冰箱了。

空调的发明

自然界是有春夏秋冬四季变化的，从前人类难以躲避酷暑严寒，更不会想象长期生活在四季如春的空间里。自从空调发明后，它的安装使用遍及居民家庭、交通工具、公共场所、工厂医院、休闲娱乐设施，冬暖夏凉真正成了现实。

纽约人威利斯·开利是学习机械工程专业的，

知识链接：冷冻食品

1916 年，美国自然科学学者查尔斯·伯兹埃伊在前往北极考察时发现，他在 1 月、2 月气温极低的情况下冻起来的鱼，比 4 月或秋天冻起来的鱼要好吃得多。伯兹埃伊经过研究得出结论：速冻能更好地储存食物。这是因为一般的冷冻食物里都含有冰晶，解冻时食物细胞变软，冰晶穿破食物的细胞壁，细胞质连同营养物质一起流失了，食物就变得毫无滋味。而如果能实现速冻，便不会形成冰晶，食物在解冻以后也可以保持其原有口味。1924 年，伯兹埃伊研制成功“闪冻法”，并成立了大众海鲜食品公司，出售袋装冷冻食品。到 1948 年，冷冻食品已成为商店和家庭的常备品。随着微波炉成为美国人做饭的主要工具，速冻食品的需求量正在稳步上升。

Dr. Willis H. Carrier with centrifugal refrigeration machine installed at Onondaga Pottery Co. in 1923

威利斯·开利（Willis Carrier, 1876—1950 年）是美国工程师及发明家，是现代空调系统的发明者，开利空调公司的创始人，因其对空调行业的巨大贡献，被后人誉为“空调之父”。开利在深刻理解了温度、湿度和露点的关系基础上，改良了空气调节装置。其实开利并不是第一个冷却内部结构的机械系统的发明者，然而他的系统是第一个真正成功和安全的，因而开始了现代空调科学。而“空调”一词实际上起源于纺织工程师的命名。

他了解到19世纪40年代兴起的空气压缩制冷原理后，认为这一方法同样可以给空气降温。开利参照费迪南德·卡尔发明电冰箱的思路，也选择压缩氨气作为制冷剂。压缩氨气在喷嘴中膨胀后进入细金属管，金属管迅速冷却，进而降低周围空气的温度。空气温度降低后，开利设计了一个金属散热片和水槽，用以存积隔热板上滴落下来的液化水滴。为了反复利用价格昂贵的氨气，开利又设计制造了第二套安装在室外的系统，这套系统重新压缩、液化氨气，然后把滚烫的液体氨气送入细金属管，那里装有更多的金属散热片。滚烫的液体氨气加热金属散热片，而金属散热片又被强力风扇吹来的外界空气冷却。这样，开利制成了第一台空调。虽然它重达30吨，但很快受到了工厂车间的广泛欢迎，在工业、商业和零售业场所都非常热销。1947年，开利发明了价格便宜的小型家用空调，从而加速了空调在家庭中的普及使用。

1858年，汉密尔顿·史密斯制成了世界上第一台洗衣机。该洗衣机的主件是一只圆桶，桶内装有一根带有桨状叶子的直轴。轴是通过摇动和它相连的曲柄转动的。同年史密斯取得了这台洗衣机的专利权。但这台洗衣机使用费力，且损伤衣服，因而没被广泛使用，但这却是用机器洗衣的开端。

洗衣机的发明

洗衣服是最常见的家务劳动，也是妇女最繁重的劳动之一。在洗衣机发明之前的漫长岁月中，人们都是依靠手洗来洁净衣物。为了减轻洗衣服的劳动强度，大约在1800年左右，英国出现了搓衣板并很快传到了美国，广受欢迎。

19世纪早期到中期，所有发明洗衣机的尝试几乎都是模仿的手洗动作和过程。那是一个木制的洗衣盆，带一个手动的搅拌棒，后来改用机器搅拌，并配有一个手摇启动柄控制的内置绞干机可以将洗好的衣服绞至半干状态。1870年，市场上出现了第一个带排水塞子的洗衣盆。1880年，美国开始出现带有内置燃烧室的洗衣机，可以直接在机内把水加热。

芝加哥的阿尔瓦·费希尔是一个发明爱好者，他的母亲建议他发明一些可以帮助自己做家务的东西，于是费希尔决定发明一种更好用的洗衣机。它首先将电动机与家里使用的洗衣盆上的各种功能连接起来：电泵用来上水和放水；电动机通过一系列齿轮将搅拌器连接起来；电动机带动扭绞机工作，只要将衣服放进甩桶就可以了，省去了手摇程序。1905年，费希尔公开了自己的第一个木制直立洗衣机模型，并将其发明卖给了威斯汀豪斯公司。

1924年，萨维奇·阿姆斯公司重新设计了洗衣机，改用金属材料制作洗衣盆，装在涂了瓷釉的橱柜里。洗衣盆里装有带塑料齿的搅拌器和带孔的旋转气缸，电泵从单独的水管里将水抽进抽出，能旋转的篮子将洗过的衣服甩至半干。这是第一个跟现在的洗衣机相似的洗衣装置。此后，洗衣机迅速完善，包括出现了圆筒式设计。洗衣服已经不再是繁重的家庭劳动了。

电视机的发明

20 世纪初，留声机、收音机和电影已经成为广受欢迎的娱乐方式，而电视机的发明，使娱乐方式更加家庭化。

真正意义上的“电视机之父”，是美国犹他州人费罗·法恩士沃斯（Philo Farnsworth，1906—1971 年）。法恩士沃斯早年就对电子产生了强烈的兴趣，并致力于研究如何将电和光结合在一起制造电视机。1923 年，他在别人的赞助下，来到旧金山专门研制电视机。终于在 1927 年 5 月，法恩士沃斯决定公开演示他研制的电视机。他按动了照相机、放大器和传送器的开关，波形曲线滑过界面，现出了美元的影像，后来化为拳击比赛的一幕，最后现出了著名影星玛丽·碧克馥正在梳头发的镜头。1928 年，经过一年的系统完善之后，法恩士沃斯在实验室里召开了新闻发布会，并用他的机器演示了著名影星和科学家的肖像。

知识链接：微波炉

美国人珀西·斯宾塞是微波炉的发明者。二战期间，珀西被雷神公司调去研制雷达。他发现雷达的磁电管发射的微波能具有热效应，因此开始研究把微波用于烹饪。1946 年，第一台微波炉诞生了。1965 年，阿满纳公司展出了美国第一个家用微波炉。到 2000 年，美国 90%以上的家庭都使用了微波炉。微波炉的发明改变了美国的整个烹饪方式，更新了人们对厨房的观念，并且将做饭时间缩短为原来的 20%。

1947 年，通用电气公司制造出第一台廉价实用的电视机，到 1949 年，美国很多家庭都已经有了电视机。1968 年，日本索尼公司发明了彩电。20 世纪 80 年代初，有线电视问世。电视机的出现极大地改变了传播思想和推销商品的方式，改变了人们了解新闻信息、接受知识教育、参与娱乐消遣等活动的方式，也改变了我们分配和利用业余时间的方式。

美国人费罗·法恩士沃斯是电视（摄像机和电视机）的发明者之一。他发明的电视不同于当时另一种发明出来的机械扫描电视，而是利用最新发明的电子设备、光电管及阴极射线管发明了电子电视。这张照片摄于 1929 年，23 岁的费罗·法恩士沃斯已经是一个名人，他手持一个革命性的新的电视“析像管”的发送部分，他认为这会取代以前的电视系统扫描磁盘。

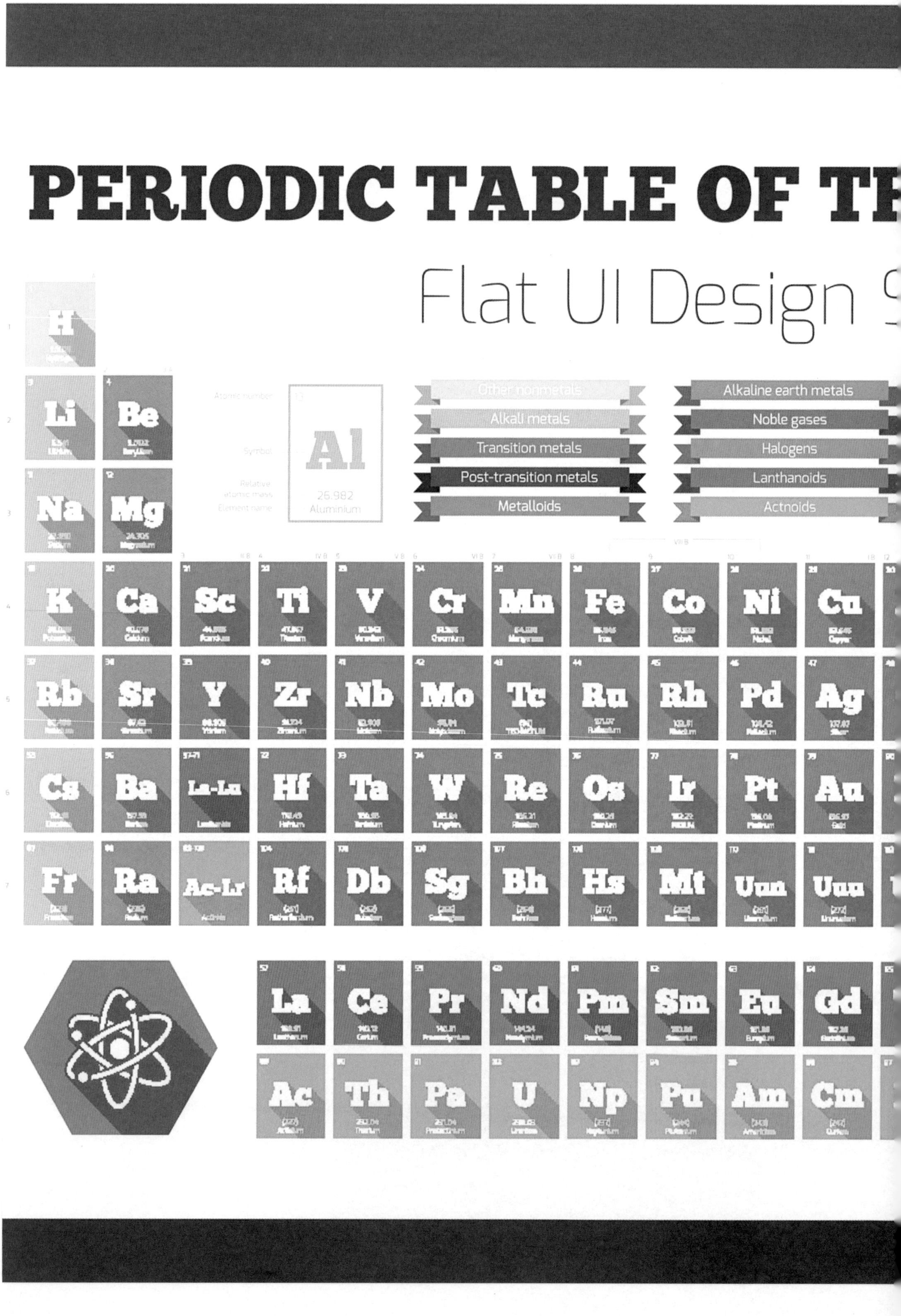
PERIODIC TABLE OF TH
Flat UI Design S
Other nonmetals
Alkali metals
Transition metals
Post-transition metals
Metalloids
Alkaline earth metals
Noble gases
Halogens
Lanthanoids
Actnoids
Al
26.982
Aluminium
H
Li
Be
Na
Mg
K
Ca
Sc
Ti
V
Cr
Mn
Fe
Co
Ni
Cu
Rb
Sr
Y
Zr
Nb
Mo
Tc
Ru
Rh
Pd
Ag
Cs
Ba
La-Lu
Hf
Ta
W
Re
Os
Ir
Pt
Au
Fr
Ra
Ac-Lr
Rf
Db
Sg
Bh
Hs
Mt
Uun
Uuu
La
Ce
Pr
Nd
Pm
Sm
Eu
Gd
Ac
Th
Pa
U
Np
Pu
Am
Cm

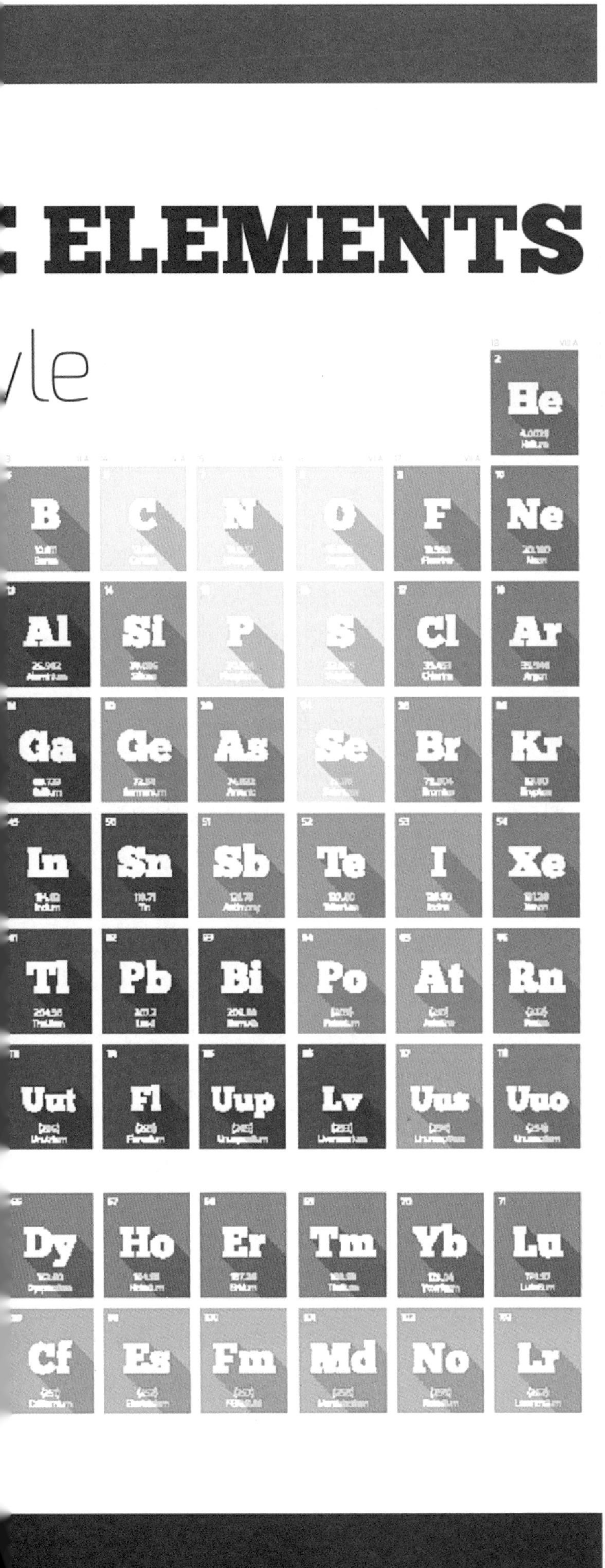

科学之光：从认识世界到改造世界

18 世纪 60 年代，英国工业革命揭开了世界近代以来的第一次技术革命的序幕。但在第一次工业革命期间，许多技术发明大都来源于工匠的实践经验，科学和技术尚未真正结合。18 世纪中叶以前的自然科学研究主要是运用观察、实验、分析、归纳等经验方法达到记录、分类、积累现象知识的目的。在 18 世纪中叶以后，自然科学进入理性思维阶段，通过对感性材料进行抽象和概括，建立概念，并运用概念进行判断和推理，提出科学假说，进而建立理论或理论体系。

19 世纪是科学时代的开始。在天文学领域，科学家们开始论及太阳系的起源和演化。在地质学领域，英国的地质学家赖尔提出地质渐变理论。在生物学领域，细胞学说、生物进化论、孟德尔的遗传规律相继被发现。在化学领域，原子–分子论被科学肯定，俄国化学家门捷列夫发表了元素周期表。在物理学领域，最重大的科学成就是电磁学理论的建立发展和能量守恒与转化定律的发现。这一切推动了第二次工业革命在欧美国家蓬勃兴起。而原子的发现、量子论的创立，使电磁效应和时空关系的研究中促成了相对论的产生。相对论将力学和电磁学理论以及时间、空间和物质的运动联系了起来。这是继牛顿力学、麦克斯韦电磁学以后的又一次物理学史上的大综合。量子论和相对论是现代物理学的两大支柱，是促成 20 世纪科学技术飞跃发展的理论基础。

第一推动力

19 世纪科学制度的演变

知识就是力量。

——弗兰西斯·培根

工业革命首先是一场技术革命，而工业革命对人类文明的发展带动，又促进了科学技术的进一步发展。形成于 19 世纪的科学制度不仅带来了科学技术的极大进步，更推动了人类文明的极大繁荣。所以，19 世纪既是“工业文明的时代”，也是“科学的时代”。

科学职业化

随着工业革命的不断深化和逐步完成，西欧各国在认识科技重要性的基础上都采取了一系列措施，鼓励科学研究，设立大学实验室，注重自然科学研究，适应工业化需要设置研究专业，以及推动科学学会的成立。在这种氛围下，近代科学制度逐步建立起来。

英国皇家学会是英国资助科学发展的组织，是英国最具名望的科学学术机构，其成员在尖端科学方面饶有贡献。学会宗旨是促进自然科学的发展，它是世界上历史最长而又从未中断过的科学学会。它相当于英国的全国科学院。

科学职业化是科学制度建立的基础。“scientist”一词最早是威廉·休厄尔于 1833 年在剑桥召开的英国科学促进会上提出的，这意味着在此之前，一个统一的“科学家（scientific man）”的社会角色并未形成。欧洲中世纪以前的科学家，大多集中在神学院、宫廷和民间，其研究也需要获得皇家或贵族的经济支持。1660 年英国皇家学会的成立，成为科学职业化的开端。1666 年，经法国国王路易十四许可，成立了法兰西科学院，全部院士由王室直接发给薪金，这标志着科学可以成为一种有经济收入的专门职业，从而向着科学家社会角色的实现又接近了一步。所以，英国科学体制延续了民间业余科学传统，科研机构遍布全国，科研社会化程度高。而法国科学体制体现了高度集中的科学管理特点，法国外省的科研条件十分恶劣。

现代大学的建立

现代大学的建立，既是 19 世纪科学制度建立的重要标志，也是 19 世纪科学发展的辉煌成果。而这一切发端于德国。

早在 1694 年，德国就创建了哈勒大学。这是最早摆脱宗教束缚的大学之一，并逐步确立了自由

约翰·霍普金斯医院，建于1889年，是一所位于美国马里兰州巴尔的摩市的大型综合医院。约翰·霍普金斯医院是约翰·霍普金斯大学医学院的教学与科研医院，但并不附属于大学。两者共享资源，但行政上相互独立。

知识链接：世界四大大学排名

世界大学排名是根据各项科学研究和教学等标准，以英文发表研究报告和学术论文，针对全球大学在数据、报告、成就、声望等方面进行数量化评鉴，再通过加权后形成的排序。国际公认的世界大学排名有四种：上海交通大学世界一流大学研究中心研究发布的世界大学学术排名（ARWU）、国际高等教育研究机构 Quacquarelli Symonds 发布的 QS 世界大学排名、《泰晤士高等教育》发布的 THE 世界大学排名以及 U.S.News 世界大学排名。

探求真理的思想。但它在拿破仑入侵期间被强令关闭。1810年10月，德国教育大臣威廉·冯·洪堡受命建成柏林大学，由哲学家费希特任校长，从而开启了“研究与教学相结合”和“学术自由”的先河。柏林大学的现代性在于它的科学化教学内容和方式，科学知识取代了古典人文知识，科学教育向着技术性和实用性发展。所以德国科学体制是面向工业发展科技，在有机化学、电力技术和内燃技术等方面成就卓著。

19世纪后期美国现代高等教育制度的奠基者们几乎都在德国留过学，他们将德国大学的新思想带回美国，按照德国大学模式改革高等教育，1876年美国教育史上第一所以进行科研和培养研究生为主的大学——约翰·霍普金斯大学创办，标志着研究生教育和科研地位在大学的确立。约翰·霍普金斯大学创办的成功和所起的先锋作用，有力地促进了哈佛、耶鲁、哥伦比亚、普林斯顿等传统学院和州立学院改造成为现代化大学的进程，同时又为克拉克、芝加哥和斯坦福等新型大学的创建开辟了道路。美国科学体制崇尚实用主义传统，注重技术发明和解决实际问题，第二次世界大战之后，美国成为基础科学的大国。

1810年柏林大学创校，校区原址位于菩提树下大街。“柏林大学”在1948年之前专指今天的柏林洪堡大学。冷战结束前，“柏林大学”则普遍指的是柏林自由大学。这两所“柏林大学”如今是各自独立的大学。两所“柏林大学”的医学院于2003年合并成柏林大学夏丽特医学院。

经典物理学的支柱之一

热力学三定律

不可能用有限的手段使一个物体冷却到绝对温度的零度。

——瓦尔特·能斯脱

热力学三定律是19世纪最伟大的科学发现之一。热力学主要是从能量转化的观点来研究物质的热性质，它揭示了能量从一种形式转换为另一种形式时遵从的宏观规律。热力学三定律是热力学的基本理论。

詹姆斯·普雷斯科特·焦耳是英国皇家学会会员，英国物理学家。焦耳在研究热的本质时，发现了热和功之间的转换关系，并由此得到了能量守恒定律，最终发展出热力学第一定律。国际物理学单位中，能量的单位——焦耳，就是以他的名字命名。他和开尔文合作发展了温度的绝对尺度。他还观测过磁致伸缩效应，发现了导体电阻、通过导体电流及其产生热能之间的关系，也就是常称的焦耳定律。

热力学第一定律

能量守恒与转换定律是自然界最普遍、最基本的规律之一。自然界中的一切物质都具有能量，能量有各种不同的形式，不同形式的能量可以从一个物体传递到另一个物体，也可以从一种能量形式转变为另一种能量形式。但任何能量在转移和转换的过程中，其总量保持不变。能量守恒与转换定律应用在热力学中，或者说应用在伴有热效应的各种过程中，便是热力学第一定律。热力学第一定律是人类在实践中积累的经验总结，它的发现和建立，打破了人们企图制造一种可以不消耗能量而能连续做功的永动机。因此，热力学第一定律也可以表述为：第一类永动机是造不出来的。

热力学第一定律与能量守恒定律有着极其密切的关系。德国物理学家、医生迈尔发现体力和体热来源于食物中所含的化学能，他提出如果动物体能的输入同支出是平衡的，那么所有这些形式的能在量上就必定守恒。基于这一观念，他开始探索热和机械功的关系。1842年迈尔发表了《论无机性质的力》的论文，表述了物理、化学过程中各种力或

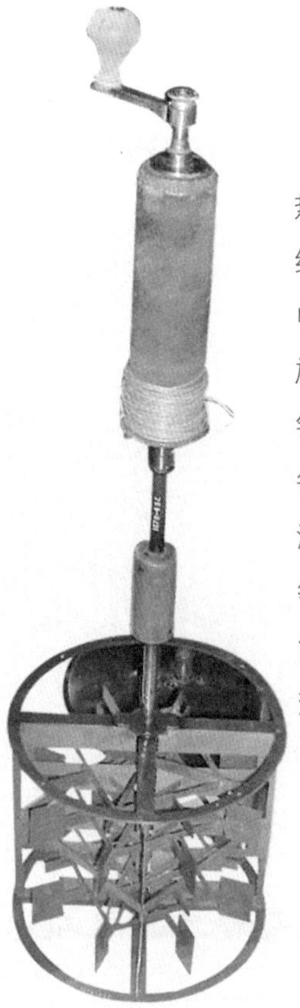

从 1840 年起，焦耳开始研究电流的热效应，他做了许多实验。他把带铁芯的线圈放入封闭的水容器中，将线圈与灵敏电流计相连，线圈可在强电磁铁的磁场间旋转。电磁铁由蓄电池供电。实验时电磁铁交替通断电流各 15 分钟，线圈转速达每分钟 600 次。焦耳由此证明热量与电流二次方成正比。他强调了自然界的能是等量转换、不会消灭的，哪里消耗了机械能或电磁能，总在某些地方能得到相当的热。图为焦耳做实验的量热器。

能的转化和守恒的思想。迈尔是历史上第一个提出能量守恒定律并计算出热功当量的人。

英国科学家焦耳（James Prescott Joule, 1818—1889 年）关于热功当量的测定，为最终确立热力学第一定律奠定了坚实的实验基础。1840 年焦耳建立电热当量的概念，1842 年以后用不同方式实测了热功当量。1850 年，焦耳发表了《论热功当量》的论文，计算出热功当量的数值并公布了他的研究结果。他和迈尔分别从不同的方面和不同的途径达到了对能量转化与守恒的证明，确认了能量守恒而且能的形式可以互换的热力学第一定律为客观的自然规律。今天，能量单位“焦耳（J）”就是以他的名字命名的。

德国物理学家亥姆霍兹主要从否定永动机的存在来证明能量守恒定律。1842 年，他发表《力的守恒》论文，论证了“活力”与“张力”之和是一个常数，称之为“力的守恒原理”，并把这种“力”的保守性同永动机之不可能联系起来。他的这一工作从理论上对能量守恒原理作出了重要概括。

热力学第二定律

工业革命后，蒸汽机在英国煤矿业得到了普遍的使用，这同时给物理学家提出了许多亟待解决的理论问题，比如热现象的产生原理、提高热机效率的方法、热机效率上限的存在与否、永动机的存在与否等等。

热力学第一定律给出了热和功相互转化的数量关系。针对如何提高热机效率的问题，1824 年法国科学家卡诺提出了著名的“卡诺定理”，也就是热动力与用来产生它的工作物质无关，它的量唯一地由在它们之间产生效力的物体（热源）的温度来确定，最后还与热质的输运量有关。

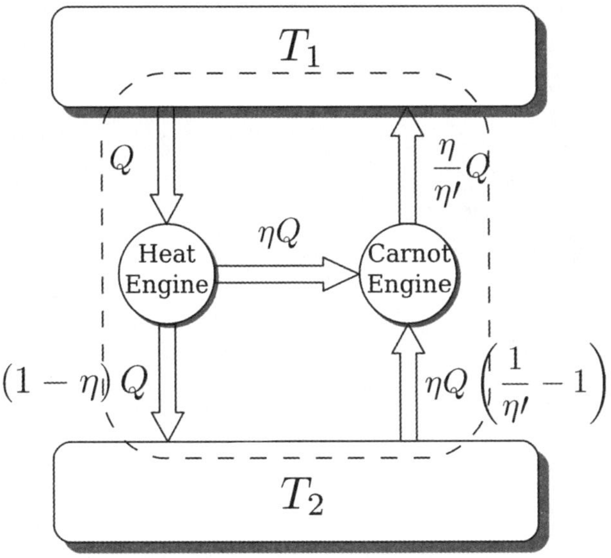

卡诺定理是以理想气体为工作物质的可逆卡诺循环，其热效率仅取决于高温及低温两个热源的温度。以热力学第二定律为基础，可以将之推广为适用于任意可逆循环的普遍结论，称为“卡诺定理”。卡诺定理在导出热力学第二定律的普遍判据——状态函数“S”——中具有重要作用。热力学第二定律否定了第二类永动机，效率为 1 的热机是不可能实现的，那么热机的最高效率可以达到多少呢？从热力学第二定律推出的卡诺定理正是解决了这一问题。卡诺认为：“所有工作于同温热源与同温冷源之间的热机，其效率都不能超过可逆机。”

为了进一步阐明卡诺定理，英国物理学家汤姆逊·开尔文和德国数学家克劳修斯几乎同时正式提出了热力学第二定律的理论。1850年，克劳修斯将这一定律表述为：不可能把热从低温物体传到高温物体而不产生其他影响。也就是说不可能有这样的机械，它在完成了一个循环后的唯一效果就是从一个低温物体吸热并传给高温物体。1851年，开尔文认为：不可能从单一热源取热使之完全变为有用的功而不引起其他变化。这就是说摩擦生热的过程是不可逆性。1854年，克劳修斯发表了题为《论热的机械理论的第二定律的变化了的形式》的论文，文中对热力学第二定律又作了补充。至此，热力学第二定律被完整地建立起来。

热力学第三定律

20世纪初，人们通过对低温下热力学现象的研究，确定了物质熵值的零点，逐步建立起了热力学第三定律，进而提出了规定“熵”的概念，为解决一系列的热力学问题提供了极大的方便。

1912年，德国物理学家瓦尔特·能斯脱（Walther Nernst, 1864—1941年）提出热力学第三定律，即绝对温度的零点是不可能达到的。这个定律又称为“绝对零度不可能达到原理”。其他科学家也对热力学第三定律提出过不同的表述方式，其中德国物理学家马克斯·普朗克（Max Planck, 1858—1947年）于1911年提出了“与任何等温可逆过程相联系的熵变，随着温度的趋近于零而趋近于零”的观念。这个定律非常重要，为化学平衡提供了根本性原理。

美国物理学家吉布斯则给出了热力学原理的更为完美的表述形式，他用几个热力学函数来描述系统的状态，使化学变化和物理变化的描述更为方便和实用。他发表了著名的“相律”，对相平衡的研究起着重要的指导作用。

瓦尔特·能斯脱，德国卓越的物理化学家。1906年，能斯脱提出了所谓“热定理”（即热力学第三定律），断言绝对零度不可能达到。证明热定理可以用于从热化学数据直接计算范托夫方程中的平衡常数K。1911年他还从量子理论的观点研究了低温下固体的比热，用实验证明，在绝对零度下一个理想固体的比热也是零。能斯脱因研究热化学，提出热力学第三定律的贡献而获1920年诺贝尔化学奖。

虽然到目前为止还不能用实验直接验证热力学第三定律，但其正确性是由它所得到的一切推论都与实验观测的结果相符合而获得保证的，并且也可利用量子态的不连续概念，从量子统计理论导出它的结论。人类在探求更加接近绝对零度的努力始终没有停止过，特别是从20世纪50年代以来，人们利用核绝热去磁和稀释制冷等各种先进的方法，于1956年已能达10—5K的低温，后来又进一步达10—8K的极低温，但仍未能突破热力学第三定律所规定的极限。

热力学三定律的理论意义

热力学是热学理论的一个方面。热力学主要是从能量转化的观点来研究物质的热性质，它揭示了能量从一种形式转换为另一种形式时遵从的宏观规律。热力学基本定律是人类在长期生产经验和科学实验的基础上总结出来的，他们虽不能用其他理论方法加以证明，但由它们出发得出的热力学关系及结论都与事实或经验相符，这有力地说明了热力学定律的正确性。

热力学理论对一切物质系统都适用，具有普遍性的优点。这些理论是根据宏观现象得出的，因此称为宏观理论，也叫唯象理论。热力学所根据的基本规律就是热力学第一定律、第二定律和第三定律，从这些定律出发，用数学方法加以演绎推论，就可得到描写物质体系平衡的热力学函数及函数间的相互关系，再结合必要的热化学数据，解决化学变化、物理变化的方向和限度，这就是化学热力学的基本内容和方法。

热力学三个定律是无数经验的总结，至今尚未发现热力学理论与事实不符合的情形，因此它们具有高度的可靠性。

知识链接：热力学三定律与三个“不可能”

对于能量守恒和转换定律的具体认识，是从力学的研究开始的，它恰好证明了第一类永动机是不可能实现的。第一类永动机必然失败的根本原因在于它违反了热力学第一定律，任何系统对外做功时都必须消耗系统本身的能量，而所有第一类永动机的设想，都是企图在不消耗能量的条件下无中生有地得到有用功。这是第一个“不可能”。

第二类永动机试图在没有温差的情况下，从某个单一热源不断吸收热量并把它完全转换成有用功。它看起来并不违反热力学第一定律，但它违背了热力学第二定律，因为世界上不可能有一种永远消耗不尽的能源。这是第二个“不可能”。

根据热力学第三定律，空气温度每下降一等量份额，气压也下降等量份额。继续降低温度，总会得到气压为零的时候，所以温度降低必有一限度。以此，任何物体都不能冷却到绝对零度。这是第三个“不可能”。

热力学的第一、第二、第三定律虽然都是表明了某种自然界的状况达不到，但在不可能的意义上三者是有区别的：能量变化的任何客观过程都必须遵从热力学第一和第二定律，这对于永动机的不可能实现作出了科学上的最终判决。但第三定律却不阻止人们去想尽办法尽可能接近绝对零度，去探求低温世界的奥秘。

德国物理学家马克斯·普朗克是量子力学的创始人，20 世纪最重要的物理学家之一，因发现能量量子而对物理学的进展作出了重要贡献，并在 1918 年获得诺贝尔物理学奖。普朗克早期的研究领域主要是热力学。他的博士论文就是《论热力学的第二定律》，此后，他从热力学的观点出发对物质的聚集态的变化、气体与溶液理论等进行了研究。图为马克斯·普朗克聚合物研究所。

统计物理学

电磁学

赫兹在星光下有一种近乎骄傲的自信。他自认是全世界唯一了解星光是什么的人，在他看来满天的星光是不同的光体，规律地发出不同频率的电磁波来到地上……

——赫兹的妻子伊丽莎白

电磁学是研究电和磁的相互作用现象及其规律和应用的物理学。根据近代物理学的观点，磁的现象是由运动电荷所产生的，因而在电学的范围内必然不同程度地包含磁学的内容。所以，电磁学和电学的内容相伴相生，“电学”有时也就作为“电磁学”的简称。

电流的磁效应研究

近代电磁学研究从16世纪兴起，在1747年，美国科学家富兰克林验证了正电和负电概念，为定量研究电现象提供了一个基础。1752年，富兰克林通过著名的风筝实验研究了“放电现象”，发明了避雷针。他认为摩擦的作用是使电从一个物体转移到另一物体，而不是创造电荷；任何一个与外界绝缘的体系中，电的总量是不变的。这就是电荷守恒原理。1785年，法国人库仑通过实验测定了两个静止的同种电荷之间的斥力与他们之间距离的平方成反比，与他们的电量乘积成正比。而对异种电荷的吸引力的检测结果也相同。至此，库仑定律开辟了近代电磁理论研究的新纪元。

1820年，丹麦科学家奥斯特发现了当导线通电流时，小磁针产生了偏转。这启发了法国物理学家安德烈–玛丽·安培（Andre-Marie Ampere, 1775—1836年）。安培认为既然磁与磁之间、电流与磁之间都有作用力，那么电流与电流之间也应存在作用力。他重复了奥斯特的实验，得出了磁针转动方向与电流方向之间的关系“右手定则”。1822年，安培以严密数学形式表述了电流产生磁力的基本定律，即安培定律。安培通过研究电流和磁铁的磁力情况，认为磁铁的磁力在本质上和电流的磁力是一样的，提出了著名的安培分子电流假说。70年后，人们真的发现了这种带电粒子，证明了安培假说的正确性。

磁的电流效应

在发现电流有磁效应之后，磁的电流效应也在10多年后被英国物理学家法拉第和美国物理学家亨利发现。

法拉第（Michael Faraday, 1791—1867年）用

安德烈–玛丽·安培是著名的法国物理学家、化学家和数学家。安培最主要的成就是1820—1827年对电磁作用的研究，他提出了磁针转动方向和电流方向的关系以及右手定则的报告，以后这个定则被命名为安培定律。因此安培被麦克斯韦誉为“电学中的牛顿”，电流的国际单位“安培”即以其姓氏命名。

伦敦法拉第雕像。英国物理学家、化学家迈克尔·法拉第在 1831 年 10 月 17 日首次发现电磁感应现象，在电磁学方面作出了伟大贡献。法拉第也是最先提出电场概念和电场线概念的，他奠定了电磁学的基础，是麦克斯韦相关研究的先导。法拉第的贡献惠及每个人，把人类文明提高到空前高度，推进了人类文明进入到电气化时代，

知识链接：光速

光速是指光波或电磁波在真空或介质中的传播速度。真空中的光速是目前所发现的自然界物体运动的最大速度。物体的质量将随着速度的增大而增大，当物体的速度接近光速时，它的质量将趋于无穷大，所以有质量的物体达到光速是不可能的。只有静止、质量为零的光子，才始终以光速运动着。光速与任何速度叠加，得到的仍然是光速。速度的合成不遵从经典力学的法则，而遵从相对论的速度合成法则。

实验证明了电不仅可以转化为磁，磁也同样可以转变为电。运动中的电能感应出磁，同样运动中的磁也能感应出电。法拉第的发现为大规模利用电力提供了基础，后来人们利用法拉第电磁感应定律制造了感应发电机，从此蒸汽机时代进入了电气化时代。1831 年，法拉第证明了磁力线的存在。他把这种磁力线存在的空间称为场，各种力就是通过这种场进行传递的。

1865 年，英国物理学家麦克斯韦（James Clerk Maxwell, 1831—1879 年）根据库仑定律、安培力公式、电磁感应定律等经验规律，运用矢量分析的数学手段，提出了真空中的电磁场方程。此后，麦克斯韦又推导出电磁场的波动方程，推论出电磁波的传播速度刚好等于光速，并预言光也是一种电磁波，这就把电、磁、光统一起来了。麦克斯韦的电磁理论不仅支配着一切宏观电磁现象，包括静电、稳恒磁场、电磁感应、电路、电磁波等等；而且将光学现象统一在这个理论框架之内，深刻地影响着人们认识物质世界的思想。他因此也被公认是“自牛顿以后世界上最伟大的数学物理学家”。

英国物理学家、数学家詹姆斯·克拉克·麦克斯韦是经典电动力学的创始人，统计物理学的奠基人之一。他于 1873 年出版的《论电和磁》，也被尊为继牛顿《自然哲学的数学原理》之后的一部最重要的物理学经典。麦克斯韦被普遍认为是对物理学最有影响力的物理学家之一。没有电磁学就没有现代电工学，也就不可能有现代文明。

1885 年，德国物理学家赫兹通过实验发现了电磁共振现象。之后，赫兹验证光的本质是电磁波；确定电磁波的速度等于光速；证明了“位移电流”的存在。至此，由法拉第开创、麦克斯韦建立、赫兹验证的电磁场理论向全世界宣告了它的胜利。

认识物质结构理论

门捷列夫与元素周期表

我的周期律的决定性时刻在1860年，……正是当时，元素的性质随原子量（相对原子质量）递增而呈现周期性变化的基本思想冲击了我。

——门捷列夫

元素周期律的发现，使人类有计划、有目的地去探寻新元素成为可能，也为发展物质结构理论提供了客观依据。因此，元素周期律和周期表在自然科学的许多部门，首先是化学、物理学、生物学、地球化学等方面，都是重要的工具。同时，元素周期律揭示了元素原子核电荷数递增引起元素性质发生周期性变化的事实，从自然科学上有力地论证了事物变化的量变引起质变的规律性。

元素周期律的探索研究

1829 年，德国化学家德贝莱发现当时已知的 54 种元素中有 15 种元素可分成 5 组，每组的三个元素性质相似，而且中间元素的相对原子质量约为较轻和较重的两个相邻元素相对原子质量的平均值，而且性质也介于其他两种元素之间。德贝莱由此提出了“三素组”的概念，为发现元素性质的规律性打下了基础。

约翰·亚历山大·雷纳·纽兰兹是英国分析化学家和工业化学家。纽兰兹在门捷列夫之前发现并研究了化学元素性质的周期性。他 1887 年获得英国皇家学会颁发的戴维奖章。

1864 年，德国人迈耶耳发表了《六元素表》。在表中，他根据物理性质和相对原子质量递增的顺序把性质相似的元素以每 6 种进行分组，排出一张元素分类表。这张表的不足之处一是简单地按照元素的相对原子质量递增排列，而未空出未知元素的位置；二是它只按照元素的物理性质排列，很难揭示元素的内在联系。

1865 年，英国皇家农业学会化学师约翰·亚历山大·雷纳·纽兰兹（John Alexander Reina Newlands, 1837—1898 年）把当时已知的 62 种元素按相对原子质量由小到大的顺序排列，每当排列到第八种元素时就会出现性质跟第一个元素相似的情况，犹如八度音阶一样，他把这个规律叫作“八音律”。但他同样没有为那些未知元素留下空位，更未能揭示元素从量变到质变这一重要规律。

门捷列夫发表元素周期表

1859 年，24 岁的俄国彼得堡大学年轻讲师德米特里·门捷列夫（Dmitri Mendeleev, 1834—1907 年）来到德国海德堡大学本生的实验室进修。当年，本生和基尔霍夫发明了光谱仪，用光谱发现了一些新元素，掀起一股发现新元素热。在本生的实验室里刻苦钻研了 10 年后，1869 年，门捷列夫终于发现了元素周期律——元素的性质随相对原子质量的递增发生周期性的递变。

当时，原子结构知识匮乏，已知元素也只有 63 种，因此确定元素在周期系中的原子序数是十分困难的。但是，门捷列夫通过调整元素顺序，逐步揭示了元素性质的周期性递变规律：从锂到氟，金属性渐次下降，非金属性渐次增强，从典型金属递变为典型非金属；序列中元素的化合价的渐变规律也得以显露：从锂到氮，正化合价从 +1 递增到 +5；从碳到氟，负化合价从 –4 下降为 –1。门捷列夫敏感地认识到当时已知的 63 种元素远非整个元素大家族，大胆地预言了 11 种尚未发现的元素，为它们在相对原子质量序列中留下空位，预言了它们的性质，并于 1869 年发表了第一张元素周期表。

元素周期表的发现者德米特里·门捷列夫的著名著作《化学道理》，在 19 世纪后期和 20 世纪初，被国际化学界公认为尺度著作，前后共出了 8 版，影响了一代又一代的化学家。他起头汇集每一个已知元素的性质资料和有关数据，花费了 10 年功夫，终于在 1869 年依照原子量，制作出世界上第一张元素周期表，并据以预见了一些尚未发现的元素。后世，新的元素仍在被不断发现并添加到周期表中。

知识链接：不同类型的元素周期表

门捷列夫于 1869 年发明元素周期表后，不断有人提出各种类型的周期表不下 170 余种，常用的主要有：短式表（以门捷列夫为代表）、长式表（维尔纳式为代表）、特长表（以波尔塔式为代表）；平面螺线表和圆形表（以达姆开夫式为代表）；立体周期表（以莱西的圆锥柱立体表为代表）等。

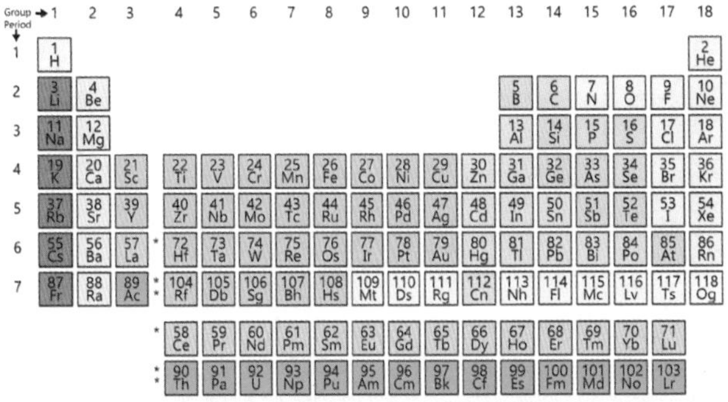

化学元素周期表是根据原子序数从小至大排序的化学元素列表。列表大体呈长方形，某些元素周期中留有空格，使特性相近的元素归在同一族中，如卤素、碱金属元素、稀有气体等。这使周期表中形成元素分区且分有七主族、七副族与零族、八族。由于周期表能够准确地预测各种元素的特性及其之间的关系，因此它在化学及其他科学范畴中被广泛使用，是分析化学行为时十分有用的框架。

其实，当时同在本生实验室工作的迈耶尔，在 1870 年也发表了一张比 1869 年门捷列夫发表的周期表更完整的元素周期表。但他坦言："我没有足够的勇气去作出像门捷列夫那样深信不疑的预言。"

门捷列夫发表第一张周期表后，后来的化学发现逐步使元素周期系变得完整。1913 年，英国物理学家莫斯莱发现，门捷列夫周期表里的原子序数原来是原子的核电荷数。从此，元素周期律被表述为：元素的性质随核电荷数递增发生周期性的递变。

生命科学前沿

细胞生物学

每一个科学问题的关键必须在细胞中寻找。

——1925 年著名科学家威尔逊

细胞是有机体结构和生命活动的基本单位。细胞生物学是以细胞为研究对象，从细胞的整体水平、亚显微水平、分子水平等三个层次，以动态的观点，研究细胞和细胞器的结构和功能、细胞的生活史和各种生命活动规律的学科。细胞生物学是现代生命科学的前沿分支学科之一，主要是从细胞的不同结构层次来研究细胞的生命活动的基本规律。细胞学说是 19 世纪自然科学三大发现之一。

托马斯·亨特·摩尔根是美国生物学家，美国全国科学院院长，美国遗传学会主席、实验动物学和实验医学学会会员。摩尔根一生致力于胚胎学和遗传学研究，由于创立了关于遗传基因在染色体上做直线排列的基因理论和染色体理论，获 1933 年诺贝尔奖，被誉为“遗传学之父”。

细胞学说的创立

人类从第一次发现细胞至今已有 350 多年的历史。1665 年，英国物理学家胡克用自制的显微镜观察了软木，描述了软木是由许多状如蜂窝的小室组成，称之为“细胞”。实际上，胡克所看到的仅是植物死细胞的细胞壁，这是人类第一次看到细胞轮廓，人们对生物体形态的认识首次进入了细胞这个微观世界。到 19 世纪 30 年代，人们已经注意到植物界和动物界在结构上存在某种一致性，它们都是由细胞组成的。

1838—1839 年，德国植物学家施莱登（1804—1881 年）和动物学家施旺（1810—1882 年）首次提出了“细胞学说”，成为细胞生物学发展的起点。他们认为“一切生物从单细胞到高等动、植物都是由细胞组成的，细胞是生物形态结构和功能活动的基本单位”。由此论证了生物界的统一性和共同起源。细胞学说表明，整个植物体和动物体都是从细胞的繁殖和分化中发育起来的，一切高等有机体都是按照一个共同规律发育和生长的，而且细胞的变异能力能够使有机体改变自己的物种，并实现超越个体发育的更高层次的发育。

德国植物学家施莱登是细胞学说的创始人之一。当时植物学界流行的研究是形态分类学，而他则通过研究植物显微镜下的结构来描述和命名新种。他认为在任何植物体中，细胞是结构的基本成分；低等植物由单个细胞构成，高等植物则由许多细胞组成。1838年，他发表了著名的《植物发生论》一文，提出了上述观点。后来，德国动物学家施旺将此概念扩展到动物界，从而形成了所有植物和动物均由细胞构成这一科学概念即“细胞学说”。

细胞学说创立后很快渗透到其他领域。1885年，德国病理学家魏尔肖把细胞理论应用于病理学，证明病理过程在细胞和组织中进行，提出了“疾病为外力引起细胞间内战”的著名论断，发展了细胞病理学。

知识链接：细胞分子生物学

细胞分子生物学从20世纪70年代之后兴起，它是研究细胞内核酸、蛋白质等生物大分子的结构与功能，并从分子水平上阐述它们之间相互作用关系及基因表达调控机理的科学，是人类从分子水平上真正揭开生物世界的奥秘，由被动适应自然界转向主动改造和重组自然界的学科。

细胞学说的发展

从19世纪中叶到20世纪初叶，细胞学得到显微镜的支持而快速发展，光学显微镜帮助科学家观察到细胞的形态结构和细胞的分裂活动，并通过对细胞质形态的观察，相继发现了几种重要的细胞器，这使人们对细胞结构的复杂性有了更深入的理解。

20世纪初叶到中叶，细胞学重点研究细胞的生理功能、生物化学、遗传发育机制等。1887年，赫特维希克弟用实验方法研究海胆卵的受精作用和蛔虫卵发育中核质关系，将细胞学与实验胚胎学紧密结合起来，发展了实验细胞学。1926年托马斯·亨特·摩尔根（Tomas Hunt Morgan, 1866—1945年）出版《基因论》一书，使细胞学与遗传学相结合，形成了细胞遗传学。在细胞化学方面，1924年孚尔根测定了细胞核内的DNA；1940年布勒歇测定了细胞中的RNA（核糖核酸）；卡斯柏尔森测定了细胞中DNA的含量，并证明蛋白质的合成可能与RNA有关。

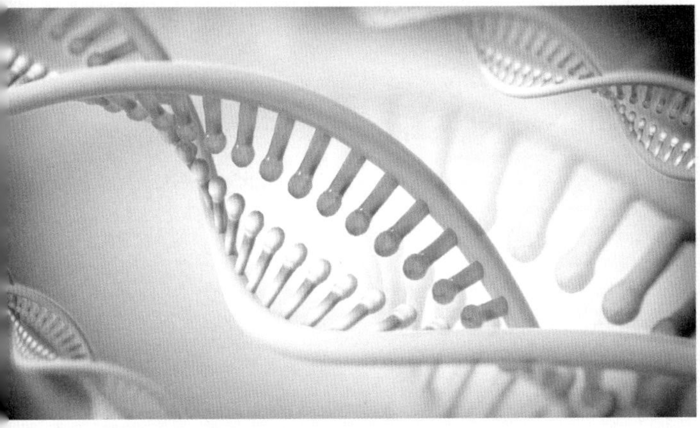

DNA双螺旋抽象背景的3D渲染图。1953年，沃森和克里克发现了DNA双螺旋的结构，开启了分子生物学时代，使遗传的研究深入到分子层次，“生命之谜”被打开，人们清楚地了解遗传信息的构成和传递的途径。在以后的近50年里，分子遗传学、分子免疫学、细胞生物学等新学科如雨后春笋般出现，一个又一个生命的奥秘从分子角度得到了更清晰的阐明，DNA重组技术更是为利用生物工程手段的研究和应用开辟了广阔的前景。

细胞生物学的兴起

从20世纪50年代开始，细胞结构和功能的研究推动了细胞生物学的兴起和发展。随着生物化学、微生物学与遗传学的相互渗透和结合，分子生物学开始萌芽。DNA使遗传物质得到了证明，DNA含量恒定理论被提出，DNA双螺旋分子结构模型也被发现，这些划时代的成就，奠定了分子生物学的基础。1956年科恩伯格提取了DNA聚合酶，并第一次成功地合成了DNA片段的互补链；1961年尼伦堡和马泰等确定了每一种氨基酸的“密码”。这样，细胞的各种生命活动，如生长、发育、遗传、变异、代谢、免疫、起源与进化等都得到了研究，细胞学发展到了细胞生物学的阶段。

星际远航
探索太空

地球是人类的摇篮，但人类不可能永远被束缚在摇篮里。

——齐奥尔科夫斯基

航天是20世纪人类探索太空、探索自然取得的最伟大成就之一。航天是指航天器在太空的航行活动。航天的基本条件是航天器必须达到足够的速度，摆脱地球或太阳的引力。航天活动的目的是探索、开发和利用太空与天体，为人类服务。

航空是航天的基础

人类升空飞行的梦想，在1783年载人热气球和氢气球发明成功时得到了第一次实现，它标志着人类探索天空迈出了历史性的伟大一步。19世纪第二次工业革命后出现了新型动力装置——内燃机。与此同时，流体力学和空气动力学的理论、试验和研究也初步取得成果。这为重于空气的航空器——飞机的诞生奠定了重要的技术基础。1903年12月17日，美国的莱特兄弟试飞成功了历史上第一架有动力、载人、可操纵的飞机，开创了现代航空新纪元。

自由空间中的星系。星云（Nebula）包含了除行星和彗星外的几乎所有延展型天体。它们的主要成分是氢，其次是氦，还含有一定比例的金属元素和非金属元素。1990年哈勃望远镜升空以来的研究还发现其含有有机分子等物质。

20世纪前期是航空技术初步达到使用化、飞机逐步走向成熟的时期。航空最重要的理论基础——空气动力学也完整地建立了起来。升力理论、阻力理论和飞行力学理论成为指导飞行器设计、提高飞机性能的关键因素。美国、苏联、英国、法国相继组建了国家级的空气动力学和相关技术的专门研究机构。从此，飞机的研制和试验从个人盲目实践行为变成有科学技术指导和严密组织的工业门类。航空的发展走上了真正科学的道路，也为航天的起步奠定了基础。

航天征服太空

20世纪初，现代宇宙航行学的奠基人、俄国科学家齐奥尔科夫斯基（1857—1935年）建立了火箭和航天飞行理论，他因此被称为“航天之父”。此后，法国的埃斯诺·贝尔特利、美国的罗伯特·戈达德、德国的赫尔曼·奥伯特也阐明了利用火箭进行太空飞行的基本原理。

1926年，戈达德研制发射了历史上第一枚液体

尤里·阿列克谢耶维奇·加加林是世界上第一名航天员，是第一个进入太空的地球人。

知识链接：第一、第二和第三宇宙速度

人们通常把航天器达到环绕地球、脱离地球和飞出太阳系所需要的最小速度，分别称为第一宇宙速度、第二宇宙速度和第三宇宙速度。第一宇宙速度是航天器沿地球表面做圆周运动时必须具备的速度，约为 7.9 公里 / 秒。第二宇宙速度是航天器脱离地球的引力场而成为围绕太阳运行的人造行星所必须具备的速度，约为 11.2 公里 / 秒。第三宇宙速度航天器飞出太阳系到银河系所需要的最小速度，约为 16.7 公里 / 秒。

火箭。1942 年，德国研制成功实用的弹道导弹。战后在冷战的背景下，美苏两国大力发展弹道导弹。1957 年 8 月，苏联研制成功第一枚洲际弹道导弹。1957 年 10 月 4 日，苏联利用运载火箭成功发射了第一颗人造地球卫星，人类终于跨入了航天时代。

之后，航天技术取得了前所未见的飞速发展，1961 年 4 月 12 日莫斯科时间上午 9 时 07 分，苏联宇航员尤里·阿列克谢耶维奇·加加林（1934—1968 年）乘坐东方 1 号宇宙飞船从拜科努尔发射场起航，在最大高度为 301 公里的轨道上绕地球飞行一周，历时 1 小时 48 分钟，于上午 10 时 55 分安全返回地球，完成了世界上首次载人宇宙飞行，实现了人类进入太空的愿望。1969 年 7 月，美国的阿姆斯特朗和奥尔德林驾驶“阿波罗 11 号”飞船登月成功，标志着人类探索太空取得了又一次历史性突破。

今天，航空航天技术是新技术革命的重要组成部分，高度综合性的航空航天技术的发达程度也已成为衡量一个国家科学技术、国民经济和国防建设整体水平的重要标志。

拜科努尔航天发射场是人类翱翔太空梦想成真的启航之地。在这里，苏联航天人曾经创造了无数的世界第一。它始建于 1955 年 6 月，是苏联建造的航天器发射场和导弹试验基地，位于哈萨克斯坦共和国克则罗尔金州一片荒漠地区。基地总面积 6700 平方公里，拥有 13 个发射台，5 个发射控制中心，9 个地面跟踪站。苏联解体后，哈俄两国于 1994 年签署协议，俄罗斯每年要向哈萨克斯坦支付 1.15 亿美元的租金，租用期至 2050 年。

责任编辑：徐　源
助理编辑：薛　晨
图文编辑：胡令婕
责任校对：余　佳
封面设计：林芝玉
版式设计：汪　莹

图书在版编目（CIP）数据

工业时代 / 孙庆　著 . —北京：人民出版社，2020.8
（话说世界 / 陈晓律，颜玉强主编）
ISBN 978 – 7 – 01 – 020618 – 9

I. ①工…　II. ①孙…　III. ①工业史 – 世界 – 普及读物　IV. ① T-091

中国版本图书馆 CIP 数据核字（2019）第 059268 号

工业时代
GONGYE SHIDAI

孙庆　著

人民出版社 出版发行
（100706　北京市东城区隆福寺街 99 号）

北京华联印刷有限公司印刷　新华书店经销

2020 年 8 月第 1 版　2020 年 8 月北京第 1 次印刷
开本：889 毫米 × 1194 毫米 1/16　印张：21.5

ISBN 978 – 7 – 01 – 020618 – 9　定价：90.00 元

邮购地址 100706　北京市东城区隆福寺街 99 号
人民东方图书销售中心　电话（010）65250042　65289539